FiNALE
Prüfungstraining

Zentralabitur 2017
Nordrhein-Westfalen

Mathematik

Heinz Klaus Strick
Klaus Gerber

westermann

FiNALEonline.de

Liebe Abiturientin, lieber Abiturient,

FiNALEonline.de ist die optimale Ergänzung zu diesem Abiturtrainer. Hier finden Sie:

- die Original-Prüfungsaufgaben 2016 nach Eingabe des Codes: **MA9UU19**
- eine Abi-Checkliste für die effektive Zeitplanung
- allgemeine Tipps zur Prüfungsvorbereitung

Einfach mal reinschauen: www.finaleonline.de

Autoren: Heinz Klaus Strick und Klaus Gerber

Bildquellenverzeichnis: 124 Deichbau, Roger Tidmann/CORBIS; 133 Kugelspeicher, imago/Schöning; 146 Baumarkt, Gunnar Friege; 149 Weinkaraffe, Klaus Gerber; 154 Marienkirche Dortmund, wikimedia.commons; 158 Bienenwabe, Hans Reinhard/zefa/CORBIS; 158 Granat Kristall, Mark Schneider/Getty Images.

Druck A[1] / Jahr 2016
Alle Drucke der Serie A sind im Unterricht parallel verwendbar.

Redaktion: Dr. Ulrich Kilian
Kontakt: finale@westermann.de
Layout: Druckreif! Sandra Grünberg, Braunschweig
Umschlaggestaltung: Janssen Kahlert Design & Kommunikation, Hannover
Zeichnungen: Michael Wojczak
Satz: science & more, Frickingen
Druck und Bindung: westermann druck GmbH, Braunschweig

ISBN 978-3-14-171715-0

Inhaltsverzeichnis

Arbeiten mit FiNALE

Liebe Schülerin, lieber Schüler,

dieses Buch entstand aufgrund der Erfahrungen aus den bisher in Nordrhein-Westfalen durchgeführten Zentralabiturprüfungen unter besonderer Beachtung der Vorgaben für das Fach Mathematik.

Zur gezielten Vorbereitung auf das Abitur 2017 bietet **FiNALE**:

- vielfältige, umfangreiche Aufgabenbeispiele mit ausformulierten Beispiellösungen, die alle Schwerpunkte im Grund- und Leistungskurs berücksichtigen;
- umfangreiche und gut strukturierte Angebote zur systematischen Wiederholung und zeitökonomischen Vertiefung des erforderlichen Basiswissens;
- Original-Prüfungsaufgaben von 2015 mit ausformulierten Lösungen unter Berücksichtigung der unterschiedlichen Varianten in Grund- und Leistungskurs. Diese Prüfungsaufgaben wurden an die neuen Lehrpläne angepasst, so dass sie sich zur Vorbereitung auf die Abiturprüfung 2017 eignen. Gleiches gilt auch für die Original-Prüfungsaufgaben 2016. Sobald sie zur Veröffentlichung freigegeben sind, können sie zusammen mit ausführlichen Lösungen kostenlos im Internet unter **www.finaleonline.de** heruntergeladen werden.

FiNALE ist so konzipiert, dass bei der Arbeit mit dem Buch eine *individuelle* Vorbereitung möglich ist. Sie können sich schnell einen Überblick über Ihre persönlichen Stärken und Schwächen in den Themenbereichen Analysis, Analytische Geometrie, Stochastik und stochastische Matrizen verschaffen und damit die Intensität der Arbeit nach eigenen Bedürfnissen genau dosieren.

Das detaillierte Inhaltsverzeichnis, das übersichtlich zusammengestellte Verzeichnis der für die Abiturprüfung notwendigen Kompetenzen (Abi-Checkliste), die alle Kompetenzen abdeckenden Trainingsaufgaben mit den entsprechenden Querverweisen zur Kompetenzübersicht sowie ein Stichwortverzeichnis erleichtern dabei die Orientierung in **FiNALE**.

Beachten Sie: Die Trainingsaufgaben sind teilweise erheblich umfangreicher als die in der Abiturprüfung gestellten Aufgaben. Ziel der Trainingsaufgaben ist eine *möglichst umfassende* Vorbereitung auf mögliche Aufgabenstellungen im Zentralabitur.

Die angebotenen Trainingsaufgaben sind im Wesentlichen so konzipiert, dass sie sich ohne Einsatz eines GTR oder CAS-Systems bearbeiten lassen. Falls der Einsatz eines GTR oder CAS-Systems nötig ist, ist dies in den Aufgabenstellungen gekennzeichnet. Diese Teilaufgaben können auch zur gezielten Übung des Einsatzes der Werkzeuge GTR und CAS genutzt werden, falls sie im Unterricht verwendet wurden.

Der systematische Aufbau und die komprimierte Form fördern eine zeitökonomische und effektive Abiturvorbereitung. **FiNALE** empfiehlt sich von daher als sinnvolle Begleitung und Ergänzung des Fachunterrichts.

Wir wünschen Ihnen viel Erfolg!

Tipps zum Umgang mit FiNALE

Für die Vorbereitung auf die zentrale Abiturprüfung im Fach Mathematik schlagen wir folgende Arbeitsweisen vor:

Möglichkeit 1:
Um einen Überblick über die verschiedenen Themenbereiche zu erhalten, sollten Sie zunächst die Kompetenzübersicht (Abi-Checkliste) sowie die Ausführungen in Form des Basiswissens
lesen und sich anhand der Beispiele verdeutlichen, welche Anforderungen mit den Kompetenzen zu erfüllen sind. Dabei können Sie gleichermaßen feststellen, welche Prüfungsinhalte Sie bereits gut beherrschen und was Ihnen noch Schwierigkeiten bereitet. Wir empfehlen Ihnen hier, sich zu notieren, welche Themen Sie noch intensiver wiederholen sollten, um damit die Vorbereitung auf die Abiturprüfung zu strukturieren. Wenn Sie hier systematisch vorgehen und sich über Ihre Stärken und Schwächen im Klaren sind, wird die Vorbereitung effizient und zielorientiert sein.

Nach der Entscheidung, in welchem Themenbereich für Sie in der persönlichen Vorbereitung auf das Zentralabitur der größte Handlungsbedarf besteht, können Sie die entsprechenden Kapitel im Basiswissen nochmals intensiv durcharbeiten. Hier werden auch die im Basiswissen von **FiNALE** enthaltenen einfachen Aufgabenbeispiele als Muster hilfreich sein.

Nachdem Sie die Grundlagen wiederholt haben, bieten Ihnen die zugehörigen Trainingsaufgaben mit ihren ausführlichen Lösungen (auch mit Lösungsalternativen) ein umfangreiches Übungsfeld. Sie können für Ihre Vorbereitung besonders geeignete Aufgaben anhand der bei den Aufgabenstellungen notierten Kompetenzen schnell erkennen.

Versuchen Sie zunächst, die Aufgaben selbstständig zu bearbeiten, d.h. erst dann die angebotenen Lösungen einzusehen, wenn es nicht mehr anders geht. Wenn Ihnen die Bearbeitung ohne Blick in den Lösungsteil gelungen ist, sollten Sie dennoch Ihre eigenen Lösungen kontrollieren und mit den abgedruckten Lösungen und weiteren Lösungsvarianten vergleichen.

Treten auch nach der Durchsicht der angebotenen Lösungen Verständnisprobleme auf, dann hilft Ihnen das intensive Durcharbeiten der zugehörigen Stichwörter des Basiswissens sicherlich weiter. – Überhaupt lässt sich das *Basiswissen* wie ein Nachschlagewerk benutzen.

An den Original-Prüfungsaufgaben können Sie dann erproben, wie weit Sie mit Ihrer Vorbereitung bereits gekommen sind.

Möglichkeit 2:
Selbstverständlich können Sie **FiNALE** auch in anderer Reihenfolge nutzen: Wenn Sie unmittelbar mit den Trainingsaufgaben beginnen, werden Sie automatisch durch die Querverweise zu den zugehörigen Kompetenzen und dem entsprechenden Basiswissen hingeführt. Treten Schwierigkeiten bei der Lösung der Aufgaben auf, so können Sie Ihre Lücken genau erkennen und die entsprechenden Inhalte wiederholen. Allerdings erhalten Sie bei der oben beschriebenen Vorgehensweise schneller einen Überblick über Ihre Stärken und Schwächen.

Bei diesen Vorschlägen zur Arbeitsweise mit **FiNALE** handelt es sich natürlich nur um Anregungen, die Sie nach eigenen Vorstellungen variieren können.

Abi-Checkliste

ANALYSIS

Ich kann ...	Trifft zu	Trifft nicht zu	Seite
A Differenzialrechnung			
A1 ... Potenz- und Exponentialfunktionen ableiten; **LK zusätzlich**: Logarithmusfunktionen ableiten.	○	○	14
A2 ... einfache Funktionen mit der Summen- und Faktorregel und zusammengesetzte Funktionen mit der Produkt- und Kettenregel ableiten.	○	○	14
A3 ... die Tangentensteigung sowie die Gleichung einer Tangente und einer Normale an den Graphen einer Funktion in einem Punkt bestimmen.	○	○	15
A4 ... mittlere und lokale Änderungsraten angeben und berechnen sowie im Sachzusammenhang interpretieren.	○	○	17
A5 ... Schnittwinkel eines Graphen mit der x-Achse bestimmen.	○	○	18
A6 ... bei abschnittsweise definierten Funktionen überprüfen, ob die Übergänge stetig, differenzierbar bzw. ruckfrei sind.	○	○	19
B Untersuchung von Funktionsgraphen			
B1 ... Graphen auf Symmetrie untersuchen.	○	○	21
B2 ... Schnittpunkte des Graphen mit der x-Achse und Schnittpunkte zweier Graphen bestimmen sowie diese im Sachzusammenhang interpretieren.	○	○	22
B3 ... Graphen auf Monotonie und auf lokale und absolute Extrempunkte untersuchen und diese im Sachzusammenhang interpretieren.	○	○	24
B4 ... Graphen auf ihr Krümmungsverhalten und auf Wende- und Sattelpunkte untersuchen und diese im Sachzusammenhang interpretieren sowie die Wendestelle als Stelle mit extremaler Änderungsrate identifizieren.	○	○	27
B5 ... asymptotisches Verhalten bei Exponentialfunktionen untersuchen.	○	○	31
B6 ... Funktionenscharen (falls erforderlich mithilfe von Fallunterscheidungen) auf besondere Punkte (Schnittpunkte, Extrem- und Wendepunkte) untersuchen sowie gemeinsame Punkte der Kurvenschar ermitteln; **LK zusätzlich**: Ortslinien von Funktionenscharen bestimmen und die Ergebnisse im Sachzusammenhang interpretieren.	○	○	32

Ich kann …	Trifft zu	Trifft nicht zu	Seite
C Mathematische Modellierungen mithilfe der Differenzialrechnung			
C1 … ganzrationale Funktionen mit vorgegebenen Eigenschaften bestimmen (auch in Sachzusammenhängen, z. B. Trassierungen).	◯	◯	35
C2 … Exponentialfunktionen aus gegebenen Bedingungen bestimmen.	◯	◯	37
C3 … in Anwendungen ein passendes Modell für das exponentielle Wachstum aufstellen, seine Tragfähigkeit untersuchen und Schlussfolgerungen im Sachzusammenhang interpretieren sowie Verdopplungs- und Halbwertszeiten berechnen; **LK** zusätzlich: auch beschränktes Wachstum.	◯	◯	37
C4 … Extremwertaufgaben mit Nebenbedingungen innermathematisch und in Sachzusammenhängen lösen.	◯	◯	39
D Integralrechnung			
D1 … Stammfunktionen zu Grundtypen von Funktionen bestimmen und den Hauptsatz der Differenzial- und Integralrechnung zur Berechnung bestimmter Integrale anwenden.	◯	◯	42
D2 … Flächeninhalte von Flächenstücken zwischen einem Funktionsgraphen und der x-Achse und Flächeninhalte von Flächenstücken zwischen Funktionsgraphen berechnen.	◯	◯	44
D3 … Gesamtänderungen aus gegebenen Änderungsraten mithilfe von bestimmten Integralen berechnen.	◯	◯	46
D4 … Mittelwerte von kontinuierlich veränderten Größen mithilfe der Integralrechnung berechnen.	◯	◯	47
D5 … **nur LK**: Inhalte ins Unendliche reichender Flächen mit uneigentlichen Integralen und den dabei erforderlichen Grenzwertbetrachtungen ermitteln.	◯	◯	48
D6 … **nur LK**: das Volumen von Rotationskörpern berechnen und die erforderlichen Berandungsfunktionen für reale rotationssymmetrische Körper modellieren.	◯	◯	49

Analytische Geometrie

Ich kann ...	Trifft zu	Trifft nicht zu	Seite
E Punkte und Vektoren im Raum			
E1 ... Verschiebungen durch Vektoren sowie Punkte im Raum durch Ortsvektoren und Vektorketten beschreiben und damit realitätsnahe Situationen mathematisch modellieren.	⊗	○	51
E2 ... das Skalarprodukt zweier Vektoren berechnen und damit entscheiden, ob die Vektoren zueinander orthogonal sind.	⊗	○	52
E3 ... Längen von Strecken im Raum und den Betrag von Vektoren berechnen.	⊗	○	53
F Geraden und Ebenen im Raum			
F1 ... Parameterdarstellungen für Geraden aus zwei gegebenen Punkten ermitteln sowie überprüfen, ob ein Punkt auf einer gegebenen Gerade liegt (Punktprobe) und die Ergebnisse im Sachzusammenhang interpretieren.	⊗	○	54
F2 ... Geraden auf ihre gegenseitige Lage untersuchen und möglicherweise vorhandene Schnittpunkte bestimmen.	○	○	55
F3 ... Parameterdarstellungen für Ebenen aus drei gegebenen Punkten ermitteln sowie überprüfen, ob ein Punkt auf einer gegebenen Ebene liegt (Punktprobe) und die Ergebnisse im Sachzusammenhang interpretieren.	⊗	○	57
F4 ... Spurpunkte von Geraden sowie Spurpunkte und Spurgeraden von Ebenen bestimmen.	○	○	58
F5 ... **nur LK**: Ebenen mithilfe von Koordinatengleichungen beschreiben und Darstellungen von Ebenen umwandeln.	⊗	○	60
F6 ... Schnittprobleme zwischen Geraden und Ebenen in Sachzusammenhängen (z. B. bei Schattenwürfen) untersuchen.	○	○	62
F7 ... **nur LK:** Ebenen auf ihre gegenseitige Lage untersuchen und möglicherweise vorhandene Schnittgeraden bestimmen.	○	○	65
F8 ... lineare Gleichungssysteme systematisch lösen.	○	○	66

Ich kann …	Trifft zu	Trifft nicht zu	Seite
G Winkel und Abstände, Volumina im Raum			
G1 … Winkel zwischen zwei Vektoren, Schnittwinkel zwischen zwei Geraden, zwischen zwei Ebenen sowie zwischen einer Gerade und einer Ebene berechnen.	☒	○	70
G2 … den Flächeninhalt eines Dreiecks und das Volumen einer dreiseitigen Pyramide (Tetraeder) nach elementaren Methoden bestimmen.	○	○	72
G3 … **nur LK**: den Abstand eines Punktes von einer Ebene berechnen.	☒	○	74
G4 … **nur LK**: den Abstand eines Punktes von einer Geraden berechnen.	○	○	75
G5 … **nur LK**: den Abstand zweier windschiefer Geraden berechnen.	○	○	76
G6 … **nur LK**: das Vektorprodukt zweier Vektoren berechnen und seine Bedeutung angeben sowie mithilfe des Vektorprodukts Normalenvektoren bestimmen und das Vektorprodukt zur Berechnung von Dreiecksflächen und von Spatvolumina verwenden.	○	○	77

Stochastik und stochastische Matrizen

Ich kann ...	Trifft zu	Trifft nicht zu	Seite
H Wahrscheinlichkeitsrechnung			
H1 ... mehrstufige Entscheidungsvorgänge mithilfe von Baumdiagrammen veranschaulichen und die Anzahl der Möglichkeiten mithilfe der Grundregel der Kombinatorik bestimmen.	○	○	79
H2 ... mehrstufige Zufallsversuche mit Baumdiagrammen beschreiben und Wahrscheinlichkeiten mit den Pfadregeln berechnen (Pfadadditions- / Pfadmultiplikationsregel) sowie die Komplementärregel anwenden.	⊗	○	80
H3 ... Daten aus Vierfeldertafeln als Wahrscheinlichkeiten von zweistufigen Zufallsversuchen interpretieren sowie Vierfeldertafeln zur Umkehrung von Baumdiagrammen nutzen.	○	○	81
H4 ... bedingte Wahrscheinlichkeiten mithilfe des Satzes von Bayes bestimmen.	○	○	82
I Wahrscheinlichkeitsverteilungen			
I1 ... die Wahrscheinlichkeitsverteilung einer Zufallsgröße bestimmen und Erwartungswert und Standardabweichung der Zufallsgröße berechnen.	⊗	○	83
I2 ... geeignete Zufallsversuche mithilfe des Binomialmodells beschreiben und Wahrscheinlichkeiten mithilfe der Bernoulli-Formel berechnen und erläutern, unter welchen Bedingungen auch Ziehvorgänge ohne Zurücklegen näherungsweise als Bernoulli-Versuche interpretiert werden können.	⊗	○	85
I3 ... das Auslastungsmodell und das Kugel-Fächer-Modell bei der Berechnung von Wahrscheinlichkeiten anwenden.	○	○	87
I4 ... berechnen, wie oft ein Bernoulli-Versuch mindestens durchgeführt werden muss, um mit einer gegebenen Mindestwahrscheinlichkeit mindestens einen Erfolg zu erzielen.	⊗	○	88
I5 ... den Erwartungswert und die Standardabweichung von Binomialverteilungen berechnen und hiermit prognoastische Aussagen treffen; **nur LK**: die Sigma-Regeln für prognostische Aussagen nutzen.	○	○	88
I6 ... **nur LK**: Wahrscheinlichkeiten für binomialverteilte Zufallsgrößen näherungsweise mit den Formeln von Moivre und Laplace berechnen.	○	○	90
I7 ... **nur LK**: Wahrscheinlichkeitsberechnungen bei normalverteilten Zufallsgrößen durchführen.	○	○	91

J Binomialverteilung und Beurteilende Statistik			
J1 ... Prognosen im Hinblick auf zu erwartende absolute Häufigkeiten treffen und damit die Signifikanz von Abweichungen bewerten; **LK zusätzlich**: zu erwartende relative Häufigkeiten	○	○	92
J2 ... mithilfe einer Entscheidungsregel von der Stichprobe auf die Gesamtheit schließen.	○	○	94
J3 ... **nur LK**: das prinzipielle Vorgehen bei einem zweiseitigen Hypothesentest erläutern sowie zu einem vorgegebenem Niveau eine Entscheidungsregel aufstellen (und damit Annahme- und Verwerfungsbereich bestimmen).	○	○	94
J4 ... **nur LK**: die Bedeutung der Fehler 1. Art und 2. Art für einen Hypothesentest angeben sowie die Wahrscheinlichkeiten für diese Fehler berechnen.	○	○	95
J5 ... **nur LK**: die Operationscharakteristik eines Hypothesentests interpretieren.	○	○	96
J6 ... **nur LK:** das prinzipielle Vorgehen bei einem einseitigen Hypothesentest erläutern sowie die beiden möglichen Standpunkte beschreiben und zugehörigen Entscheidungsregeln bestimmen.	○	○	97
J7 ... **nur LK**: die Sigma-Regeln anwenden: Einen genügend großen Umfang einer Stichprobe bestimmen, mit dem eine Prognose mit einer vorgegebenen Genauigkeit möglich ist.	○	○	98
J8 ... **nur LK**: die Sigma-Regeln anwenden: Einen genügend großen Umfang einer Stichprobe bestimmen, bei der eine gewünschte Anzahl von Erfolgen zu erwarten ist	○	○	100
K Stochastische Matrizen			
K1 ... Zufallsprozesse durch Übergangsdiagramme und Matrizen beschreiben und Zustandsvektoren interpretieren.	○	○	101
K2 ... Zustände von Prozessen nach wiederholter Durchführung mithilfe der Matrizenmultiplikation berechnen und deuten.	○	○	103
K3 ... den Fixvektor einer Übergangsmatrix (d. h. eine stationäre Verteilung eines Zufallsprozesses) bestimmen und seine Bedeutung im Sachzusammenhang interpretieren.	○	○	104
K4 ... den Zustandsvektor eines zurückliegenden Zustands berechnen.	○	○	105
K5 ... Koeffizienten in Übergangsmatrizen mit vorgegebenen Eigenschaften im Sachzusammenhang bestimmen.	○	○	106

Basiswissen

A1 Potenz- und Exponentialfunktionen ableiten; LK zusätzlich: Logarithmusfunktionen ableiten.

Für das Ableiten gelten folgende Regeln:

(1) **Potenzregel für reelle Exponenten:**
Ist $f(x) = x^n$, $n \in \mathbb{R}$, dann gilt: $f'(x) = n \cdot x^{n-1}$.

Diese Regel gilt also nicht nur für natürliche Exponenten, sondern ebenso für beliebige ganzzahlige, für gebrochene und für irrationale Exponenten.

(2) Die Ableitung der Exponentialfunktion zur Basis e (EULER'sche Zahl) stimmt mit der Funktion selbst überein: $f(x) = e^x \Rightarrow f'(x) = e^x$.

(3) (LK) Die Ableitung der Logarithmusfunktion zur Basis e ist gleich der Kehrwertfunktion:
$f(x) = \ln(x) \Rightarrow f'(x) = \frac{1}{x}$.

(4) (LK) Ableitung der Exponentialfunktion mit beliebiger Basis:
$f(x) = b \cdot x = e^{\ln(b) \cdot x} \Rightarrow f'(x) = e^{\ln(b) \cdot x} \cdot \ln(b) = b^x \cdot \ln(b)$ – vgl. auch A2, Beispiel (4).

Beispiele zur Anwendung der Potenzregel:

$f(x) = x^5 \quad \Rightarrow f'(x) = 5 \cdot x^4$

$f(x) = \frac{1}{x^3} = x^{-3} \quad \Rightarrow f'(x) = (-3) \cdot x^{-4} = -\frac{3}{x^4}$

$f(x) = \frac{1}{\sqrt[3]{x}} = x^{-\frac{1}{3}} \quad \Rightarrow f'(x) = -\frac{1}{3} \cdot x^{-\frac{4}{3}} = -\frac{1}{3 \cdot \sqrt[3]{x^4}}$

$f(x) = \frac{1}{x} = x^{-1} \quad \Rightarrow f'(x) = (-1) \cdot x^{-2} = -\frac{1}{x^2}$

$f(x) = \sqrt{x} = x^{\frac{1}{2}} \quad \Rightarrow f'(x) = \frac{1}{2} \cdot x^{-\frac{1}{2}} = \frac{1}{2\sqrt{x}}$

A2 Einfache Funktionen mit der Summen- und Faktorregel ableiten, zusammengesetzte Funktionen mit der Produkt- und Kettenregel ableiten.

Für das Ableiten von Funktionen gelten folgende Regeln:

(1) **Summen- und Faktorregel (Linearität)**
$f(x) = k_1 \cdot f_1(x) + k_2 \cdot f_2(x) \Rightarrow f'(x) = k_1 \cdot f'_1(x) + k_2 \cdot f'_2(x)$

In Worten: Ein konstanter Faktor bleibt beim Ableiten erhalten. Die Ableitung einer Summe ist gleich der Summe der Ableitungen der Summanden.

(2) **Produktregel**
$f(x) = u(x) \cdot v(x) \Rightarrow f'(x) = u'(x) \cdot v(x) + u(x) \cdot v'(x)$

(3) Für geschachtelte Funktionsterme gilt eine besondere Ableitungsregel, die **Kettenregel:**

$f(x) = g(h(x)) \Rightarrow f'(x) = g'(h(x)) \cdot h'(x)$

Die äußere Funktion g wird abgeleitet und die innere Funktion h wie eine Variable behandelt. Dieser Term wird mit der Ableitung der inneren Funktion multipliziert.

Beispiele

(1) **Summen- und Faktorregel**

$f(x) = 5 \cdot x^3 + 4 \cdot x^2 \quad \Rightarrow f'(x) = 15 \cdot x^2 + 8 \cdot x$

$f(x) = \frac{3}{x^2} - 6 \cdot \sqrt{x} = 3 \cdot x^{-2} - 6 \cdot x^{\frac{1}{2}} \Rightarrow f'(x) = 3 \cdot (-2) \cdot x^{-3} - 6 \cdot \frac{1}{2} \cdot x^{-\frac{1}{2}} = -\frac{6}{x^3} - \frac{3}{\sqrt{x}}$

$f(x) = \log_2 x = \frac{\ln(x)}{\ln(2)} \Rightarrow f'(x) = \frac{1}{\ln(2)} \cdot \frac{1}{x} = \frac{1}{x \cdot \ln(2)}$

(2) **Folgerung für ganzrationale Funktionen:** Ist eine ganzrationale Funktion f gegeben durch

$f(x) = a_n \cdot x^n + a_{n-1} \cdot x^{n-1} + \ldots + a_2 \cdot x^2 + a_1 \cdot x + a_0$, $n \in \mathbb{N}$, dann gilt:

$f'(x) = n \cdot a_n \cdot x^{n-1} + (n-1) \cdot a_{n-1} \cdot x^{n-2} + \ldots + 2 \cdot a_2 \cdot x + a_1$

(3) **Produktregel**

$f(x) = (2x+5) \cdot e^x \Rightarrow f'(x) = 2 \cdot e^x + (2x+5) \cdot e^x = (2x+7) \cdot e^x$

$f(x) = (x^2+3x-1) \cdot e^x \Rightarrow f'(x) = (2x+3) \cdot e^x + (x^2+3x-1) \cdot e^x = (x^2+5x+2) \cdot e^x$

(4) **Kettenregel**

$f(x) = e^{-x^2} \Rightarrow f'(x) = e^{-x^2} \cdot (-2x)$

$f(x) = 3^x = e^{x \cdot \ln(3)} \Rightarrow f'(x) = e^{x \cdot \ln(3)} \cdot \ln(3) = 3^x \cdot \ln(3)$

(5) **Produkt- und Kettenregel**

$f(x) = x^3 \cdot e^{-x} \Rightarrow f'(x) = 3x^2 \cdot e^{-x} + x^3 \cdot e^{-x} \cdot (-1) = (3x^2 - x^3) \cdot e^{-x}$

$f(x) = (x^2+1)^3 \cdot e^{-0,3x} \Rightarrow$

$$\begin{aligned} f'(x) &= 3 \cdot (x^2+1)^2 \cdot (2x) \cdot e^{-0,3x} + (x^2+1)^3 \cdot e^{-0,3x} \cdot (-0,3) \\ &= (x^2+1)^2 \cdot e^{-0,3x} \cdot (6x - 0,3 \cdot (x^2+1)) \\ &= (x^2+1)^2 \cdot e^{-0,3x} \cdot (-0,3 \cdot x^2 + 6x - 0,3) \end{aligned}$$

A3 Die Tangentensteigung sowie die Gleichung einer Tangente und einer Normale an den Graphen einer Funktion bestimmen.

Eine **Tangente** ist eine Gerade durch den Punkt eines Graphen, deren Steigung mit der des Graphen in diesem Punkt (dem Berührpunkt) übereinstimmt.

Die Gleichung der Geraden g, von der man die Steigung m und einen Punkt (a|b) kennt, bestimmt man mithilfe der Punkt-Steigungsform: $g(x) = m \cdot (x - a) + b$.

Die Gleichung einer Tangente t an eine differenzierbare Funktion f im Punkt (a|f(a)) wird mithilfe der Ableitung f′(a) bestimmt:

$t(x) = f'(a) \cdot (x - a) + f(a)$

Die **Normale** im Punkt P ist eine Gerade, die den Graphen der Funktion f im Punkt $P(x_0|f(x_0))$ orthogonal schneidet. Dabei ist die Steigung der negative Kehrwert der 1. Ableitung an dieser Stelle, also $m = \frac{-1}{f'(x_0)}$.

Beispiele

(1) Bestimmung der Tangente und der Normale des Graphen der Funktion f mit
$f(x) = 0{,}5 \cdot x^3 - x^2 - 1$ an der Stelle $a = 2$:
Es gilt: $f(2) = -1$ und $f'(x) = 1{,}5 \cdot x^2 - 2x$, also
$f'(2) = 2$.
Daher ist $t(x) = 2 \cdot (x - 2) - 1 = 2x - 4 - 1 = 2x - 5$
die Gleichung der Tangente t durch den Punkt $(2|-1)$
und
$n(x) = -\frac{1}{2} \cdot (x - 2) - 1 = -\frac{1}{2}x + 1 - 1 = -\frac{1}{2}x$
die Gleichung der Normalen n durch den Punkt $(2|-1)$.

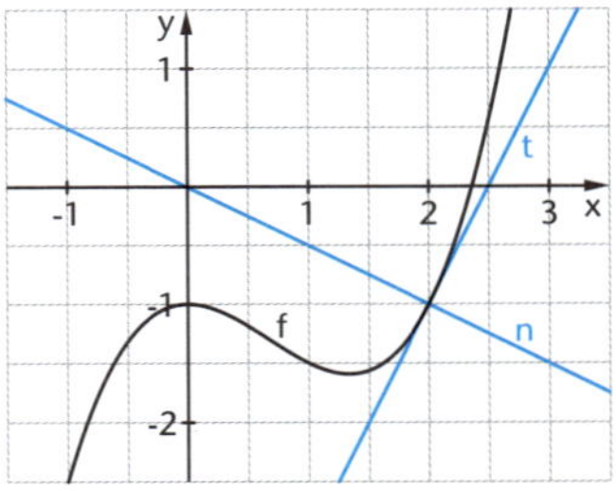

Nachdem der Graph von f gezeichnet ist, wird im *Geometry*- Menü des GTR zunächst der Punkt auf dem Graphen festgelegt, dann die Option *Tangente* ausgewählt. Auf dem Display erscheint dann die Gleichung der Tangente.

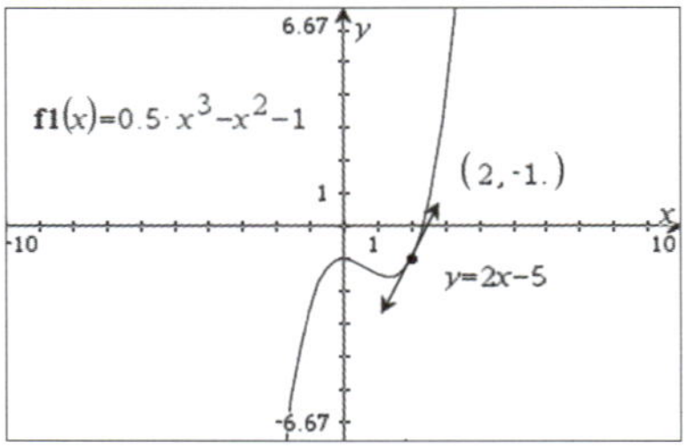

(2) Bestimmung der Tangente und der Normale des Graphen der Funktion f mit
$f(x) = x^2 \cdot e^{-x}$ an der Stelle $a = -0{,}5$:
Es gilt: $f(-0{,}5) \approx 0{,}412$ und
$f'(x) = 2x \cdot e^{-x} + x^2 \cdot e^{-x} \cdot (-1) = (-x^2 + 2x) \cdot e^{-x}$, also
$f'(-0{,}5) \approx -2{,}061$.
Daher ist
$t(x) \approx -2{,}061 \cdot (x + 0{,}5) + 0{,}412 \approx -2{,}061x - 0{,}619$
und
$n(x) \approx 0{,}485 \cdot (x + 0{,}5) + 0{,}412 \approx 0{,}485x + 0{,}655$.

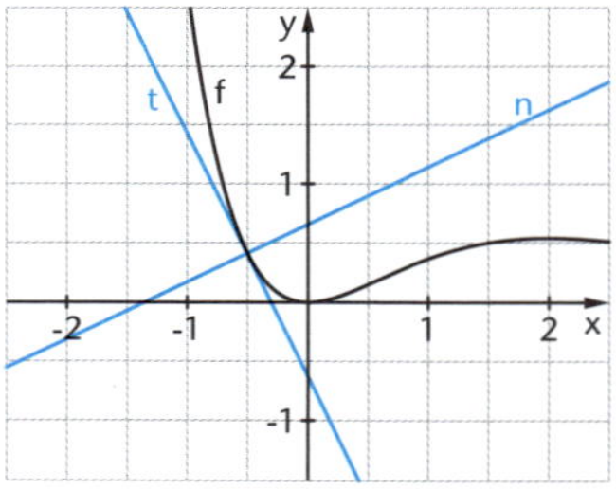

GTR-Anleitung: siehe oben.

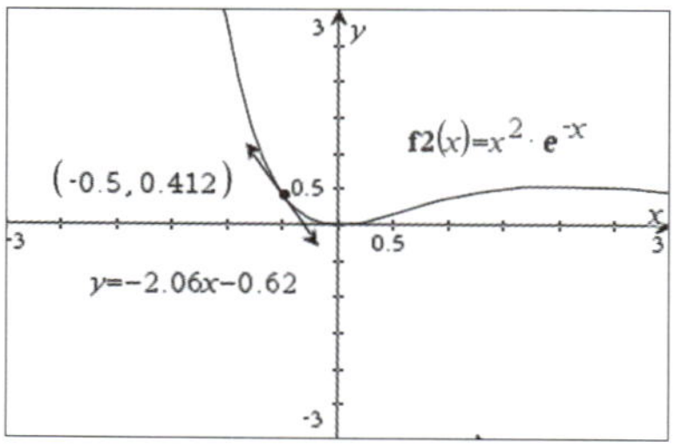

A4 Mittlere und lokale Änderungsraten angeben und berechnen sowie im Sachzusammenhang interpretieren.

Zeichnet man durch zwei Punkte $A(a|f(a))$ und $B(b|f(b))$ des Graphen einer Funktion f eine Gerade (also eine Sekante zum Graphen von f), so ist die Steigung dieser Geraden **die mittlere Änderungsrate der Funktion f im Intervall** [a; b], also:
$\frac{f(b)-f(a)}{b-a}$.

Die Ableitung einer Funktion an einer Stelle x_0 ist **die lokale Änderungsrate** in x_0 und der Grenzwert des Differenzenquotienten für $x \to x_0$:
$f'(x_0) = \lim\limits_{x \to x_0} \frac{f(x)-f(x_0)}{x-x_0}$.

Dies kann man auch in der Form $f'(x_0) = \lim\limits_{h \to 0} \frac{f(x_0+h)-f(x_0)}{h}$ beschreiben.

Als **Ableitungsfunktion** f' einer Funktion f bezeichnet man die Funktion, die jeder Stelle $a \in D_f$ die Ableitung $f'(a)$ zuordnet.

Beispiel 1 *Mittlere Änderungsrate*

$f(x) = x^3 - x^2 - 4x + 4$; $f(2) = 0$; $f(3) = 10$.

Die mittlere Änderungsrate der Funktion im Intervall [2; 3]: $\frac{f(3)-f(2)}{3-2} = \frac{10-0}{3-2} = 10$.

Beispiele 2 *Lokale Änderungsrate*

(1) Die lokale Änderungsrate der Funktion f mit $f(x) = x^2$ an der Stelle x_0 berechnet sich wie folgt:
Der Differenzenquotient an einer Stelle x_0 (für $x \neq x_0$) ist
$\frac{f(x)-f(x_0)}{x-x_0} = \frac{x^2-x_0^2}{x-x_0} = \frac{(x-x_0)\cdot(x+x_0)}{x-x_0} = x + x_0$.
Daher ist die lokale Änderungsrate von f an der Stelle x_0 gleich
$f'(x_0) = \lim\limits_{x \to x_0}(x + x_0) = 2x_0$.

(2) Die lokale Änderungsrate der Funktion f mit $f(x) = e^x$ an der Stelle x_0 ist gleich
$f'(x) = \lim\limits_{h \to 0} \frac{e^{x_0+h}-e^{x_0}}{h} = \lim\limits_{h \to 0} \frac{e^{x_0}\cdot(e^h-1)}{h} = e^{x_0} \cdot \lim\limits_{h \to 0} \frac{e^h-1}{h} = e^{x_0} \cdot 1 = e^{x_0}$.

Hinweis: Dass der Grenzwert von $\lim\limits_{h \to 0} \frac{e^h-1}{h}$ gleich 1 ist, kann man beispielsweise an der untenstehenden Abbildung ablesen.

Achtung: f1 (x) ist an der Stelle x = 0 nicht definiert!

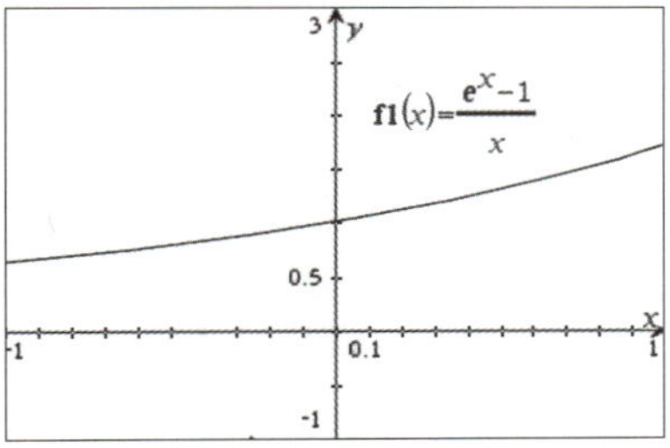

(3) In Anwendungssituationen haben Differenzenquotient und Differenzialquotient beispielsweise folgende Bedeutung:

Zuordnung durch die Funktion f	**mittlere Änderungsrate in einem Intervall**	**lokale Änderungsrate in einem Punkt**
Zeit → zurückgelegter Weg	Durchschnittsgeschwindigkeit in einem Zeitintervall	Momentangeschwindigkeit zu einem Zeitpunkt
Zeit → Geschwindigkeit	durchschnittliche Beschleunigung in einem Zeitintervall	Momentanbeschleunigung zu einem Zeitpunkt
Weg → Benzinverbrauch (Volumen)	durchschnittlicher Benzinverbrauch auf einer Wegstrecke	momentaner Benzinverbrauch
Zeit → eingefüllte Wassermenge	durchschnittliche Zuflussgeschwindigkeit in einem Zeitintervall	momentane Zuflussgeschwindigkeit zu einem Zeitpunkt
Zeit → Höhe einer Pflanze	durchschnittliche Wachstumsgeschwindigkeit in einem Zeitintervall	momentane Wachstumsgeschwindigkeit zu einem Zeitpunkt
Zeit → Temperatur	Durchschnittstemperatur in einem Zeitintervall	momentane Temperatur zu einem Zeitpunkt
Zeit → Besucherzahl	durchschnittliche Zunahme der Besucherzahl in einem Zeitintervall	momentane Zunahme der Besucherzahl zu einem Zeitpunkt

A5 Schnittwinkel eines Graphen mit der x-Achse bestimmen.

Als Schnittwinkel α eines Graphen mit der x-Achse bezeichnet man jeweils den spitzen Winkel der beiden Winkel, welche die Tangente in einer Nullstelle x_0 des Graphen mit der x-Achse bildet.
Aus dem Steigungsdreieck, das durch die Tangente gebildet wird, ergibt sich $\tan(\alpha) = m = f'(x_0)$ und hieraus dann $\alpha = \tan^{-1}(m) = \tan^{-1}(f'(x_0))$.
Da m auch negativ sein kann, definiert man allgemein:
$\alpha = |\tan^{-1}(f'(x_0))|$ als **Schnittwinkel des Graphen von f mit der x-Achse.**

Beispiele

(1) Der Graph der Funktion f mit $f(x) = 0{,}25x^3 - 0{,}75x - 0{,}5$ hat eine Nullstelle bei $x_0 = 2$.
Die Steigung des Graphen an dieser Stelle, also die Steigung der Tangente, ist $f'(2) = 2{,}25$ (da $f'(x) = 0{,}75x^2 - 0{,}75$).
Daher ist $\alpha = \tan^{-1}(2{,}25) \approx 66{,}0°$.

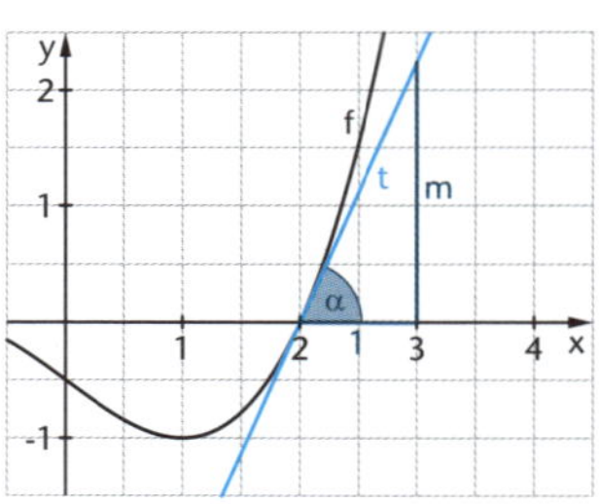

(2) Der Graph der Funktion f mit $f(x) = 2 - e^x$ hat eine Nullstelle bei $x_0 = \ln(2) \approx 0{,}693$.
Die Steigung des Graphen an dieser Stelle, also die Steigung der Tangente, ist $f'(\ln(2)) = -2$ (da $f'(x) = -e^x$).
Daher ist $\alpha = |\tan^{-1}(-2)| \approx 63{,}4°$

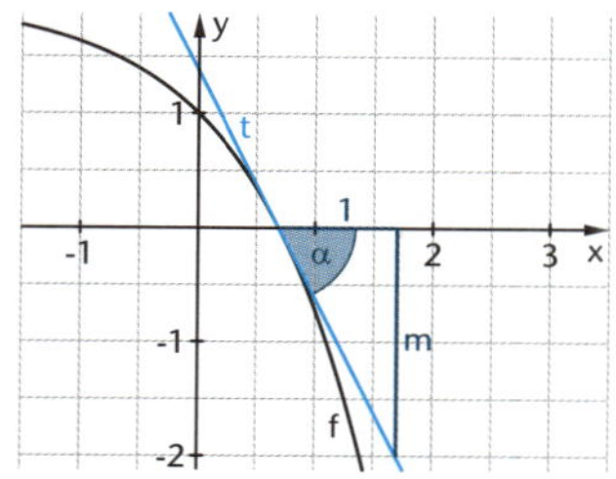

$0.25 \cdot x^3 - 0.75 \cdot x - 0.5 \to f(x)$	*Fertig*
$\frac{d}{dx}(f(x)) \to f1(x)$	*Fertig*
$f1(2)$	2.25
$\tan^{-1}(f1(2))$	66.0375

$2 - e^x \to f(x)$	*Fertig*
$\frac{d}{dx}(f(x)) \to f1(x)$	*Fertig*
$f1(\ln(2))$	-2.
$\tan^{-1}(-2.)$	-63.4349

A6 Bei abschnittsweise definierten Funktionen überprüfen können, ob die Übergänge stetig, differenzierbar bzw. ruckfrei sind.

Bei abschnittsweise definierten Funktionen ist der Definitionsbereich unterteilt in aneinander anschließende Intervalle, auf denen die Funktion jeweils durch einen anderen Funktionsterm definiert ist.
Die Übergänge zwischen den verschiedenen Abschnitten können stetig, differenzierbar oder ruckfrei sein.
Eine Funktion f sei für $x < a$ definiert durch den Funktionsterm $f_1(x)$ und für $x \geq a$ durch den Funktionsterm $f_2(x)$. Gilt an dieser Übergangsstelle a zwischen den Definitionsbereichen, dass

- $\lim\limits_{x \to a} f_1(x) = \lim\limits_{x \to a} f_2(x)$, dann ist der Übergang **stetig** (nahtlos), d. h., an der Übergangsstelle stimmen die Funktionswerte überein;
- $\lim\limits_{x \to a} f_1(x) = \lim\limits_{x \to a} f_2(x)$ und $\lim\limits_{x \to a} f_1'(x) = \lim\limits_{x \to a} f_2'(x)$, dann ist der Übergang **differenzierbar** (glatt, knickfrei), d. h., an der Übergangsstelle stimmen die Funktionswerte sowie die (Tangenten-)Steigungen überein;
- $\lim\limits_{x \to a} f_1(x) = \lim\limits_{x \to a} f_2(x)$, $\lim\limits_{x \to a} f_1'(x) = \lim\limits_{x \to a} f_2'(x)$ und $\lim\limits_{x \to a} f_1''(x) = \lim\limits_{x \to a} f_2''(x)$, dann ist der Übergang (krümmungs-)**ruckfrei**: An der Übergangsstelle stimmen die Funktionswerte, die (Tangenten-)Steigungen sowie die Krümmungen der Graphen überein.

Beispiele

(1) $f_1(x) = -x + 1$ für $x < 1$
$f_2(x) = x^2 - 4x + 2$ für $x \geq 1$

Der Übergang an der Stelle $x = 1$ ist nicht stetig:
$\lim\limits_{x \to 1} f_1(x) = 0 \neq -1 = f_2(1)$

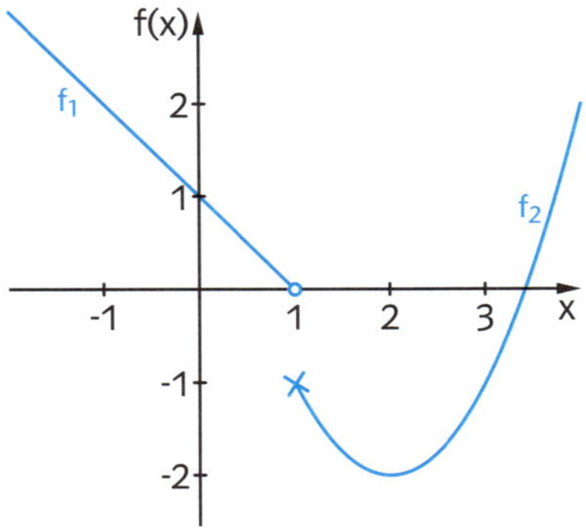

(2) $f_1(x) = -x + 2$ für $x < 1$
$f_2(x) = -x^2 + 4x - 2$ für $x \geq 1$

Der Übergang an der Stelle $x = 1$ ist nahtlos, aber nicht knickfrei:
$\lim\limits_{x \to 1} f_1(x) = 1 = f_2(1)$
$\lim\limits_{x \to 1} f_1'(x) = -1 \neq +2 = \lim\limits_{x \to 1} f_2'(x)$

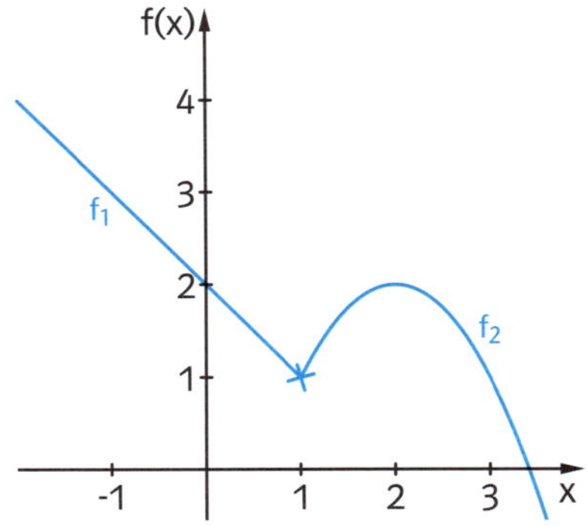

(3) $f_1(x) = x^3$ für $x < 1$
$f_2(x) = -1{,}5x^2 + 6x - 3{,}5$ für $x \geq 1$

Der Übergang an der Stelle $x = 1$ ist knickfrei, aber nicht ruckfrei:
$\lim\limits_{x \to 1} f_1(x) = 1 = f_2(1)$
$\lim\limits_{x \to 1} f_1'(x) = 3 = \lim\limits_{x \to 1} f_2'(x)$
$\lim\limits_{x \to 1} f_1''(x) = 6 \neq -3 = \lim\limits_{x \to 1} f_2''(x)$

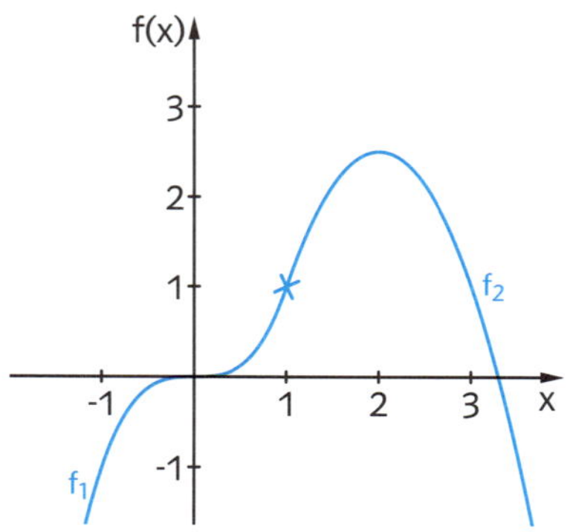

(4) $f_1(x) = \frac{1}{3}x^3 - x$ für $x < 1$
$f_2(x) = x^2 - 2x + \frac{1}{3}$ für $x \geq 1$

Der Übergang an der Stelle $x = 1$ ist ruckfrei:
$\lim\limits_{x \to 1} f_1(x) = -\frac{2}{3} = f_2(1)$
$\lim\limits_{x \to 1} f_1'(x) = 0 = \lim\limits_{x \to 1} f_2'(x)$
$\lim\limits_{x \to 1} f_1''(x) = 2 = \lim\limits_{x \to 1} f_2''(x)$

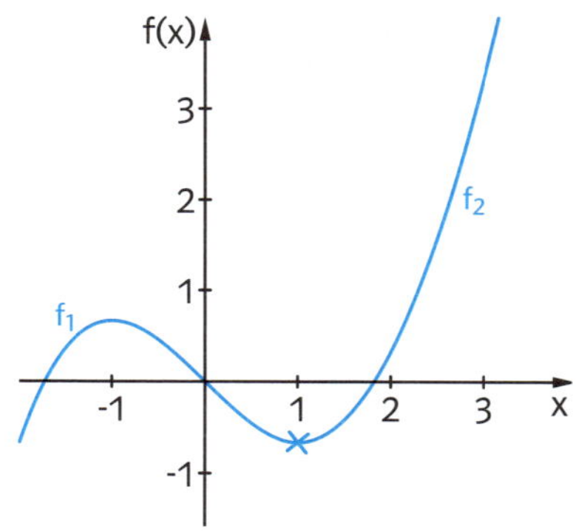

Die Grenzwerte kann man wie folgt bestimmen: Man betrachtet die Funktionsterme einzeln und beachtet dabei nicht die Einschränkung der Definitionsmengen; beispielsweise berechnet man die Ableitungen von $f_1(x) = x^3$, also $f_1'(x) = 3x^2$, $f_1''(x) = 6x$, und setzt für x den Wert 1 ein, obwohl die Funktion f an der Stelle $x = 1$ anders definiert ist.

B1 Graphen auf Symmetrie untersuchen.

- *Achsensymmetrie zur y-Achse:*
  Der Graph der Funktion f ist achsensymmetrisch zur y-Achse, wenn für alle x aus dem Definitionsbereich von f gilt:

  $f(-x) = f(x)$.

  Für ganzrationale Funktionen f gilt zusätzlich:
  Der Graph von f ist genau dann achsensymmetrisch zur y-Achse, wenn der Funktionsterm f(x) nur Potenzen von x mit geraden Exponenten enthält.

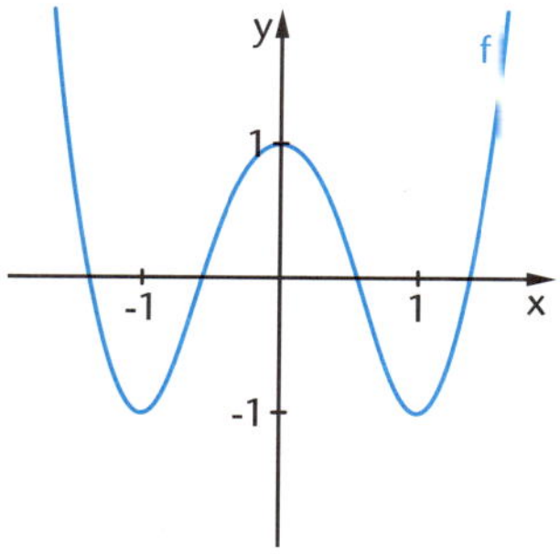

- *Punktsymmetrie zum Ursprung:*
  Der Graph der Funktion f ist punktsymmetrisch zum Ursprung, wenn für alle x aus dem Definitionsbereich von f gilt:

  $f(-x) = -f(x)$.

  Für ganzrationale Funktionen f gilt zusätzlich:
  Der Graph von f ist genau dann punktsymmetrisch zum Ursprung, wenn der Funktionsterm f(x) nur Potenzen von x mit ungeraden Exponenten enthält.

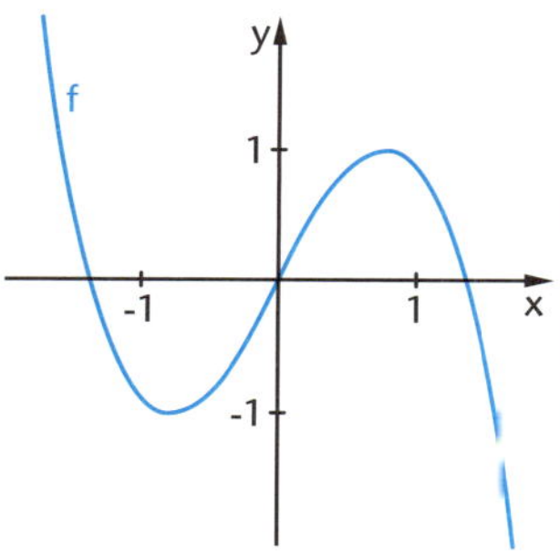

- *Achsensymmetrie zu einer beliebigen Parallelen zur y-Achse*
  Um nachzuweisen, dass der Graph einer Funktion f achsensymmetrisch ist zu einer Parallelen zur y-Achse mit der Gleichung $x = a$, verschiebt man den Graphen der Funktion f um $-a$ in Richtung der x-Achse; treten dann im Funktionsterm der neuen Funktion nur Potenzen von x mit geraden Exponenten auf, dann ist der verschobene Graph achsensymmetrisch zur y-Achse, also der ursprüngliche Graph achsensymmetrisch zu $x = a$.
  Eine Verschiebung um $-a$ in Richtung der x-Achse erfolgt, indem man im Funktionsterm die Variable x durch $(x + a)$ ersetzt.

- *Punktsymmetrie zu einem beliebigen Punkt*
  Um nachzuweisen, dass der Graph einer Funktion f punktsymmetrisch ist zu einem Punkt $S(a|b)$, verschiebt man den Graphen der Funktion f um $-a$ in Richtung der x-Achse und um $-b$ in Richtung der y-Achse; treten dann im Funktionsterm der neuen Funktion nur Potenzen von x mit ungeraden Exponenten auf, dann ist der verschobene Graph punktsymmetrisch zum Ursprung, also der ursprüngliche Graph punktsymmetrisch zum Punkt S.
  Eine Verschiebung um $-a$ in Richtung der x-Achse und $-b$ in Richtung der y-Achse erfolgt, indem man im Funktionsterm die Variable x durch $(x + a)$ ersetzt und anschließend zum gesamten neuen Funktionsterm $-b$ addiert.

Beispiele

Der Graph der Funktion f mit $f(x) = x^4 - 2x^2 + 1$ ist achsensymmetrisch zur y-Achse, da im Funktionsterm nur gerade Exponenten auftreten. Dabei kann der letzte Summand 1 gedeutet werden als $1 \cdot x^0$ (0 ist eine gerade Zahl!).

Der Graph der Funktion g mit $g(x) = x^3 - 2x$ ist punktsymmetrisch zum Ursprung, da im Funktionsterm nur ungerade Exponenten auftreten.

Der Graph der Funktion h mit $h(x) = x^2 - 2x - 1$ ist weder achsensymmetrisch zur y-Achse noch punktsymmetrisch zum Ursprung, da im Funktionsterm sowohl gerade als auch ungerade Exponenten auftreten.

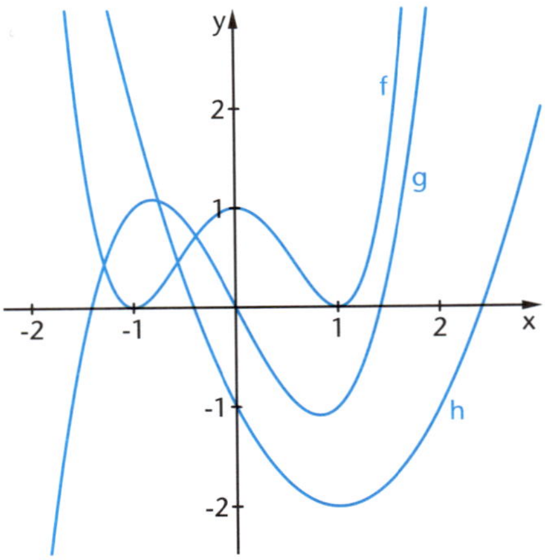

B2 Schnittpunkte des Graphen mit der x-Achse und Schnittpunkte zweier Graphen bestimmen sowie diese im Sachzusammenhang interpretieren.

- *Schnittpunkte mit der x-Achse:*
  Zur Bestimmung der Schnittpunkte des Graphen der Funktion f mit der x-Achse wird der Funktionsterm f(x) gleich null gesetzt und die sich ergebende Gleichung f(x) = 0 nach x aufgelöst.
  Als Lösungen der Gleichung erhält man die Nullstellen x_{N_1}, x_{N_2}, x_{N_3}, … der Funktion.
  Die Schnittpunkte des Graphen mit der x-Achse sind $(x_{N_1}|0)$, $(x_{N_2}|0)$, $(x_{N_3}|0)$, … .

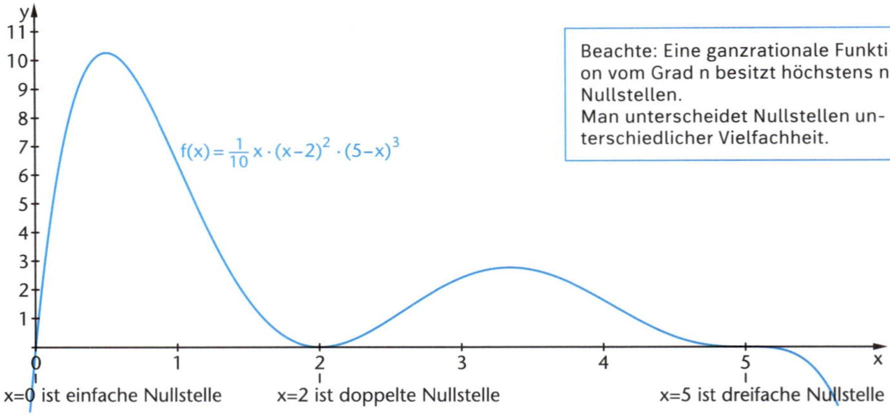

Beachte: Eine ganzrationale Funktion vom Grad n besitzt höchstens n Nullstellen.
Man unterscheidet Nullstellen unterschiedlicher Vielfachheit.

Falls die Nullstellen algebraisch bestimmt werden sollen, kann eines der folgenden Verfahren bei der Lösung hilfreich sein:
- Klammere, falls möglich, x (oder sogar x^2, x^3, …) im gesamten Funktionsterm aus.
- Löse eine quadratische Gleichung mit dem Verfahren der quadratischen Ergänzung, mit der p-q-Formel oder mit dem Satz von VIETA.
- Kennt man ganzzahlige Nullstellen, dann kann man den Funktionsterm teilweise mithilfe von Linearfaktoren darstellen und dann einen Koeffizientenvergleich vornehmen.

- *Schnittpunkte zweier Graphen:*
  Sind zwei Funktionen f und g gegeben, dann bestimmt man die Schnittpunkte der Graphen durch Lösen der Gleichung $f(x) = g(x)$.
  Wenn man die Gleichung umformt, sodass auf der linken Seite ein Term steht, und auf der rechten Seite null, dann wird das Problem „Schnittstellen zweier Graphen berechnen" zum Problem „Nullstellen bestimmen", vgl. Lösungsverfahren in Punkt 1. Anschließend darf man nicht vergessen, die y-Koordinaten der Schnittpunkte zu bestimmen, wenn dieses verlangt ist. Dazu setzt man die erhaltenen Schnittstellen (x-Koordinaten) in die Funktionsgleichung von f oder von g ein, oder man macht beides zur Kontrolle: In beiden Fällen muss das gleiche Ergebnis herauskommen.

Beispiele *Schnittpunkte mit der x-Achse (Nullstellen) bestimmen*

(1) *Rechnerisch durch Ausklammern bestimmen*
Um die Schnittpunkte des Graphen von f mit $f(x) = -x^3 + 4x^2$ und der x-Achse zu bestimmen, hilft das Ausklammern von $-x^2$:
$f(x) = 0 \Leftrightarrow -x^3 + 4x^2 = 0 \Leftrightarrow -x^2 \cdot (x - 4) = 0 \Leftrightarrow x = 0 \vee x = 4$.
Dabei ist $x = 0$ eine doppelte und $x = 4$ eine einfache Nullstelle.
Die Schnittpunkte mit der x-Achse lauten: $(0|0)$ und $(4|0)$.

(2) *Rechnerisch durch Punktprobe und Koeffizientenvergleich bestimmen*
Um die Schnittpunkte des Graphen von g mit $g(x) = x^3 - 4x^2 - 4x + 16$ und der x-Achse zu ermitteln, versucht man, die erste Nullstelle zu erraten: $x = 2$. Der Funktionsterm lässt sich dann darstellen in der Form $(x - 2) \cdot (x^2 + ax + b)$. Nach Ausmultiplizieren findet man durch Koeffizientenvergleich: $a = -2$ und $b = -8$.
Man erhält alle Nullstellen nach Lösen der quadratischen Gleichung:
$x^2 - 2x - 8 = 0 \Leftrightarrow x = -2 \vee x = 4$.
Also: $g(x) = 0 \Leftrightarrow x^3 - 4x^2 - 4x + 16 = 0 \Leftrightarrow (x - 2) \cdot (x^2 - 2x - 8) = 0$
$\Leftrightarrow x = 2 \vee x^2 - 2x - 8 = 0 \Leftrightarrow x = 2 \vee x = -2 \vee x = 4$.
Alle Nullstellen sind einfache Nullstellen.
Die Schnittpunkte mit der x-Achse lauten: $(-2|0)$, $(2|0)$ und $(4|0)$.

(3) *Numerisch bestimmen*
Nullstellen der ganzrationalen Funktion f mit $f(x) = -x^3 + 4x^2 - 3$.
Mithilfe der *Analyse*-Optionen im Grafikmodus des GTR findet man:

$x_1 \approx 0{,}791$; $x_2 = 1$; $x_3 = 3{,}79$.

Dass x_2 tatsächlich ganzzahlig ist und somit exakt bestimmt wurde, überprüft man durch Einsetzen von $x = 1$ in den Funktionsterm (Punktprobe).

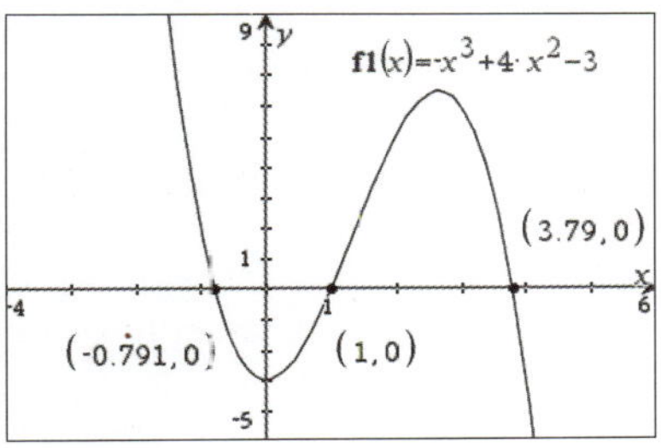

Beispiele *Schnittpunkte zweier Graphen bestimmen*

(1) *Rechnerisch durch Punktprobe und Koeffizientenvergleich bestimmen*
Bestimmen der Schnittpunkte der Graphen von f mit $f(x) = -x^3 + 4x^2$ und g mit $g(x) = x^3 - 4x^2 - 4x + 16$:
Die Vereinfachung von $f(x) = g(x)$ führt zur Gleichung $2x^3 - 8x^2 - 4x + 16 = 0$.
Diese hat die Lösung $x = 4$ (wie man durch Probieren/Einsetzen herausfindet oder ggf. auch aus der Untersuchung der Nullstellen der Funktionen f und g weiß).
Der Funktionsterm lässt sich dann darstellen in der Form $2(x-4)\cdot(x^2 + ax + b)$.
Durch Koeffizientenvergleich ergibt sich: $a = 0$ und $b = -2$.
Also: $f(x) = g(x) \Leftrightarrow -x^3 + 4x^2 = x^3 - 4x^2 - 4x + 16 \Leftrightarrow 2x^3 - 8x^2 - 4x + 16 = 0$
$\Leftrightarrow 2(x-4)(x^2-2) = 0 \Leftrightarrow x = 4 \vee x = -\sqrt{2} \vee x = \sqrt{2}$.
Mit $f(-\sqrt{2}) \approx 10{,}83$, $f(\sqrt{2}) \approx 5{,}17$ und $f(4) = 0$ erhält man die Schnittpunkte der Graphen von f und g: $(-\sqrt{2}|10{,}83)$, $(\sqrt{2}|5{,}17)$ und $(4|0)$.

(2) *Numerisch bestimmen*:
Schnittpunkte der Graphen der Funktionen f_1 und f_2 mit

$f_1(x) = x^3 - x^2 - 4x + 6$ und $f_2(x) = -x^3 + 2x^2 + x + 1$.

Mithilfe der *Analyse*-Optionen im Grafik-Modus des GTR findet man:
$P_1(-1{,}44|6{,}7)$; $P_2(0{,}818|2{,}61)$ und $P_3(2{,}12|2{,}57)$.

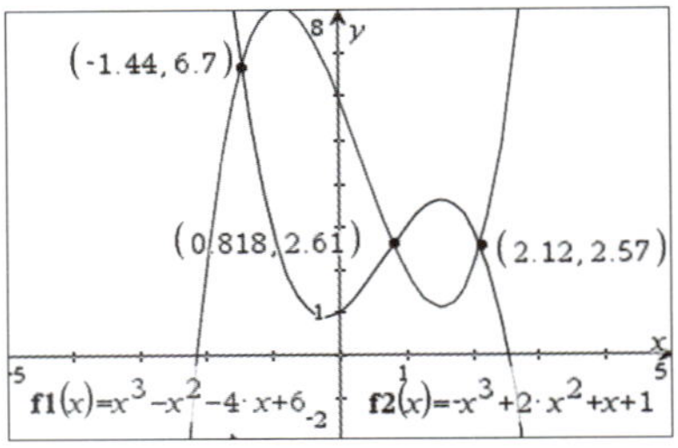

B3 Graphen auf Monotonie und auf lokale und absolute Extrempunkte untersuchen und diese im Sachzusammenhang interpretieren.

Wir betrachten eine auf dem Intervall I differenzierbare Funktion f.

- *Monotonie:*
  Der Graph von f ist auf dem Intervall I …
  … streng monoton steigend genau dann, wenn $f'(x) > 0$ für alle $x \in I$.
  … streng monoton fallend genau dann, wenn $f'(x) < 0$ für alle $x \in I$.

Die Umkehrung dieser Aussage ist nicht richtig. Beispiel: Der Graph von $f(x) = x^3$ ist streng monton steigend auf $\mathbb{R}$, aber es gilt: $f'(0) = 0$.

- *Lokale Extrempunkte:*
  Notwendige Bedingung:
  Wenn f an der inneren Stelle x_0 einen Extremwert hat, so gilt $f'(x_0) = 0$.

> Die Bedingung $f'(x) = 0$ bedeutet anschaulich, dass die Tangente an der Extremstelle parallel zur x-Achse verläuft.

  Hinreichende Bedingung (mit der zweiten Ableitung):
  Falls $f'(x_0) = 0$ und $f''(x_0) > 0$ [$f''(x_0) < 0$],
  so befindet sich an der Stelle x_0 ein lokales Minimum [Maximum].

  Hinreichende Bedingung (Vorzeichenwechselkriterium):
  Falls $f'(x_0) = 0$ und f' einen Vorzeichenwechsel (VZW) von – nach + [VZW von + nach –] hat, so befindet sich an der Stelle x_0 ein lokales Minimum [Maximum].

- *Absolute Extrempunkte:*
  Vergleicht man alle lokalen Minima [Maxima] und die Funktionswerte an den Rändern des Intervalls I, so ist der kleinste [größte] Wert daraus das absolute Minimum [Maximum].

Bei der Untersuchung von Extremstellen in einem Sachzusammenhang, der mit einer mathematischen Funktion beschrieben wird, können diese im Kontext gedeutet werden.

Beispiel 1 *Bestimmung von Extrempunkten*

Gegeben ist die Funktion f mit $f(x) = \frac{1}{9} \cdot (2x^3 - 15x^2 + 24x + 25)$.

- *Numerische Bestimmung der Extrempunkte*
  Mithilfe der *Analyse*-Optionen im Grafik-Modus des GTR findet man:
  - den Hochpunkt $H(1 \mid 4)$
  - den Tiefpunkt $T(4 \mid 1)$.

  Dass die Koordinaten tatsächlich ganzzahlig sind und somit exakt bestimmt wurden, bestätigt man durch die Punktprobe.

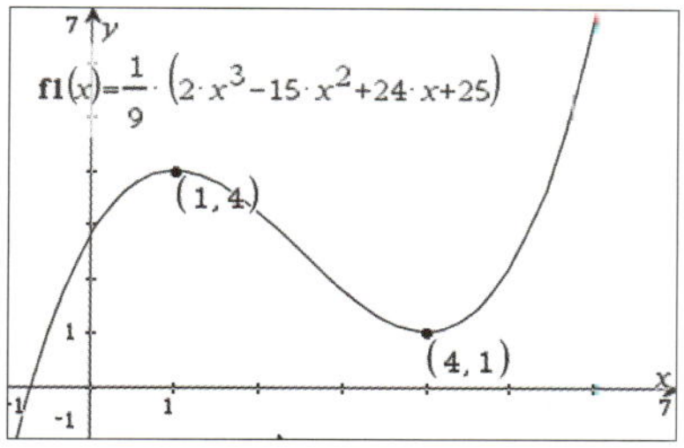

- *Rechnerische Bestimmung der Extrempunkte*
  Die Ableitungen sind:

  $f'(x) = \frac{1}{9} \cdot (6x^2 - 30x + 24) = \frac{2}{3} \cdot (x^2 - 5x + 4) = \frac{2}{3} \cdot (x-1) \cdot (x-4)$

  und

  $f''(x) = \frac{2}{3} \cdot (2x - 5)$.

  Untersuchung auf Monotonie mit einer Vorzeichentabelle für f':
  Zuerst werden die Nullstellen der ersten Ableitung bestimmt:
  $f'(x) = 0 \Leftrightarrow x^2 - 5x + 4 = 0 \Leftrightarrow (x-1)(x-4) = 0 \Leftrightarrow x = 1 \vee x = 4$.
  Mit einer Vorzeichentabelle kann das Vorzeichen der ersten Ableitung auf den Teilintervallen zwischen und neben deren Nullstellen bestimmt werden. Dazu bestimmt man jeweils das Vorzeichen aller Linearfaktoren von f' auf den Teilintervallen und erhält daraus leicht das Vorzeichen von f'.

Intervall	(x − 1)	(x − 4)	$f'(x) = \frac{2}{3} \cdot (x-1) \cdot (x-4)$
$x < 1$	−	−	+
$1 < x < 4$	+	−	−
$x > 4$	+	+	+

  Also ist f streng monoton wachsend für $x < 1$ und für $x > 4$ und streng monoton fallend für $1 < x < 4$.
  Mit dem Vorzeichenwechselkriterium folgt bereits aus dieser Tabelle, dass an der Stelle $x = 1$ ein lokales Maximum und an der Stelle $x = 4$ ein lokales Minimum vorliegt.

Untersuchung auf lokale Extrempunkte mit der zweiten Ableitung:

Notwendige Bedingung: $f'(x) = 0 \Leftrightarrow x^2 - 5x + 4 = 0 \Leftrightarrow (x-1)(x-4) = 0 \Leftrightarrow x = 1 \vee x = 4$

Hinreichende Bedingung: Da $f'(1) = 0 \wedge f''(1) = -2 < 0$, liegt an der Stelle $x = 1$ ein lokales Maximum vor.
Da $f'(4) = 0 \wedge f''(4) = 2 > 0$, liegt an der Stelle $x = 4$ ein lokales Minimum vor.

Mit $f(1) = 4$ und $f(4) = 1$ erhält man den lokalen Hochpunkt $H(1|4)$ und den lokalen Tiefpunkt $T(4|1)$.

Beispiel 2 *Extrempunkte bei Exponentialfunktionen*

Gegeben ist die Funktion f mit $f(x) = x^2 \cdot e^{-x}$.

- *Numerische Bestimmung der Extrempunkte*
  Mithilfe der *Analyse*-Optionen im Grafik-Modus des GTR findet man:
  - den Hochpunkt $H(2|0{,}541)$
  - den Tiefpunkt $T(0|0)$.

  Dass Koordinaten tatsächlich ganzzahlig sind und somit exakt bestimmt wurden, bestätigt man durch die Punktprobe.

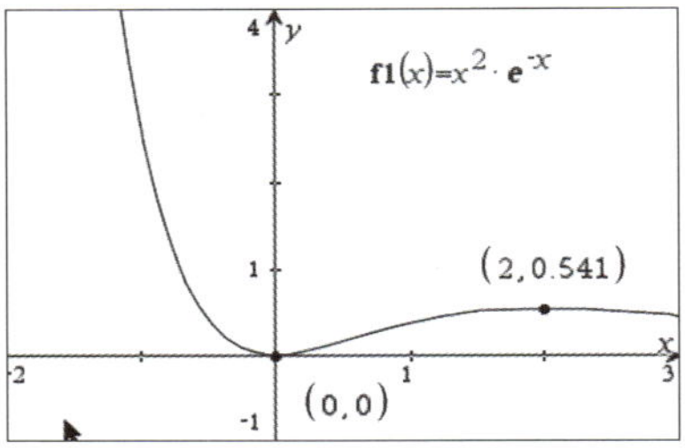

- *Rechnerische Bestimmung der Extrempunkte*
  Die Ableitungen erhält man durch die Anwendung der Produkt- und Kettenregel:
  $f'(x) = 2x \cdot e^{-x} - x^2 \cdot e^{-x} = (2x - x^2) \cdot e^{-x} = x \cdot (2 - x) \cdot e^{-x}$
  $f''(x) = (2 - 2x) \cdot e^{-x} - (2x - x^2) \cdot e^{-x} = (x^2 - 4x + 2) \cdot e^{-x}$

  Durch die Anwendung der notwendigen Bedingung $f'(x) = 0 \Leftrightarrow x = 0 \vee x = 2$ erhält man zwei Kandidaten für lokale Extremstellen, die nun weiter untersucht werden.
  Mit der hinreichenden Bedingung $f'(0) = 0 \wedge f''(0) = 2 > 0$ ist nachgewiesen, dass an der Stelle $x = 0$ ein lokales Minimum vorliegt. Mit $f'(2) = 0 \wedge f''(2) = -2 \cdot e^{-2} < 0$ wird gezeigt, dass an der Stelle $x = 2$ ein lokales Maximum vorliegt. Durch Einsetzen der Extremstellen in die Funktionsgleichung erhält man den lokalen Tiefpunkt $T(0|0)$ und den lokalen Hochpunkt $H(2|4 \cdot e^{-2})$.

B4 Graphen auf ihr Krümmungsverhalten und auf Wende- und Sattelpunkte untersuchen und diese im Sachzusammenhang interpretieren sowie die Wendestelle als Stelle mit extremaler Änderungsrate identifizieren.

Wir betrachten eine Funktion f und ihre Ableitungen.

Der Graph von f heißt auf I linksgekrümmt [rechtsgekrümmt] genau dann, wenn f′ auf I streng monoton steigend [fallend] ist.

- *Kriterium für das Krümmungsverhalten:*
  Wenn $f''(x) > 0$ [$f''(x) < 0$] für alle $x \in I$ gilt, dann ist der Graph von f auf I linksgekrümmt [rechtsgekrümmt].
  Die Umkehrung des Satzes ist nicht richtig. Beispiel: Der Graph von $f(x) = x^4$ ist auf $\mathbb{R}$ linksgekrümmt, aber $f''(0) = 0$.
- *Wendepunkte:*
  Notwendige Bedingung:
  Wenn x_0 eine Wendestelle von f ist, so gilt $f''(x_0) = 0$.

  Wendestellen sind also Extremstellen der ersten Ableitung.

  Hinreichende Bedingung (mit der dritten Ableitung):
  Falls $f''(x_0) = 0$ und $f'''(x_0) \neq 0$, so liegt an der Stelle x_0 eine Wendestelle vor.

  Hinreichende Bedingung (Vorzeichenwechselkriterium):
  Falls $f''(x_0) = 0$ und f'' einen Vorzeichenwechsel (VZW) hat, so liegt an der Stelle x_0 eine Wendestelle vor.
- *Sattelpunkte:*
  Sattelpunkte sind Wendepunkte mit einer zur x-Achse parallelen Tangente.
  Daher gilt die **hinreichende Bedingung**:
  Falls $f'(x_0) = 0$ und $f''(x_0) = 0$ und $f'''(x_0) \neq 0$, so befindet sich an der Stelle x_0 ein Sattelpunkt.

Bei der Untersuchung von Wendestellen in einem Sachzusammenhang, der mit einer mathematischen Funktion beschrieben wird, können diese als Stellen mit maximaler oder minimaler Änderungsrate im Kontext gedeutet werden.

Beispiel 1 *Bestimmung des Krümmungsverhaltens und von Wendepunkten*

Gegeben ist die Funktion f mit $f(x) = \frac{1}{4}x^4 - x^3 + 4x$

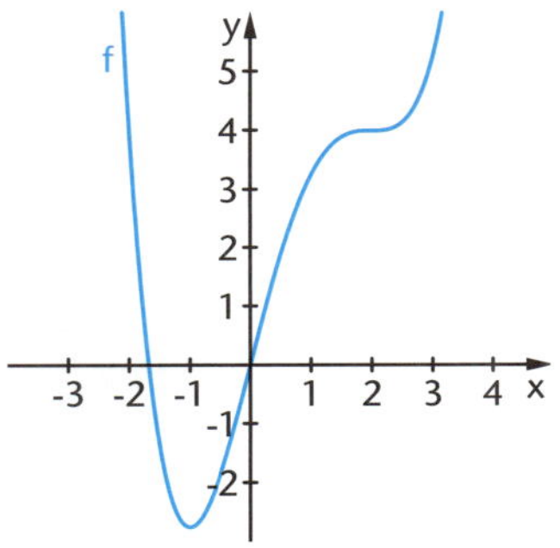

Die Ableitungen sind:
$f'(x) = x^3 - 3x^2 + 4$
$f''(x) = 3x^2 - 6x = 3x(x - 2)$
$f'''(x) = 6x - 6 = 6(x - 1)$

- *Numerische Bestimmung der Wendepunkte*
  Da Wendestellen Extremstellen der 1. Ableitung sind, muss die 1. Ableitungsfunktion, also $f_1(x) = x^3 - 3x^2 + 4$, auf lokale Maxima und Minima untersucht werden. Dabei kann die Ableitungsfunktion auch numerisch ermittelt werden.

  Mithilfe der *Analyse*-Optionen im Grafik-Modus des GTR findet man:
  – das lokale Maximum von f′ (Links-Rechts-Krümmungswechsel) bei $x = 0$;
  – das lokale Minimum von f′ (Rechts-Links-Krümmungswechsel) bei $x = 2$;
  da es sich um eine Nullstelle der Ableitungsfunktion handelt, liegt hier ein Sattelpunkt des Graphen von f vor.

  Dass Koordinaten tatsächlich ganzzahlig sind und somit exakt bestimmt wurden, bestätigt man durch die Punktprobe.
  Die y-Koordinaten der Punkte erhält man durch Einsetzen der Wendestellen in die Funktionsgleichung: W(0|0) und S(2|4).

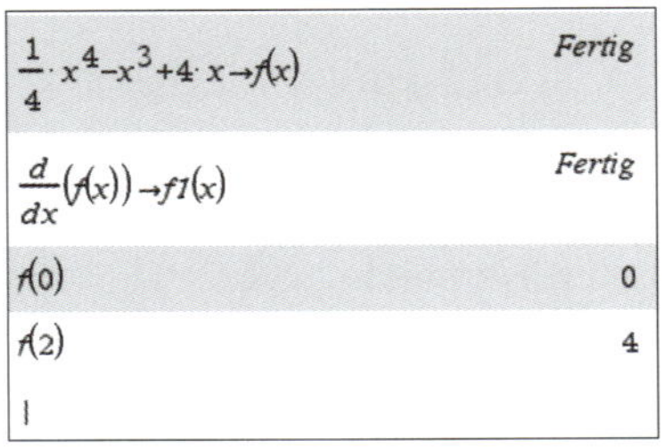

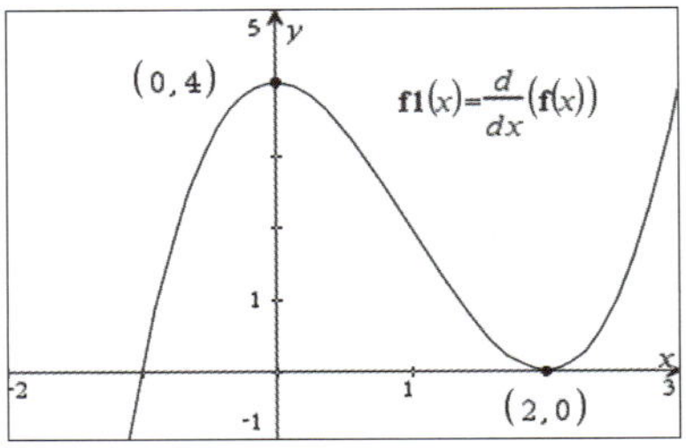

- *Rechnerische Bestimmung der Extrempunkte*
  Untersuchung des Krümmungsverhaltens mit einer Vorzeichentabelle für f″:
  Zuerst werden die Nullstellen der zweiten Ableitung bestimmt:
  $f''(x) = 0 \Leftrightarrow 3x^2 - 6x = 0 \Leftrightarrow 3x(x-2) = 0 \Leftrightarrow x = 0 \vee x = 2$

  Mit einer Vorzeichentabelle kann das Vorzeichen der zweiten Ableitung auf den Teilintervallen zwischen und neben deren Nullstellen bestimmt werden. Man bestimmt jeweils das Vorzeichen aller Linearfaktoren von f″ auf den Teilintervallen und erhält daraus leicht das Vorzeichen von f″. Hier sind also die Linearfaktoren 3x und (x – 2) zu untersuchen:

Intervall	**3x**	**x – 2**	**f″(x) = 3x·(x – 2)**
x < 0	–	–	+
0 < x < 2	+	–	–
x > 2	+	+	+

  Also ist der Graph von f für $x < 0$ sowie für $x > 2$ linksgekrümmt und für $0 < x < 2$ rechtsgekrümmt.
  Mit dem Vorzeichenwechselkriterium folgt bereits aus dieser Tabelle, dass $x = 0$ und $x = 2$ Wendestellen sind.

  Untersuchung auf Wendepunkte mit der dritten Ableitung:
  Notwendige Bedingung: $f''(x) = 0 \Leftrightarrow 3x^2 - 6x = 0 \Leftrightarrow 3x(x-2) = 0 \Leftrightarrow x = 0 \vee x = 2$
  Hinreichende Bedingung: Da $f''(0) = 0 \wedge f'''(0) = -6 < 0$, ist $x = 0$ eine Wendestelle.
  Da $f''(2) = 0 \wedge f'''(2) = 6 > 0$, ist $x = 2$ eine Wendestelle,
  da zusätzlich $f'(2) = 0$, liegt hier sogar ein Sattelpunkt vor.

  Mit $f(0) = 0$ und $f(2) = 4$ erhält man den Wendepunkt W(0|0) und den Sattelpunkt S(2|4).

Beispiel 2 *Untersuchung auf Wendestellen in einem Sachzusammenhang*

Der Temperaturverlauf an einem Frühlingstag kann näherungsweise beschrieben werden durch die Funktion f mit $f(t) = 0{,}00067\,t^4 - 0{,}038\,t^3 + 0{,}6\,t^2 - 1{,}7\,t + 15{,}8$.
Dabei wird die Zeit t in Stunden und die Temperatur f(t) in °C angegeben.
Zu welchem Zeitpunkt ist der Temperaturanstieg am größten gewesen?

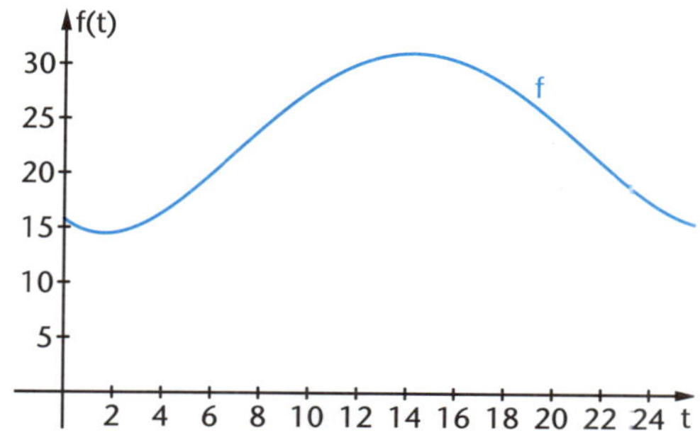

Hier ist nach einer Extremstelle der ersten Ableitung, also nach einer Wendestelle gefragt. Zusätzlich muss die erste Ableitung dort positiv sein, da ein Temperaturanstieg vorliegen soll.

- *Numerische Bestimmung des Wendepunkts mit positiver Steigung*
  Am Graphen der numerischen Ableitung kann man ablesen, dass an der Stelle $x \approx 6{,}98$ ein lokales Maximum mit positiver Steigung vorliegt.

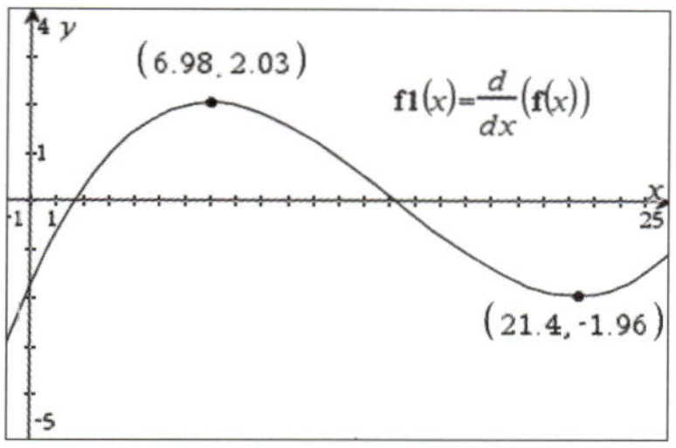

- *Rechnerische Bestimmung des Wendepunkts mit positiver Steigung*

Ableitungen:
$f'(t) = 0{,}00268\,t^3 - 0{,}114\,t^2 + 1{,}2\,t - 1{,}7$
$f''(t) = 0{,}00804\,t^2 - 0{,}228\,t + 1{,}2$
$f'''(t) = 0{,}01608\,t - 0{,}228$

Notwendige Bedingung:
$f''(t) = 0 \Leftrightarrow 0{,}00804\,t^2 - 0{,}228\,t + 1{,}2 = 0 \Leftrightarrow$
$t^2 - 28{,}358\,t + 149{,}254 = 0 \Leftrightarrow$
$t \approx 14{,}179 \pm \sqrt{51{,}79} \Leftrightarrow$
$t_1 \approx 6{,}98 \vee t_2 \approx 21{,}4$

Hinreichende Bedingung:
Da $f''(t_1) = 0 \wedge f'''(t_1) = -0{,}116 < 0$ ist $t_1 \approx 6{,}98$ eine Wendestelle.
Da $f''(t_2) = 0 \wedge f'''(t_2) = 0{,}116 > 0$ ist $t_2 \approx 21{,}4$ eine Wendestelle.

Weiterhin ist $f'(t_1) \approx 2{,}03$ und $f'(t_2) \approx -1{,}96$.
Der Temperaturanstieg war also um 7 Uhr mit etwa $2{,}03\,\frac{°C}{h}$ am größten.

Beispiel 3 *Wendepunkte bei Exponentialfunktionen*

Gegeben ist die Funktion f mit
$f(x) = x^2 \cdot e^{-x}$.
Die Ableitungen erhält man durch die Anwendung der Produkt- und Kettenregel:

$f'(x) = (-x^2 + 2x) \cdot e^{-x}$,
$f''(x) = (x^2 - 4x + 2) \cdot e^{-x}$,
$f'''(x) = (2x - 4) \cdot e^{-x} - (x^2 - 4x + 2) \cdot e^{-x}$
$= (-x^2 + 6x - 6) \cdot e^{-x}$.

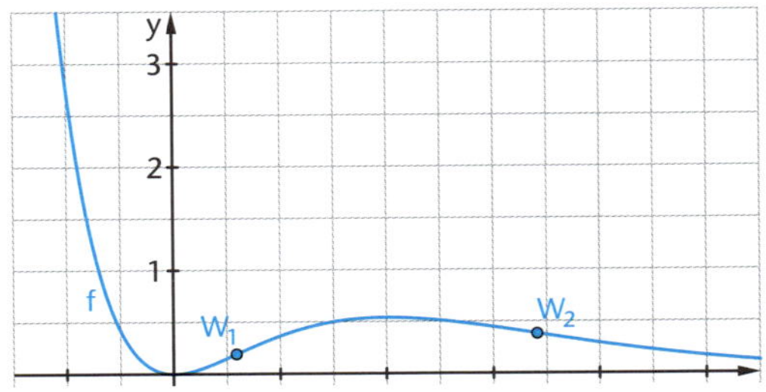

- *Numerische Bestimmung der Wendepunkte*

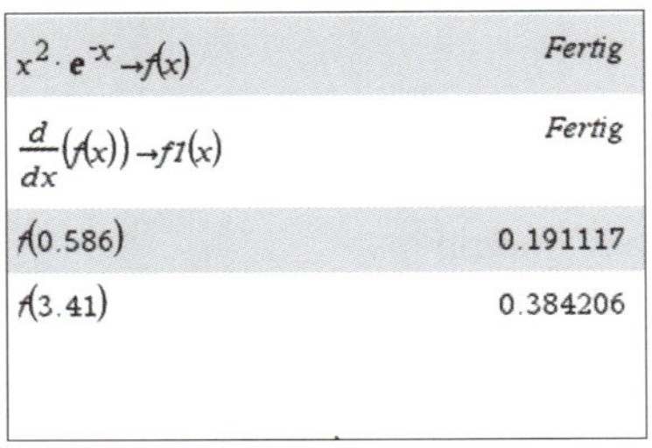

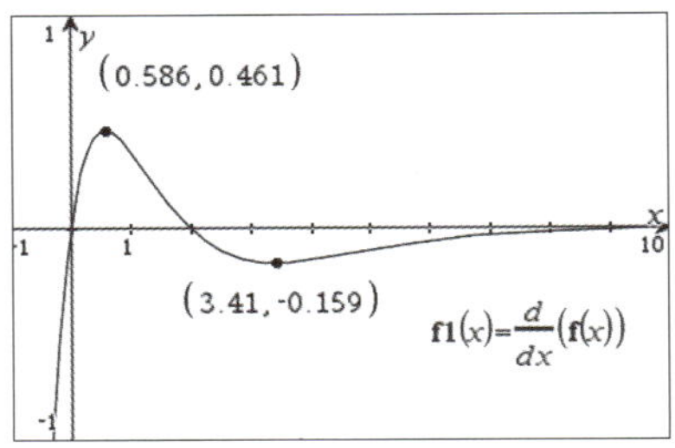

Der Graph von f besitzt einen Wendepunkt W_1 (0,586 | 0,191) mit Krümmungswechsel von links nach rechts und einen Wendepunkt W_2 (3,41 | 0,384) mit Krümmungswechsel von rechts nach links.

- *Rechnerische Bestimmung der Wendepunkte*
  Durch die Anwendung der notwendigen Bedingung
  $f''(x) = 0 \Leftrightarrow (x^2 - 4x + 2) = 0 \Leftrightarrow x = 2 - \sqrt{2} \approx 0{,}59 \vee x = 2 + \sqrt{2} \approx 3{,}41$
  erhält man zwei Kandidaten für Wendestellen, die nun weiter untersucht werden.

  Mit den hinreichenden Bedingungen $f''(2 - \sqrt{2}) = 0 \wedge f'''(2 - \sqrt{2}) \approx -1{,}57 \neq 0$ und $f''(2 - \sqrt{2}) = 0 \wedge f'''(2 - \sqrt{2}) \approx 0{,}09 \neq 0$ ist nachgewiesen, dass die betrachteten Stellen Wendestellen sind.

  Durch Einsetzen der Wendestellen in die Funktionsgleichung erhält man die Wendepunkte W_1 (0,59 | 0,19) und W_2 (3,41 | 0,38).

B5 Asymptotisches Verhalten bei Exponentialfunktionen untersuchen.

Für die Exponentialfunktion f mit $f(x) = e^x$ gilt:
$\lim\limits_{x \to -\infty} e^x = 0$ und $\lim\limits_{x \to +\infty} e^x = +\infty$.
Die Annäherung des Graphen von $f(x) = e^x$ an die x-Achse für $x \to -\infty$ erfolgt so stark, dass auch die Multiplikation mit beliebigen Potenzen von x diesen Grenzwert nicht verändert:
$\lim\limits_{x \to -\infty} (x^n \cdot e^x) = 0$ für $n \geq 1$.
Die negative x-Achse ist eine **Asymptote** *) für alle Funktionen vom Typ $x^n \cdot e^x$, $n \in \mathbb{N}$.

Analog gilt: $\lim\limits_{x \to +\infty} e^{-x} = 0$ und $\lim\limits_{x \to -\infty} e^{-x} = +\infty$

sowie $\lim\limits_{x \to +\infty} (x^n \cdot e^{-x}) = 0$

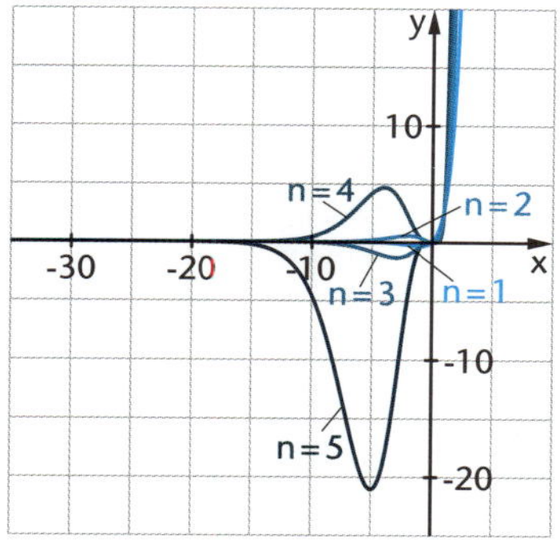

*) Eine Funktion a wird als Asymptotenfunktion einer Funktion f bezeichnet, wenn gilt $\lim\limits_{x \to -\infty} (f(x) - a(x)) = 0$ oder $\lim\limits_{x \to +\infty} (f(x) - a(x)) = 0$.

Dies bedeutet, dass sich der Graph der Funktion f dem Graphen der Asymptotenfunktion a für $x \to +\infty$ oder für $x \to -\infty$ beliebig gut annähert.

Beispiel

Gegeben ist die Funktion f durch $f(x) = (-x^3 + 2x^2) \cdot e^{-x}$.

Ihr Graph nähert sich für $x \to +\infty$ der x-Achse asymptotisch an.
Es gilt: $\lim\limits_{x \to +\infty} f(x) = 0$.

Für $x \to -\infty$ wachsen die Funktionswerte über alle Grenzen. Es gilt:
$\lim\limits_{x \to +\infty} f(x) = +\infty$.

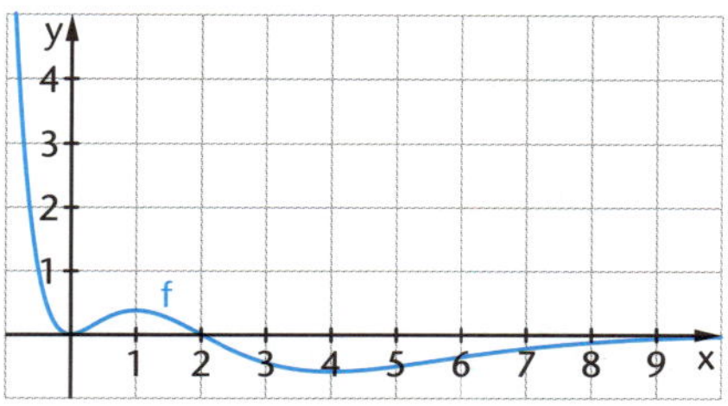

Zur Begründung des Vorzeichens reicht es aus, das Vorzeichen des Summanden mit dem höchsten Exponenten, hier $-x^3$ zu betrachten. Für $x < 0$ ist $-x^3$ positiv.

B6 Funktionenscharen (falls erforderlich, mithilfe von Fallunterscheidungen) auf besondere Punkte (Schnittpunkte, Extrem- und Wendepunkte) untersuchen sowie gemeinsame Punkte der Kurvenschar ermitteln; LK zusätzlich: Ortslinien von Funktionenscharen bestimmen und die Ergebnisse im Sachzusammenhang interpretieren.

Eine Funktionenschar f_k ergibt sich, wenn der Funktionsterm einen Parameter k enthält, für den man verschiedene Zahlen einsetzen kann. Man erhält dann nicht nur einen, sondern abhängig von der Einsetzung für den Parameter, verschiedene Graphen. Bei der Untersuchung der Funktionenschar wird der Parameter k so behandelt, als stehe er für eine zwar beliebige dann aber als konstant angenommene Zahl.

Zur **Untersuchung einer Funktionenschar auf besondere Punkte** wird analog zu den in B2, B3 und B4 beschriebenen Verfahren vorgegangen. Allerdings können die Ableitungen, die Bedingungen und die Koordinaten der Punkte von dem Parameter k abhängig sein. Weiterhin können auch die Eigenschaften besonderer Punkte z. B. vom Vorzeichen des Parameters abhängen. Dann wird eine Fallunterscheidung erforderlich sein.
Zur **Bestimmung aller gemeinsamen Punkte** der Funktionenschar verwendet man den Ansatz $f_{k_1}(x) = f_{k_2}(x)$ mit der Voraussetzung $k_1 \neq k_2$. Alle Lösungen dieser Gleichung sind die x-Koordinaten der gemeinsamen Punkte.

Ortslinien: Der Graph, auf dem die Extrempunkte [Wendepunkte] aller Funktionen einer Funktionenschar liegen, heißt **Ortslinie** der Extrempunkte [Wendepunkte]. Um die Gleichung einer Ortslinie der Extrempunkte [Wendepunkte] zu ermitteln, bestimmt man zunächst die vom Parameter k abhängigen Koordinaten $E(x_e(k) | y_e(k))$ der Punkte. Dann löst man die Gleichung $x = x_e(k)$ nach k auf und setzt das Ergebnis für k in die Gleichung $y = y_e(k)$ ein.

Beispiel 1 *Untersuchung einer Funktionenschar*

Gegeben ist die Funktionenschar f_k durch
$f_k(x) = -2x^3 + kx$ mit $k \in \mathbb{R}$.

Die Ableitungen sind: $f_k'(x) = -6x^2 + k$, $f_k''(x) = -12x$ und $f_k'''(x) = -12$.
Die Graphen der Schar sind punktsymmetrisch zum Ursprung, da der Funktionsterm nur ungerade Exponenten von x enthält.

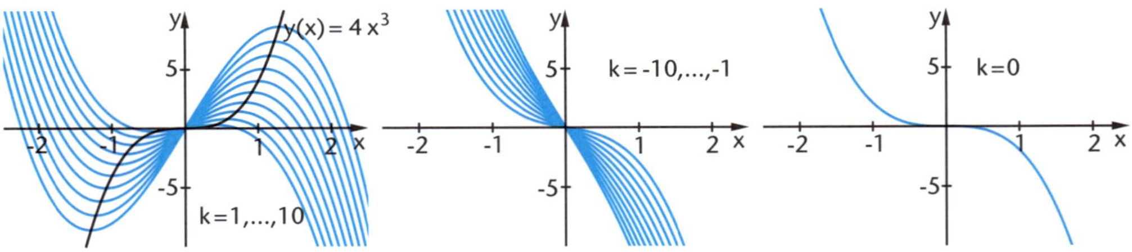

Schnittpunkte mit der x-Achse:
$f_k(x) = 0 \Leftrightarrow -2x^3 + kx = 0 \Leftrightarrow x(-2x^2 + k) = 0 \Leftrightarrow x = 0 \vee x^2 = \frac{k}{2}$.
Falls $k > 0$ hat die Gleichung drei Lösungen: $x = 0 \vee x = -\frac{\sqrt{2k}}{2} \vee x = \frac{\sqrt{2k}}{2}$.
Die Schnittpunkte sind dann $(0|0)$, $\left(-\frac{\sqrt{2k}}{2}\middle|0\right)$ und $\left(\frac{\sqrt{2k}}{2}\middle|0\right)$.
Falls $k \leq 0$, ist nur $(0|0)$ Schnittpunkt mit der x-Achse.

Extrempunkte:
Notwendige Bedingung: $f_k'(x) = 0 \Leftrightarrow -6x^2 + k = 0 \Leftrightarrow x^2 = \frac{k}{6}$.
Falls $k > 0$, hat die Gleichung zwei Lösungen: $x = -\frac{\sqrt{6k}}{6} \vee x = \frac{\sqrt{6k}}{6}$.
In diesem Fall ergibt die hinreichende Bedingung: $f_k'\left(-\frac{\sqrt{6k}}{6}\right) = 0 \wedge f_k''\left(-\frac{\sqrt{6k}}{6}\right) = 2\sqrt{6k} > 0$.
Mit $f_k\left(-\frac{\sqrt{6k}}{6}\right) = -\frac{\sqrt{6k^3}}{9}$ ist daher $T\left(\left(-\frac{\sqrt{6k}}{6}\middle|-\frac{\sqrt{6k^3}}{9}\right)\right)$ ein lokaler Tiefpunkt für $k > 0$.
Aufgrund der Punktsymmetrie zum Ursprung ist $H\left(\frac{\sqrt{6k}}{6}\middle|\frac{\sqrt{6k^3}}{9}\right)$ für $k > 0$ ein lokaler Hochpunkt.
Falls $k = 0$, hat die Gleichung $f_k'(x) = 0$ nur die Lösung $x = 0$. Da auch $f_k''(0) = 0$, ist mit der hinreichenden Bedingung hier noch keine Aussage möglich.
Falls $k < 0$, hat die Gleichung $f_k'(x) = 0$ keine Lösung. In diesem Fall liegen also keine Extrempunkte vor.

Wendepunkte:
Notwendige Bedingung: $f_k''(x) = 0 \Leftrightarrow -12x = 0 \Leftrightarrow x = 0$.
Hinreichende Bedingung: $f_k''(0) = 0 \wedge f_k'''(0) = -12 \neq 0$.
Also ist $W(0|0)$ ein Wendepunkt für alle k. Falls $k = 0$, ist dies sogar ein Sattelpunkt.

Gemeinsame Punkte aller Graphen der Funktionenschar:
Aus dem Ansatz $f_{k_1}(x) = f_{k_2}(x)$ mit $k_1 \neq k_2$ folgt
$-2x^3 + k_1x = -2x^3 + k_2x \Leftrightarrow k_1x = k_2x \Leftrightarrow (k_1 - k_2)x = 0$.
Da nach Voraussetzung $k_1 \neq k_2$ ist, bedeutet dies, dass $x = 0$.
Daher ist der Punkt $(0|0)$ der einzige gemeinsame Punkt.

Ortslinie der Extrempunkte:
$x = \frac{\sqrt{6k}}{6} \Rightarrow x^2 = \frac{k}{6} \Rightarrow k = 6x^2 \rightarrow y = \frac{\sqrt{6k^3}}{9}$
Durch Einsetzen von k in die letzte Gleichung erhält man die Gleichung der Ortslinie der Hochpunkte:
$y(x) = \frac{\sqrt{6(6x^2)^3}}{9} = 4x^3$ für $x > 0$.
Durch analoges Vorgehen erhält man für $x < 0$ dieselbe Gleichung für die Ortslinie der Tiefpunkte.

Beispiel 2 *Ortslinienbestimmung*

Gesucht ist die Gleichung der Kurve, auf der alle Tiefpunkte der Kurvenschar f_t mit $f_t(x) = x^2 + tx - t$ liegen.

Man findet die Tiefpunkte $T_t\left(-\frac{t}{2}\middle|-\frac{1}{4}t^2 - t\right)$.

Aus $x = -\frac{t}{2}$ erhält man $t = -2x$ und setzt diesen Wert in $y = -\frac{1}{4}t^2 - t$ ein:

$y = -\frac{1}{4}(-2x)^2 - (-2x)$.

Die gesuchte Ortslinie besitzt die Gleichung $y = -x^2 + 2x$.

Kurvenscharen auf gemeinsame Punkte der Schar untersuchen:
Zeigen Sie, dass alle Kurven zu f_t mit $f_t(x) = x^2 + tx - t$ durch den Punkt $S(1|1)$ gehen.
Der Ansatz lautet: $f_{t_1}(x) = f_{t_2}(x)$, $t_1 \neq t_2$, also

$x^2 + t_1x - t_1 = x^2 + t_2x - t_2 \Leftrightarrow t_1x - t_2x = t_1 - t_2 \Leftrightarrow x = \frac{t_1 - t_2}{t_1 - t_2} \Leftrightarrow x = 1.$

Es ist $f_t(1) = 1$. Also verlaufen alle Kurven durch den Punkt $S(1|1)$.

Beispiel 3 (für LK) *Kurvenschar mit Exponentialfunktionen*

Hat die Kurvenschar mit $f_k(x) = (e^x - k)^2$ gemeinsame Punkte?
Dazu untersuchen wir: Für welche $x \in \mathbb{R}$ gilt: $k_1(x) = k_2(x)$ sofern $k_1 \neq k_2$?
$(e^x - k_1)^2 = (e^x - k_2)^2 \Leftrightarrow e^{2x} - 2k_1e^x + k_1^2 = e^{2x} - 2k_2e^x + k_1^2 \Leftrightarrow 2 \cdot (k_1 - k_2) \cdot e^x = k_1^2 - k_2^2$

$\Leftrightarrow e^x = \frac{1}{2} \cdot (k_1 + k_2) \Leftrightarrow x = \ln\left(\frac{1}{2} \cdot (k_1 + k_2)\right)$.

Da der gemeinsame Punkt des Graphen von f_k und von $f_{k'}$ von den Werten von k_1 und k_2 abhängt, gibt es keinen gemeinsamen Punkt, der gleichzeitig zu allen Graphen der Schar gehört.

Ortskurve der Wendepunkte:
$f_k'(x) = 2 \cdot (e^x - k) \cdot e^x = 2e^{2x} - 2ke^x$
(nach Kettenregel),
$f_k''(x) = 4e^{2x} - 2ke^x = 2e^x \cdot [2e^x - k]$.
Da $e^x > 0$ für alle $x \in \mathbb{R}$ gilt: $f_k''(x) = 0 \Leftrightarrow 2e^x = k$.
Diese Gleichung hat nur für positive Werte von k eine Lösung, nämlich: $x = \ln\left(\frac{k}{2}\right)$.

Überprüfung der hinreichenden Bedingung für das Vorliegen eines Wendepunkts:
Es ist:
$f_k'''(x) = 8e^{2x} - 2ke^x = 2e^x \cdot [4e^x - k]$
und $f_k'''\left(\ln\left(\frac{k}{2}\right)\right) = k \cdot [2k - k] = k^2 > 0$.

Die Wendepunkte haben die y-Koordinate: $y_w = f_k\left(\ln\left(\frac{k}{2}\right)\right) = \frac{k^2}{4}$

Wir lösen $x_w = \ln\left(\frac{k_1}{2}\right)$ nach k_1 auf: $k_1 = 2 \cdot e^{x_w}$.

Einsetzen in

$y_w = \frac{k_1^2}{4}$: $y_w = \frac{1}{4} \cdot (2 \cdot e^{x_w})^2 = (e^{x_w})^2 = e^{2x_w}$.

Die Wendepunkte liegen auf einer Kurve mit der Gleichung $y = e^{2x}$.

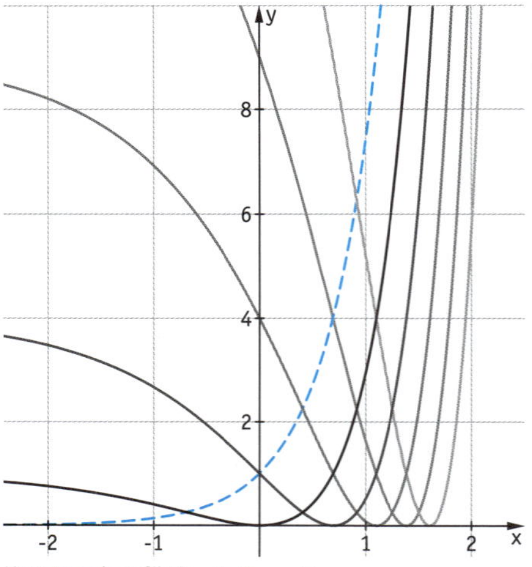

Kurvenschar für k = 1, 2, ..., 5
mit Ortslinie der Wendepunkte

C1 Ganzrationale Funktionen mit vorgegebenen Eigenschaften bestimmen (auch in Sachzusammenhängen, z. B. bei Trassierungen).

Zur Bestimmung einer ganzrationalen Funktion f vom Grad n sind (n + 1) Bedingungen an die gesuchte Funktion erforderlich. Diese können in einer Grafik dargestellt, in einem Text verdeutlicht oder auch schon in Form von Gleichungen formuliert sein.

Vorgehensweise:

1. Setzen Sie an mit einem Funktionsterm, der variable Koeffizienten a, b, c, ... enthält. Der Grad der Funktion muss dabei um eins niedriger gewählt werden als die Anzahl der bekannten Bedingungen.
   Falls 5 Bedingungen bekannt sind, lautet der Ansatz: $f(x) = a x^4 + b x^3 + c x^2 + d x + e$
2. Stellen Sie die gegebenen Bedingungen als Gleichungen mit den Termen $f(x)$, $f'(x)$, $f''(x)$, ... dar.
3. Notieren Sie daraus ein Gleichungssystem mit $n + 1$ Gleichungen zur Bestimmung der $n + 1$ unbekannten Koeffizienten a, b, c, ...
4. Lösen Sie das Gleichungssystem und setzen Sie die gefundene Lösung in den Funktionsterm $f(x)$ ein.
5. Prüfen Sie das Ergebnis auch an eventuell vorliegenden hinreichenden Bedingungen z. B. für Hoch-, Tief- oder Wendepunkte.

Falls bekannt ist, dass der Graph der gesuchten Funktion achsensymmetrisch zur y-Achse [punktsymmetrisch zum Ursprung] ist, enthält der Funktionsterm nur Summanden mit geraden [ungeraden] Potenzen von x. Dies sollte bereits beim Ansatz berücksichtigt werden, da sich dadurch das Gleichungssystem deutlich vereinfacht.

Beispiel 1 *mit GTR*

Der Graph einer ganzrationalen Funktion 3. Grades hat Nullstellen bei $x_{01} = -1$ und bei $x_{03} = 4$, außerdem den Hochpunkt H(1 | 3).

Aus dem Ansatz $f(x) = a x^3 + b x^2 + c x + d$ mit $f'(x) = 3 a x^2 + 2 b x + c$ ergeben sich vier Bedingungen: $f(-1) = 0$, $f(4) = 0$, $f(1) = 3$, $f'(1) = 0$.

Mithilfe des GTR findet man die Koeffizienten $a = \frac{1}{12}$, $b = -\frac{5}{6}$, $c = \frac{17}{12}$, $d = \frac{7}{3}$, also

$f(x) = \frac{1}{12}x^3 - \frac{5}{6}x^2 + \frac{17}{12}x + \frac{7}{3}$ mit der 1. Ableitung $f'(x) = \frac{1}{4}x^2 - \frac{5}{3}x + \frac{17}{12}$.

Wegen $f''(1) < 0$ liegt an der Stelle $x = 1$ tatsächlich ein Hochpunkt vor.

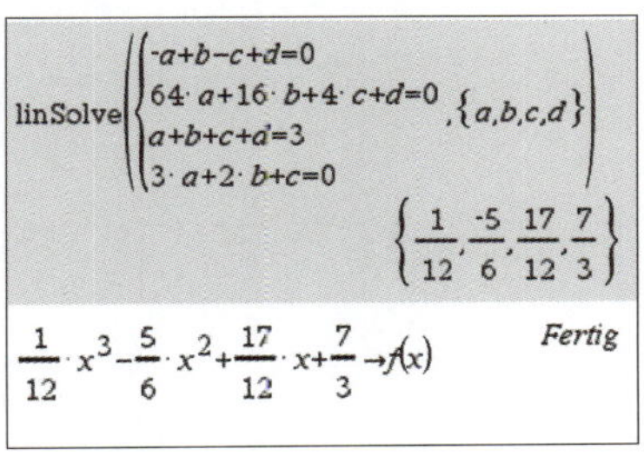

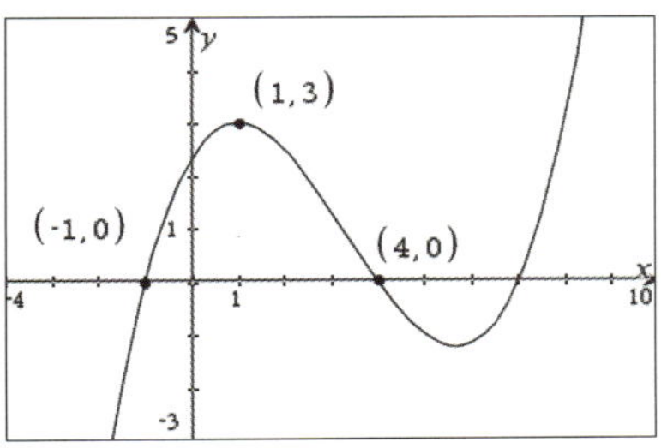

Beispiel 2 *ohne GTR*

Der Graph einer ganzrationalen Funktion 4. Grades soll symmetrisch zur y-Achse sein und diese im Punkt $A(0|-2)$ schneiden. Weiterhin soll $H(2|4)$ ein Hochpunkt sein.
Aus den genannten Eigenschaften ergeben sich drei Bedingungen. Aufgrund der Symmetrie wird $f(x) = ax^4 + bx^2 + c$ als Ansatz gewählt.

Aus den Bedingungen $f(0) = -2 \wedge f(2) = 4 \wedge f'(2) = 0$ ergibt sich mit $f'(x) = 4ax^3 + 2bx$ das Gleichungssystem:

$$\left|\begin{array}{r} c=-2 \\ 16a+4b+c=4 \\ 32a+4b=0 \end{array}\right| \Leftrightarrow \left|\begin{array}{r} c=-2 \\ 16a+4b=6 \\ 32a+4b=0 \end{array}\right| \Leftrightarrow \left|\begin{array}{lr} & c=-2 \\ 16a+4b & =6 \\ 16a & =-6 \end{array}\right| \Leftrightarrow \left|\begin{array}{r} c=-2 \\ -6+4b=6 \\ a=-\frac{3}{8} \end{array}\right| \Leftrightarrow \left|\begin{array}{l} c=-2 \\ b=3 \\ a=-\frac{3}{8} \end{array}\right|$$

Also lautet das Ergebnis $f(x) = -\frac{3}{8}x^4 + 3x^2 - 2$.

Da mit $f''(x) = -\frac{9}{2}x^2 + 6$ außerdem auch $f''(2) = -12 < 0$, ist H tatsächlich ein Hochpunkt.

Beispiel 3

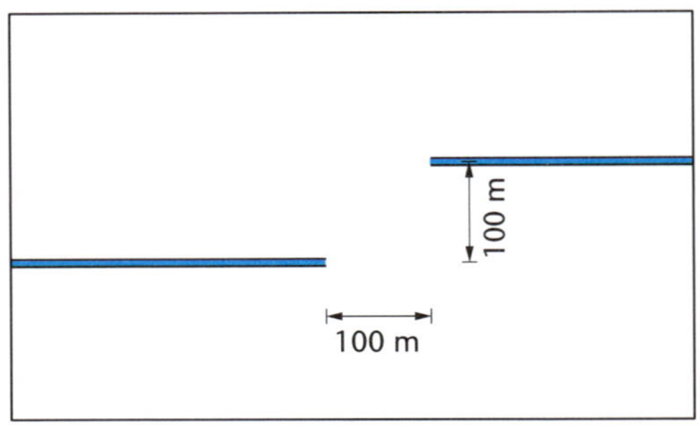

Die beiden dargestellten Straßenabschnitte sollen so miteinander verbunden werden, dass sich an den Anschlussstellen keine Knicke ergeben.
Zunächst wird ein geeignetes Koordinatensystem festgelegt. Dabei entspricht 1 Längeneinheit 100 m in der Natur. Da sich aus den Vorgaben vier Bedingungen ergeben, kann eine ganzrationale Funktion dritten Grades als Ansatz gewählt werden:
$f(x) = ax^3 + bx^2 + cx + d$.

Die Bedingungen $f(0) = 0 \wedge f(1) = 1 \wedge f'(0) = 0 \wedge f'(1) = 0$ führen mit $f'(x) = 3ax^2 + 2bx + c$ zum Gleichungssystem:

$$\left|\begin{array}{r} d=0 \\ a+b+c+d=1 \\ c=0 \\ 3a+2b+c=0 \end{array}\right| \Leftrightarrow \left|\begin{array}{r} d=0 \\ a+b=1 \\ c=0 \\ 3a+2b=0 \end{array}\right| \Leftrightarrow \left|\begin{array}{r} d=0 \\ a+b=1 \\ c=0 \\ a=-2 \end{array}\right| \Leftrightarrow \left|\begin{array}{l} d=0 \\ b=3 \\ c=0 \\ a=-2 \end{array}\right|$$

Lösung: $a = -2 \wedge b = 3 \wedge c = d = 0$

Also kann der neue Straßenabschnitt für $0 \le x \le 1$ mit $f(x) = -2x^3 + 3x^2$ beschrieben werden.

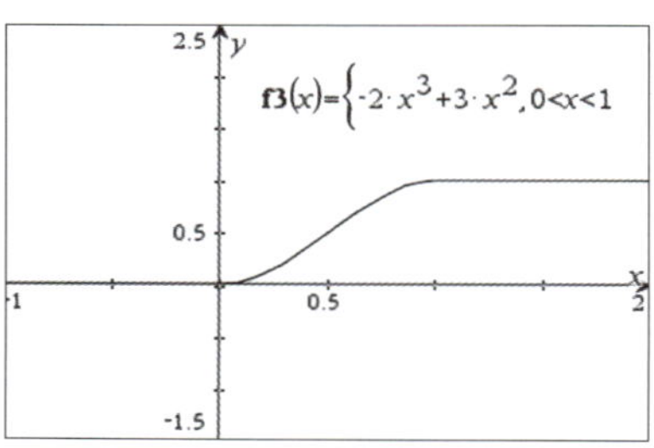

C2 Exponentialfunktionen aus gegebenen Bedingungen bestimmen.

„Einfache“ Exponentialfunktionen, mit deren Hilfe beispielsweise Wachstumsprozesse modelliert werden können, sind vom Typ $f(x) = a \cdot e^{bx}$.
Funktionen dieses Typs sind durch die Angabe von zwei Eigenschaften, z. B. von zwei Punkten, eindeutig bestimmt.

Beispiele

(1) Gesucht ist eine Exponentialfunktion f vom Typ $f(x) = a \cdot e^{bx}$, deren Graph durch die Punkte $(0|3)$ und $(5|2)$ verläuft.
Aus den Koordinaten der Punkte ergeben sich die Bedingungen
(I) $3 = a \cdot e^0 = a \cdot 1 = a$ und (II) $2 = a \cdot e^{5b}$.
Einsetzen von $a = 3$ aus (I) in (II) ergibt: $2 = 3 \cdot e^{5b}$,
also $\frac{2}{3} = e^{5b} \Leftrightarrow 5b = \ln\left(\frac{2}{3}\right) \Leftrightarrow b = \frac{1}{5} \cdot \ln\left(\frac{2}{3}\right) \approx -0{,}081$.
Die Funktion f mit $f(x) = 3 \cdot e^{-0{,}081x}$ erfüllt also die geforderten Bedingungen.

(2) Gesucht ist eine Exponentialfunktion f vom Typ $f(x) = a \cdot e^{bx}$, deren Graph im Punkt $(2|1)$ die Steigung 3 hat.
Wegen $f(x) = a \cdot e^{bx}$ und $f'(x) = a \cdot b \cdot e^{bx}$ ergeben sich die Bedingungen:
(I) $1 = a \cdot e^{2b}$ und (II) $3 = a \cdot b \cdot e^{2b}$.
Einsetzen von (I) in (II) ergibt: $3 = a \cdot b \cdot e^{2b} = b \cdot (a \cdot e^{2b}) = b \cdot 1 = b$,
also aus (I): $1 = a \cdot e^6 \Leftrightarrow a = e^{-6}$.
Die Funktion f mit $f(x) = e^{-6} \cdot e^{3x} = 0{,}002479 \cdot e^{3x}$ erfüllt also die geforderten Bedingungen.

Entsprechend benötigt man für die Bestimmung von Funktionen, mit deren Hilfe beschränkte Wachstumsprozesse modelliert werden können, also Funktionen f vom Typ $f(x) = c - a \cdot e^{bx}$, die Vorgabe von drei Eigenschaften, um die Koeffizienten a, b, c zu berechnen.

C3 In Anwendungen ein passendes Modell für das exponentielle Wachstum aufstellen, seine Tragfähigkeit untersuchen und Schlussfolgerungen im Sachzusammenhang interpretieren sowie Verdopplungs- und Halbwertszeiten berechnen; LK zusätzlich: auch beschränktes Wachstum.

Wachstums- und Abnahmeprozesse lassen sich durch Exponentialfunktionen beschreiben.

Beim **exponentiellen Wachstum** ändert sich der Bestand in gleichen Zeitintervallen immer mit demselben Faktor, d. h. die Änderungsrate ist stets derselbe Anteil des vorhandenen Bestandes.

$B(t) = B(0) \cdot e^{k \cdot t}$ ($B(0)$ ist der Bestand zur Zeit $t = 0$).

Bei einem (positiven) exponentiellen Wachstum heißt die Zeitdauer, in der sich der Bestand verdoppelt, **Verdopplungszeit**.
Bei einem exponentiellen Zerfall heißt die Zeitdauer, in der sich der Bestand halbiert, **Halbwertszeit**.

Der Ansatz zur Berechnung lautet bei der

Verdopplungszeit	*Halbwertszeit*
$B(t) = 2 \cdot B(0)$	$B(t) = \frac{1}{2} \cdot B(0)$

In der Realität wird es immer eine Grenze für das Wachstum geben, diese wird als **Sättigungsgrenze** S bezeichnet.
Von einem **beschränkten Wachstum** spricht man, wenn die Änderungsrate stets derselbe Anteil von der Differenz von der Sättigungsgrenze S und dem augenblicklichen Bestand B (t) ist

$B(t) = S + [B(0) - S] \cdot e^{-k \cdot t}$.

Beim beschränkten Wachstum ist die Parallele zur x-Achse mit y = S (Sättigungsgrenze) eine Asymptote für die Wachstumsfunktion.

Beispiele

(1) Der Luftdruck nimmt mit größer werdendem Abstand zur Erdoberfläche ab, und zwar um 12 % je 1000 m. Zur Zeit ist der Luftdruck auf Meereshöhe 1018 mbar. Welcher Luftdruck herrscht in 6000 m Höhe?

$B(6) = B(0) \cdot 0{,}88^6 = 1018 \cdot 0{,}88^6 \approx 473$ mbar.
Man kann dies auch so notieren: $B(6) = B(0) \cdot e^{6 \cdot \ln(0{,}88)} = 1018 \cdot 0{,}4644 \approx 473$ mbar.

(2) Ein Anfangsbestand B (0) von Bakterien erhöht sich täglich um 10 %. Den Funktionsterm erhält man aus folgenden Bedingungen:
Bakterienbestand nach dem 1. Tag: $B(1) = B(0) \cdot 1{,}1$;
nach dem 2. Tag: $B(2) = B(0) \cdot 1{,}1^2$;
nach dem n-ten Tag: $B(n) = B(0) \cdot 1{,}1^n$;
also: $B(t) = B(0) \cdot 1{,}1^t$;
und wegen $k = \ln(1{,}1) \approx 0{,}095$ kann man dies auch wie folgt notieren:
$B(t) = B(0) \cdot e^{\ln(1{,}1) \cdot t} = B(0) \cdot e^{0{,}095t}$.

(3) Zu Beginn des Jahres 2000 hatte Indien etwa 1 Milliarde Einwohner. Es wird angenommen, dass das jährliche Bevölkerungswachstum 1,4 % beträgt. In welchem Zeitraum verdoppelt sich die Bevölkerungszahl (sofern die Wachstumsrate gleich bleibt)?

Der Wachstumsprozess kann modelliert werden mithilfe von
$B(t) = 1{,}014^t = e^{\ln(1{,}014) \cdot t} = e^{0{,}0139 \cdot t}$,
wobei t die Zeit in Jahren ab dem Jahr 2000 angibt.
Verdopplungszeit aus $B(t) = 1 \cdot e^{\ln(1{,}014) \cdot t} = 2 \cdot B(0)$.

Man erhält für die Verdopplungszeit: $t = \frac{\ln(2)}{\ln(1{,}014)} \approx 49{,}9$ Jahre, d. h. nach etwa 50 Jahren wird sich die indische Bevölkerung verdoppelt haben (sofern die Wachstumrate unverändert bleibt).

(4) Wann ist ein Auto mit 30000 € Neuwert bei einem jährlichen Wertverlust von 20 % nur noch die Hälfte wert?

Der Abnahmeprozess wird modelliert mithilfe von
$B(t) = 30000 \cdot 0{,}8^t = 30000 \cdot e^{\ln(0{,}8) \cdot t} = 30000 \cdot e^{-0{,}223 \cdot t}$
(wobei t die Zeit in Jahren nach dem Neukauf angibt).

Ansatz: $B(t) = \frac{1}{2} \cdot B(0) \Leftrightarrow 15000 = 30000 \cdot e^{\ln(0{,}8) \cdot t} \Leftrightarrow \frac{1}{2} = e^{\ln(0{,}8) \cdot t} \Leftrightarrow t = \frac{\ln\left(\frac{1}{2}\right)}{\ln(0{,}8)} = 3{,}1.$

Nach etwas mehr als 3 Jahren besitzt das Fahrzeug nur noch den halben Wert.

(5) In einer Minute kühlt sich eine warme Flüssigkeit um etwa 20 % der Differenz zur Raumtemperatur ab. Die aktuelle Raumtemperatur beträgt 20°.
Nach welcher Zeit ist ein 90 °C heißer Kaffee auf 50 °C abgekühlt?

Es ist $T(t) = 20 + [90 - 20] \cdot 0{,}8^t$, also wegen $\ln(0{,}8) \approx -0{,}223$:
$T(t) = 20 + 70 \cdot e^{-0{,}223t}$.
Aus $50 = 20 + 70 \cdot e^{-0{,}223t}$ folgt:

$\frac{3}{7} = e^{-0{,}223t}$, also $\ln\left(\frac{3}{7}\right) = -0{,}223t$

und damit $t = 3{,}8$ (nach ca. 3,8 min ist der Kaffee auf 50 °C abgekühlt).

C4 Extremwertaufgaben mit Nebenbedingungen innermathematisch und in Sachzusammenhängen lösen.

Folgende Schritte sind zu beachten:

- Alle wichtigen Größen sind zu benennen. Für die Größe, für die ein Extremum (Maximum oder Minimum) zu bestimmen ist (sogenannte Extremalgröße), muss eine Gleichung aufgestellt werden. Die durch die Gleichung bestimmte Zielfunktion enthält i. A. noch mehrere Variablen.
- Eine Nebenbedingung wird aufgestellt; diese gibt an, wie die auftretenden Variablen voneinander abhängen. Diese Nebenbedingung wird so in den Funktionsterm der Zielfunktion eingesetzt, dass im Funktionsterm nur noch die eine Variable vorkommt, deren Extremum gesucht wird.
- Von dieser Zielfunktion werden die lokalen Extremstellen und die zugehörigen Funktionswerte bestimmt
- Ist der Definitionsbereich eingeschränkt, müssen auch die Funktionswerte an den Rändern berechnet und mit den Funktionswerten der lokalen Extremstellen verglichen werden.
- Wenn so der Extremwert für die betrachtete Extremalgröße gefunden ist, müssen noch alle im ersten Ansatz aufgetretenen Größen berechnet werden.

Beispiel 1

P (x | y) sei ein beliebiger Punkt des Graphen der Funktion f mit $f(x) = -\frac{1}{2}x^2 + 2$, der oberhalb der x-Achse liegt.
Die Parallele zur y-Achse durch den Punkt P, die x-Achse und die Gerade, die durch A (−2 | 0) und P verläuft, bestimmen ein Dreieck. Für welche Lage des Punktes P ist der Flächeninhalt des Dreiecks maximal?

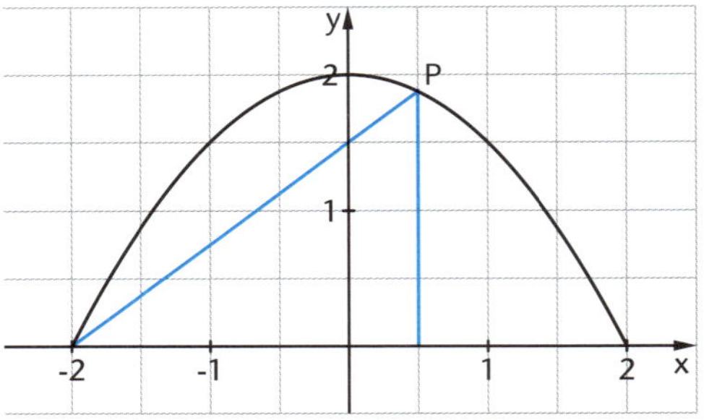

Gesucht ist der maximale Flächeninhalt, deshalb wird ein Funktionsterm zur Berechnung des Flächeninhalts aufgestellt:

$A(x, y) = \frac{1}{2} \cdot (x - (-2)) \cdot y = \frac{1}{2} \cdot (x + 2) \cdot y$.

Die Nebenbedingung „P ist Punkt des Graphen“ liefert $y = -\frac{1}{2}x^2 + 2$.

Diese Bedingung für y wird in den Term der Zielfunktion eingesetzt:

$A(x) = \frac{1}{2} \cdot (x + 2) \cdot (-\frac{1}{2}x^2 + 2) = -\frac{1}{4}x^3 - \frac{1}{2}x^2 + x + 2$.

Definitionsbereich der Zielfunktion: $-2 \leq x \leq 2$ (der Einfachheit halber werden die beiden Randstellen mit hinzugenommen).

- *Numerische Bestimmung des Maximums der Zielfunktion*
  Mithilfe des GTR findet man das lokale Maximum für $x \approx 0{,}667$ mit $A(0{,}667) \approx 2{,}37$. Am Graphen kann man ablesen, dass dies auch ein absolutes Maximum der Zielfunktion auf der Definitionsmenge ist.

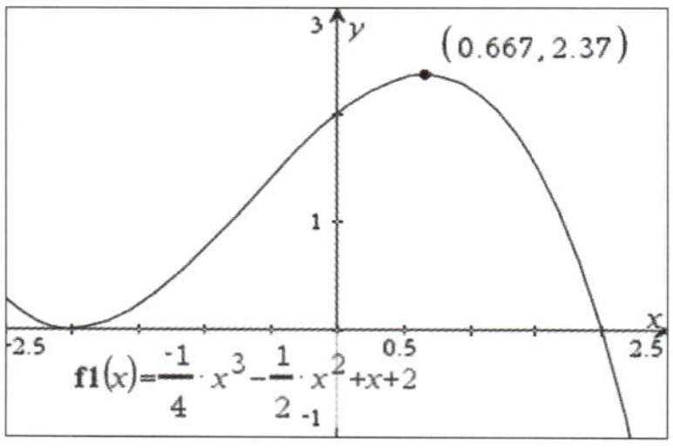

- *Rechnerische Bestimmung des Maximums der Zielfunktion*
  Für die 1. Ableitung gilt:

  $A'(x) = -\frac{3}{4}x^2 - x + 1$; $A'(x) = 0 \Leftrightarrow x = \frac{2}{3} \vee x = -2$.

  Für $x = -2$ liegt der Punkt P auf der x-Achse.

  $A''(x) = -\frac{3}{2}x - 1$; $A''\left(\frac{2}{3}\right) = -2 < 0$:

  An der Stelle $x = \frac{2}{3}$ hat die Zielfunktion ein lokales Maximum. An den Rändern der Definitionsmenge (= Nullstellen der Funktion f) ist der Flächeninhalt des Dreiecks gleich null. Daher ist das Dreieck mit dem größten Flächeninhalt gegeben, wenn $x = \frac{2}{3}$ und $y = f\left(\frac{2}{3}\right) = \frac{16}{9}$.

  Der maximale Flächeninhalt ist: $A\left(\frac{2}{3}\right) = \frac{64}{27}$ FE ≈ 2,37 FE.

Beispiel 2

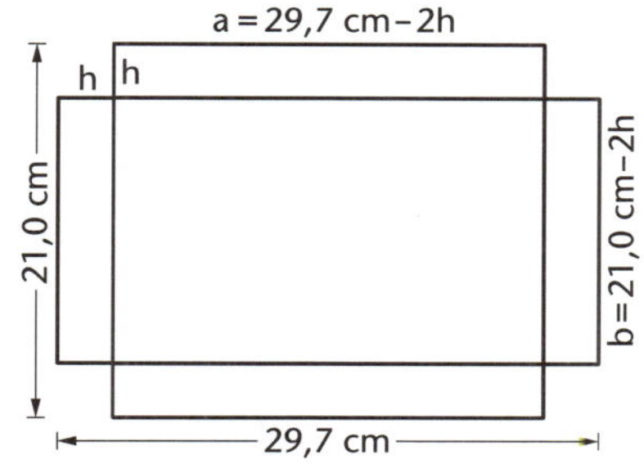

Aus einem DIN-A 4-Blatt soll eine offene Schachtel mit möglichst großem Volumen gebastelt werden. (Die Klebefalze können vernachlässigt werden.)

Bezeichnen wir die Länge der offenen Schachtel mit a, die Breite mit b und die Höhe mit h, dann ergibt sich das Volumen gemäß der Formel:
$V(a, b, h) = a \cdot b \cdot h$.

Die Schachtel entsteht durch das Aufklappen von rechteckigen Streifen der Höhe h. Aus dem Sachzusammenhang ergibt sich, dass diese Höhe h größer sein muss als null, aber kleiner als die halbe Breite des DIN-A 4-Blattes, d. h. $0\text{ cm} < h < 10{,}5\text{ cm}$.

Durch die Länge des DIN-A 4-Blattes (29,7 cm) wird auch die Länge der Schachtel begrenzt; daher gilt die erste Nebenbedingung: $a = 29{,}7 - 2h$.

Durch die Breite des DIN-A 4-Blattes (21,0 cm) wird auch die Breite der Schachtel begrenzt; daher gilt die zweite Nebenbedingung: $b = 21{,}0 - 2h$.

Wenn wir diese beiden Bedingungen in den o. a. Term V (a, b, h) einsetzen, erhalten wir die Zielfunktion

$V(h) = (29{,}7 - 2h) \cdot (21{,}0 - 2h) \cdot h = 4h^3 - 101{,}4h^2 + 623{,}7h$, wobei $0 \le h \le 10{,}5$ (der Einfachheit halber werden die beiden Randstellen mit hinzugenommen).

- *Numerische Bestimmung des Maximums der Zielfunktion*
  Mithilfe des GTR findet man das Maximum für $x \approx 4{,}04$ mit $V(4{,}04) \approx 1130$. Am Graphen kann man ablesen, dass dies auch ein absolutes Maximum der Zielfunktion auf der Definitionsmenge ist.

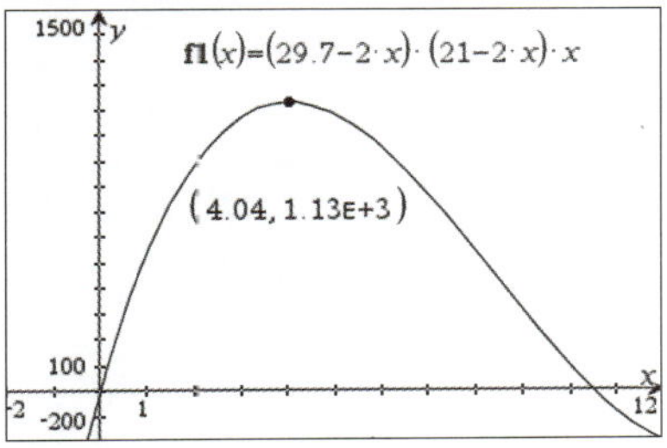

- *Rechnerische Bestimmung des Maximums der Zielfunktion*
  Um das Maximum dieser Funktion zu bestimmen, bilden wir die 1. Ableitung:

  $V'(h) = 12h^2 - 202{,}8h + 623{,}7$.

  Die quadratische Gleichung $V'(h) = 0$ hat zwei Lösungen: $h_1 \approx 4{,}04$ und $h_2 \approx 12{,}86$.

  Die zweite Lösung entfällt im Sachzusammenhang, stellt sich aber auch als Tiefpunkt heraus, wenn man die hinreichenden Kriterien untersucht oder den Graphen insgesamt betrachtet.

  Das maximal erreichbare Volumen der offenen Schachtel beträgt

  $V(h_{max}) = V(4{,}04) \approx 1128{,}5\text{ cm}^3$.

D1 Stammfunktionen zu Grundtypen von Funktionen bestimmen und den Hauptsatz der Differenzial- und Integralrechnung (HDI) zur Berechnung bestimmter Integrale anwenden.

Jede differenzierbare Funktion F mit $F'(x) = f(x)$ für alle $x \in D_f$ heißt **Stammfunktion** von f.

Der Nachweis hierfür erfolgt, indem man die angegebene Stammfunktion ableitet. Das Bilden von Stammfunktionen ist nicht eindeutig, da die Konstante beim Ableiten wegfällt (vgl. Beispiel). In der folgenden Tabelle kann daher zu jeder angegebenen Stammfunktion auch eine beliebige Konstante addiert werden.

$f(x)$	c	x^n für $n \neq -1$	$\frac{1}{x}$ $D_f = \mathbb{R} \setminus \{0\}$	$\sqrt{x}$ $D_f = \mathbb{R}^+$	e^x	$\ln(x)$	$\sin(x)$	$\cos(x)$
$F(x) = \int f(x)\,dx$	cx	$\frac{1}{n+1}x^{n+1}$	$\ln(\lvert x\rvert)$	$\frac{2}{3}x^{\frac{3}{2}}$	e^x	$x \cdot \ln(x) - x$	$-\cos(x)$	$\sin(x)$

Integralfunktion:
Gegeben sei eine Funktion f in einem Intervall J und $a \in J$. Dann heißt die Funktion I_a mit

$$I_a(x) = \int_a^x f(t)\,dt$$

Integralfunktion von f mit unterer Grenze a. Die Funktion f wird hier auch als *Integrandenfunktion* bezeichnet.

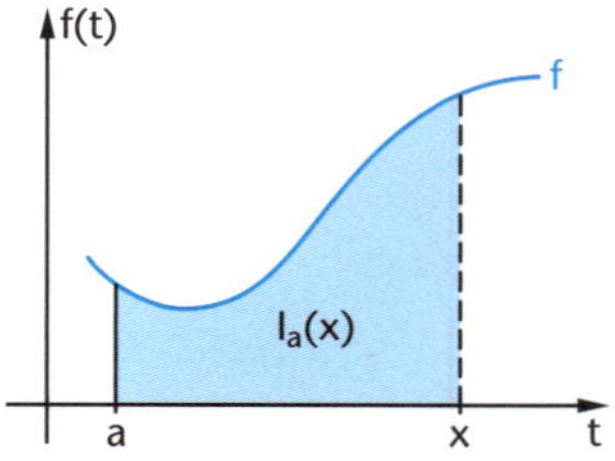

Hauptsatz der Differenzial- und Integralrechnung:
Wenn die Integrandenfunktion f stetig auf dem Intervall J ist, dann ist die Integralfunktion I_a sogar differenzierbar, und es gilt: $I_a'(x) = f(x)$
In Worten: Die Ableitung der Integralfunktion ergibt die Integrandenfunktion.

Man kann also zu jeder stetigen Funktion f eine Stammfunktion angeben – ggf. in der Form als Integralfunktion.

Folgerung aus dem Hauptsatz:
Ist die Funktion f auf einem Intervall J stetig und F eine beliebige Stammfunktion von f, so gilt für alle $a, b \in J$:

$$\int_a^b f(x)\,dx = F(b) - F(a)$$

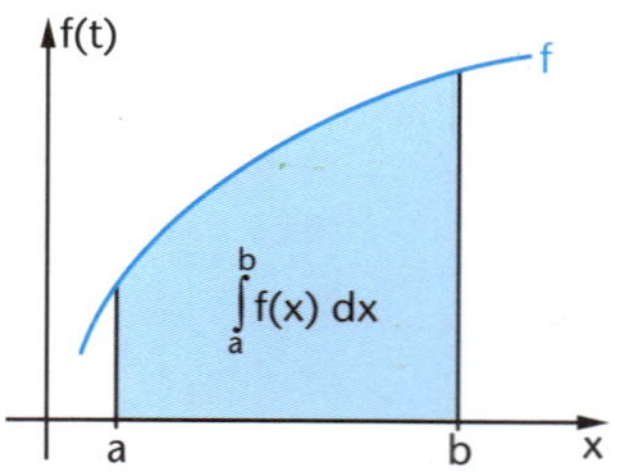

Beispiel *Nachweis einer Stammfunktion*

Zum Nachweis, dass $F(x) = (x-1) \cdot e^x$ eine Stammfunktion für $f(x) = x \cdot e^x$ ist, wird die Ableitung von F gemäß Produktregel gebildet:
$F'(x) = 1 \cdot e^x + (x-1) \cdot e^x = e^x + x \cdot e^x - e^x = x \cdot e^x = f(x)$.

Beispiele *Bestimmung von Stammfunktionen*

- Zu $f(x) = 5x^4 - 8x^3 + 3x^2 - 6x + 3$ erhält man eine Stammfunktion mit $F(x) = x^5 - 2x^4 + x^3 - 3x^2 + 3x$. Dabei wird der Exponent von x um eins erhöht und der entsprechende Summand mit dem Kehrwert des neuen Exponenten multipliziert.

- Zu $f(x) = 4 \cdot e^{2x+1}$ erhält man eine Stammfunktion mit $F(x) = 4 \cdot \frac{1}{2} \cdot e^{2x+1} = 2 \cdot e^{2x+1}$.

  Da beim Ableiten von F mit der inneren Ableitung multipliziert wird, muss hier im Funktionsterm der Stammfunktion der Faktor $\frac{1}{2}$ ergänzt werden.

- Eine Stammfunktion zu $f(x) = \sin\left(\frac{1}{2}x + \pi\right)$ ist $F(x) = -2 \cdot \cos\left(\frac{1}{2}x + \pi\right)$.

Allgemein gilt: Ist F eine Stammfunktion für eine Funktion f, dann ist $\frac{1}{a} \cdot F(ax + b)$ eine Stammfunktion für $f(ax + b)$.

Beispiele *Bestimmung bestimmter Integrale*

- *Numerische Bestimmung bestimmter Integrale*

$$\int_1^2 \left(3 \cdot x^2 - 1\right) dx \qquad 6.$$

$$\int_{-1}^3 (2 \cdot x - 1)^2 \, dx \qquad 25.3333$$

$$\int_0^1 \left(2 - e^{-x}\right) dx \qquad 1.36788$$

- *Rechnerische Bestimmung bestimmter Integrale*
  Zur Berechnung bestimmter Integrale muss zunächst eine Stammfunktion zur Integrandenfunktion bestimmt werden. In diese wird dann zuerst die obere Integrationsgrenze und dann die untere Integrationsgrenze eingesetzt. Der Wert des bestimmten Integrals ist dann die Differenz der beiden Einsetzungen.

  (1) $\int_1^2 (3x^2 - 1)\,dx = \left[x^3 - x\right]_1^2 = (2^3 - 2) - (1^3 - 1) = 6$

  (2) $\int_{-1}^3 (2x - 1)^2\,dx = \left[\frac{1}{6}(2x - 1)^3\right]_{-1}^3 = 25\frac{1}{3}$

  (3) $\int_0^1 (2 - e^{-x})\,dx = \left[2x + e^{-x}\right]_0^1 = (2 + e^{-1}) - (0 + e^{-0}) = 1 + \frac{1}{e}$

Hinweis: Die Stammfunktionen zu Beispiel (2) und (3) wurden durch Ausprobieren gefunden: Dabei überlegt man, wie der Funktionsterm entstanden sein könnte, wenn man die betreffende Ableitungsregel (hier: die Kettenregel) anwendet.

D2 Flächeninhalte zwischen einem Funktionsgraphen und der x-Achse und Flächeninhalte zwischen mehreren Funktionsgraphen berechnen.

Ist f in [a;b] stetig und $f(x) \neq 0$ für alle $x \in]a; b[$, dann gilt für den Inhalt der Fläche zwischen dem Graphen von f und der x-Achse über dem Intervall [a; b]:

$$A = \left| \int_a^b f(x)\,dx \right|.$$

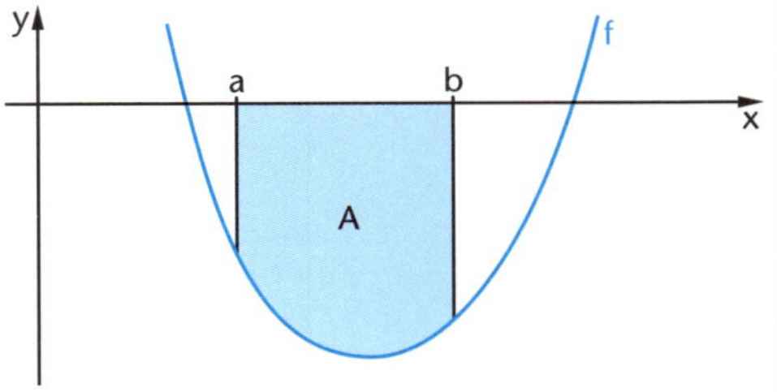

Hat f in [a; b] die Nullstellen $x_1, x_2, \ldots, x_k$ mit $x_1 < x_2 < \ldots < x_k$, dann gilt für den Inhalt der Fläche, welche der Graph von f mit der x-Achse einschließt:

$$A = \left| \int_{x_1}^{x_2} f(x)\,dx \right| + \left| \int_{x_2}^{x_3} f(x)\,dx \right| + \ldots + \left| \int_{x_{k-1}}^{x_k} f(x)\,dx \right|.$$

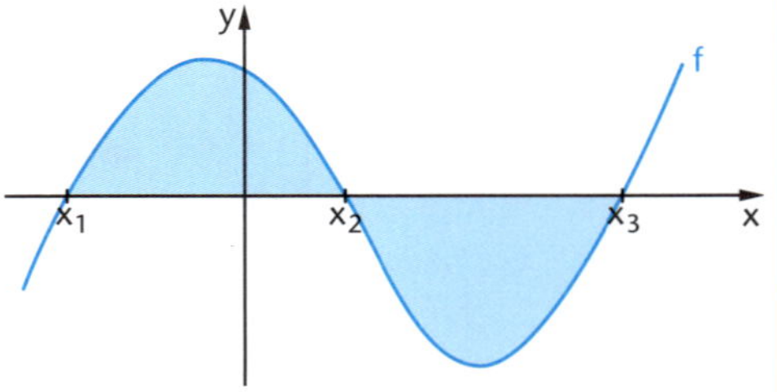

Haben die in [a;b] stetigen Funktionen f und g die Schnittstellen $x_1, x_2, \ldots, x_k$ mit $x_1 < x_2 < \ldots < x_k$, dann gilt für den Inhalt der von den Graphen eingeschlossenen Fläche:

$$A = \left| \int_{x_1}^{x_2} (f(x) - g(x))\,dx \right| + \left| \int_{x_2}^{x_3} (f(x) - g(x))\,dx \right| + \ldots + \left| \int_{x_{k-1}}^{x_k} (f(x) - g(x))\,dx \right|$$

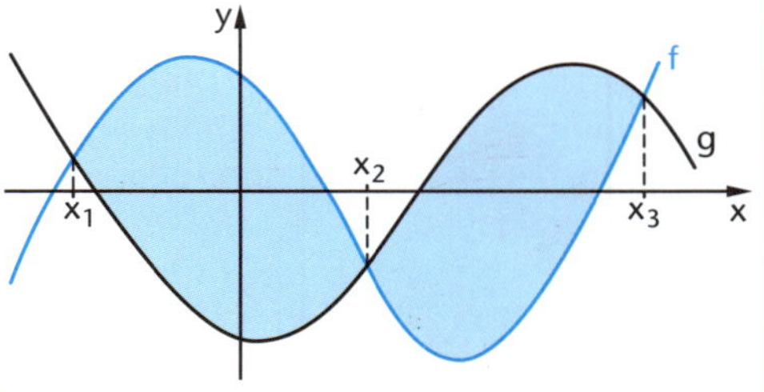

Vereinfachung bei numerischer Integration mit dem GTR
Die Unterteilung in Teilintervalle kann bei der numerischen Berechnung entfallen: Statt der Summe der Beträge der Integrale wird das Gesamtintegral über den Betrag der Integrandenfunktion betrachtet.

Beispiel *Berechnung des Flächeninhalts in einer Anwendung*
Das abgebildete Grundstück steht zum Verkauf. Es wird an einer Seite durch einen Fluss begrenzt. Zur Ermittlung des Verkaufspreises soll der Flächeninhalt des Grundstücks bestimmt werden.

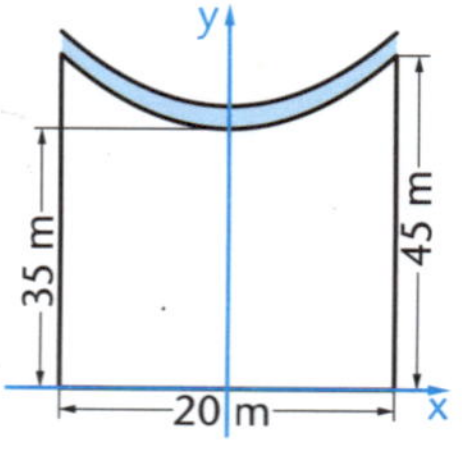

In dem gemäß nebenstehender Abbildung gewählten Koordinatensystem kann das südliche Ufer des Flusses durch eine quadratische Funktion f mit $f(x) = a x^2 + 35$ beschrieben werden. Dabei ist die Konstante a durch die Bedingung $f(10) = 45$ zu $a = 0{,}1$ festgelegt.
Für den Flächeninhalt des Grundstücks in m^2 folgt:

$$A = 2 \cdot \int_0^{10} (0{,}1x^2 + 35)\,dx = 2 \cdot \left[\tfrac{1}{30}x^3 + 35x\right]_0^{10} = 766\tfrac{2}{3}$$

Beispiel *Berechnung des Flächeninhalts eines Flächenstücks, das von einem Graphen und der x-Achse eingeschlossen ist*

Wie groß ist der Flächeninhalt des Flächenstücks, das vom Graphen von f mit $f(x) = (x-1) \cdot (x-3) \cdot (x-6)$ und der x-Achse eingeschlossen wird?
Da der Funktionsterm von f in faktorisierter Form gegeben ist, können die Nullstellen sofort abgelesen werden:
$x_{01} = 1$, $x_{02} = 3$, $x_{03} = 6$.

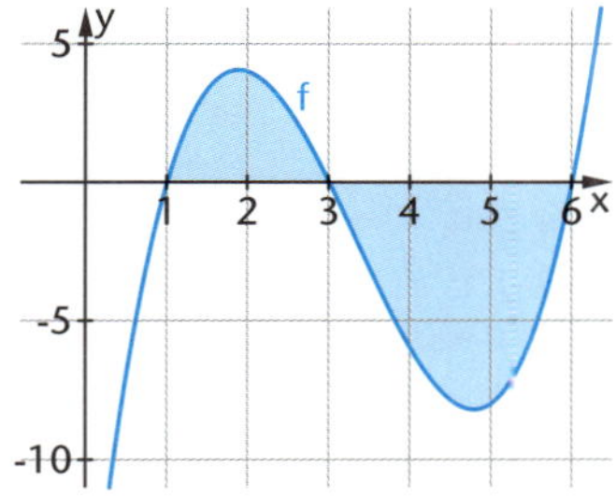

- *Numerische Bestimmung des Flächeninhalts*
  Bei der Ermittlung des gesamten Flächeninhalts der beiden Teilflächen mit dem GTR kann auf die Betrachtung der Nullstellen von f verzichtet werden, wenn man den Betrag der Funktion betrachtet:

  $A \approx 21{,}0833$

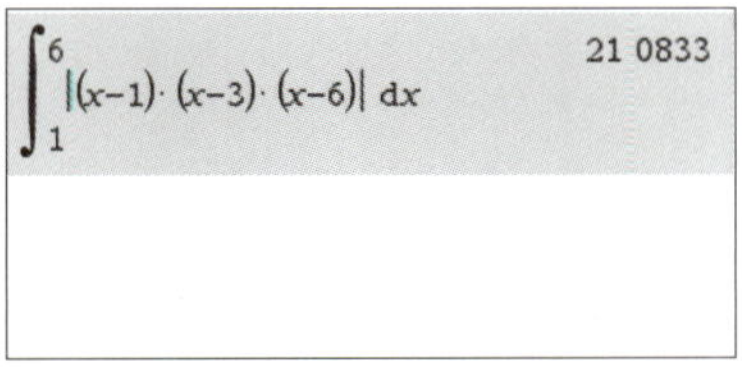

- *Rechnerische Bestimmung des Flächeninhalts*
  Um den gesuchten Flächeninhalt zu bestimmen, sind hier zwei Integrale zu berechnen. Da Flächeninhalte stets positiv sind, müssen die Beträge der berechneten Integrale addiert werden.

  $$A = \left|\int_1^3 (x^3 - 10x^2 + 27x - 18)\,dx\right| + \left|\int_3^6 (x^3 - 10x^2 + 27x - 18)\,dx\right| = \left|5\tfrac{1}{3}\right| + \left|-15\tfrac{3}{4}\right| = 21\tfrac{1}{12}$$

Beispiel *Berechnung des Flächeninhalts eines Flächenstücks, das von zwei Graphen eingeschlossen ist*

Wie groß ist der Flächeninhalt des Flächenstücks, das von den Graphen von f und g mit $f(x) = -x^2 + 2x + 2$ und $g(x) = x^2 - 2$ eingeschlossen wird?

- *Rechnerische Bestimmung des Flächeninhalts*
  Man berechnet die Schnittstellen der Graphen durch Lösen der Gleichung $f(x) = g(x)$: $x_{S1} = -1$, $x_{S2} = 2$. Für den Flächeninhalt erhält man:

  $$A = \left|\int_{-1}^2 ((-x^2 + 2x + 2) - (x^2 - 2))\,dx\right| = \left|\int_{-1}^2 (-2x^2 + 2x + 4)\,dx\right| = \left|\left[-\tfrac{2}{3}x^3 + x^2 + 4x\right]_{-1}^2\right| = |9| = 9.$$

- *Numerische Bestimmung des Flächeninhalts*

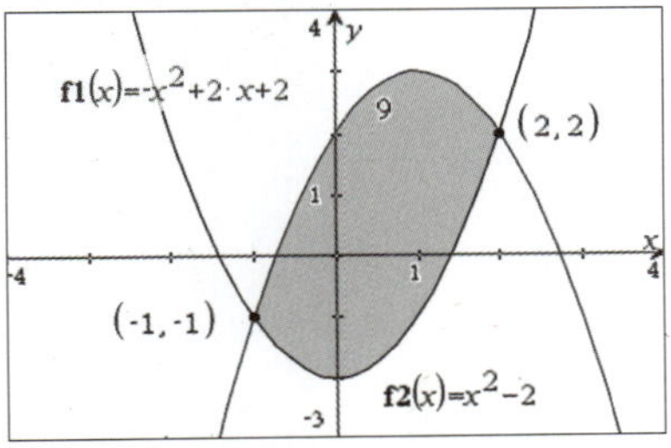

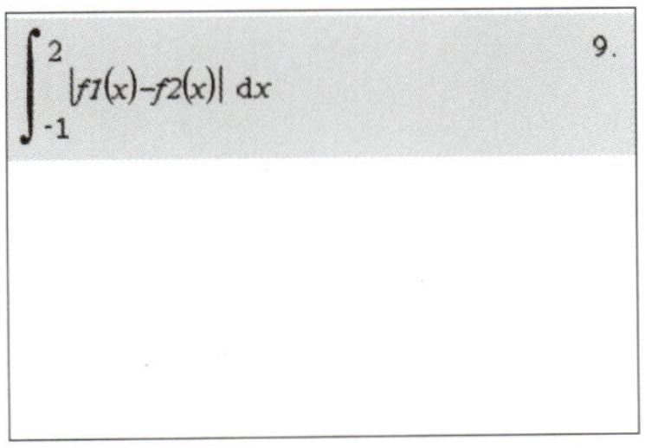

Hinweis: Bei der numerischen Ermittlung des Flächeninhalts braucht man nicht zu beachten, welcher der beiden Graphen „oben“ bzw. „unten“ verläuft, wenn man den Betrag der Differenzfunktion betrachtet. Die in der Grafik links definierten Funktionsterme können für die Rechnung rechts aufgerufen werden.

D3 Gesamtänderungen aus gegebenen Änderungsraten mithilfe von bestimmten Integralen berechnen.

Ist eine stetige Funktion v für die momentane Änderungsrate (z. B. Zuflussgeschwindigkeit, Bewegungsgeschwindigkeit,...) einer Größe in Abhängigkeit von der Zeit t gegeben, so wird die Gesamtänderung (z. B. Füllmenge, zurückgelegte Wegstrecke, ...) im Zeitintervall $[t_a; t_e]$

mit dem Integral $\int_{t_a}^{t_e} v(t)\,dt$ berechnet.

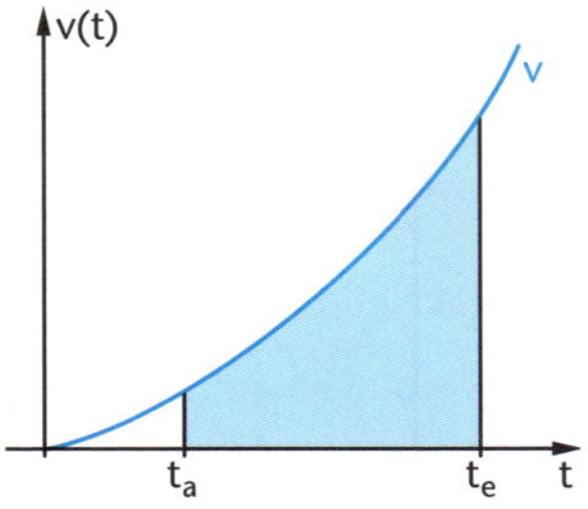

Beispiel *Gegeben ist die Bewegungsgeschwindigkeit*

Die Geschwindigkeit v eines aus der Ruhe von einem Turm fallenden Steins ist gegeben durch $v(t) = 9{,}81 \cdot t$. Dabei wird die Zeit t in Sekunden und die Geschwindigkeit v in Meter pro Sekunde angegeben.

- Beobachtet man, dass der Stein nach einer Falldauer von 3,2 Sekunden auf dem Boden aufschlägt, kann man die Höhe des Turms berechnen, indem man die als momentane Änderungsrate gegebene Geschwindigkeit v(t) über dem Zeitintervall [0; 3,2] integriert:

  $$h = \int_0^{3,2} 9{,}81 \cdot t\,dt = \left[\frac{9{,}81}{2} t^2\right]_0^{3,2} \approx 50{,}23.$$

  Der Turm hat eine Höhe von etwa 50,23 m.

- Ist andererseits die Fallhöhe mit h = 100 m gegeben, so kann man auch die entsprechende Falldauer berechnen. Diesmal ist der Wert des Integrals bekannt. Zu bestimmen ist die obere Integrationsgrenze t_e.

  $$\int_0^{t_e} 9{,}81 \cdot t\,dt = 100 \;\Leftrightarrow\; \left[\frac{9{,}81}{2} t^2\right]_0^{t_e} = 100 \;\Leftrightarrow\; \frac{9{,}81}{2} t_e^2 = 100 \;\Leftrightarrow\; t_e = \sqrt{\frac{200}{9{,}81}} \approx 4{,}5 \vee t_e \approx -4{,}5.$$

  Hinweis: Die negative Lösung der quadratischen Gleichung entfällt hier im Sachzusammenhang.

  Der Stein trifft nach etwa 4,5 Sekunden auf dem Boden auf.

Beispiel *Gegeben ist die Zulaufgeschwindigkeit (momentane Zuflussrate)*

Ein zunächst leeres Getreidesilo wird mit Weizen gefüllt. Die Zulaufgeschwindigkeit ist in den ersten 15 Minuten konstant und beträgt 45 Zentner/min. Dann nimmt sie entsprechend dem Graphen ab, bis nach insgesamt 30 Minuten der Zufluss stoppt.

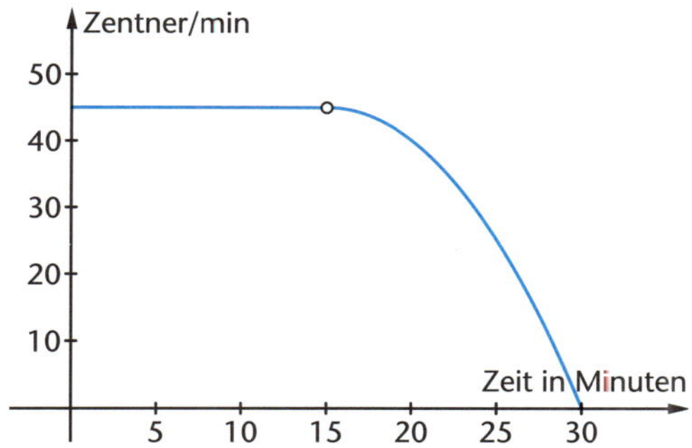

Die Funktion f mit $f(x) = -\frac{1}{5}x^2 + 6x$

beschreibt den Zulauf in der Zeit zwischen der 15. und der 30. Minute, denn der Scheitelpunkt der Parabel liegt im Punkt S(15|45) und eine Nullstelle bei x = 30.
Um die gesamte Füllmenge des Silos zu bestimmen, bestimmt man den Flächeninhalt des Flächenstücks zwischen Graph und Zeitachse im Intervall [0; 30]:
Im Zeitintervall [0; 15] ist dies ein Rechteck; für das Zeitintervall [15; 30] muss die Integralrechnung angewendet werden:

$$15 \cdot 45 + \int_{15}^{30}\left(-\frac{1}{5}x^2 + 6x\right)dx = 675 + \left[-\frac{1}{15}x^3 + 3x^2\right]_{15}^{30} = 675 + 450 = 1125.$$

Insgesamt wurden 1125 Zentner Weizen in das Silo gefüllt.

D4 Mittelwerte von kontinuierlich veränderten Größen mithilfe der Integralrechnung berechnen.

Unter dem Mittelwert $\bar{f}$ der Funktionswerte einer stetigen Funktion f über dem Intervall [a;b] versteht man die reelle Zahl

$$\bar{f} = \frac{1}{b-a} \cdot \int_a^b f(x)\,dx.$$

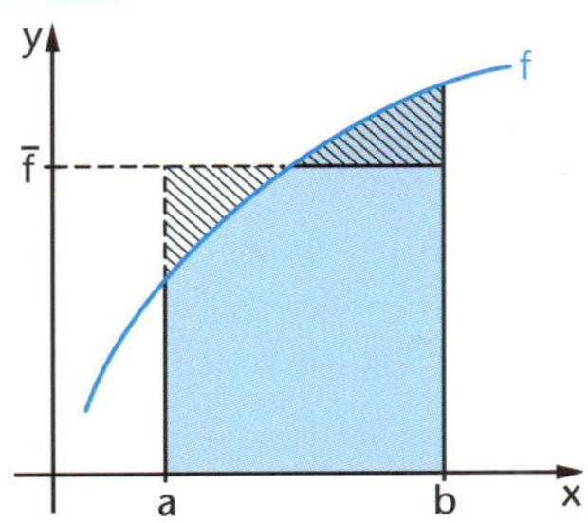

Beispiel

Die Geschwindigkeit eines ICE bei der Ausfahrt aus einem Bahnhof lässt sich in den ersten 6 Minuten mithilfe der Funktion v mit $v(t) = -0{,}0005 \cdot t^2 + 0{,}4 \cdot t$ beschreiben. Dabei wird die Zeit t in Sekunden und die Geschwindigkeit v in Meter pro Sekunde angegeben.
Wie groß ist die mittlere Geschwindigkeit des Zuges in den ersten 6 Minuten der Fahrt?

$$v = \frac{1}{360-0} \cdot \int_0^{360}(-0{,}0005 \cdot t^2 + 0{,}4 \cdot t)\,dt = \frac{1}{360} \cdot \left[-\frac{1}{6000}t^3 + \frac{1}{5}t^2\right]_0^{360} = \frac{1}{360} \cdot 18144 = 50{,}4.$$

Die mittlere Geschwindigkeit des Zuges beträgt $50{,}4\,\frac{m}{s}\left(\approx 181{,}44\,\frac{km}{h}\right)$.

D5 Nur LK: Inhalte ins Unendliche reichender Flächen mit uneigentlichen Integralen und den dabei erforderlichen Grenzwertbetrachtungen ermitteln.

- **Integration über unbeschränkte Intervalle:**
  Falls die Funktion f auf dem Intervall $[a; +\infty[$ stetig ist und der Grenzwert $\lim\limits_{b \to +\infty} \int_a^b f(x)\,dx$ existiert, so heißt dieser Grenzwert das **Uneigentliche Integral** von f über dem Intervall $[a; +\infty[$.
  Man notiert dann auch $\int_a^{+\infty} f(x)\,dx$.
  (Entsprechend wird $\int_{-\infty}^{b} f(x)\,dx$ definiert.)

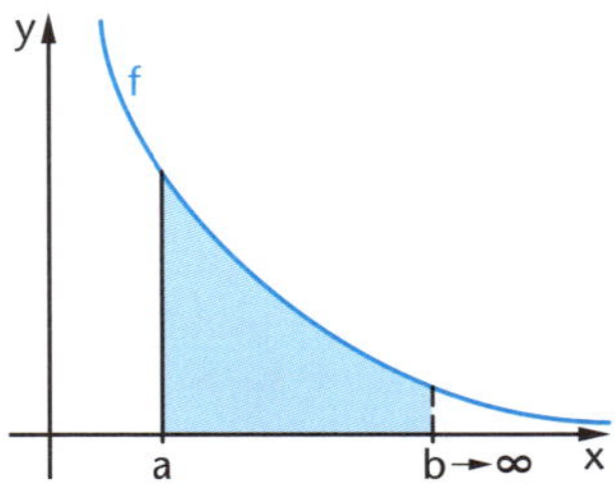

- **Integration über unbeschränkte Funktionen:**
  Falls die Funktion f auf dem Intervall $]a; b]$ stetig ist und der Grenzwert $\lim\limits_{z \to a} \int_z^b f(x)\,dx$ existiert, so heißt dieser Grenzwert das Uneigentliche Integral von f über dem Intervall $]a; b]$.
  Man notiert dann auch $\int_a^b f(x)\,dx$.
  (Entsprechend wird $\lim\limits_{z \to b} \int_a^z f(x)\,dx$ über dem Intervall $[a; b[$ definiert.)

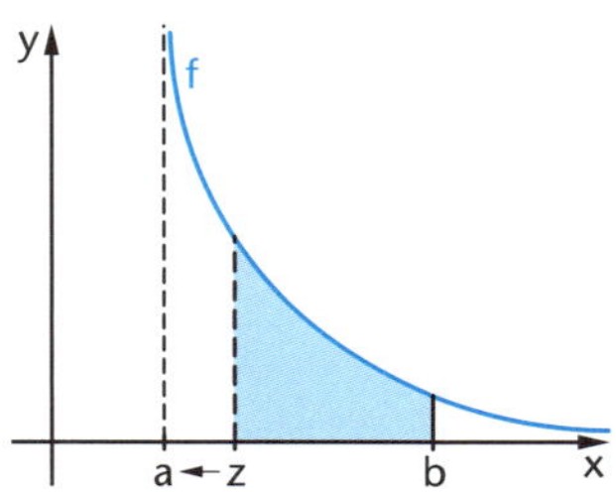

Beispiele *Uneigentliche Integrale*

- Der Graph der Funktion f mit $f(x) = \frac{4}{x^2}$ schließt über dem Intervall $[1; +\infty[$ eine Fläche mit dem Flächeninhalt 4 FE ein:

  Es gilt: $\int_1^b \frac{4}{x^2}\,dx = \left[-\frac{4}{x}\right]_1^b = 4 - \frac{4}{b}$.

  Damit existiert der Grenzwert: $\lim\limits_{b \to +\infty} \int_1^b \frac{4}{x^2}\,dx = \lim\limits_{b \to +\infty} \left(4 - \frac{4}{b}\right) = 4$

- Dagegen ist der Flächeninhalt der Fläche zwischen x-Achse und Graph der Funktion f mit $f(x) = \frac{1}{(x-2)^2}$ über dem Intervall $]2; 4]$ nicht endlich:

  Es gilt: $\int_a^4 \frac{1}{(x-2)^2}\,dx = \left[-\frac{1}{(x-2)}\right]_a^4 = \frac{1}{a-2} - \frac{1}{2}$

  Da der erste Summand für $a \to 2$ über alle Grenzen wächst, existiert das Uneigentliche Integral nicht.

- Der Graph der Funktion f mit $f(x) = x \cdot e^{-x}$ schließt mit der positiven x-Achse einen endlichen Flächeninhalt ein:

$$\int_0^a x \cdot e^{-x}\,dx = [-(x+1) \cdot e^{-x}]_0^a$$
$$= (-(a+1) \cdot e^{-a}) - (-(0+1) \cdot e^{-0})$$
$$= (-(a+1) \cdot e^{-a}) + 1$$

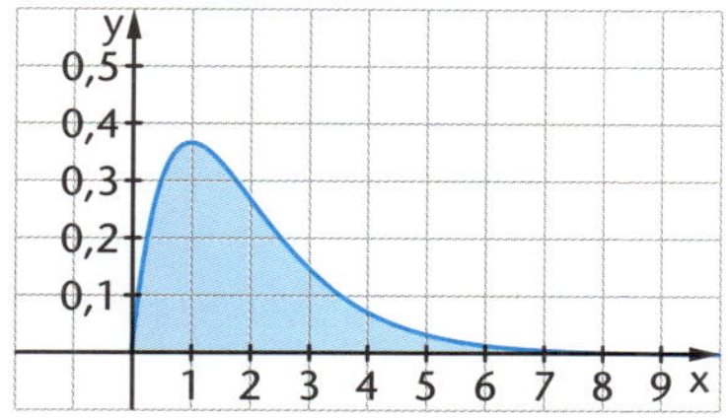

Da die Werte mit der Funktion $e(x) = e^{-x}$ für $x \to \infty$ schneller gegen null gehen als die Werte einer beliebigen ganzrationalen Funktion p(x) wachsen, gilt allgemein: $\lim\limits_{x \to \infty} p(x) \cdot e^{-x} = 0$.

Also folgt $\int_0^\infty x \cdot e^{-x}\,dx = 1$.

Bestimmung uneigentlicher Integrale mithilfe eines GTR
Bei Einsatz eines GTR kann man die o. a. Grenzwerte für $a \to +\infty$ bzw. $b \to +\infty$ dadurch bestimmen, dass man für a bzw. b große Werte einsetzt.

Für die obigen Beispiele:

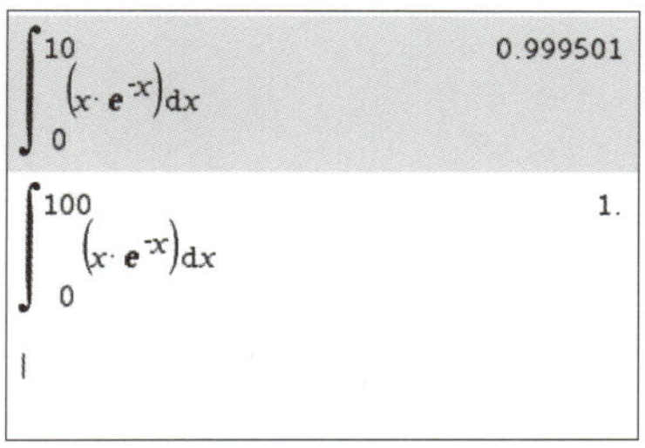

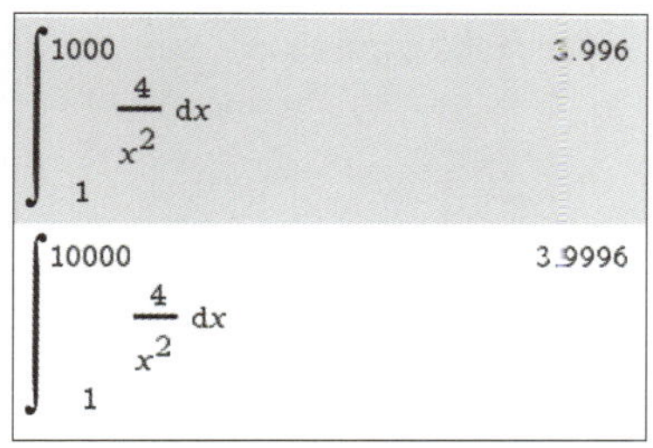

D6 Nur LK: Das Volumen von Rotationskörpern berechnen und die erforderlichen Berandungsfunktionen für reale rotationssymmetrische Körper modellieren.

Rotiert der Graph einer stetigen Berandungsfunktion f mit nicht negativen Funktionswerten über dem Intervall [a;b] um die x-Achse, so entsteht ein Rotationskörper

mit dem Volumen $V = \pi \cdot \int_a^b (f(x))^2\,dx$.

Beispiel

(1) Das abgebildete Fass hat eine Höhe von 22 cm. Die Dicke der Fasswandung soll vernachlässigt werden. Der Radius beträgt am oberen und unteren Rand 8,1 cm, an der bauchigsten Stelle 8,8 cm. Zur Berechnung des Fassinhaltes legen wir das Fass auf die Seite. Das Koordinatensystem wird so gewählt, dass die x-Achse die Symmetrieachse des Fasses bildet, und dass der Graph der Berandungsfunktion symmetrisch zur y-Achse verläuft.

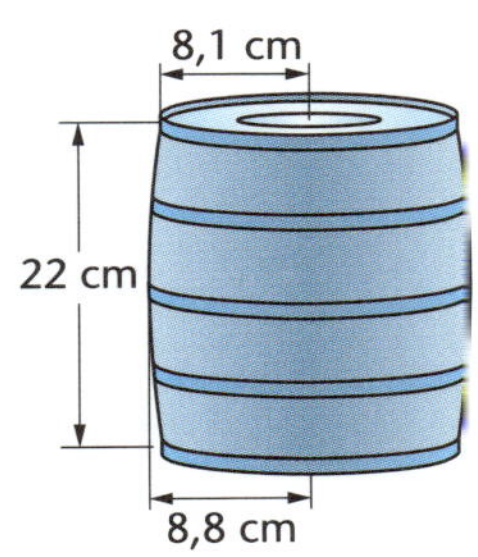

Aus dem Ansatz $f(x) = a x^2 + b$ mit $f(0) = 8{,}8$ und $f(11) = 8{,}1$ folgt $b = 8{,}8$ und $a \cdot 11^2 + 8{,}8 = 8{,}1$.

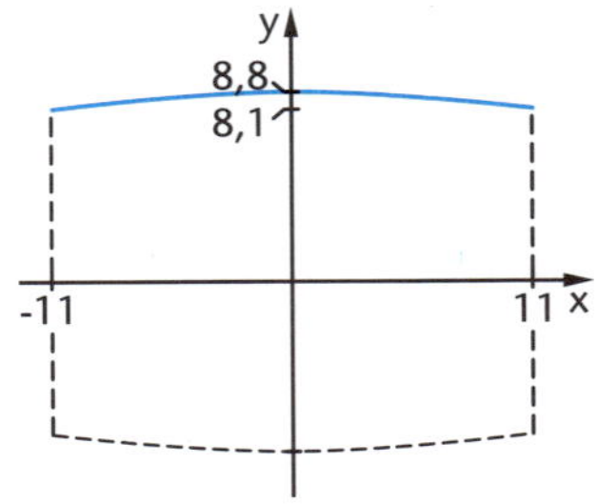

Die Koeffizienten werden berechnet zu

$a = -\frac{7}{1210}$ und $b = \frac{44}{5}$.

Für die Berandungsfunktion gilt damit

$f(x) = -\frac{7}{1210}x^2 + \frac{44}{5}$.

Das Volumen des Fasses kann nun unter Ausnutzung der Symmetrie berechnet werden:

$$V = \pi \cdot \int_{-11}^{11} \left(-\frac{7}{1210}x^2 + \frac{44}{5}\right)^2 dx \approx 5075 = 2\pi \cdot \int_{0}^{11} \left(-\frac{7}{1210}x^2 + \frac{44}{5}\right)^2 dx \approx 5075.$$

Also beträgt das Volumen des Fasses 5075 ml ≈ 5 ℓ.

(2) Ein Blumenkübel entsteht durch Rotation des Graphen einer Funktion f mit $f(x) = 0{,}1x^3 - x^2 + 2{,}5x + 2$ über dem Intervall $[0; 6]$ (1 Einheit = 1 dm).
Bestimmen Sie das Volumen des Gefäßes.

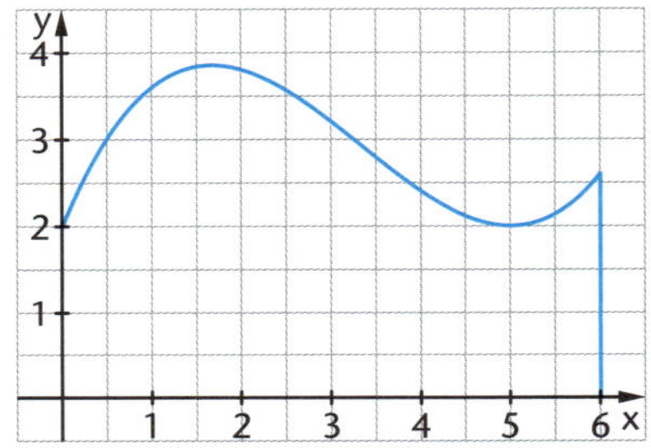

$$V = \pi \int_0^6 f^2(x)\,dx$$

$$= \pi \cdot \int_0^6 (0{,}1\,x^3 - x^2 + 2{,}5\,x + 2)^2\,dx \approx 167\ \ell.$$

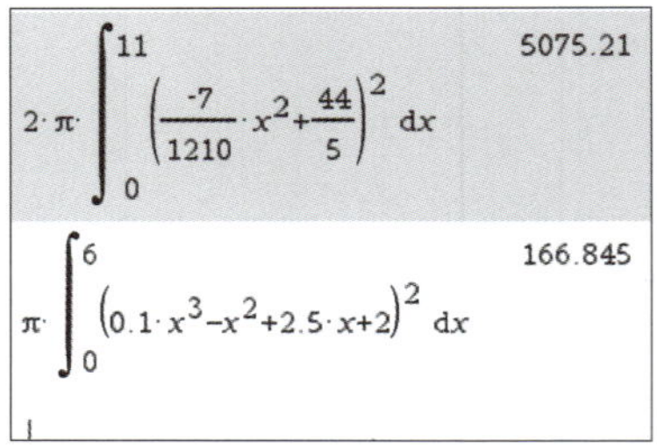

$$2\cdot\pi\cdot\int_0^{11}\left(\frac{-7}{1210}\cdot x^2+\frac{44}{5}\right)^2 dx \qquad 5075.21$$

$$\pi\cdot\int_0^{6}\left(0.1\cdot x^3-x^2+2.5\cdot x+2\right)^2 dx \qquad 166.845$$

Wegen des rechnerischen Aufwands (vor der Integration muss das Quadrat des Funktionsterms ausgerechnet werden) erfolgt die Berechnung i. A. numerisch.

Beispiel *Ins Unendliche reichender Rotationskörper*

Gegeben ist die Funktion f durch $f(x) = \frac{1}{x} - \frac{1}{x^2}$; $x \neq 0$.

Die Fläche zwischen dem Graphen der Funktion f und der x-Achse über dem Intervall $[1; \infty[$ rotiert um die x-Achse. Hat der entstehende, ins Unendliche reichende Rotationskörper einen endlichen Rauminhalt? Es gilt:

$$V_b = \pi \int_1^b \left(\frac{1}{x} - \frac{1}{x^2}\right)^2 dx$$

$$= \pi \int_1^b \left(\frac{1}{x^2} - \frac{2}{x^3} + \frac{1}{x^4}\right) dx = \pi\left[-\frac{1}{x} + \frac{1}{x^2} - \frac{1}{3x^3}\right]_1^b$$

$$= \pi\left(\left(-\frac{1}{b} + \frac{1}{b^2} - \frac{1}{3b^3}\right) - \left(-\frac{1}{3}\right)\right)$$

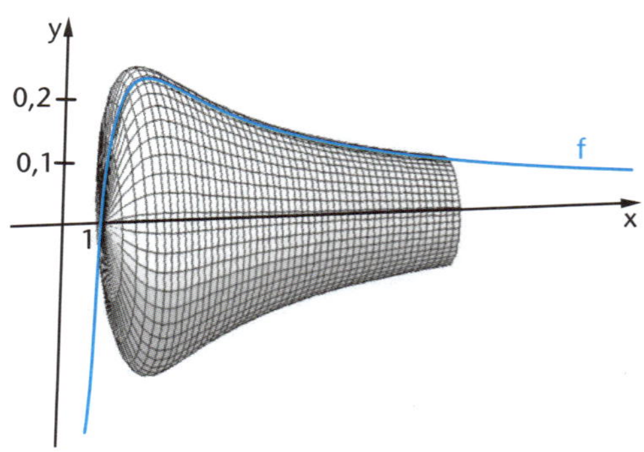

Da der Grenzwert

$$\lim_{b\to+\infty} V_b = \pi \cdot \lim_{b\to+\infty}\left(\left(-\frac{1}{b} + \frac{1}{b^2} - \frac{1}{3b^3}\right) - \left(-\frac{1}{3}\right)\right) = \frac{\pi}{3}$$

existiert, hat der Rotationskörper das Volumen $\frac{\pi}{3}$.

E1 Verschiebungen durch Vektoren sowie Punkte im Raum durch Ortsvektoren und Vektorketten beschreiben und damit realitätsnahe Situationen mathematisch modellieren.

Vektoren im Raum sind geordnete Zahlentripel, die in Spaltenform notiert werden.

Der Vektor $\vec{u} = \begin{pmatrix} u_1 \\ u_2 \\ u_3 \end{pmatrix}$ kann interpretiert werden als der **Ortsvektor** des Punktes $U(u_1|u_2|u_3)$, als **Pfeil** vom Ursprung $O(0|0|0)$ zum Punkt $U(u_1|u_2|u_3)$ oder auch als eine **Verschiebung** parallel zu diesem Pfeil.

Bei der Addition zweier Vektoren werden zugehörige Pfeile aneinandergesetzt. Es gilt die sogenannte **Dreiecksregel:** $\overrightarrow{XY} + \overrightarrow{YZ} = \overrightarrow{XZ}$ (**Vektorkette** von X über Y nach Z).

Bei der Subtraktion wird der Gegenvektor addiert: Der **Verbindungsvektor** $\overrightarrow{PQ}$ lässt sich schreiben als Differenzvektor der beiden Ortsvektoren:

$$\overrightarrow{PQ} = \overrightarrow{PO} + \overrightarrow{OQ} = \overrightarrow{OQ} + (-\overrightarrow{OP}) = \overrightarrow{OQ} - \overrightarrow{OP} = \vec{q} - \vec{p}.$$

Der **Nullvektor** $\vec{o} = \begin{pmatrix} 0 \\ 0 \\ 0 \end{pmatrix}$ lässt sich als eine geschlossene Vektorkette auffassen:

$$\vec{o} = \overrightarrow{OA} + \overrightarrow{AB} + \overrightarrow{BC} + \ldots + \overrightarrow{ZO}.$$

Der Ortsvektor $\overrightarrow{OM}$ des **Mittelpunkts M einer Strecke AB** wird dargestellt in der Form

$$\overrightarrow{OM} = \overrightarrow{OA} + \frac{1}{2} \cdot \overrightarrow{AB} = \overrightarrow{OA} + \frac{1}{2} \cdot (\overrightarrow{OB} - \overrightarrow{OA}) = \frac{1}{2} \cdot (\overrightarrow{OA} + \overrightarrow{OB}).$$

Beispiele

(1) Der Verbindungsvektor der Punkte $P(2|-3|5)$ und $Q(4|1|-2)$ ist: $\overrightarrow{PQ} = \begin{pmatrix} 4 \\ 1 \\ -2 \end{pmatrix} - \begin{pmatrix} 2 \\ -3 \\ 5 \end{pmatrix} = \begin{pmatrix} 2 \\ 4 \\ -7 \end{pmatrix}$.

Der Mittelpunkt der Strecke PQ ist $M\left(\frac{1}{2} \cdot (2+4) \,\middle|\, \frac{1}{2} \cdot (-3+1) \,\middle|\, \frac{1}{2} \cdot (5+(-2))\right) = (3|-1|1{,}5)$.

(2) Ein Spat ABCDEFGH ist gegeben durch die Eckpunkte $A(1|-2|3)$, $B(3|-1|3)$, $D(4|0|3)$ und $E(2|-3|5)$. Dann ergeben sich die Koordinaten der übrigen Eckpunkte wie folgt:

$$\overrightarrow{OC} = \overrightarrow{OB} + \overrightarrow{BC} = \overrightarrow{OB} + \overrightarrow{AD} = \begin{pmatrix} 3 \\ -1 \\ 3 \end{pmatrix} + \begin{pmatrix} 4-1 \\ 0-(-2) \\ 3-3 \end{pmatrix} = \begin{pmatrix} 3+3 \\ -1+2 \\ 3+0 \end{pmatrix} = \begin{pmatrix} 6 \\ 1 \\ 3 \end{pmatrix},$$

$$\overrightarrow{OF} = \overrightarrow{OE} + \overrightarrow{EF} = \overrightarrow{OE} + \overrightarrow{AB} = \begin{pmatrix} 2 \\ -3 \\ 5 \end{pmatrix} + \begin{pmatrix} 3-1 \\ -1-(-2) \\ 3-3 \end{pmatrix} = \begin{pmatrix} 4 \\ -2 \\ 5 \end{pmatrix},$$

$$\overrightarrow{OG} = \overrightarrow{OF} + \overrightarrow{FG} = \overrightarrow{OF} + \overrightarrow{BC} = \begin{pmatrix} 4 \\ -2 \\ 5 \end{pmatrix} + \begin{pmatrix} 6-3 \\ 1-(-1) \\ 3-3 \end{pmatrix} = \begin{pmatrix} 7 \\ 0 \\ 5 \end{pmatrix},$$

$$\overrightarrow{OH} = \overrightarrow{OE} + \overrightarrow{EH} = \overrightarrow{OE} + \overrightarrow{AD} = \begin{pmatrix} 2 \\ -3 \\ 5 \end{pmatrix} + \begin{pmatrix} 4-1 \\ 0-(-2) \\ 3-3 \end{pmatrix} = \begin{pmatrix} 5 \\ -1 \\ 5 \end{pmatrix}.$$

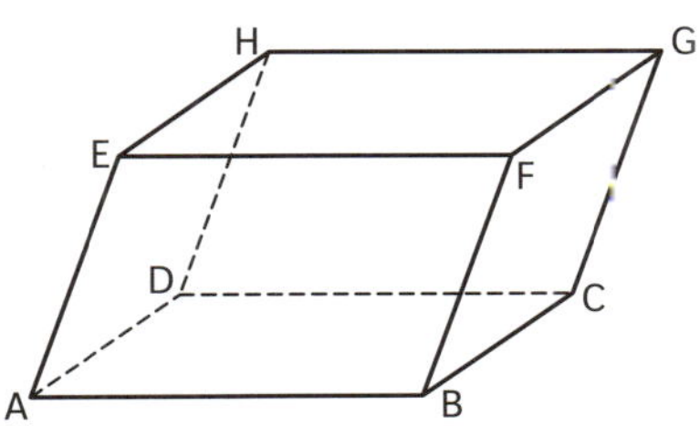

E2 Das Skalarprodukt zweier Vektoren berechnen und damit entscheiden, ob die Vektoren zueinander orthogonal sind.

Das Skalarprodukt zweier Vektoren $\vec{u} = \begin{pmatrix} u_1 \\ u_2 \\ u_3 \end{pmatrix}$ und $\vec{v} = \begin{pmatrix} v_1 \\ v_2 \\ v_3 \end{pmatrix}$ ist definiert als die Summe der Produkte der Komponenten der beiden Vektoren, also durch

$$\vec{u} * \vec{v} = \begin{pmatrix} u_1 \\ u_2 \\ u_3 \end{pmatrix} * \begin{pmatrix} v_1 \\ v_2 \\ v_3 \end{pmatrix} = u_1 \cdot v_1 + u_2 \cdot v_2 + u_3 \cdot v_3.$$

Die beiden Vektoren spannen einen Winkel φ auf.
Für diesen gilt: $\vec{u} * \vec{v} = |\vec{u}| \cdot |\vec{v}| \cdot \cos(\varphi)$
In Worten: Das Skalarprodukt zweier Vektoren ist gleich dem Produkt aus der Länge des einen Vektors mit der Länge der orthogonalen Projektion des anderen Vektors auf diesen Vektor.

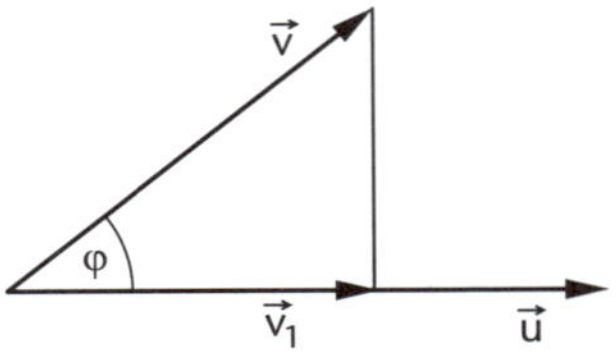

$|\vec{v}_1| = |\vec{v}| \cdot \cos\varphi$

Daher gilt: Das Skalarprodukt zweier gleichgerichteter Vektoren ist gleich dem Produkt der Längen der Vektoren, das Skalarprodukt zweier entgegengerichteter Vektoren gleich dem negativen Produkt ihrer Längen. Und:
Das Skalarprodukt zweier Vektoren ist genau dann gleich null, wenn diese zueinander orthogonal sind.

Hinweis: Das Skalarprodukt zweier Vektoren $\vec{v} * \vec{w}$ (dies ist eine reelle Zahl!) darf nicht verwechselt werden mit dem Vervielfachen eines Vektors $\vec{v}$ mit einer Zahl $s \in \mathbb{R}$, also $s \cdot \vec{v}$ (dies ist ein Vektor). In diesem Buch verwenden wir konsequent die Zeichen $*$ bzw. $\cdot$, um den Unterschied zwischen den beiden Vektoroperationen hervorzuheben, auch wenn es manchmal aus Vereinfachungsgründen üblich ist, für beide Operationen dasselbe Zeichen zu verwenden.

Beispiele

(1) Die Vektoren $\vec{u} = \begin{pmatrix} 3 \\ -1 \\ 2 \end{pmatrix}$ und $\vec{v} = \begin{pmatrix} -1 \\ -1 \\ 1 \end{pmatrix}$ sind orthogonal zueinander, denn

$$\begin{pmatrix} 3 \\ -1 \\ 2 \end{pmatrix} * \begin{pmatrix} -1 \\ -1 \\ 1 \end{pmatrix} = 3 \cdot (-1) + (-1) \cdot (-1) + 2 \cdot 1 = -3 + 1 + 2 = 0.$$

(2) Jeder Vektor der Form $\vec{n} = \begin{pmatrix} 2a \\ b \\ -a \end{pmatrix}$ ist orthogonal zu $\vec{u} = \begin{pmatrix} 1 \\ 0 \\ 2 \end{pmatrix}$, denn $2a + 0 \cdot b - 2a = 0$.

(3) Manchmal kann man durch eine einfache Überlegung sogar einen Vektor angeben, der orthogonal zu zwei gegebenen Vektoren ist:

Der Vektor $\vec{u} = \begin{pmatrix} 2 \\ 6 \\ 1 \end{pmatrix}$ ist orthogonal sowohl zum Vektor $\vec{v} = \begin{pmatrix} 1 \\ 0 \\ -2 \end{pmatrix}$ als auch zum Vektor $\vec{w} = \begin{pmatrix} 3 \\ -1 \\ 0 \end{pmatrix}$, also zu der Ebene, die von den Vektoren $\vec{v}$ und $\vec{w}$ aufgespannt wird, vgl. F4.

E3 Längen von Strecken im Raum und den Betrag von Vektoren berechnen.

Der **Betrag eines Vektors** $\vec{u} = \begin{pmatrix} u_1 \\ u_2 \\ u_3 \end{pmatrix}$ (oder auch Länge des zugehörigen Pfeils) berechnet sich nach dem Satz des PYTHAGORAS mithilfe von $|\vec{u}| = \sqrt{\vec{u} * \vec{u}} = \sqrt{u_1^2 + u_2^2 + u_3^2}$.

Einen Vektor mit dem Betrag 1 nennt man **Einheitsvektor.**
Zu einem Vektor $\vec{v}$ erhält man den zugehörigen Einheitsvektor $\vec{v_0}$, indem man den Vektor mit dem Faktor $\frac{1}{|\vec{v}|}$ multipliziert: $\vec{v}_0 = \frac{1}{|\vec{v}|} \cdot \vec{v}$.
Die **Länge einer Strecke** PQ im Raum ist gleich dem Betrag des zugehörigen Verbindungsvektors der Endpunkte der Strecke:

$$|\overrightarrow{PQ}| = \sqrt{\overrightarrow{PQ} * \overrightarrow{PQ}} = \sqrt{\begin{pmatrix} q_1 - p_1 \\ q_2 - p_2 \\ q_3 - p_3 \end{pmatrix} * \begin{pmatrix} q_1 - p_1 \\ q_2 - p_2 \\ q_3 - p_3 \end{pmatrix}} = \sqrt{(q_1 - p_1)^2 + (q_2 - p_2)^2 + (q_3 - p_3)^2}$$

Beispiele

(1) Der Betrag des Vektors $\vec{u} = \begin{pmatrix} -2 \\ 0 \\ 3 \end{pmatrix}$ ist $|\vec{u}| = \sqrt{(-2)^2 + 0^2 + 3^2} = \sqrt{4 + 0 + 9} = \sqrt{13}$

Der zum Vektor $\vec{u} = \begin{pmatrix} -2 \\ 0 \\ 3 \end{pmatrix}$ gehörende Einheitsvektor ist $u_0 = \frac{1}{\sqrt{13}} \cdot \begin{pmatrix} -2 \\ 0 \\ 3 \end{pmatrix}$.

Die Länge der Strecke PQ mit P (1|3|−1) und Q (5|−2|0) ist
$|\overrightarrow{PQ}| = \sqrt{(5-1)^2 + (-2-3)^2 + (0-(-1))^2} = \sqrt{16 + 25 + 1} = \sqrt{42}$.

(2) Das Tetraeder ABCD mit A (0|−6|0), B $(6\sqrt{3}|0|0)$, C (0|6|0) und D $(2\sqrt{3}|0|4\sqrt{6})$ ist ein reguläres Tetraeder, da alle Seiten gleich lang sind:
$|\overrightarrow{AB}|^2 = 6^2 + 3 \cdot 6^2 = 144$; $|\overrightarrow{AC}|^2 = 12^2 = 144$; $|\overrightarrow{AD}|^2 = 3 \cdot 2^2 + 6^2 + 6 \cdot 4^2 = 144$;
$|\overrightarrow{BC}|^2 = 6^2 + 3 \cdot 6^2 = 144$; $|\overrightarrow{BD}|^2 = 3 \cdot 4^2 + 6 \cdot 4^2 = 144$; $|\overrightarrow{CD}|^2 = 3 \cdot 2^2 + 6^2 + 6 \cdot 4^2 = 144$.

F1 Parameterdarstellungen für Geraden aus zwei gegebenen Punkten ermitteln sowie überprüfen, ob ein Punkt auf einer gegebenen Gerade liegt (Punktprobe) und die Ergebnisse im Sachzusammenhang interpretieren.

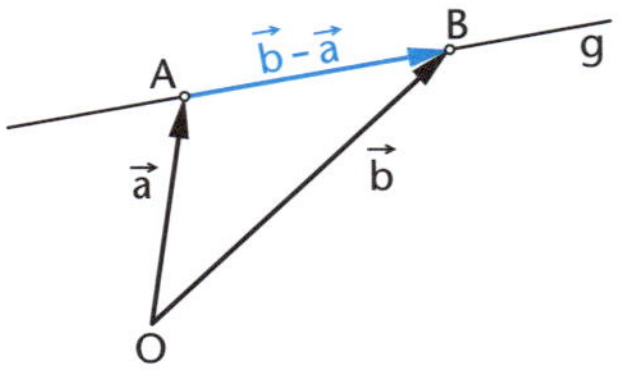

Auch im Raum ist eine Gerade g durch zwei Punkte A, B festgelegt. Zu einem Punkt X der Geraden gelangt man so: Vom Ursprung O geht man zu einem der beiden Punkte der Geraden, dann trägt man ein Vielfaches des Verbindungsvektors $\overrightarrow{AB}$ (sogen. *Richtungsvektor* der Geraden) ab.

Als Richtungsvektor kann auch irgendein Vielfaches von $\overrightarrow{AB}$, z. B. mit möglichst kleinen ganzzahligen Komponenten, verwendet werden.

g: $\vec{x} = \overrightarrow{OX} = \overrightarrow{OA} + r \cdot \overrightarrow{AB} = \vec{a} + r \cdot (\vec{b} - \vec{a})$ oder g: $\vec{x} = \overrightarrow{OX} = \overrightarrow{OB} + s \cdot \overrightarrow{BA} = \vec{b} + s \cdot (\vec{a} - \vec{b})$.

Punktprobe: Ein Punkt P liegt genau dann auf einer Geraden g, wenn seine Koordinaten die Parameterdarstellung der Geraden erfüllen, d. h., wenn ein $r \in \mathbb{R}$ (bzw. $s \in \mathbb{R}$) existiert derart, sodass alle drei Gleichungen des zugehörigen linearen Gleichungssystems erfüllt werden.
Ein Punkt liegt genau dann auf der Strecke AB, wenn für den Parameter r der Parameterdarstellung g: $\vec{x} = \vec{a} + r \cdot (\vec{b} - \vec{a})$ der Geraden g durch A, B gilt: $0 \le r \le 1$.

Beispiele

(1) Gegeben sind die Punkte A(2|3|−1) und B(4|−2|2). Punkte der Geraden g durch A, B können dargestellt werden mithilfe der Parameterdarstellung:

$$g: \vec{x} = \overrightarrow{OX} = \begin{pmatrix} 2 \\ 3 \\ -1 \end{pmatrix} + r \cdot \begin{pmatrix} 4-2 \\ -2-3 \\ 2-(-1) \end{pmatrix} = \begin{pmatrix} 2 \\ 3 \\ -1 \end{pmatrix} + r \cdot \begin{pmatrix} 2 \\ -5 \\ 3 \end{pmatrix} = \begin{pmatrix} 2+2r \\ 3-5r \\ -1+3r \end{pmatrix} \text{ oder } g: \vec{x} = \overrightarrow{OX} = \begin{pmatrix} 4 \\ -2 \\ 2 \end{pmatrix} + s \cdot \begin{pmatrix} -2 \\ 5 \\ -3 \end{pmatrix}.$$

Der Punkt P(0|8|−4) liegt auf der Geraden g, weil das lineare Gleichungssystem mit drei Gleichungen und einer Variablen (eindeutig) lösbar ist:

$$\left| \begin{matrix} 2+2r = 0 \\ 3-5r = 8 \\ -1+3r = -4 \end{matrix} \right| \Leftrightarrow \left| \begin{matrix} 2r = -2 \\ -5r = 5 \\ 3r = -3 \end{matrix} \right| \Leftrightarrow \left| \begin{matrix} r = -1 \\ r = -1 \\ r = -1 \end{matrix} \right|.$$

Der Punkt P liegt nicht auf der Strecke AB, da der Parameterwert r = −1 ist

Der Punkt Q(4|−2|5) liegt nicht auf der Geraden g, weil das lineare Gleichungssystem keine Lösung besitzt:

$$\left| \begin{matrix} 2+2r = 4 \\ 3-5r = -2 \\ -1+3r = 5 \end{matrix} \right| \Leftrightarrow \left| \begin{matrix} 2r = 2 \\ -5r = -5 \\ 3r = 6 \end{matrix} \right| \Leftrightarrow \left| \begin{matrix} r = 1 \\ r = 1 \\ r = 2 \end{matrix} \right|.$$

(2) Die Koordinatenachsen sind spezielle Geraden. Sie lassen sich am einfachsten mithilfe folgender Parameterdarstellungen beschreiben:

$$\text{x-Achse: } \vec{x} = \begin{pmatrix} 0 \\ 0 \\ 0 \end{pmatrix} + r \cdot \begin{pmatrix} 1 \\ 0 \\ 0 \end{pmatrix}; \quad \text{y-Achse: } \vec{x} = \begin{pmatrix} 0 \\ 0 \\ 0 \end{pmatrix} + r \cdot \begin{pmatrix} 0 \\ 1 \\ 0 \end{pmatrix}; \quad \text{z-Achse: } \vec{x} = \begin{pmatrix} 0 \\ 0 \\ 0 \end{pmatrix} + r \cdot \begin{pmatrix} 0 \\ 0 \\ 1 \end{pmatrix}.$$

In Anwendungssituationen ist es oft einfacher, die folgenden Bedingungen für die Koordinaten zu beachten:
Punkt der x-Achse: Die y- und die z-Koordinate sind gleich null.
Punkt der y-Achse: Die x- und die z-Koordinate sind gleich null.
Punkt der z-Achse: Die x- und die y-Koordinate sind gleich null.

F2 Geraden auf ihre gegenseitige Lage untersuchen und möglicherweise vorhandene Schnittpunkte bestimmen.

Zwei Geraden g und h im Raum, die durch eine Parameterdarstellung gegeben sind g: $\vec{x} = \vec{a} + r \cdot \vec{u}$ und h: $\vec{x} = \vec{b} + s \cdot \vec{v}$, sind entweder (1) identisch, (2) liegen zueinander echt parallel, (3) verlaufen zueinander windschief oder (4) haben genau einen Punkt gemeinsam (schneiden sich in genau einem Punkt).

(1) Die beiden Geraden sind identisch, wenn die gegebenen Parameterdarstellungen dieselbe Gerade auf verschiedene Weise darstellen. Dies erkennt man daran, dass die beiden Richtungsvektoren zueinander parallel sind (Vielfache voneinander) und der Auf(hänge)punkt der einen Geraden auch auf der anderen Geraden liegt.

(2) Die beiden Geraden sind zueinander echt parallel, wenn die beiden Richtungsvektoren zueinander parallel sind (Vielfache voneinander), jedoch der Auf(hänge)punkt der einen Geraden nicht auf der anderen Geraden liegt.

(3) Die beiden Geraden sind zueinander windschief, wenn die Richtungsvektoren nicht zueinander parallel sind (nicht Vielfache voneinander) und kein Punkt der einen Geraden auf der anderen Geraden liegt.

(4) Die beiden Geraden schneiden sich in genau einem Punkt, wenn dieser Punkt mithilfe der Parameterdarstellungen der beiden Geraden darstellbar ist und die Richtungsvektoren keine Vielfachen voneinander sind.

Vorgehensweise zur Überprüfung der gegenseitigen Lage von Geraden

- Mit einem Blick kann man erkennen, ob die Richtungsvektoren $\vec{u}$, $\vec{v}$ der beiden Geraden Vielfache voneinander sind:
  Wenn dies der Fall ist, sind die beiden Geraden entweder identisch oder zueinander parallel.
  Wenn dies nicht der Fall ist, sind sie zueinander windschief oder haben genau einen Punkt gemeinsam.
- In einem zweiten Schritt überprüft man, ob das Gleichungssystem $\vec{a} + r \cdot \vec{u} = \vec{b} + s \cdot \vec{v}$ mit drei Gleichungen und zwei Variablen r, s eindeutig lösbar ist.
  Wenn dies der Fall ist, dann existiert ein gemeinsamer Punkt (ein Schnittpunkt) oder es existieren unendlich viele gemeinsame Punkte (identische Geraden).
  Wenn dies nicht der Fall ist, dann sind die Geraden zueinander parallel oder zueinander windschief.

Beispiel

Für die Geraden g_1: $\vec{x} = \begin{pmatrix} 1 \\ -2 \\ 2 \end{pmatrix} + r \cdot \begin{pmatrix} 2 \\ 1 \\ -1 \end{pmatrix}$, g_2: $\vec{x} = \begin{pmatrix} 2 \\ -1 \\ 2 \end{pmatrix} + s \cdot \begin{pmatrix} -4 \\ -2 \\ 2 \end{pmatrix}$, g_3: $\vec{x} = \begin{pmatrix} 1 \\ 3 \\ -3 \end{pmatrix} + t \cdot \begin{pmatrix} -1 \\ 2 \\ -2 \end{pmatrix}$

g_4: $\vec{x} = \begin{pmatrix} 5 \\ 0 \\ 0 \end{pmatrix} + r \cdot \begin{pmatrix} 4 \\ 2 \\ -2 \end{pmatrix}$ gelten folgende Lagebeziehungen:

(1) Die Geraden g_1: $\vec{x} = \begin{pmatrix} 1 \\ -2 \\ 2 \end{pmatrix} + r \cdot \begin{pmatrix} 2 \\ 1 \\ -1 \end{pmatrix}$ und g_4: $\vec{x} = \begin{pmatrix} 5 \\ 0 \\ 0 \end{pmatrix} + r \cdot \begin{pmatrix} 4 \\ 2 \\ -2 \end{pmatrix}$ sind identisch, denn die

Richtungsvektoren sind Vielfache voneinander und die Auf(hänge)punkte der Geraden lassen sich durch die jeweils andere Parameterdarstellung beschreiben:

$$\begin{pmatrix} 5 \\ 0 \\ 0 \end{pmatrix} = \begin{pmatrix} 1 \\ -2 \\ 2 \end{pmatrix} + 2 \cdot \begin{pmatrix} 2 \\ 1 \\ -1 \end{pmatrix} \text{ bzw. } \begin{pmatrix} 1 \\ -2 \\ 2 \end{pmatrix} = \begin{pmatrix} 5 \\ 0 \\ 0 \end{pmatrix} + (-1) \cdot \begin{pmatrix} 4 \\ 2 \\ -2 \end{pmatrix}.$$

(2) g_1 ist echt parallel zu g_2,

denn die beiden Richtungsvektoren sind Vielfache voneinander: $\begin{pmatrix}-4\\-2\\2\end{pmatrix} = (-2)\cdot\begin{pmatrix}2\\1\\-1\end{pmatrix}$,

und der Auf(hänge)punkt von g_1 liegt nicht auf g_2, d.h. das Gleichungssystem

$\begin{pmatrix}1\\-2\\2\end{pmatrix} = \begin{pmatrix}2\\-1\\2\end{pmatrix} + s\cdot\begin{pmatrix}-4\\-2\\2\end{pmatrix}$ hat keine Lösung: $\begin{vmatrix}1 = 2-4s\\-2 = -1-2s\\2 = 2+2s\end{vmatrix} \Leftrightarrow \begin{vmatrix}-1 = -4s\\-1 = -2s\\0 = s\end{vmatrix} \Leftrightarrow \begin{vmatrix}s = \frac{1}{4}\\s = \frac{1}{2}\\s = 0\end{vmatrix}$

(umgekehrt könnte man auch prüfen, ob der Auf(hänge)punkt von g_2 auf g_1 liegt).

(3) g_2 und g_3 sind nicht parallel zueinander und haben keinen gemeinsamen Punkt, sind also windschief zueinander, denn die Richtungsvektoren sind keine Vielfachen voneinander und das lineare Gleichungssystem mit drei Gleichungen und zwei Variablen hat keine Lösung:

$\begin{pmatrix}2\\-1\\2\end{pmatrix} + s\cdot\begin{pmatrix}-4\\-2\\2\end{pmatrix} = \begin{pmatrix}1\\3\\-3\end{pmatrix} + t\cdot\begin{pmatrix}-1\\2\\-2\end{pmatrix} \Leftrightarrow \begin{vmatrix}2-4s = 1-t\\-1-2s = 3+2t\\2+2s = -3-2t\end{vmatrix} \Leftrightarrow \begin{vmatrix}-4s+t = -1\\2s+2t = -4\\2s+2t = -5\end{vmatrix}$.

(4) g_1 und g_3 sind nicht parallel zueinander und haben (genau) einen Schnittpunkt
Das Gleichungssystem mit drei Gleichungen und zwei Variablen ist eindeutig lösbar:

$\begin{pmatrix}1\\-2\\2\end{pmatrix} + r\cdot\begin{pmatrix}2\\1\\-1\end{pmatrix} = \begin{pmatrix}1\\3\\-3\end{pmatrix} + t\cdot\begin{pmatrix}-1\\2\\-2\end{pmatrix} \Leftrightarrow \begin{vmatrix}1+2r = 1-t\\-2+r = 3+2t\\2-r = -3-2t\end{vmatrix} \Leftrightarrow \begin{vmatrix}2r+t = 0\\r-2t = 5\\-r+2t = -5\end{vmatrix} \Leftrightarrow \begin{vmatrix}r = 1\\t = -2\end{vmatrix}$.

Der Schnittpunkt $S(3|-1|1)$ wird bestimmt durch die beiden Parameterdarstellungen:

$\vec{x} = \begin{pmatrix}1\\-2\\2\end{pmatrix} + 1\cdot\begin{pmatrix}2\\1\\-1\end{pmatrix} = \begin{pmatrix}3\\-1\\1\end{pmatrix}$ und $\vec{x} = \begin{pmatrix}1\\3\\-3\end{pmatrix} + (-2)\cdot\begin{pmatrix}-1\\2\\-2\end{pmatrix} = \begin{pmatrix}3\\-1\\1\end{pmatrix}$.

Bei Verwendung des GTR kann man die Variablenbezeichnungen frei wählen. Auch müssen die Gleichungen vor der Eingabe nicht umgeformt werden. Lösung der linearen Gleichungssysteme zu (3), (4):

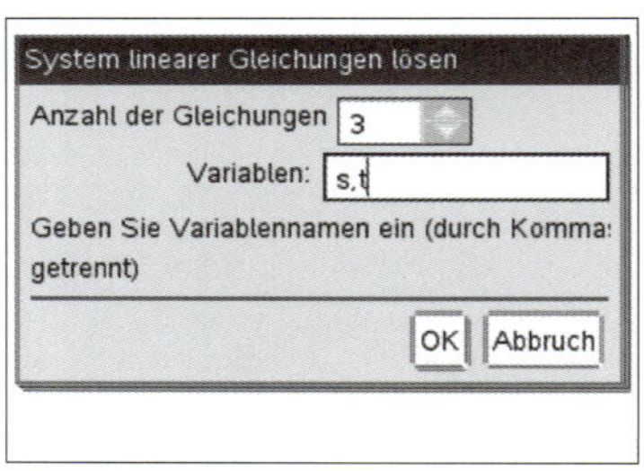

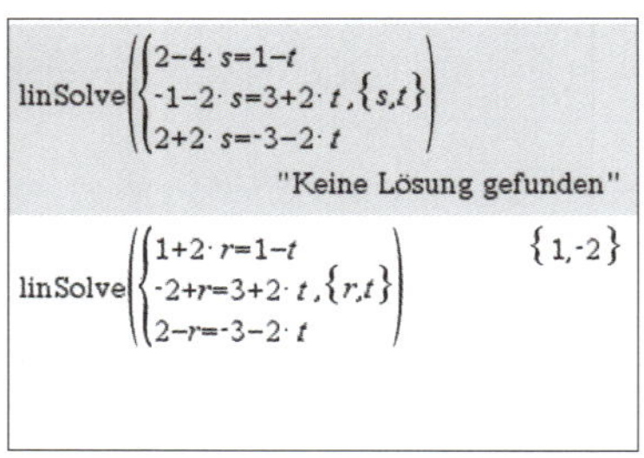

F3 Parameterdarstellungen für Ebenen aus drei gegebenen Punkten ermitteln sowie überprüfen, ob ein Punkt auf einer gegebenen Ebene liegt (Punktprobe) und die Ergebnisse im Sachzusammenhang interpretieren.

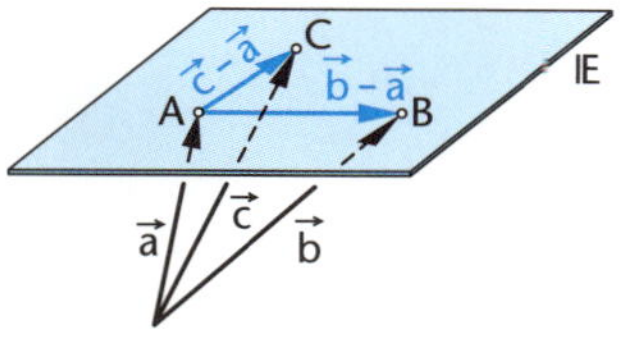

Drei Punkte $A(a_1|a_2|a_3)$, $B(b_1|b_2|b_3)$, $C(c_1|c_2|c_3)$, die nicht auf einer Geraden liegen, bestimmen eindeutig eine Ebene E. Ein Punkt X der Ebene kann beispielsweise dadurch dargestellt werden, dass man irgendeinen der drei Punkte als Auf(hänge)punkt der Ebene wählt und die Verbindungsvektoren zu den beiden anderen Punkten als Richtungsvektoren der Ebene (man sagt: diese spannen die Ebene auf).

$E: \vec{x} = \overrightarrow{OA} + r \cdot \overrightarrow{AB} + s \cdot \overrightarrow{AC} = \vec{a} + r \cdot (\vec{b} - \vec{a}) + s \cdot (\vec{c} - \vec{a})$

Punktprobe: Ein Punkt P liegt genau dann in der durch eine Parameterdarstellung gegebenen Ebene E, wenn seine Koordinaten die Parameterdarstellung erfüllen, d. h. wenn zwei Zahlen $r, s \in \mathbb{R}$ existieren, für die das folgende lineare Gleichungssystem mit drei Gleichungen und zwei Variablen erfüllt ist:

$$\begin{pmatrix} p_1 \\ p_2 \\ p_3 \end{pmatrix} = \begin{pmatrix} a_1 \\ a_2 \\ a_3 \end{pmatrix} + r \cdot \begin{pmatrix} b_1 - a_1 \\ b_2 - a_2 \\ b_3 - a_3 \end{pmatrix} + s \cdot \begin{pmatrix} c_1 - a_1 \\ c_2 - a_2 \\ c_3 - a_3 \end{pmatrix}$$

Ein Punkt liegt genau dann in dem Parallelogramm, das durch die Eckpunkte A, B, C bestimmt ist, wenn für die Parameter r, s der Parameterdarstellung $E: \vec{x} = \vec{a} + r \cdot (\vec{b} - \vec{a}) + s \cdot (\vec{c} - \vec{a})$ der Ebene E gilt: $0 \le r, s \le 1$.

Ein Punkt liegt genau dann in dem Dreieck ABC, wenn für die Parameter r, s der Parameterdarstellung $E: \vec{x} = \vec{a} + r \cdot (\vec{b} - \vec{a}) + s \cdot (\vec{c} - \vec{a})$ der Ebene E gilt: $0 \le r, s \le 1$ und $0 \le r + s \le 1$.

Beispiele

(1) Aus den Koordinaten der Punkte $A(2|2|4)$, $B(-1|5|2)$, $C(1|-2|-4)$ kann man beispielsweise die folgende Parameterdarstellung gewinnen:

$$E: \vec{x} = \begin{pmatrix} 2 \\ 2 \\ 4 \end{pmatrix} + r \cdot \begin{pmatrix} -1-2 \\ 5-2 \\ 2-4 \end{pmatrix} + s \cdot \begin{pmatrix} 1-2 \\ -2-2 \\ -4-4 \end{pmatrix} = \begin{pmatrix} 2 \\ 2 \\ 4 \end{pmatrix} + r \cdot \begin{pmatrix} -3 \\ 3 \\ -2 \end{pmatrix} + s \cdot \begin{pmatrix} -1 \\ -4 \\ -8 \end{pmatrix}.$$

Der Punkt $P(3|1|-2)$ liegt nicht in der Ebene E, da das Gleichungssystem keine Lösung hat:

$$\begin{pmatrix} 3 \\ 1 \\ -2 \end{pmatrix} = \begin{pmatrix} 2 \\ 2 \\ 4 \end{pmatrix} + r \cdot \begin{pmatrix} -3 \\ 3 \\ -2 \end{pmatrix} + s \cdot \begin{pmatrix} -1 \\ -4 \\ -8 \end{pmatrix} \Leftrightarrow \left| \begin{array}{r} 3r + s = -1 \\ 3r - 4s = -1 \\ 2r + 8s = 6 \end{array} \right| \Leftrightarrow \left| \begin{array}{r} r = -\frac{1}{3} \\ s = 0 \\ r + 4s = 3 \end{array} \right|$$

Hinweis: Aus den ersten beiden Gleichungen wurde die Lösung $r = -\frac{1}{3}$ und $s = 0$ gewonnen, die aber nicht die dritte Gleichung erfüllen.

(2) Der Punkt $P\left(-\frac{1}{2}\middle|2\middle|-\frac{4}{3}\right)$ liegt in dem Parallelogramm, das durch die Eckpunkte A, B, C bestimmt ist, aber nicht innerhalb des Dreiecks ABC:

Die Lösung des linearen Gleichungssystem ergibt nämlich die Parameterwerte $r = \frac{2}{3}$ und $s = \frac{1}{2}$, also $0 \le r, s \le 1$, aber $r + s > 1$.

$$\text{linSolve}\left(\begin{cases} 3=2-3\cdot r-s \\ 1=2+3\cdot r-4\cdot s \\ -2=4-2\cdot r-8\cdot s \end{cases}, \{r,s\}\right)$$

"Keine Lösung gefunden"

$$\text{linSolve}\left(\begin{cases} \frac{-1}{2}=2-3\cdot r-s \\ 2=2+3\cdot r-4\cdot s \\ \frac{-4}{3}=4-2\cdot r-8\cdot s \end{cases}, \{r,s\}\right) \quad \left\{\frac{2}{3}, \frac{1}{2}\right\}$$

(3) Die Koordinatenebenen sind spezielle Ebenen. Sie lassen sich mithilfe folgender Parameterdarstellungen beschreiben:

x-y-Ebene: $\vec{x} = \begin{pmatrix} 0 \\ 0 \\ 0 \end{pmatrix} + r \cdot \begin{pmatrix} 1 \\ 0 \\ 0 \end{pmatrix} + s \cdot \begin{pmatrix} 0 \\ 1 \\ 0 \end{pmatrix}$; x-z-Ebene: $\vec{x} = \begin{pmatrix} 0 \\ 0 \\ 0 \end{pmatrix} + r \cdot \begin{pmatrix} 1 \\ 0 \\ 0 \end{pmatrix} + s \cdot \begin{pmatrix} 0 \\ 0 \\ 1 \end{pmatrix}$;

y-z-Ebene: $\vec{x} = \begin{pmatrix} 0 \\ 0 \\ 0 \end{pmatrix} + r \cdot \begin{pmatrix} 0 \\ 1 \\ 0 \end{pmatrix} + s \cdot \begin{pmatrix} 0 \\ 0 \\ 1 \end{pmatrix}$.

In Anwendungssituationen ist es oft einfacher, eine Bedingung für die Koordinaten zu beachten:
Punkt in der x-y-Ebene: Die z-Koordinate ist gleich null.
Punkt in der x-z-Ebene: Die y-Koordinate ist gleich null.
Punkt in der y-z-Ebene: Die x-Koordinate ist gleich null.

F4 Spurpunkte von Geraden sowie Spurpunkte und Spurgeraden von Ebenen bestimmen.

(1) Schnittpunkte einer Geraden g mit den Koordinatenebenen werden als **Spurpunkte der Geraden** bezeichnet. Diese Spurpunkte erfüllen sowohl die Parameterdarstellung der Geraden als auch die jeweilige Parameterdarstellung einer Koordinatenebene.

(2) Schnittpunkte einer Ebene E mit den Koordinatenachsen werden als **Spurpunkte der Ebene** bezeichnet. Diese Spurpunkte erfüllen sowohl die Parameterdarstellung der Ebene als auch die jeweilige Parameterdarstellung einer Koordinatenachse.

(3) Schnittgeraden einer Ebene E mit den Koordinatenebenen werden als **Spurgeraden der Ebene** bezeichnet. Die Punkte dieser Spurgeraden erfüllen sowohl die Parameterdarstellung der Ebene als auch die jeweilige Parameterdarstellung einer Koordinatenebene.

Um Spurpunkte von Geraden bzw. Ebenen oder Spurgeraden von Ebenen zu bestimmen, müssen also lineare Gleichungssysteme bestimmt werden.
Spurpunkte und Spurgeraden können dazu dienen, die zugehörigen Geraden und Ebenen in ein Schrägbild einzuzeichnen.

Beispiele

(1) Für eine Skizze der Geraden g, die durch die Parameterdarstellung $g\colon \vec{x} = \begin{pmatrix}1\\2\\2\end{pmatrix} + r \cdot \begin{pmatrix}1\\-1\\-2\end{pmatrix}$ gegeben ist, sollen die Spurpunkte bestimmt werden.

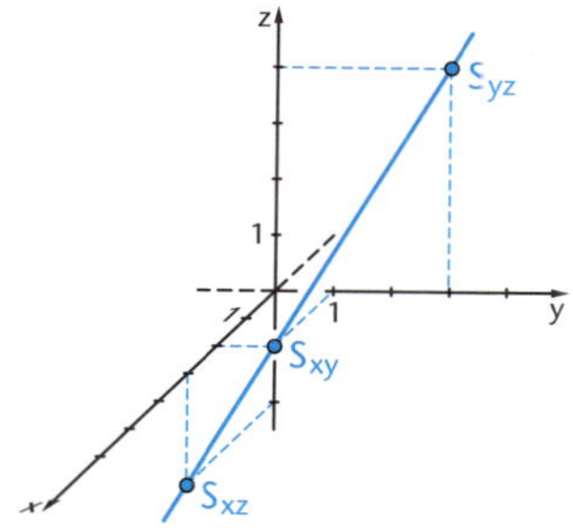

Der Schnittpunkt mit der x-y-Ebene lässt sich durch die Bedingung $z = 0$ charakterisieren, d. h. für den Parameter r muss gelten: $2 + r \cdot (-2) = 0$. Dies ist für $r = 1$ erfüllt. Einsetzen von $r = 1$ in die Parameterdarstellung ergibt den Spurpunkt $S_{xy}(2|1|0)$.

Analog ergibt sich als Bedingung für den Schnittpunkt mit der x-z-Ebene: $y = 0$, d. h. für den Parameter r muss gelten:
$2 + r \cdot (-1) = 0 \Leftrightarrow r = 2$.
Einsetzen von $r = 2$ in die Parameterdarstellung ergibt den Spurpunkt $S_{xz}(3|0|-2)$.
Bedingung für den Schnittpunkt mit der y-z-Ebene: $z = 0$, d. h. für den Parameter r muss gelten:
$1 + r \cdot 1 = 0 \Leftrightarrow r = -1$.
Einsetzen von $r = -1$ in die Parameterdarstellung ergibt den Spurpunkt $S_{yz}(0|3|4)$.

(2) Für die Skizze der Ebene, die durch die Parameterdarstellung $\vec{x} = \begin{pmatrix}3\\0\\1\end{pmatrix} + r \cdot \begin{pmatrix}1\\2\\1\end{pmatrix} + s \cdot \begin{pmatrix}-1\\1\\2\end{pmatrix}$ gegeben ist, bestimmt man die Spurpunkte auf den Koordinatenachsen wie folgt:
Schnittpunkt mit der x-Achse: Die Bedingung $y = 0$ und $z = 0$ ergibt das Gleichungssystem

$$\begin{vmatrix} 0 + 2r + 1s = 0 \\ 1 + 1r + 2s = 0 \end{vmatrix} \Leftrightarrow \begin{vmatrix} 2r + 1s = 0 \\ 1r + 2s = -1 \end{vmatrix} \Leftrightarrow \begin{vmatrix} r = \frac{1}{3} \\ s = -\frac{2}{3} \end{vmatrix}$$

$\text{linSolve}\left(\begin{cases} 2\cdot r+1\cdot s=0 \\ 1\cdot r+2\cdot s=-1 \end{cases}, \{r,s\}\right) \qquad \left\{\frac{1}{3}, \frac{-2}{3}\right\}$

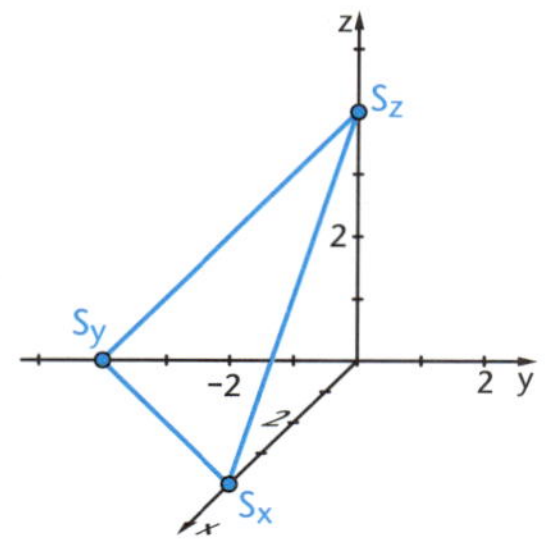

Einsetzen dieser Parameterwerte ergibt für die x-Koordinate des Punkts auf der x-Achse:

$x = 3 + \frac{1}{3} \cdot 1 - \frac{2}{3} \cdot (-1) = 4$; d. h. der Spurpunkt der Ebene auf der x-Achse ist $S_x(4|0|0)$. Analog bestimmt man die Spurpunkte $S_y(0|-4|0)$ und $S_z(0|0|4)$.

Die Geraden durch je zwei dieser Spurpunkte sind Spurgeraden der Koordinaten-Ebenen; sie lassen sich mithilfe folgender Parameterdarstellungen beschreiben:

$$g_{xy}\colon \vec{x} = \begin{pmatrix}4\\0\\0\end{pmatrix} + r \cdot \begin{pmatrix}-4\\-4\\0\end{pmatrix};\ g_{xz}\colon \vec{x} = \begin{pmatrix}4\\0\\0\end{pmatrix} + r \cdot \begin{pmatrix}-4\\0\\4\end{pmatrix};\ g_{yz}\colon \vec{x} = \begin{pmatrix}0\\-4\\0\end{pmatrix} + r \cdot \begin{pmatrix}0\\4\\4\end{pmatrix}.$$

(3) Verläuft eine Gerade parallel zu einer Koordinatenebene, dann besitzt sie i. A. zwei Spurpunkte; ist sie parallel zu einer Koordinatenachse, gibt es nur einen Spurpunkt.

Verläuft eine Ebene parallel zu einer Koordinatenebene, dann besitzt sie nur einen Spurpunkt; verläuft sie parallel zu einer Koordinatenachse, hat sie i. A. zwei Spurpunkte.

F5 Nur LK: Ebenen mithilfe von Koordinatengleichungen beschreiben und Darstellungen von Ebenen umwandeln.

(1) Parameterdarstellungen und Koordinatengleichungen
Eine Ebene im Raum kann beschrieben werden durch eine Parameterdarstellung der Form $\vec{x} = \vec{a} + r \cdot \vec{u} + s \cdot \vec{v}$ oder durch eine Koordinatengleichung $a x_1 + b x_2 + c x_3 = d$.

- Bei den Parameterdarstellungen wird beschrieben, wie man von einem Auf(hänge)-punkt A der Ebene mithilfe einer Summe von Vielfachen der beiden Richtungsvektoren $\vec{u}$, $\vec{v}$ der Ebene zu einem Punkt der Ebene kommt.
- An den Koordinatengleichungen kann man unmittelbar ablesen, welche Lage die Ebene im Koordinatensystem hat, d. h. welche Richtung der auf ihr senkrecht stehende Normalenvektor hat, nämlich $\vec{n} = \begin{pmatrix} a \\ b \\ c \end{pmatrix}$, und in welchen Punkten die Ebene ggf. die Koordinatenachsen und die Koordinatenebenen schneidet. Die Koordinatengleichung kann man auch in der Form $\vec{n} * (\vec{x} - \vec{p}) = 0$ oder $\vec{n} * \vec{x} = \vec{n} * \vec{p}$ schreiben, wobei P irgendein Punkt der Ebene ist.

(2) Koordinatengleichung in eine Parameterdarstellung umwandeln und umgekehrt

Ist eine Ebene durch eine Koordinatengleichung gegeben, dann findet man eine Parameterdarstellung für diese Ebene, indem man
- irgendwelche drei Punkte der Ebene wählt und hieraus eine Parameterdarstellung der Ebene bestimmt oder
- irgendeinen Punkt der Ebene wählt und irgend zwei (nicht zueinander parallele) Vektoren, die orthogonal zum Normalenvektor der Ebene sind.

Ist eine Ebene durch eine Parameterdarstellung gegeben, dann findet man eine Koordinatengleichung für diese Ebene, indem man einen Normalenvektor für die Ebene sucht, also einen Vektor, der orthogonal zu beiden Richtungsvektoren ist (einen solchen findet man durch Lösen eines entsprechenden Gleichungssystems mit zwei Gleichungen und drei Variablen oder mithilfe des Vektorprodukts, vgl. Basiswissen G6) und hiermit den Koeffizienten d der Koordinatengleichung bestimmt, wobei $d = \vec{a} * \vec{n}$.

(3) HESSE'sche Normalenform einer Ebenengleichung
Die HESSE'sche Normalenform ist eine besondere Form einer Koordinatengleichung der Ebene. Formt man die Gleichung $a x_1 + b x_2 + c x_3 = d$ um zu $a x_1 + b x_2 + c x_3 - d = 0$ und dividiert beide Seiten der Gleichung durch die Länge (den Betrag) des Normalenvektors $\vec{n} = \begin{pmatrix} a \\ b \\ c \end{pmatrix}$, dann erhält man die nach dem Mathematiker L. O. HESSE benannte Form:

$$\frac{a x_1 + b x_2 + c x_3 - d}{\sqrt{a^2 + b^2 + c^2}} = 0.$$

Diese Form der Ebenengleichung ist nützlich bei der Bestimmung des Abstands eines Punktes von einer Ebene (vgl. Basiswissen G3)

Beispiele

(1) Gegeben ist eine Ebene E durch eine Koordinatengleichung E: $3x_1 - 4x_2 + 2x_3 = 1$. Um eine Parameterdarstellung für die Ebene E zu bestimmen, sucht man einen Punkt der Ebene sowie zwei Vektoren, die orthogonal zum Normalenvektor $\vec{n} = \begin{pmatrix} 3 \\ -4 \\ 2 \end{pmatrix}$ sind. Die Koordinaten des Punktes $P(1|1|1)$ erfüllen die Koordinatengleichung der Ebene, denn $3 - 4 + 2 = 1$. Zwei orthogonale Vektoren sind beispielsweise $\vec{u} = \begin{pmatrix} 4 \\ 3 \\ 0 \end{pmatrix}$ und $\vec{v} = \begin{pmatrix} 0 \\ 1 \\ 2 \end{pmatrix}$.
Daher ist E: $x = \begin{pmatrix} 1 \\ 1 \\ 1 \end{pmatrix} + r \cdot \begin{pmatrix} 4 \\ 3 \\ 0 \end{pmatrix} + s \cdot \begin{pmatrix} 0 \\ 1 \\ 2 \end{pmatrix}$ eine mögliche Parameterdarstellung der Ebene.

(2) Gegeben ist eine Parameterdarstellung einer Ebene E: $\vec{x} = \begin{pmatrix} 3 \\ 0 \\ 1 \end{pmatrix} + r \cdot \begin{pmatrix} 1 \\ 2 \\ 1 \end{pmatrix} + s \cdot \begin{pmatrix} -1 \\ 1 \\ 2 \end{pmatrix}$.
Um eine Koordinatengleichung der Ebene zu bestimmen, sucht man einen Normalenvektor der Ebene. Dessen Komponenten müssen das folgende Gleichungssystem mit zwei Gleichungen und drei Variablen erfüllen:

$$\vec{n} * \begin{pmatrix} 1 \\ 2 \\ 1 \end{pmatrix} = 0 \wedge \vec{n} * \begin{pmatrix} -1 \\ 1 \\ 2 \end{pmatrix} = 0 \Leftrightarrow \left| \begin{array}{r} n_1 + 2n_2 + n_3 = 0 \\ -n_1 + n_2 + 2n_3 = 0 \end{array} \right| \Leftrightarrow \left| \begin{array}{r} n_1 + 2n_2 + n_3 = 0 \\ 3n_2 + 3n_3 = 0 \end{array} \right|$$

$$\Leftrightarrow \left| \begin{array}{r} n_1 + 2n_2 + n_3 = 0 \\ n_2 = -n_3 \end{array} \right| \Leftrightarrow \left| \begin{array}{l} n_1 = n_3 \\ n_2 = -n_3 \end{array} \right|.$$

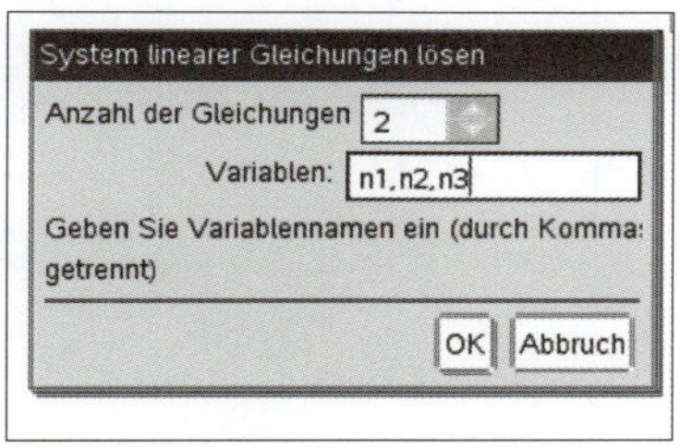

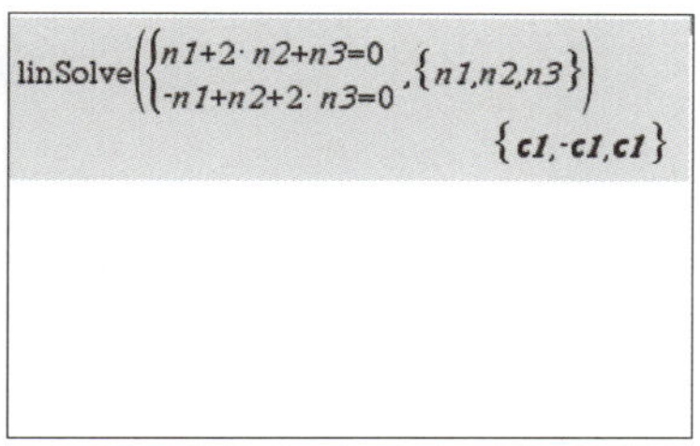

Der Vektor $\vec{n} = \begin{pmatrix} 1 \\ -1 \\ 1 \end{pmatrix}$ ist ein solcher Vektor. Wegen $d = \vec{n} * \vec{a} = \begin{pmatrix} 1 \\ -1 \\ 1 \end{pmatrix} * \begin{pmatrix} 3 \\ 0 \\ 1 \end{pmatrix} = 4$ ist $x_1 - x_2 + x_3 = 4$ eine Koordinatengleichung der Ebene.

(3) Aus der Ebenengleichung $3x_1 + 2x_2 - x_3 = 4$ erhält man nach Umformen die HESSE'sche Normalenform: $\frac{3x_1 + 2x_2 - x_3 - 4}{\sqrt{14}} = 0$.

(4) Die Ebene mit der Koordinatengleichung E: $2x_1 + 3x_2 = 6$ verläuft parallel zur z-Achse (hat also keinen Punkt mit dieser Achse gemeinsam). Sie hat die Spurpunkte $A_1(3|0|0)$ und $A_2(0|2|0)$.

F6 Schnittprobleme zwischen Geraden und Ebenen in Sachzusammenhängen (z. B. bei Schattenwürfen) untersuchen.

GK und LK: Untersuchung, wenn die Ebene durch eine Parameterdarstellung gegeben ist

Zwischen einer Geraden g und einer Ebene E können folgende Lagebeziehungen bestehen:
(1) die Gerade g verläuft parallel zu E oder
(2) die Gerade g verläuft innerhalb der Ebene E oder
(3) die Gerade g durchstößt die Ebene E in genau einem Punkt.

Interpretiert man diese Fragestellung als Lösen eines linearen Gleichungssystems, dann bedeuten die drei Fälle: (1) das LGS hat keine Lösung, (2) das LGS hat unendlich viele Lösungen, (3) das LGS hat genau eine Lösung.

LK: Untersuchung, falls die Ebene durch eine Koordinatengleichung gegeben ist

Will man nur die Frage klären, welche Lage vorliegt, und ist an dem konkreten Schnittpunkt im Fall (3) nicht interessiert, kann man zunächst prüfen, ob der Normalenvektor der Ebene orthogonal ist zum Richtungsvektor der Geraden. Wenn dies der Fall ist, kommen nur die Fälle (1) und (2) in Frage. Um zu entscheiden, welcher dieser beiden Fälle vorliegt, prüft man noch, ob der Auf(hänge)punkt der Geraden die Koordinatengleichung der Ebene erfüllt (Punktprobe).

Beispiele

(1) (GK) Gegeben ist die Gerade $g: \vec{x} = \begin{pmatrix} 1 \\ 2 \\ 3 \end{pmatrix} + r \cdot \begin{pmatrix} 1 \\ -1 \\ 1 \end{pmatrix}$ und die Ebene $E: \vec{x} = \begin{pmatrix} 2 \\ 0 \\ 1 \end{pmatrix} + s \cdot \begin{pmatrix} 1 \\ 1 \\ 5 \end{pmatrix} + t \cdot \begin{pmatrix} 0 \\ 1 \\ 1 \end{pmatrix}$.

Gemeinsame Punkte müssen das lineare Gleichungssystem erfüllen, d. h. es muss gelten:

$$\left| \begin{array}{c} 1 + r = 2 + s \\ 2 - r = s + t \\ 3 + r = 1 + 5s + t \end{array} \right| \Leftrightarrow \left| \begin{array}{c} r - s = 1 \\ r + s + t = 2 \\ r - 5s - t = -2 \end{array} \right| \Leftrightarrow \left| \begin{array}{c} r - s = 1 \\ 2s + t = 1 \\ -4s - t = -3 \end{array} \right| \Leftrightarrow \left| \begin{array}{c} r - s = 1 \\ 2s + t = 1 \\ -2s = -2 \end{array} \right| \Leftrightarrow \left| \begin{array}{c} r = 2 \\ t = -1 \\ s = 1 \end{array} \right|$$

Einsetzen der Parameterwerte in die beiden Parameterdarstellungen ergibt die Koordinaten des Schnittpunkts:

$\vec{x} = \begin{pmatrix} 1 \\ 2 \\ 3 \end{pmatrix} + 2 \cdot \begin{pmatrix} 1 \\ -1 \\ 1 \end{pmatrix} = \begin{pmatrix} 3 \\ 0 \\ 5 \end{pmatrix}$ und (zur Kontrolle): $\vec{x} = \begin{pmatrix} 2 \\ 0 \\ 1 \end{pmatrix} + 1 \cdot \begin{pmatrix} 1 \\ 1 \\ 5 \end{pmatrix} + (-1) \cdot \begin{pmatrix} 0 \\ 1 \\ 1 \end{pmatrix} = \begin{pmatrix} 3 \\ 0 \\ 5 \end{pmatrix}$.

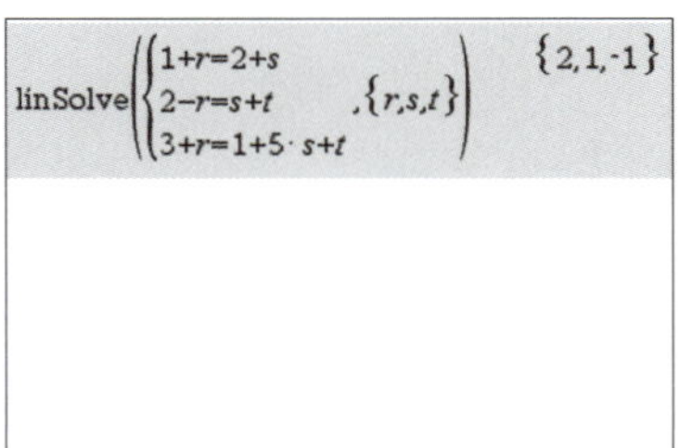

(2) Gegeben ist die Gerade $g: \vec{x} = \begin{pmatrix} 1 \\ -1 \\ -2 \end{pmatrix} + r \cdot \begin{pmatrix} 4 \\ -1 \\ 5 \end{pmatrix}$ und die Ebene E: $4x_1 + x_2 - 3x_3 = 9$.

Einsetzen der Koordinatengleichungen aus der Parameterdarstellung der Geraden in die Koordinatengleichung der Ebene ergibt:

$4 \cdot (1 + 4r) + (-1 - r) - 3 \cdot (-2 + 5r) = 9 \Leftrightarrow 4 + 16r - 1 - r + 6 - 15r = 9 \Leftrightarrow 9 = 9.$

Da sich eine wahre Aussage ergibt, gibt es unendlich viele Lösungen, d. h. die Gerade verläuft innerhalb der Ebene.

Alternativ hätte man das folgende Gleichungssystem mit (eigentlich) vier Gleichungen und vier Variablen lösen können:

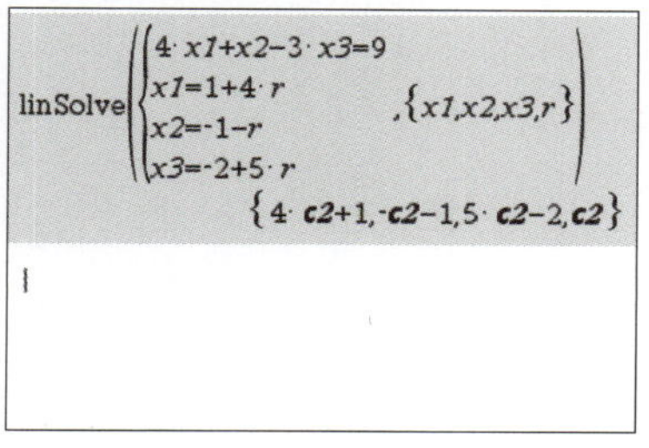

Löst man das lineare Gleichungssystem mit 4 Gleichungen und 4 Variablen mit dem GTR, dann gibt dieser ebenfalls unendlich viele Lösungen an: Für r können beliebige Zahlen c2 eingesetzt werden, für x_1, x_2, x_3 gilt:

$x = \begin{pmatrix} 1 \\ -1 \\ -2 \end{pmatrix} + c2 \cdot \begin{pmatrix} 4 \\ -1 \\ 5 \end{pmatrix}.$

Dies ist genau die Parameterdarstellung der Geraden, d. h. die gemeinsamen Punkte von Gerade und Ebene sind genau die Punkte der Geraden.

(3) Die Bodenplatte eines Hauses ist in einem lokalen Koordinatensystem bestimmt durch die Eckpunkte A(3|1|0), B(11|−1|0), C(14|11|0), D(6|13|0). Die Seitenwände sind 6 m hoch; der Dachfirst hat die Eckpunkte E(7|0|10) und F(10|12|10) – Angaben in Metern. An welcher Stelle durchstößt der Kamin das Dach, der im Punkt K(10|2|0) auf die Bodenplatte gesetzt ist?
Die beiden Dachflächen werden aufgespannt durch den Firstvektor $\overrightarrow{EF} = \begin{pmatrix} 3 \\ 12 \\ 0 \end{pmatrix}$ und

durch $\overrightarrow{EA_1} = \begin{pmatrix} 3 \\ 1 \\ 6 \end{pmatrix} - \begin{pmatrix} 7 \\ 0 \\ 10 \end{pmatrix} = \begin{pmatrix} -4 \\ 1 \\ -4 \end{pmatrix}$ bzw. $\overrightarrow{EB_1} = \begin{pmatrix} 11 \\ -1 \\ 6 \end{pmatrix} - \begin{pmatrix} 7 \\ 0 \\ 10 \end{pmatrix} = \begin{pmatrix} 4 \\ -1 \\ -4 \end{pmatrix}$, vgl. Abbildung bei (3).

Ein Normalenvektor der einen Dachfläche ist $\vec{x} = \begin{pmatrix} 16 \\ -4 \\ -17 \end{pmatrix}$,

ein Normalenvektor der anderen Dachfläche ist $\vec{x} = \begin{pmatrix} 16 \\ -4 \\ 17 \end{pmatrix}$.

Eine Koordinatengleichung der beiden Dachflächen ist (E lässt sich als Auf(hänge)punkt wählen): E_1: $16x_1 - 4x_2 - 17x_3 = \begin{pmatrix} 16 \\ -4 \\ -17 \end{pmatrix} * \begin{pmatrix} 7 \\ 0 \\ 10 \end{pmatrix} = -58$

bzw. E_2: $16x_1 - 4x_2 + 17x_3 = \begin{pmatrix} 16 \\ -4 \\ 17 \end{pmatrix} * \begin{pmatrix} 7 \\ 0 \\ 10 \end{pmatrix} = 282.$

Der Kamin kann durch die Gerade $\vec{x} = \begin{pmatrix} 10 \\ 2 \\ 0 \end{pmatrix} + r \cdot \begin{pmatrix} 0 \\ 0 \\ 1 \end{pmatrix} = \begin{pmatrix} 10 \\ 2 \\ r \end{pmatrix}$ beschrieben werden.

Nach Lage im Grundriss wird der Kamin aus der „rechten“ Dachhälfte heraustreten; man bestimmt also den Schnittpunkt mit der Ebene E_2: $16 \cdot 10 - 4 \cdot 2 + 17 \cdot r = 282$, d. h. $17r = 130$, also $r = 130/17 \approx 7{,}65$.
Der Kamin tritt „im Punkt“ K′(10|2|7,65) aus der Dachfläche heraus.

(4) Das Haus aus (2) wirft bei Sonnenschein einen Schatten; zu einem bestimmten Zeitpunkt liegt der Schatten des Firstpunktes E in E′(20|−20|0). Bestimme den Schattenbereich des Hauses.
Sonnenstrahlen verlaufen parallel zum Vektor $\overrightarrow{EE'} = \begin{pmatrix} 20 \\ -20 \\ 0 \end{pmatrix} - \begin{pmatrix} 7 \\ 0 \\ 10 \end{pmatrix} = \begin{pmatrix} 13 \\ -20 \\ -10 \end{pmatrix}$.

Der Sonnenstrahl vom First-Eckpunkt F schneidet in F′(10 + 13|12 − 20|10 − 10) = (23|−8|0).
Der Sonnenstrahl vom Punkt A_1 (3|1|6) erzeugt eine Gerade mit der Parameterdarstellung:

$\vec{x} = \begin{pmatrix} 3 \\ 1 \\ 6 \end{pmatrix} + r \cdot \begin{pmatrix} 13 \\ -20 \\ -10 \end{pmatrix}$.

Diese schneidet die x-y-Ebene, wenn $6 + r \cdot (-10) = 0$, also wenn $r = 0{,}6$.

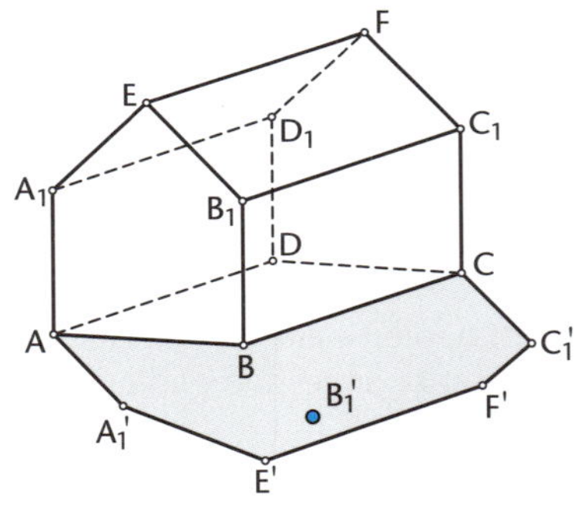

Das Schattenbild von A_1 ist also:
A_1'(3 + 0,6 · 13|1 + 0,6 · (−20)|6 + 0,6 · (−10)) = (10,8|−11|0).

Analog ergibt sich das Schattenbild von C_1: C_1'(21,8|−1|0) bzw. von B_1: B_1'(18,8|−13|0).
In der Zeichnung erkennt man, dass der Punkt B_1' im Schattenbereich des Hauses liegt.

F7 Nur LK: Ebenen auf ihre gegenseitige Lage untersuchen und möglicherweise vorhandene Schnittgeraden bestimmen.

Zwei Ebenen E_1 und E_2 im Raum sind entweder (1) zueinander parallel oder (2) identisch oder (3) haben eine Schnittgerade gemeinsam.
Wenn die Normalenvektoren der beiden Ebenen Vielfache voneinander sind, liegt Fall (1) oder Fall (2) vor; dann wählt man irgendeinen Punkt der einen Ebene aus und prüft, ob dieser in der anderen Ebene liegt. Falls dies der Fall ist, sind die Ebenen identisch, sonst zueinander parallel.
Wenn die beiden Normalenvektoren nicht Vielfache voneinander sind, muss es eine Schnittgerade geben. Deren Parameterdarstellung erhält man aus dem Gleichungssystem, das sich aus den Darstellungen der beiden Ebenen ergibt:

Aufgabentyp 1: Die beiden Ebenen sind durch Koordinatengleichungen gegeben:

$$\left|\begin{array}{r} a_1x_1 + b_1x_2 + c_1x_3 = d_1 \\ a_2x_1 + b_2x_2 + c_2x_3 = d_2 \end{array}\right|$$ ist ein Gleichungssystem mit zwei Gleichungen und drei

Variablen (x_1, x_2, x_3), das entweder keine Lösung hat (Ebenen parallel) oder nach Umformung zu zwei identischen Gleichungen führt (beide Ebenen sind identisch) oder als Lösungsmenge eine Parameterdarstellung mit einem Parameter hat, also die Darstellung einer Geraden.

Aufgabentyp 2: Die eine Ebene ist durch eine Koordinatengleichung gegeben und die andere durch eine Parameterdarstellung:

$$\left|\begin{array}{l} ax_1 + bx_2 + cx_3 = d \\ x_1 = e_1 + r\cdot u_1 + s\cdot v_1 \\ x_2 = e_2 + r\cdot u_2 + s\cdot v_2 \\ x_3 = e_3 + r\cdot u_3 + s\cdot v_3 \end{array}\right|$$ ist eigentlich ein Gleichungssystem mit vier Gleichungen und fünf Variablen (x_1, x_2, x_3, r, s).

Wenn man die drei unteren Gleichungen in die obere Gleichung einsetzt, erhält man entweder eine falsche Aussage (Ebenen zueinander parallel) oder eine wahre Aussage (Ebenen identisch) oder eine Beziehung zwischen r und s. Ersetzt man dann in der Parameterdarstellung der einen Ebene beispielsweise den Parameter s durch einen Term, der die Variable r enthält, bleibt eine Parameterdarstellung von Punkten im Raum mit einem Parameter, also die Darstellung einer Geraden – der Schnittgeraden der beiden Ebenen.

Aufgabentyp 3: Beide Ebenen sind durch eine Parameterdarstellung gegeben: Man wandelt eine Parameterdarstellung in die Koordinatenform um (vgl. Basiswissen F4) und geht dann wie beim Aufgabentyp 2 vor.

Beispiele

(1) Die beiden Ebenen sind durch Koordinatengleichungen gegeben; sie sind offensichtlich weder identisch noch zueinander parallel:

$$\left|\begin{array}{r} x_1 + x_2 - x_3 = 1 \\ 4x_1 - x_2 - x_3 = 3 \end{array}\right| \Leftrightarrow \left|\begin{array}{r} x_1 + x_2 - x_3 = 1 \\ 5x_1 - 2x_3 = 4 \end{array}\right| \Leftrightarrow \left|\begin{array}{r} -2x_1 - 2x_2 + 2x_3 = -2 \\ 5x_1 - 2x_3 = 4 \end{array}\right|$$

$$\Leftrightarrow \left|\begin{array}{r} 3x_1 - 2x_2 = 2 \\ 5x_1 - 2x_3 = 4 \end{array}\right| \Leftrightarrow \left|\begin{array}{l} x_2 = 1{,}5x_1 - 1 \\ x_3 = 2{,}5x_1 - 2 \end{array}\right|.$$

Mit $x_1 = r$ ergibt sich die Schnittgerade: $\vec{x} = \begin{pmatrix} x_1 \\ x_2 \\ x_3 \end{pmatrix} = \begin{pmatrix} r \\ 1{,}5r - 1 \\ 2{,}5r - 2 \end{pmatrix} = \begin{pmatrix} 0 \\ -1 \\ -2 \end{pmatrix} + r\cdot\begin{pmatrix} 1 \\ 1{,}5 \\ 2{,}5 \end{pmatrix}.$

Lösung mit dem GTR: Der Lösungsvektor $x = \begin{pmatrix} \frac{4}{5} \\ \frac{1}{5} \\ 0 \end{pmatrix} + c3 \cdot \begin{pmatrix} \frac{2}{5} \\ \frac{3}{5} \\ 1 \end{pmatrix}$ beschreibt dieselbe Gerade:

Der Richtungsvektor ergibt sich aus dem oben angegebenen durch Multiplikation mit 0,4; setzt man in der o. a. Parameterdarstellung den Parameterwert $r = 0{,}8$ ein, dann erhält man den Auf(hänge)punkt $(0 \mid -1 \mid -2)$.

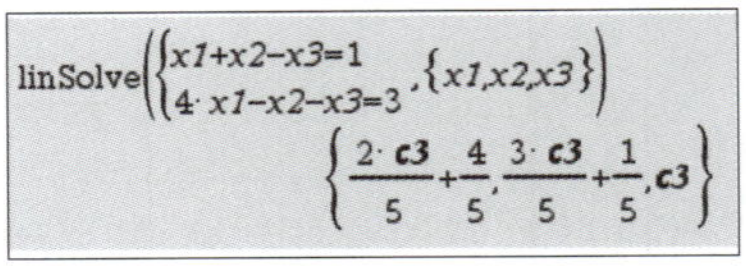

(2) Die eine Ebene ist durch eine Koordinatengleichung gegeben und die andere durch eine Parameterdarstellung: E_1: $x_1 + x_2 + x_3 = 5$ und E_2: $\vec{x} = \begin{pmatrix} 1 \\ 3 \\ 1 \end{pmatrix} + r \cdot \begin{pmatrix} 2 \\ 1 \\ 0 \end{pmatrix} + s \cdot \begin{pmatrix} 1 \\ -1 \\ 1 \end{pmatrix} = \begin{pmatrix} 1 + 2r + s \\ 2 + r - s \\ 1 + s \end{pmatrix}$.

Der Normalenvektor von E_1 ist nicht orthogonal zu den beiden Richtungsvektoren von E_2: $\begin{pmatrix} 1 \\ 1 \\ 1 \end{pmatrix} * \begin{pmatrix} 2 \\ 1 \\ 0 \end{pmatrix} = 3 \wedge \begin{pmatrix} 1 \\ 1 \\ 1 \end{pmatrix} * \begin{pmatrix} 1 \\ -1 \\ 1 \end{pmatrix} = 1$,

daher muss eine Schnittgerade vorliegen. Einsetzen der drei Koordinatengleichungen für x_1, x_2, x_3 aus der Parameterdarstellung von E_2 in die Koordinatengleichung von E_1 ergibt: $(1 + 2r + s) + (2 + r - s) + (1 + s) = 5 \Leftrightarrow 4 + 3r + s = 5 \Leftrightarrow s = 1 - 3r$,
und Rückeinsetzen in die Parameterdarstellung von E_2 ergibt eine Parameterdarstellung für die Schnittgerade:

$$\vec{x} = \begin{pmatrix} 1 \\ 3 \\ 1 \end{pmatrix} + r \cdot \begin{pmatrix} 2 \\ 1 \\ 0 \end{pmatrix} + (-3r) \cdot \begin{pmatrix} 1 \\ -1 \\ 1 \end{pmatrix} = \begin{pmatrix} 1 + 2r - 3r \\ 3 + r + 3r \\ 1 - 3r \end{pmatrix} = \begin{pmatrix} 1 \\ 3 \\ 1 \end{pmatrix} + r \cdot \begin{pmatrix} -1 \\ 4 \\ -3 \end{pmatrix}.$$

F8 Lineare Gleichungssysteme systematisch lösen.

Lineare Gleichungssysteme (LGS) **mit n Variablen** bestehen aus zwei oder mehreren linearen Gleichungen, die gleichzeitig erfüllt sein sollen. Sofern eine Lösung existiert oder unendlich viele Lösungen existieren, lassen sich diese wie Punkte $(x_1, x_2, \ldots, x_n)$ im n-dimensionalen Raum notieren.
Ein lineares Gleichungssystem kann man durch **elementare Zeilenumformungen** (EZU) vereinfachen (Gauss'sches Lösungsverfahren). Bei den Umformungen darf man nur dann eine Gleichung weglassen, wenn zwei identische Gleichungen auftreten, oder wenn in einer Zeile eine wahre Aussage (wie beispielsweise $0 = 0$) entsteht.
Durch folgende elementare Zeilenumformungen wird die Lösungsmenge eines Gleichungssystems nicht verändert:

- Multiplikation einer Zeile mit einem Faktor (ungleich null)
- Addition des Vielfachen einer Zeile zu einer anderen Zeile
- Vertauschen von Zeilen

Am übersichtlichsten ist es, wenn man die Gleichungen des Systems in Form einer Tabelle (als **erweiterte Koeffizientenmatrix**) notiert. Ziel der elementaren Zeilenumformungen ist es, im linken Teil der erweiterten Koeffizientenmatrix

- eine **Dreiecksform** (ref = Row Echelon Form) zu erzeugen, so dass man die Lösungen von unten nach oben ablesen bzw. berechnen kann, oder
- eine **Diagonalform** (rref = Reduced Row Echelon Form) herzustellen, aus der sich die Lösungen unmittelbar ergeben.

(1) **Lineare Gleichungssysteme mit *zwei* Variablen**
Folgende Fälle sind zu unterscheiden:
(a) Zwei Gleichungen:
- das LGS hat eine eindeutig bestimmte Lösung;
- das LGS hat keine Lösung (bei den EZU entsteht in einer Zeile eine falsche Aussage);
- das LGS hat unendlich viele Lösungen (bei den EZU entfällt eine Zeile, da zwei identische Zeilen entstehen oder in einer Zeile eine wahre Aussage).

(b) Drei oder mehr Gleichungen (überbestimmtes Gleichungssystem):
- das LGS hat eine eindeutig bestimmte Lösung (bei den EZU bleiben zwei Gleichungen übrig, aus denen das Lösungspaar abgelesen werden kann);
- das LGS hat keine Lösung (bei den EZU tritt eine falsche Aussage auf);
- das LGS hat unendlich viele Lösungen (bei den EZU bleibt nur eine Zeile übrig).

(2) **Lineare Gleichungssysteme mit *drei* Variablen**
Folgende Fälle sind zu unterscheiden:
(a) Zwei Gleichungen (unterbestimmtes Gleichungssystem).
(b) Drei Gleichungen:
- das LGS hat eine eindeutig bestimmte Lösung;
- das LGS hat unendlich viele Lösungen (bei den EZU bleiben zwei Gleichungen oder sogar nur eine Gleichung übrig, aus denen das Lösungstripel abgelesen werden kann);
- das LGS hat keine Lösung (bei den EZU tritt eine falsche Aussage auf).

(c) Vier oder mehr Gleichungen (überbestimmtes Gleichungssystem):
- das LGS hat eine eindeutig bestimmte Lösung (bei den EZU bleiben drei Gleichungen übrig, aus denen das Lösungstripel abgelesen werden kann);
- das LGS hat unendlich viele Lösungen (bei den EZU bleiben entweder zwei Gleichungen übrig oder bei den EZU bleibt nur eine Gleichung übrig);
- das LGS hat keine Lösung (bei den EZU tritt eine falsche Aussage auf)

Beispiele zu (1)

(a) Das lineare Gleichungssystem $\begin{vmatrix} 2x_1 - 3x_2 = 1 \\ 4x_1 + 1x_2 = 9 \end{vmatrix}$ kann in der Matrix-Vektor-Schreibweise

notiert werden als: $\begin{pmatrix} 2 & -3 \\ 4 & 1 \end{pmatrix} \begin{pmatrix} x_1 \\ x_2 \end{pmatrix} = \begin{pmatrix} 1 \\ 9 \end{pmatrix}$ oder als erweiterte Koeffizientenmatrix in der Form $\left|\begin{matrix} 2 & -3 \\ 4 & 1 \end{matrix}\right|\begin{matrix} 1 \\ 9 \end{matrix}\right|$.

EZU: Multipliziert man die 1. Zeile mit 0,5, dann entsteht in der Diagonale eine Eins (Normierung der 1. Zeile); multipliziert man die 1. Zeile mit (–2) und addiert sie zur 2. Zeile, dann entsteht in der 1. Spalte eine Null.

$$\left|\begin{matrix} 2 & -3 \\ 4 & 1 \end{matrix}\right|\begin{matrix} 1 \\ 9 \end{matrix}\right| \quad \begin{matrix} \cdot 0{,}5 \quad \cdot(-2) \\ \longleftarrow \oplus \end{matrix} \quad \Leftrightarrow \quad \left|\begin{matrix} 1 & -1{,}5 \\ 0 & 7 \end{matrix}\right|\begin{matrix} 0{,}5 \\ 7 \end{matrix}\right|$$

Da die Matrix links Dreiecksgestalt hat, kann man in der unteren Zeile ablesen $7x_2 = 7$, also $x_2 = 1$. Setzt man dies in die 1. Zeile ein, dann ergibt sich: $1 \cdot x_1 - 1{,}5 \cdot 1 = 0{,}5 \Leftrightarrow x_1 = 2$. Die Lösung ist also das Paar $(2\,|\,1)$.

Man kann aber auch die EZU fortsetzen und erhält:

$$\left|\begin{matrix} 1 & -1{,}5 \\ 0 & 7 \end{matrix}\middle|\begin{matrix} 0{,}5 \\ 7 \end{matrix}\right| \quad \cdot\tfrac{1}{7} \quad \cdot\tfrac{3}{14} \; \oplus \quad \Leftrightarrow \quad \left|\begin{matrix} 1 & 0 \\ 0 & 1 \end{matrix}\middle|\begin{matrix} 2 \\ 1 \end{matrix}\right|$$

Aus diesem LGS, bei dem die Matrix links Diagonalgestalt hat, kann man unmittelbar das Lösungspaar (2 | 1) ablesen.

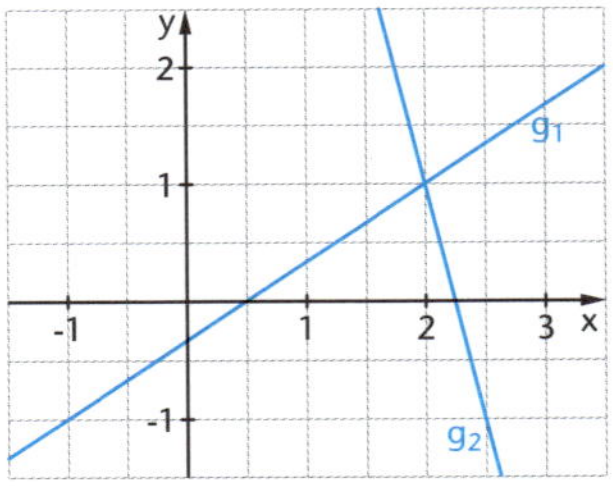

Hinweis (geometrische Interpretation):

Die beiden Gleichungen bestimmen zwei Geraden im 2-dimensionalen Koordinatensystem mit den Gleichungen
g_1: $x_2 = \frac{2}{3}x_1 - \frac{1}{3}$ und g_2: $x_2 = -4x_1 + 9$.

(b) $\left|\begin{matrix} 1x_1 - 2x_2 = -8 \\ 2x_1 + 1x_2 = -1 \\ -1x_1 + 3x_2 = 11 \end{matrix}\right|$

Aus dem überbestimmten Gleichungssystem mit drei Gleichungen und zwei Variablen ergibt sich nach EZU

$$\left|\begin{matrix} 1 & -2 \\ 2 & 1 \\ -1 & 3 \end{matrix}\middle|\begin{matrix} -8 \\ -1 \\ 11 \end{matrix}\right| \quad \cdot(-2) \; \oplus \; \oplus \quad \Leftrightarrow \quad \left|\begin{matrix} 1 & -2 \\ 0 & 5 \\ 0 & 1 \end{matrix}\middle|\begin{matrix} -8 \\ 15 \\ 3 \end{matrix}\right| \quad \cdot\tfrac{1}{5} \quad \cdot\tfrac{2}{5} \; \oplus \; \cdot\left(-\tfrac{1}{5}\right) \; \oplus \quad \Leftrightarrow \quad \left|\begin{matrix} 1 & 0 \\ 0 & 1 \\ 0 & 0 \end{matrix}\middle|\begin{matrix} -2 \\ 3 \\ 0 \end{matrix}\right|$$

Nach drei Schritten erhält man eine Matrix in Diagonalgestalt, aus der sich das Lösungspaar (– 2 | 3) ablesen lässt, sowie eine Zeile, in der die wahre Aussage 0 = 0 steht.

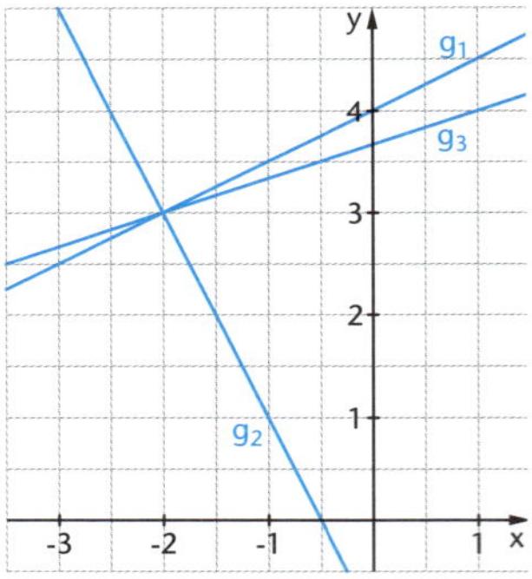

Hinweis (geometrische Interpretation):
Die drei Gleichungen bestimmen drei Geraden im 2-dimensionalen Koordinatensystem, die durch denselben Punkt verlaufen:

g_1: $x_2 = \frac{1}{2}x_1 + 4$,

g_2: $x_2 = -2x_1 - 1$ und

g_3: $x_2 = \frac{1}{3}x_1 + \frac{11}{3}$.

Eine Änderung bei der 3. Gleichung des LGS kann folgende Wirkung haben:
EZU beim LGS führen schließlich zu einem Gleichungssystem, bei dem in der 3. Zeile eine falsche Aussage steht. Daher besitzt dieses LGS keine Lösung.

$$\left|\begin{matrix} 1x_1 - 2x_2 = -8 \\ 2x_1 + 1x_2 = -1 \\ 1x_1 + 2x_2 = 5 \end{matrix}\right| \Leftrightarrow \ldots \Leftrightarrow \left|\begin{matrix} 1 & 0 \\ 0 & 1 \\ 0 & 0 \end{matrix}\middle|\begin{matrix} -2 \\ 3 \\ 1 \end{matrix}\right|.$$

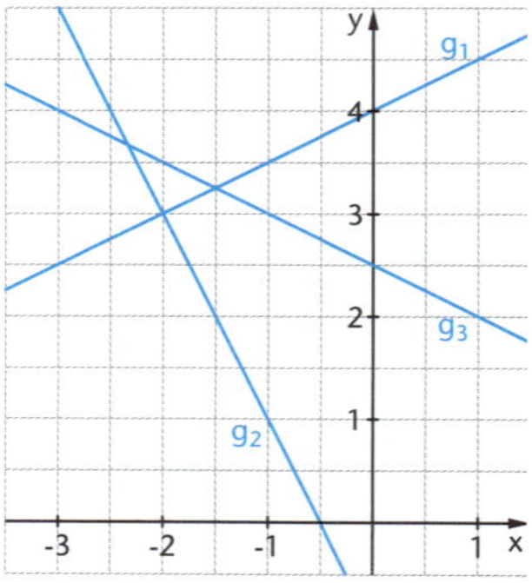

Hinweis (geometrische Interpretation):

Die drei Geraden g_1: $x_2 = \frac{1}{2}x_1 + 4$,

g_2: $x_2 = -2x_1 - 1$ und g_3: $x_2 = -\frac{1}{2}x_1 + \frac{5}{2}$

verlaufen nicht durch einen gemeinsamen Punkt.

Beispiele zu (2)

(a) $\left|\begin{array}{l} 1x_1 - 3x_2 + 1x_3 = 1 \\ 2x_1 + 0x_2 - 2x_3 = 3 \end{array}\right|$

Das LGS mit zwei Gleichungen und drei Variablen notiert man als erweiterte Koeffizientenmatrix in der Form

$$\left|\begin{array}{rrr|r} 1 & -3 & 1 & 1 \\ 2 & 0 & -2 & 3 \end{array}\right| \quad \cdot(-2) \oplus \quad \Leftrightarrow \quad \left|\begin{array}{rrr|r} 1 & -3 & 1 & 1 \\ 0 & 6 & -4 & 1 \end{array}\right| \quad \cdot\tfrac{1}{6} \quad \cdot\tfrac{1}{2} \oplus \quad \Leftrightarrow \quad \left|\begin{array}{rrr|r} 1 & 0 & -1 & 1{,}5 \\ 0 & 1 & -\frac{2}{3} & \frac{1}{6} \end{array}\right|$$

Aus der umgeformten erweiterten Koeffizientenmatrix in Diagonalform liest man eine Parameterdarstellung für die unendlich vielen Lösungstripel ab: $(x_1 | x_2 | x_3)$ mit

$x_1 = 1{,}5 + x_3$ und $x_2 = \frac{1}{6} + \frac{2}{3}x_3$, wobei $x_3 \in \mathbb{R}$ beliebig gewählt werden kann.

Hinweis für Leistungskurse (geometrische Interpretation):

Die beiden Gleichungen beschreiben zwei Ebenen im 3-dimensionalen Raum; sie schneiden sich in einer Geraden, die mithilfe einer Parameterdarstellung beschrieben werden kann.

$$\vec{x} = \begin{pmatrix} 1{,}5 \\ \frac{1}{6} \\ 0 \end{pmatrix} + t \cdot \begin{pmatrix} 1 \\ \frac{2}{3} \\ 1 \end{pmatrix}$$

(b) $\left|\begin{array}{l} 1x_1 - 2x_2 + x_3 = 0 \\ 3x_1 - 1x_2 + 2x_3 = 7 \\ 1x_1 + 2x_2 - x_3 = 2 \end{array}\right|$

Das LGS mit drei Gleichungen und drei Variablen notiert man als erweiterte Koeffizientenmatrix in der Form

$$\left|\begin{array}{rrr|r} 1 & -2 & 1 & 0 \\ 3 & -1 & 2 & 7 \\ 1 & 2 & -1 & 2 \end{array}\right| \quad \cdot(-3) \oplus \quad \cdot(-1) \oplus \quad \Leftrightarrow \quad \left|\begin{array}{rrr|r} 1 & -2 & 1 & 0 \\ 0 & 5 & -1 & 7 \\ 0 & 4 & -2 & 2 \end{array}\right| \quad \cdot\tfrac{1}{5} \quad \cdot\tfrac{2}{5} \oplus \quad \cdot\left(-\tfrac{4}{5}\right) \oplus$$

$$\left|\begin{array}{rrr|r} 1 & 0 & 0{,}6 & 2{,}8 \\ 0 & 1 & -0{,}2 & 1{,}4 \\ 0 & 0 & -1{,}2 & -3{,}6 \end{array}\right| \quad \cdot\left(-\tfrac{5}{6}\right) \quad \cdot\tfrac{1}{2} \oplus \quad \cdot\left(-\tfrac{1}{6}\right) \oplus \quad \Leftrightarrow \quad \left|\begin{array}{rrr|r} 1 & 0 & 0 & 1 \\ 0 & 1 & 0 & 2 \\ 0 & 0 & 1 & 3 \end{array}\right|$$

Aus der umgeformten erweiterten Koeffizientenmatrix in Diagonalform liest man das eindeutig bestimmte Lösungstripel ab: $(1 | 2 | 3)$.

Hinweis für Leistungskurse (geometrische Interpretation):

Die drei Gleichungen beschreiben drei Ebenen im 3-dimensionalen Raum; sie haben den Punkt $(1 | 2 | 3)$ gemeinsam.

(c) $\left|\begin{array}{l} 1x_1 + 1x_2 + 2x_3 = 4 \\ 2x_1 - 1x_2 + 1x_3 = 5 \\ 1x_1 - 2x_2 - x_3 = 1 \\ 1x_1 + 3x_2 + 4x_3 = 6 \end{array}\right| \Leftrightarrow \ldots \Leftrightarrow \left|\begin{array}{rrr|r} 1 & 0 & 1 & 3 \\ 0 & 1 & 1 & 1 \\ 0 & 0 & 0 & 0 \\ 0 & 0 & 0 & 0 \end{array}\right|$

Aus der erweiterten Koeffizientenmatrix in Diagonalform liest man eine Parameterdarstellung für die unendlich vielen Lösungstripel ab: $(x_1 | x_2 | x_3)$ mit $x_1 = 3 - x_3$ und $x_2 = 1 - x_3$, wobei $x_3 \in \mathbb{R}$ beliebig gewählt werden kann.

Hinweis für Leistungskurse (geometrische Interpretation):

Die vier Gleichungen beschreiben vier Ebenen im 3-dimensionalen Raum; diese schneiden sich in *einer* Geraden, die mithilfe einer Parameterdarstellung beschrieben werden kann.

$$\vec{x} = \begin{pmatrix} 3 \\ 1 \\ 0 \end{pmatrix} + t \cdot \begin{pmatrix} -1 \\ -1 \\ 1 \end{pmatrix}$$

G1 Winkel zwischen zwei Vektoren, Schnittwinkel zwischen zwei Geraden, zwischen zwei Ebenen sowie zwischen einer Gerade und einer Ebene berechnen.

Für das Skalarprodukt zweier Vektoren $\vec{u}$, $\vec{v}$ gilt (vgl. Basiswissen E2): $\vec{u} * \vec{v} = |\vec{u}| \cdot |\vec{v}| \cdot \cos(\varphi)$, wobei φ der von den beiden Vektoren aufgespannte Winkel ist.

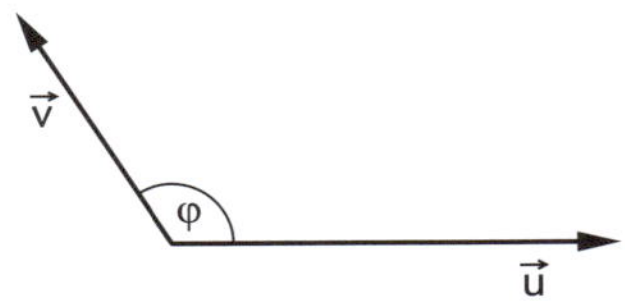

Daher lässt sich mithilfe von $\cos(\varphi) = \frac{\vec{u} * \vec{v}}{|\vec{u}| \cdot |\vec{v}|}$ die Größe dieses Richtungsunterschieds φ bestimmen, wobei $0° \leq \varphi \leq 180°$.

(1) **Winkel zwischen Geraden:** Da die Richtung von Geraden durch ihre Richtungsvektoren $\vec{u}_1$, $\vec{u}_2$ bestimmt wird, ergibt sich der Winkel zwischen zwei sich schneidenden Geraden durch die Gleichung:

$$\cos(\varphi) = \frac{|\vec{u}_1 * \vec{u}_2|}{|\vec{u}_1| \cdot |\vec{u}_2|},$$

wobei $0° \leq \varphi \leq 90°$.

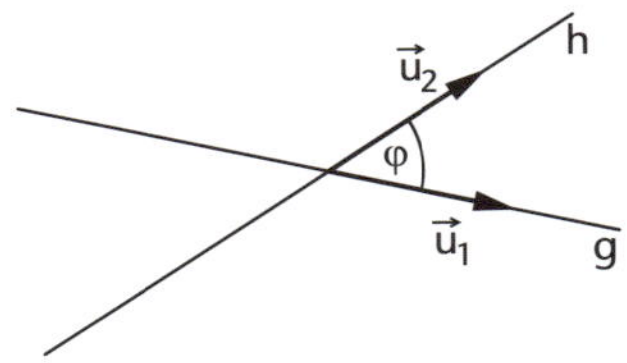

Durch die Betragsbildung im Zähler wird der kleinere der beiden Winkel zwischen den Geraden ausgewählt.
Man beachte: Winkel in Vielecken, z. B. in Dreiecken, werden durch die Richtungsunterschiede zwischen Verbindungsvektoren bestimmt – hier sind Winkel über 90° möglich!

(2) **Nur LK: Winkel zwischen Ebenen:** Da die Normalenvektoren $\vec{n}_1$, $\vec{n}_2$ der Ebenen orthogonal zu den Ebenen sind, wird der Schnittwinkel zweier Ebenen durch den Winkel zwischen den Normalenvektoren bestimmt:

$$\cos(\varphi) = \frac{|\vec{n}_1 * \vec{n}_2|}{|\vec{n}_1| \cdot |\vec{n}_2|},$$

wobei $0° \leq \varphi \leq 90°$.

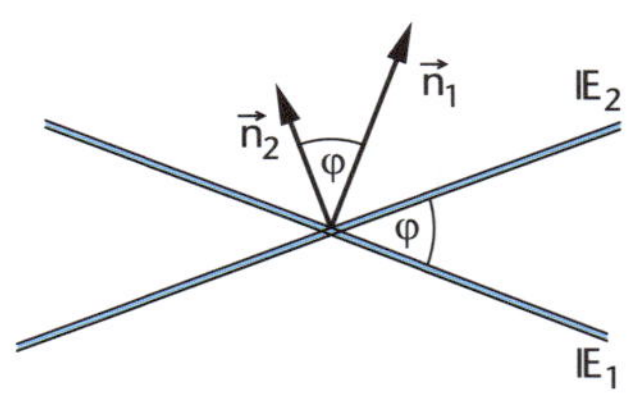

Durch die Betragsbildung im Zähler wird der kleinere der beiden Winkel zwischen den Ebenen ausgewählt. Falls eine Ebene durch eine Parameterdarstellung gegeben ist, muss erst eine Koordinatengleichung erstellt werden.

(3) **Nur LK: Winkel zwischen einer Geraden und einer Ebene:**
Der Schnittwinkel und der Winkel, der durch einen Normalenvektor $\vec{n}$ der Ebene sowie den Richtungsvektor $\vec{u}$ der Geraden bestimmt wird, ergänzen sich zu 90°. Daher gilt für den gesuchten Schnittwinkel φ zwischen Gerade und Ebene:

$$\cos(\varphi') = \frac{|\vec{u} * \vec{n}|}{|\vec{u}| \cdot |\vec{n}|} \text{ und } \varphi = 90° - \varphi'.$$

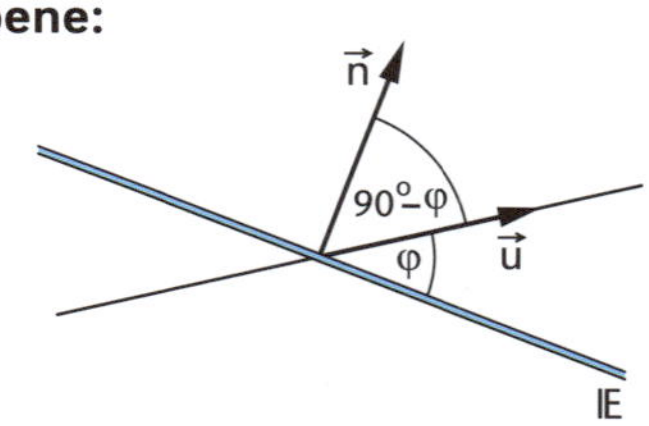

Wegen $\sin(\varphi) = \sin(90° - \varphi') = \cos(\varphi')$ kann man Schnittwinkel zwischen einer Geraden und einer Ebene auch direkt mithilfe der Umkehrfunktion $\sin^{-1}$ der Sinusfunktion bestimmen:

$$\sin(\varphi) = \frac{|\vec{u} * \vec{n}|}{|\vec{u}| \cdot |\vec{n}|} \Leftrightarrow \varphi = \sin^{-1}\left(\frac{|\vec{u} * \vec{n}|}{|\vec{u}| \cdot |\vec{n}|}\right).$$

Beispiele

(1) Gegeben ist eine Ebene E durch eine Koordinatengleichung E: $3x_1 - 4x_2 + 2x_3 = 1$.

Wo und unter welchem Winkel schneidet die Gerade g: $\vec{x} = \begin{pmatrix} 1 \\ 1 \\ -1 \end{pmatrix} + r \cdot \begin{pmatrix} 2 \\ -2 \\ 3 \end{pmatrix}$ die Ebene?

Gemeinsame Punkte von Gerade und Ebene müssen das folgende Gleichungssystem erfüllen: $3x_1 - 4x_2 + 2x_3 = 1$ und $\begin{pmatrix} x_1 \\ x_2 \\ x_3 \end{pmatrix} = \begin{pmatrix} 1 \\ 1 \\ -1 \end{pmatrix} + r \cdot \begin{pmatrix} 2 \\ -2 \\ 3 \end{pmatrix} = \begin{pmatrix} 1+2r \\ 1-2r \\ -1+3r \end{pmatrix}$.

Durch Einsetzen der Bedingungen für x_1, x_2, x_3 in die Koordinatengleichung erhalten wir:
$3 \cdot (1+2r) - 4 \cdot (1-2r) + 2 \cdot (-1+3r) = 1$, also $20r = 4$, also $r = 0{,}2$.
Der Schnittpunkt von Gerade und Ebene hat also die Koordinaten $S(1{,}4|0{,}6|-0{,}4)$.
Der Schnittwinkel φ zwischen einer Geraden und einer Ebene ist gleich $90° - \varphi'$, wobei φ' der Winkel zwischen dem Normalenvektor der Ebene E und dem Richtungsvektor der Geraden ist:

$$\cos(\varphi') = \frac{\left|\begin{pmatrix} 3 \\ -4 \\ 2 \end{pmatrix} * \begin{pmatrix} 2 \\ -2 \\ 3 \end{pmatrix}\right|}{\sqrt{29} \cdot \sqrt{17}} = \frac{|6+8+6|}{\sqrt{29} \cdot \sqrt{17}} = \frac{20}{\sqrt{29 \cdot 17}} \quad \Leftrightarrow \quad \varphi' = \cos^{-1}\left(\frac{20}{\sqrt{29 \cdot 17}}\right) = 25{,}74°.$$

Der gesuchte Winkel ist also $\varphi = 64{,}26°$.

(2) Die Punkte $A(1|1|-1)$, $B(-3|5|1)$, $C(5|-1|-1)$ und $D(-3|1|-4)$ bestimmen ein (unregelmäßiges) Tetraeder.

a) Welche Winkel treten im Dreieck ABC auf?
Der Winkel α im Dreieck ABC wird durch die Vektoren $\overrightarrow{AB} = \begin{pmatrix} -4 \\ 4 \\ 2 \end{pmatrix}$, $\overrightarrow{AC} = \begin{pmatrix} 4 \\ -2 \\ 0 \end{pmatrix}$ bestimmt, der Winkel β durch die Vektoren $\overrightarrow{BC} = \begin{pmatrix} 8 \\ -6 \\ -2 \end{pmatrix}$, $\overrightarrow{BA} = \begin{pmatrix} 4 \\ -4 \\ -2 \end{pmatrix}$. Hiermit ergibt sich:

$\cos(\alpha) = \frac{-24}{6 \cdot \sqrt{20}} \Leftrightarrow \alpha = 153{,}43°$ und $\cos(\beta) = \frac{60}{\sqrt{104} \cdot 6} \Leftrightarrow \beta = 11{,}31°$,
also $\gamma = 180° - 153{,}43° - 11{,}31° = 15{,}26°$.

b) **Nur LK:** Welche der Flächen ABD, BCD, CAD hat gegenüber der Grundfläche ABC die größte Neigung?
Um die Winkel zwischen den Flächen zu bestimmen, berechnen wir jeweils zunächst die Normalenvektoren der einzelnen Ebenen.

Fläche ABC:
Gesucht ist ein Normalenvektor zu den Vektoren $\overrightarrow{AB} = \begin{pmatrix} -4 \\ 4 \\ 2 \end{pmatrix}$ und $\overrightarrow{AC} = \begin{pmatrix} 4 \\ -2 \\ 0 \end{pmatrix}$,

d. h. es muss gelten: $\begin{pmatrix} -4 \\ 4 \\ 2 \end{pmatrix} * \begin{pmatrix} n_1 \\ n_2 \\ n_3 \end{pmatrix} = 0$ und $\begin{pmatrix} -4 \\ 2 \\ 0 \end{pmatrix} * \begin{pmatrix} n_1 \\ n_2 \\ n_3 \end{pmatrix} = 0$.

Ohne lange Rechnung kann man ablesen, dass ein solcher Vektor durch $\vec{n}_a = \begin{pmatrix} 1 \\ 2 \\ -2 \end{pmatrix}$ gegeben ist (erste und zweite Komponente des Vektors bestimmen, dann passende dritte Komponente).

Fläche ABD:
Gesucht ist ein Normalenvektor zu den Vektoren $\overrightarrow{AB} = \begin{pmatrix} -4 \\ 4 \\ 2 \end{pmatrix}$ und $\overrightarrow{AD} = \begin{pmatrix} -4 \\ 0 \\ -3 \end{pmatrix}$,

d. h. es muss gelten: $\begin{pmatrix} -4 \\ 0 \\ -3 \end{pmatrix} * \begin{pmatrix} n_1 \\ n_2 \\ n_3 \end{pmatrix} = 0$ und $\begin{pmatrix} -4 \\ 4 \\ 2 \end{pmatrix} * \begin{pmatrix} n_1 \\ n_2 \\ n_3 \end{pmatrix} = 0$.

Ohne lange Rechnung kann man ablesen, dass ein solcher Vektor durch $\vec{n}_a = \begin{pmatrix} 3 \\ 5 \\ -4 \end{pmatrix}$

gegeben ist (erste und dritte Komponente des Vektors bestimmen, dann passende zweite Komponente).

Der gesuchte Winkel ist also gegeben durch

$$\cos(\alpha) = \frac{\left|\begin{pmatrix} 3 \\ 5 \\ -4 \end{pmatrix} * \begin{pmatrix} 1 \\ 2 \\ -2 \end{pmatrix}\right|}{\sqrt{50} \cdot 3} = \frac{21}{\sqrt{50} \cdot 3}, \text{ also } \alpha = 8{,}13°.$$

Fläche BCD:

$\vec{n}_b = \begin{pmatrix} 11 \\ 20 \\ -16 \end{pmatrix}$ ist ein Normalenvektor zu $\overrightarrow{BC}$, $\overrightarrow{BD} = \begin{pmatrix} 0 \\ -4 \\ -5 \end{pmatrix}$.

Der gesuchte Winkel ergibt sich aus

$$\cos(\beta) = \frac{\left|\begin{pmatrix} 11 \\ 20 \\ -16 \end{pmatrix} * \begin{pmatrix} 1 \\ 2 \\ -2 \end{pmatrix}\right|}{\sqrt{777} \cdot 3} = \frac{83}{\sqrt{777} \cdot 3}, \text{ also } \beta = 7{,}00°.$$

Fläche CAD:

$\vec{n}_c = \begin{pmatrix} 3 \\ 6 \\ -4 \end{pmatrix}$ ist ein Normalenvektor zu $\overrightarrow{CA} = \begin{pmatrix} -4 \\ 2 \\ 0 \end{pmatrix}$ sowie $\overrightarrow{CD} = \begin{pmatrix} -8 \\ 2 \\ -3 \end{pmatrix}$

Der gesuchte Winkel ergibt sich aus

$$\cos(\gamma) = \frac{\left|\begin{pmatrix} 3 \\ 6 \\ -4 \end{pmatrix} * \begin{pmatrix} 1 \\ 2 \\ -2 \end{pmatrix}\right|}{\sqrt{61} \cdot 3} = \frac{23}{\sqrt{61} \cdot 3}, \text{ also } \gamma = 11{,}00°.$$

Die Fläche CAD bildet also den größten Winkel zur Grundfläche.

G2 Den Flächeninhalt eines Dreiecks und das Volumen einer dreiseitigen Pyramide (Tetraeder) nach elementaren Methoden bestimmen.

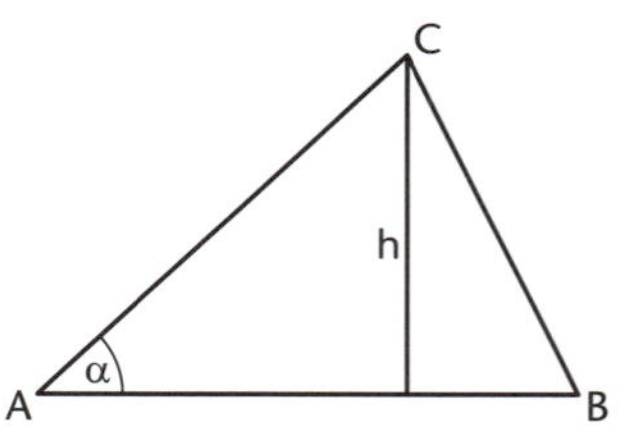

- Für den Flächeninhalt eines Dreiecks gilt:

  $A = \frac{1}{2} \cdot \text{Grundseite} \cdot \text{Flächenhöhe}$

  Ein Dreieck ABC wird durch die beiden Vektoren $\overrightarrow{AB}$, $\overrightarrow{AC}$ aufgespannt. Elementargeometrisch kann die Höhe h auf AB beschrieben werden durch

  $\sin(\alpha) = \frac{h}{|AC|}$, also $h = |AC| \cdot \sin(\alpha)$.

  Für den Kosinus des Winkel α gilt: $\cos(\alpha) = \frac{\overrightarrow{AB} * \overrightarrow{AC}}{|AB| \cdot |AC|}$ (vgl. Basiswissen G1).

  Da für beliebige Winkel α gilt: $\sin^2(\alpha) + \cos^2(\alpha) = 1$, also

  $$\sin(\alpha) = \sqrt{1 - \cos^2(\alpha)} = \sqrt{1 - \left(\frac{\overrightarrow{AB} * \overrightarrow{AC}}{|AB| \cdot |AC|}\right)^2},$$

  kann man den Flächeninhalt des Dreiecks ABC wie folgt berechnen:

  $$A_{Dreieck} = \frac{1}{2} \cdot |AB| \cdot |AC| \cdot \sin(\alpha), \text{ also } A_{Dreieck} = \frac{1}{2} \cdot \sqrt{|AB|^2 \cdot |AC|^2 - (\overrightarrow{AB} * \overrightarrow{AC})^2}$$

- Für das Volumen einer Pyramide gilt:

  $V = \frac{1}{3} \cdot$ Grundfläche · Raumhöhe.

  Im Falle eines allgemeinen (nicht notwendig regelmäßigen) Tetraeders kann die Grundfläche nach der o. a. Formel berechnet werden. Um die Raumhöhe zu bestimmen, nutzt man die Projektionseigenschaft des Skalarprodukts (vgl. Basiswissen E2):

  Man bestimmt einen beliebigen Vektor $\vec{n}$, der orthogonal zu $\overrightarrow{AB}$ und $\overrightarrow{AC}$ ist; dann ist

  die Länge der Raumhöhe gegeben durch $\frac{|\vec{n} * \overrightarrow{AD}|}{|\vec{n}|}$. Daher gilt:

  $$V_{Tetraeder} = \frac{1}{6} \cdot \frac{|\vec{n} * \overrightarrow{AD}|}{|\vec{n}|} \cdot \sqrt{|AB|^2 \cdot |AC|^2 - (\overrightarrow{AB} * \overrightarrow{AC})^2}$$

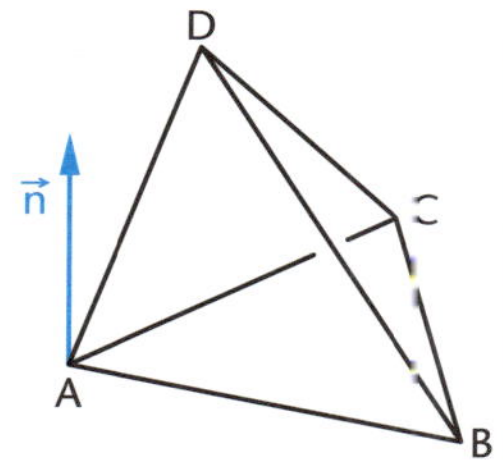

Beispiel

Die Punkte A(1|1|−1), B(−3|5|1), C(5|−1|−1) und D(−3|1|−4) bestimmen ein (unregelmäßiges) Tetraeder. Welches Volumen hat das Tetraeder?

Das Dreieck ABC wird durch die Vektoren $\overrightarrow{AB} = \begin{pmatrix} -4 \\ 4 \\ 2 \end{pmatrix}$, $\overrightarrow{AC} = \begin{pmatrix} 4 \\ -2 \\ 0 \end{pmatrix}$ aufgespannt.

Für den Flächeninhalt gilt daher: $A_{Dreieck} = \frac{1}{2} \cdot \sqrt{6^2} \cdot \sqrt{20^2 - (-24)^2} = \frac{1}{2} \cdot \sqrt{144} = 6.$

An den Komponenten des Vektors $\overrightarrow{AC}$ kann man ablesen, dass ein zu $\overrightarrow{AC}$ orthogonaler Vektor $\vec{n}$ die Komponenten $\vec{n} = \begin{pmatrix} 1 \\ 2 \\ n_3 \end{pmatrix}$ (oder Vielfache hiervon) haben muss.

Aus dem Skalarprodukt mit dem Vektor $\overrightarrow{AB}$ ergibt sich:

$\overrightarrow{AB} * \vec{n} = \begin{pmatrix} -4 \\ 4 \\ 2 \end{pmatrix} * \begin{pmatrix} 1 \\ 2 \\ n_3 \end{pmatrix} = -4 + 8 + 2n_3 = 0$. Das bedeutet, dass dann $n_3 = -2$ sein muss.

Für die Länge von $\vec{n}$ gilt: $|\vec{n}| = \left|\begin{pmatrix} 1 \\ 2 \\ -2 \end{pmatrix}\right| = \sqrt{1^2 + 2^2 + (-2)^2} = 3.$

Die Höhe der Pyramide ist daher gleich $\frac{|\vec{n} * \overrightarrow{AD}|}{|\vec{n}|} = \frac{2}{3}$.

Daher gilt: $V_{Tetraeder} = \frac{1}{3} \cdot \frac{2}{3} \cdot 6 = \frac{4}{3}.$

G3 Nur LK: Den Abstand eines Punktes von einer Ebene berechnen.

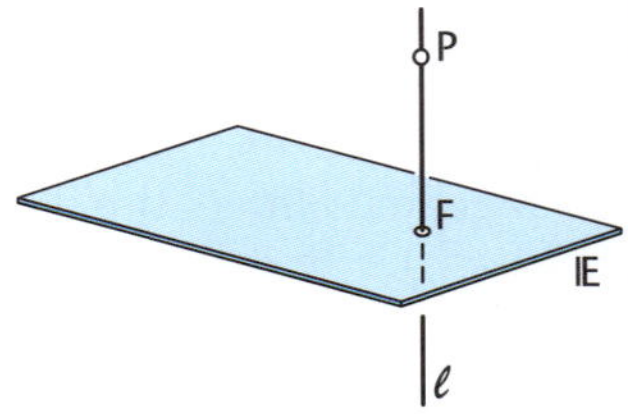

Idee: Um den Abstand eines Punktes P von einer Ebene E zu berechnen, benötigt man eine Lotgerade von P auf E. Der Schnittpunkt der Lotgerade mit der Ebene ist der Fußpunkt F des Lotes. Der Abstand von P zu E ist gleich der Länge des Vektors $\overrightarrow{PF}$.

Allgemeine Darstellung der Methode:

Gegeben sind $P(p_1|p_2|p_3)$ und E: $a x_1 + b x_2 + c x_3 = d$,

wobei $\vec{n} = \begin{pmatrix} a \\ b \\ c \end{pmatrix}$ der Normalenvektor der Ebene ist.

Parameterdarstellung der Lotgeraden ist l: $\vec{x} = \begin{pmatrix} p_1 \\ p_2 \\ p_2 \end{pmatrix} + r \cdot \begin{pmatrix} a \\ b \\ c \end{pmatrix} = \begin{pmatrix} p_1 + ra \\ p_2 + rb \\ p_3 + rc \end{pmatrix}$

Schnittpunkt von l mit der Ebene E: Damit ein Punkt gleichzeitig zu l und zu E gehört, muss gelten:

$a \cdot (p_1 + ra) + b \cdot (p_2 + rb) + c \cdot (p_3 + rc) = d \Leftrightarrow (a \cdot p_1 + b \cdot p_2 + c \cdot p_3) + r \cdot (a^2 + b^2 + c^2) = d$

$\Leftrightarrow r \cdot |\vec{n}|^2 = d - \begin{pmatrix} p_1 \\ p_2 \\ p_2 \end{pmatrix} * \begin{pmatrix} a \\ b \\ c \end{pmatrix} \Leftrightarrow r = \frac{1}{|\vec{n}|^2} \cdot (d - (\vec{p} * \vec{n}))$.

Wenn man diesen Wert für r in die Parameterdarstellung von l einsetzen würde, hätte man die Koordinaten des Fußpunktes F. Um die Länge der Strecke PF zu bestimmen, betrachten wir den zugehörigen Vektor:

$|\overrightarrow{PF}| = \left| \begin{pmatrix} p_1 + ra - p_1 \\ p_2 + rb - p_2 \\ p_3 + rc - p_3 \end{pmatrix} \right| = |r| \cdot \left| \begin{pmatrix} a \\ b \\ c \end{pmatrix} \right| = |r| \cdot |\vec{n}|$.

Setzt man nun den oben berechneten Wert des Parameters r ein, dann erhält man die Abstandsformel:

Abstand $(P, E) = \frac{1}{|\vec{n}|} \cdot |\vec{p} * \vec{n} - d|$.

Spezialfall P = O (Ursprung): Abstand $(O, E) = \frac{|d|}{|\vec{n}|}$.

Zusatz: Ist die Ebenengleichung in HESSE'scher Normalenform gegeben (vgl. Basiswissen F5), d. h. in der Form E: $\frac{1}{|\vec{n}|} \cdot (\vec{x} * \vec{n} - d) = 0$, dann erhält man den Abstand eines Punkt P unmittelbar durch Einsetzen der Koordinaten von P in die Gleichung der Ebene.

Beispiele

(1) Gegeben ist ein Punkt $P(3|1|-2)$ und eine Ebene durch E: $x_1 + 2x_2 - 2x_3 = 1$.
Die Lotgerade l durch P hat die Parameterdarstellung:

l: $\vec{x} = \begin{pmatrix} 3 \\ 1 \\ -2 \end{pmatrix} + r \cdot \begin{pmatrix} 1 \\ 2 \\ -2 \end{pmatrix} = \begin{pmatrix} 3 + r \\ 1 + 2r \\ -2 - 2r \end{pmatrix}$.

Um den Fußpunkt der Lotgeraden mit der Ebene zu bestimmen, werden die in der Parameterdarstellung enthaltenen Koordinatengleichungen in die Koordinatengleichung der Ebene eingesetzt:

$(3 + r) + 2 \cdot (1 + 2r) - 2 \cdot (-2 - 2r) = 1 \Leftrightarrow 9 + 9r = 1 \Leftrightarrow r = -\frac{8}{9}$.

Daher hat der Punkt F die Koordinaten $F\left(\frac{19}{9}\middle|-\frac{7}{9}\middle|-\frac{2}{9}\right)$ und die Länge des Vektors ist

$|\overrightarrow{PF}| = \sqrt{\left(3-\frac{19}{9}\right)^2 + \left(1+\frac{7}{9}\right)^2 + \left(-2+\frac{2}{9}\right)^2} = \sqrt{\frac{64}{81}+\frac{256}{81}+\frac{256}{81}} = \sqrt{\frac{576}{81}} = \frac{24}{9} = \frac{8}{3}.$

Bloßes Anwenden der o. a. Abstandsformel ergibt:

Abstand (P, E) $= \frac{1}{|\vec{n}|} \cdot |\vec{p} * \vec{n} - d| = \frac{1}{3} \cdot |9-1| = \frac{8}{3}$

oder ggf. vorher Umformung der Koordinatengleichung der Ebene in die HESSE'schen

Normalenform: $E: \frac{1}{|\vec{n}|} \cdot (\vec{x} * \vec{n} - d) = \frac{1}{3} \cdot \left(\begin{pmatrix} x_1 \\ x_2 \\ x_3 \end{pmatrix} * \begin{pmatrix} 1 \\ 2 \\ -2 \end{pmatrix} - 1 \right) = 0.$

(2) Die o. a. Methode zur Bestimmung des Lotfußpunktes wird auch verwendet, wenn man den Spiegelpunkt eines Punktes an einer Ebene ermitteln soll.

Gegeben ist eine Ebene $E: x_1 + x_2 - x_3 = 6$ und ein Punkt $P(3|-1|2)$.

Aufstellen der Parameterdarstellung der Lotgeraden: $l: x = \begin{pmatrix} 3 \\ 1 \\ -2 \end{pmatrix} + r \cdot \begin{pmatrix} 1 \\ 2 \\ -2 \end{pmatrix}.$

Um den Fußpunkt zu erhalten:
Einsetzen in die Koordinatengleichung der Ebene: $(3+r) + (-1+r) - (2-r) = 6$.
Auflösen nach r: $3r = 6 \Leftrightarrow r = 2$. Setzt man statt $r = 2$ den Wert $r = 4$ in die Parameterdarstellung der Lotgeraden ein, so erhält man: $P'(7|3|-2)$ als Spiegelpunkt.

G4 Nur LK: Den Abstand eines Punktes von einer Geraden berechnen.

Die kürzeste Entfernung eines Punktes P zu einer Geraden g ist durch das Lot vom Punkt auf die Gerade gegeben. Man untersucht also, bei welchem Parameterwert der Verbindungsvektor von P zu einem beliebigen Punkt X der Geraden orthogonal ist zum Richtungsvektor der Geraden, und erhält so den Fußpunkt F des Lotes von P auf g. Die Länge der Strecke PF ist dann der gesuchte Abstand.

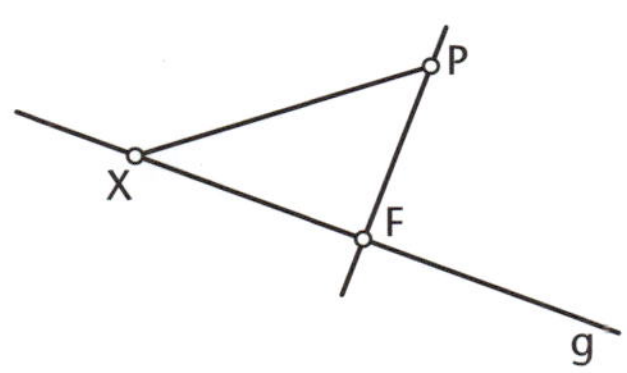

Allgemeine Darstellung der Methode: Gegeben sind $P(p_1|p_2|p_3)$ und $g: \vec{x} = \vec{a} + r \cdot \vec{u}$

Es muss gelten: $(\vec{x} - \vec{p}) * \vec{u} = (\vec{a} - \vec{p} + r \cdot \vec{u}) * \vec{u} = 0 \Leftrightarrow (\vec{a} - \vec{p}) * \vec{u} + r \cdot \vec{u} * \vec{u} = 0$

$\Leftrightarrow r = \frac{(\vec{p} - \vec{a}) * \vec{u}}{|\vec{u}|^2}.$

Wenn man diesen Wert für r in die Parameterdarstellung von g einsetzen würde, hätte man die Koordinaten des Lotfußpunktes F. Um die Länge der Strecke PF zu bestimmen, bestimmt man den zugehörigen Vektor $\overrightarrow{PF} = (\vec{a} - \vec{p}) + r \cdot \vec{u}$ und berechnet dessen Länge.

Beispiel

$P(3|1|1)$, $g: \vec{x} = \begin{pmatrix} 0 \\ -1 \\ 1 \end{pmatrix} + r \cdot \begin{pmatrix} 2 \\ 1 \\ 0 \end{pmatrix}$; $(\vec{p} - \vec{a}) * \vec{u} = \begin{pmatrix} 3-0 \\ 1-(-1) \\ 1-1 \end{pmatrix} * \begin{pmatrix} 2 \\ 1 \\ 0 \end{pmatrix} = 8$; $|\vec{u}|^2 = 5$; $r = 1{,}6$

also $\overrightarrow{PF} = (\vec{a} - \vec{p}) + r \cdot \vec{u} = \begin{pmatrix} -3 \\ -2 \\ 0 \end{pmatrix} + 1{,}6 \cdot \begin{pmatrix} 2 \\ 1 \\ 0 \end{pmatrix} = \begin{pmatrix} 0{,}2 \\ -0{,}4 \\ 0 \end{pmatrix}$, $|\overrightarrow{PF}| = \sqrt{0{,}2} \approx 0{,}447.$

G5 Nur LK: Den Abstand zweier windschiefer Geraden berechnen.

Idee: Gesucht ist ein gemeinsames Lot der beiden Geraden. Der Abstand der beiden Geraden ist dann gleich der Entfernung der beiden Fußpunkte dieses Lotes.
Allgemeine Darstellung der Methode: Gegeben sind die beiden Geraden g und h durch: g: $\vec{x} = \vec{a} + r \cdot \vec{u}$ und h: $\vec{x} = \vec{b} + s \cdot \vec{v}$. Gesucht sind Punkte $P \in g$ und $Q \in h$ mit der Eigenschaft: $\overrightarrow{PQ} * \vec{u} = 0$ und $\overrightarrow{PQ} * \vec{v} = 0$.

Der Verbindungsvektor der beiden Punkte P und Q lässt sich mithilfe der beiden Parameterdarstellungen beschreiben: $\overrightarrow{PQ} = (\vec{b} + s \cdot \vec{v}) - (\vec{a} + r \cdot \vec{u}) = (\vec{b} - \vec{a}) + s \cdot \vec{v} - r \cdot \vec{u}$, also muss gelten:

$(\vec{b} - \vec{a}) * \vec{u} + s \cdot \vec{v} * \vec{u} - r \cdot \vec{u} * \vec{u} = 0$ und $(\vec{b} - \vec{a}) * \vec{v} + s \cdot \vec{v} * \vec{v} - r \cdot \vec{u} * \vec{v} = 0$.

Dies ist ein Gleichungssystem mit zwei Gleichungen und zwei Variablen, mit deren Lösung man die Fußpunkte des Lotes und damit den Abstand der beiden Geraden berechnen kann.

Beispiel

g: $\vec{x} = \begin{pmatrix} 2 \\ 1 \\ 1 \end{pmatrix} + r \cdot \begin{pmatrix} 1 \\ -1 \\ 2 \end{pmatrix}$ und h: $\vec{x} = \begin{pmatrix} 1 \\ 0 \\ 1 \end{pmatrix} + s \cdot \begin{pmatrix} -1 \\ 2 \\ 0 \end{pmatrix}$.

Für $\overrightarrow{PQ}$ gilt dann: $\overrightarrow{PQ} = \begin{pmatrix} -1 \\ -1 \\ 0 \end{pmatrix} + s \cdot \begin{pmatrix} -1 \\ 2 \\ 0 \end{pmatrix} - r \cdot \begin{pmatrix} 1 \\ -1 \\ 2 \end{pmatrix}$.

Die Orthogonalitätsbedingungen sind:

$$\left(\begin{pmatrix} -1 \\ -1 \\ 0 \end{pmatrix} + s \cdot \begin{pmatrix} -1 \\ 2 \\ 0 \end{pmatrix} - r \cdot \begin{pmatrix} 1 \\ -1 \\ 2 \end{pmatrix}\right) * \begin{pmatrix} 1 \\ -1 \\ 2 \end{pmatrix} = 0 + s \cdot (-3) - r \cdot 6 = 0,$$

$$\left(\begin{pmatrix} -1 \\ -1 \\ 0 \end{pmatrix} + s \cdot \begin{pmatrix} -1 \\ 2 \\ 0 \end{pmatrix} - r \cdot \begin{pmatrix} 1 \\ -1 \\ 2 \end{pmatrix}\right) * \begin{pmatrix} -1 \\ 2 \\ 0 \end{pmatrix} = -1 + s \cdot 5 - r \cdot (-3) = 0.$$

Das Gleichungssystem $-3s - 6r = 0 \wedge 5s + 3r = 1$ hat die Lösungen $r = -\frac{1}{7} \wedge s = \frac{2}{7}$;

$$|\overrightarrow{PQ}| = \left|\begin{pmatrix} -1 \\ -1 \\ 0 \end{pmatrix} + \frac{2}{7} \cdot \begin{pmatrix} -1 \\ 2 \\ 0 \end{pmatrix} - \left(-\frac{1}{7}\right) \cdot \begin{pmatrix} 1 \\ -1 \\ 2 \end{pmatrix}\right| = \left|\begin{pmatrix} -\frac{8}{7} \\ -\frac{4}{7} \\ \frac{2}{7} \end{pmatrix}\right| = \sqrt{\frac{84}{49}} = \sqrt{\frac{12}{7}} \approx 1{,}309.$$

G6 Nur LK: Das Vektorprodukt zweier Vektoren berechnen und seine Bedeutung angeben sowie mithilfe des Vektorprodukts Normalenvektoren bestimmen und das Vektorprodukt zur Berechnung von Dreiecksflächen und von Spatvolumina verwenden.

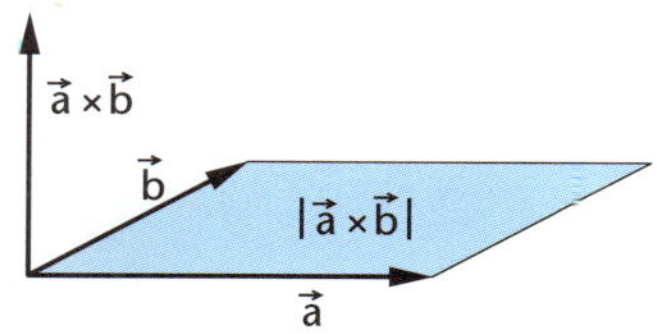

Für zwei Vektoren $\vec{a} = \begin{pmatrix} a_1 \\ a_2 \\ a_3 \end{pmatrix}$, $\vec{b} = \begin{pmatrix} b_1 \\ b_2 \\ b_3 \end{pmatrix}$ wird das Vektorprodukt $\vec{a} \times \vec{b}$ wie folgt definiert: $\vec{a} \times \vec{b} = \begin{pmatrix} a_2 b_3 - a_3 b_2 \\ a_3 b_1 - a_1 b_3 \\ a_1 b_2 - a_2 b_1 \end{pmatrix}$

Das Vektorprodukt $\vec{a} \times \vec{b}$ hat folgende geometrischen Eigenschaften:

(1) $\vec{a} \times \vec{b}$ ist orthogonal zu $\vec{a}$ und $\vec{b}$.

(2) Der Betrag des Vektorprodukts gibt den Flächeninhalt des von den Vektoren $\vec{a}$, $\vec{b}$ aufgespannten Parallelogramms an; es gilt nämlich:
$|\vec{a} \times \vec{b}| = |\vec{a}| \cdot |\vec{b}| \cdot \sin(\varphi)$, wobei φ der von $\vec{a}$, $\vec{b}$ aufgespannte Winkel ist.

(3) Folgerung: Für $\vec{a}, \vec{b} \neq \vec{o}$ gilt: $\vec{a} \times \vec{b} = \vec{o} \Leftrightarrow \vec{a}, \vec{b}$ sind Vielfache voneinander.

(4) $\vec{a}$, $\vec{b}$ und $\vec{a} \times \vec{b}$ bilden ein Rechtssystem (wie die x-, y- und z-Achse) und es gilt: $\vec{a} \times \vec{b} = -\vec{b} \times \vec{a}$.

(5) Wegen der Eigenschaft: $\vec{a} \times \vec{b}$ ist orthogonal zu $\vec{a}$, $\vec{b}$ (vgl. (1)) kann man mithilfe des Vektorprodukts zu gegebenen Richtungsvektoren der Parameterdarstellung einer Ebene einen Normalenvektor berechnen und damit eine Koordinatengleichung erstellen.

(6) Wegen der Eigenschaft $|\vec{a} \times \vec{b}| = |\vec{a}| \cdot |\vec{b}| \cdot \sin(\varphi)$ gibt der Betrag des Vektorprodukts den Flächeninhalt des von den Vektoren $\vec{a}$, $\vec{b}$ aufgespannten Parallelogramms an.
Für den Flächeninhalt des von den beiden Vektoren aufgespannten Dreiecks gilt daher: $A_{\text{Dreieck}} = \frac{1}{2} \cdot |\vec{a} \times \vec{b}|$.

(7) Für das Volumen eines von den Vektoren $\vec{a}$, $\vec{b}$, $\vec{c}$ aufgespannten Spats gilt:
$V = |(\vec{a} \times \vec{b}) * \vec{c}|$.
Der Vektor $\vec{a} \times \vec{b}$ steht orthogonal zu der von $\vec{a}$, $\vec{b}$ aufgespannten Grundfläche und sein Betrag ist gleich dem Flächeninhalt der Bodenfläche. Bildet man das Skalarprodukt von $\vec{a} \times \vec{b}$ mit dem Vektor $\vec{c}$, dann gilt:
$(\vec{a} \times \vec{b}) * \vec{c} = |\vec{a} \times \vec{b}| \cdot |\vec{c}| \cdot \cos(\varphi)$, wobei φ der Winkel zwischen $\vec{a} \times \vec{b}$ und $\vec{c}$ ist.
Der Betrag von $|\vec{c}| \cdot \cos(\varphi)$ gibt gerade die Länge der Höhe des Spats an (orthogonale Projektion von $\vec{c}$ auf $\vec{a} \times \vec{b}$, vgl. Basiswissen G2).

Beispiele

- Für $\vec{a} = \begin{pmatrix} 1 \\ -2 \\ 1 \end{pmatrix}, \vec{b} = \begin{pmatrix} 3 \\ 1 \\ -2 \end{pmatrix}$ ist: $\vec{a} \times \vec{b} = \begin{pmatrix} (-2)\cdot(-2) - 1\cdot 1 \\ 1\cdot 3 - 1\cdot(-2) \\ 1\cdot 1 - (-2)\cdot 3 \end{pmatrix} = \begin{pmatrix} 3 \\ 5 \\ 7 \end{pmatrix}$.
- Ein Normalenvektor für E: $\vec{x} = \begin{pmatrix} 1 \\ 1 \\ 2 \end{pmatrix} + r\cdot\begin{pmatrix} 3 \\ 1 \\ 0 \end{pmatrix} + s\cdot\begin{pmatrix} 2 \\ -1 \\ 4 \end{pmatrix}$ ist $\vec{n} = \vec{u} \times \vec{v} = \begin{pmatrix} 3 \\ 1 \\ 0 \end{pmatrix} \cdot \begin{pmatrix} 2 \\ -1 \\ 4 \end{pmatrix} = \begin{pmatrix} 4 \\ -12 \\ -5 \end{pmatrix}$.
- Die Vektoren $\vec{u} = \begin{pmatrix} 3 \\ 1 \\ 0 \end{pmatrix}$ und $\vec{v} = \begin{pmatrix} 2 \\ -1 \\ 4 \end{pmatrix}$ spannen ein Parallelogramm auf

  mit dem Flächeninhalt: $|\vec{u} \times \vec{v}| = \left|\begin{pmatrix} 4 \\ -12 \\ -5 \end{pmatrix}\right| = \sqrt{16 + 144 + 25} = \sqrt{185} \approx 13{,}60$ FE.

  Das von $\vec{u}$ und $\vec{v}$ aufgespannte Dreieck hat den Flächeninhalt $A = \frac{1}{2}\cdot|\vec{u} \times \vec{v}| \approx 6{,}80$ FE.
- Die Vektoren $\vec{a} = \begin{pmatrix} 1 \\ -2 \\ 1 \end{pmatrix}, \vec{b} = \begin{pmatrix} 3 \\ 1 \\ -2 \end{pmatrix}$ und $\vec{c} = \begin{pmatrix} 2 \\ -1 \\ 1 \end{pmatrix}$ spannen einen Spat auf.

  Für das Volumen des Spats gilt:

  $V = |(\vec{a} \times \vec{b}) * \vec{c}| = \left|\left(\begin{pmatrix} 1 \\ -2 \\ 1 \end{pmatrix} \times \begin{pmatrix} 3 \\ 1 \\ -2 \end{pmatrix}\right) * \begin{pmatrix} 2 \\ -1 \\ 1 \end{pmatrix}\right| = \left|\begin{pmatrix} 3 \\ 5 \\ 7 \end{pmatrix} * \begin{pmatrix} 2 \\ -1 \\ 1 \end{pmatrix}\right| = |6 - 5 + 7| = 8$ VE.

H1 Nur LK: Mehrstufige Entscheidungsvorgänge mithilfe von Baumdiagrammen veranschaulichen und die Anzahl der Möglichkeiten mithilfe der Grundregel der Kombinatorik bestimmen.

(1) Die **Grundregel der Kombinatorik** besagt: Besteht ein Zufallsversuch aus k Stufen und ist die Anzahl der möglichen Ergebnisse auf den einzelnen Stufen gleich m_1, m_2, ..., m_k, dann hat der Zufallsversuch ingesamt $m_1 \cdot m_2 \cdot \ldots \cdot m_k$ verschiedene mögliche Ergebnisse.
Diese Grundregel kann man mithilfe von Baumdiagrammen veranschaulichen.

(2) Die Grundregel der Kombinatorik lässt sich bei der Untersuchung von Ziehvorgängen anwenden. Beim k-fachen Ziehen aus einer Urne mit n unterscheidbaren Kugeln sind folgende Fälle zu unterscheiden:
- Beim Ziehen mit Zurücklegen (mit Wiederholung) gibt es n^k verschiedene Möglichkeiten.
- Beim Ziehen ohne Zurücklegen (ohne Wiederholung) gibt es $n \cdot (n-1) \cdot \ldots \cdot (n-k+1)$ verschiedene Möglichkeiten.
- Beim Ziehen mit einem Griff gibt es $\binom{n}{k} = \frac{n \cdot (n-1) \cdot \ldots \cdot (n-k+1)}{k \cdot (k-1) \cdot \ldots \cdot 1} = \frac{n!}{k! \cdot (n-k)!}$ verschiedene Möglichkeiten.*)

Sonderfall beim Ziehen ohne Zurücklegen: Für das vollständige Leeren einer Urne mit n Kugeln gibt es n! Möglichkeiten; hierdurch werden die n Kugeln in eine Reihenfolge gebracht.

Konsequenz: Es gibt n! Möglichkeiten, n Dinge anzuordnen.

(3) Für Stichprobennahmen ergibt sich aus (2):
Nimmt man in einer Gesamtheit vom Umfang n eine Stichprobe vom Umfang k, so sind $\binom{n}{k} = \frac{n \cdot (n-1) \cdot \ldots \cdot (n-k+1)}{k \cdot (k-1) \cdot \ldots \cdot 1}$ verschiedene Stichproben dieser Art möglich.
Bei Stichprobennahmen handelt es sich um einen Ziehvorgang ohne Zurücklegen (vergleiche Zähler des Bruchs), bei dem aber die Reihenfolge der Ziehung keine Rolle spielt (vergleiche Nenner des Bruchs); daher könnte die Ziehung auch mit einem Griff erfolgen.
Die natürlichen Zahlen $\binom{n}{k}$ werden auch als **Binomialkoeffizienten** bezeichnet.

*) Für das Produkt aufeinander folgender natürlicher Zahlen $n \cdot (n-1) \cdot \ldots \cdot 3 \cdot 2 \cdot 1$ schreibt man kurz: n! (n Fakultät) – Sonderfälle: $0! = 1$, $1! = 1$

Beispiele

(1) Stehen auf einer Speisekarte drei verschiedene Vorspeisen, vier verschiedene Hauptgerichte und zwei Desserts, dann kann man insgesamt $3 \cdot 4 \cdot 2 = 24$ verschiedene Essen zusammenstellen, darstellbar durch ein Baumdiagramm mit drei Verzweigungen auf der 1. Stufe, vier auf der 2. Stufe, zwei auf der 3. Stufe.

(2) In einer Klasse mit 30 Schülern/innen kann man fünf Freikarten auf verschiedene Arten verteilen:
- Man wählt 5 Schüler/innen mithilfe eines Glücksrads aus (Ziehen mit Wiederholung): 30^5 Möglichkeiten.
- Man wählt 5 Schüler/innen durch einzelnes Ziehen von Namenszetteln aus (Ziehen ohne Wiederholung): $30 \cdot 29 \cdot 28 \cdot 27 \cdot 26$ Möglichkeiten.
- Man zieht fünf Namenszettel auf einmal: $\binom{30}{5} = \frac{30 \cdot 29 \cdot 28 \cdot 27 \cdot 26}{5 \cdot 4 \cdot 3 \cdot 2 \cdot 1}$ Möglichkeiten.

(3) Beim Lottospiel *6 aus 49* kreuzt man 6 Zahlen an – hierfür gibt es $\binom{49}{6} = 13\,983\,816$ Möglichkeiten.

(4) Anwendung von (3):
Die Wahrscheinlichkeit, vier Zahlen richtig getippt zu haben, berechnet sich zu

$$\frac{\binom{6}{4}\binom{43}{2}}{\binom{49}{6}} = \frac{13545}{13\,983\,816},$$

denn es gibt 6 Gewinnzahlen, von denen 4 auf dem Tippzettel vorkommen, und 43 Nicht-Gewinnzahlen, von denen 2 auf dem Tippzettel vorkommen.

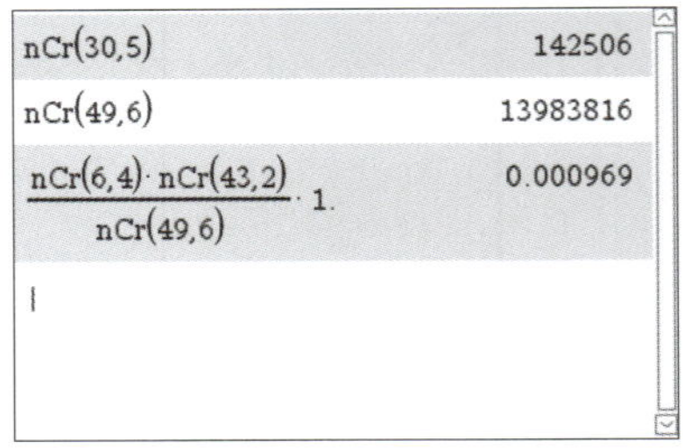

H2 Mehrstufige Zufallsversuche mit Baumdiagrammen beschreiben und Wahrscheinlichkeiten mit den Pfadregeln berechnen (Pfadadditions-/Pfadmultiplikationsregel) sowie die Komplementärregel anwenden.

Darstellung durch Baumdiagramme: Mehrstufige Zufallsversuche lassen sich mithilfe eines Baumdiagramms darstellen. Zu jedem der möglichen Ergebnisse des Zufallsexperiments gehört ein Pfad im Baumdiagramm. Zeichnet man ein vollständiges Baumdiagramm, dann ist eine Kontrolle möglich: Die Summe der Wahrscheinlichkeiten nach einer Verzweigung ist gleich 1.

Pfadmultiplikationsregel: Die Wahrscheinlichkeit eines Pfades ist gleich dem Produkt der Wahrscheinlichkeiten längs dieses Pfades.

Pfadadditionsregel: Gehören zu einem Ereignis mehrere Pfade, dann ist die Wahrscheinlichkeit dieses Ereignisses gleich der Summe der Wahrscheinlichkeiten der zugehörigen Pfade.

Komplementärregel: Kennt man die Wahrscheinlichkeit eines Ereignisses E, dann kennt man auch die Wahrscheinlichkeit des Gegenereignisses $\overline{E}$; diese ergänzen sich nämlich zu 1: $P(\overline{E}) = 1 - P(E)$

Beispiel *Komplementärregel*

Man wendet die Komplementärregel an, wenn es einfacher ist, die Wahrscheinlichkeit des Gegenereignisses zu bestimmen (vgl. oben). Dies ist auch oft der Fall, wenn in der Aufgabenstellung das Wort „mindestens“ verwendet wird.

Da die Ereignisse „Mindestens ein Erfolg“ und „Lauter Misserfolge“ bei einem n-stufigen BERNOULLI-Versuch mit Erfolgswahrscheinlichkeit p und Misserfolgswahrscheinlichkeit $q = 1 - p$ Gegenereignisse zueinander sind, ergänzen sich die Wahrscheinlichkeiten zu 1:

$P(X = 0) = q^n$ und $P(X \geq 1) = 1 - P(X = 0) = 1 - q^n$.

H3 Daten aus Vierfeldertafeln als Wahrscheinlichkeiten von zweistufigen Zufallsversuchen interpretieren sowie Vierfeldertafeln zur Umkehrung von Baumdiagrammen nutzen.

In einer Vierfeldertafel wird erfasst, mit welchen relativen oder absoluten Häufigkeiten zwei Merkmalsausprägungen zweier Merkmale und auch deren Kombination auftreten.

Die Daten aus der Vierfeldertafel lassen sich auf zwei Arten in einem zweistufigen Baumdiagramm wiedergeben (auf der 1. Stufe wird das eine, auf der 2. Stufe das andere Merkmal betrachtet).
Umgekehrt lassen sich die Daten aus einem Baumdiagramm in eine Vierfeldertafel übertragen und daraus das andere („umgekehrte") Baumdiagramm entwickeln.

Beispiel

Bei Infektionskrankheiten ist es wichtig, dass man schnell die Art der Krankheit erkennt, damit man sie bekämpfen kann. Hierzu führt man Schnelltests durch, die allerdings Mängel haben: Manchmal wird eine Krankheit angezeigt, obwohl sie nicht vorliegt; gelegentlich wird eine Krankheit nicht angezeigt, obwohl sie vorhanden ist.

Bei der Diagnostik sind die Empfindlichkeit (Sensitivität) des Tests, vor allem aber die Zuverlässigkeit positiver Testergebnisse (Spezifität) von besonderer Bedeutung. Sind die mit den Tests verbundenen Werte der Sensitivität bzw. Spezifität ungünstig und tritt die Krankheit vergleichsweise selten auf, dann ist auch die Wahrscheinlichkeit gering, dass eine Person, bei der ein Test positiv ausfällt, tatsächlich infiziert ist.

Man kann heute davon ausgehen, dass etwa 0,1 % der Bevölkerung Deutschlands HIV-infiziert ist.

Die vorliegenden Testverfahren zum Nachweis der Infektion haben mittlerweile eine hohe Sicherheit (Sensitivität): bei 99,9 % der tatsächlich Infizierten erfolgt positive Testreaktion; nur bei 0,3 % der nicht-infizierten Testpersonen wird irrtümlich eine Infektion angezeigt (Spezifität 99,7%).

Die Informationen lassen sich unmittelbar in ein Baumdiagramm übertragen (links):
1. Stufe: Infektion liegt vor – ja/nein, 2. Stufe: Testreaktion – positiv/negativ.
Die aus den Angaben berechneten Pfadwahrscheinlichkeiten kann man in die inneren Felder der Vierfeldertafel eintragen (rechts).

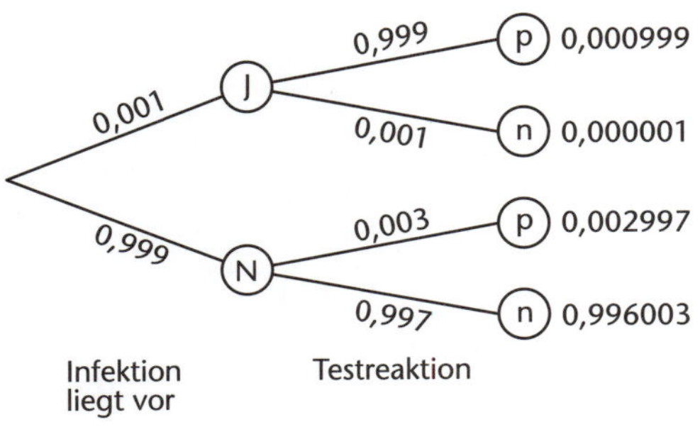

	Test positiv	Test negativ	gesamt
Infektion liegt vor	0,0999 %	0,0001 %	0.1 %
Infektion liegt nicht vor	0,2997 %	99,6003 %	99.9 %
gesamt	0,3996 %	99,6004 %	100.0 %

Von der Vierfeldertafel kommt man zum umgekehrten Baumdiagramm, indem man die Gesamtwahrscheinlichkeiten für einen positiven oder einen negativen Test aus der letzten Zeile der Vierfeldertafel entnimmt und diese auf der ersten Stufe des umgekehrten Baumdiagramms einträgt. Die vier Pfad-Wahrscheinlichkeiten dieses Baumdiagramms können unverändert aus den inneren Feldern der Vierfeldertafel übernommen werden.

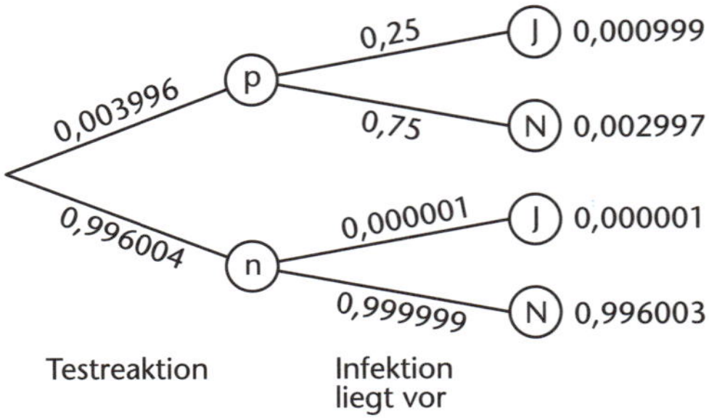

Nun können die noch fehlenden bedingten Wahrscheinlichkeiten für die unterschiedlichen Testreaktionen mithilfe der Pfadmultiplikationsregel durch Division der Pfad-Wahrscheinlichkeiten durch die Wahrscheinlichkeiten der ersten Stufe berechnet werden.

Zu den Informationen des umgekehrten Baumdiagramms kann man folgenden Text schreiben:
Führt man den HIV-Test mit zufällig ausgewählten Personen durch, dann wird in ungefähr 0,4% der Fälle eine positive Testreaktion zu beobachten sein. Die Wahrscheinlichkeit, dass eine Person mit positivem Testergebnis tatsächlich HIV-infiziert ist, beträgt allerdings nur ca. 25 %.
In 99,6 % der Fälle wird die Testreaktion negativ sein. Personen mit negativem Testergebnis sind nur mit vernachlässigbar geringer Wahrscheinlichkeit dennoch HIV-infiziert.

H4 Bedingte Wahrscheinlichkeiten mithilfe des Satzes von BAYES bestimmen.

Ist A ein Ereignis, das von Interesse ist, und B eine Bedingung unter der man das Ereignis A betrachtet, dann berechnet sich die bedingte Wahrscheinlichkeit $P_B(A)$ für A unter der Bedingung B gemäß Pfadmultiplikationsregel als: $P_B(A) = \frac{P(A \cap B)}{P(B)}$.

Der Satz von BAYES gibt an, wie man – ohne den Zwischenschritt einer Vierfeldertafel – die im Nenner stehende Wahrscheinlichkeit von P (B) unmittelbar berechnen kann:

$P(B) = P(A \cap B) + P(\overline{A} \cap B) = P(A) \cdot P_A(B) + P(\overline{A}) \cdot P_{\overline{A}}(B)$, also

$$P_B(A) = \frac{P(A \cap B)}{P(B)} = \frac{P(A) \cdot P_A(B)}{P(A) \cdot P_A(B) + P(\overline{A}) \cdot P_{\overline{A}}(B)}.$$

Beispiel *aus* H3

p = Testreaktion positiv, J = Infektion liegt vor, N = Infektion liegt nicht vor,

$$P_p(J) = \frac{P(p \cap J)}{P(p)} = \frac{P(p \cap J)}{P(J) \cdot P_J(p) + P(N) \cdot P_N(p)} = \frac{0{,}000999}{0{,}000999 + 0{,}002997} = 0{,}250$$

I1 Die Wahrscheinlichkeitsverteilung einer Zufallsgröße bestimmen sowie den Erwartungswert und die Standardabweichung der Zufallsgröße berechnen.

Zufallsgrößen sind Funktionen, die jedem Ergebnis eines Zufallsversuchs eine Zahl zuordnen.

Eine Liste mit den möglichen Werten der Zufallsgröße und den dazu gehörenden Wahrscheinlichkeiten wird als **Wahrscheinlichkeitsverteilung** bezeichnet.

Wahrscheinlichkeitsverteilungen werden durch Abzählen der zugehörigen Ergebnisse in der Ergebnismenge bestimmt oder aufgrund von einheitlichen Strukturen mithilfe eines Terms berechnet (vgl. Beispiele).

Der **Erwartungswert einer Zufallsgröße** ist der Mittelwert der Wahrscheinlichkeitsverteilung der Zufallsgröße, d. h. das gewichtete Mittel der Werte, welche die Zufallsgröße annehmen kann.

$$E(X) = \mu = a_1 \cdot P(X = a_1) + a_2 \cdot P(X = a_2) + \dots + a_m \cdot P(X = a_m) = \sum_{i=1}^{m} a_i \cdot P(X = a_i)$$

Die Berechnung erfolgt mithilfe der um eine Spalte erweiterten Tabelle der Verteilung, in der das Produkt $a_i \cdot P(X = a_i)$ eingetragen wird.

Für einzelne Verteilungen gibt es Formeln, mit deren Hilfe der Erwartungswert direkt berechnet werden kann, z. B. bei der Binomialverteilung gilt: $\mu = n \cdot p$, wobei n die Anzahl der Stufen und p die Erfolgswahrscheinlichkeit des BERNOULLI-Versuchs ist.

Die **Varianz einer Zufallsgröße** ist die mittlere quadratische Abweichung der Werte der Zufallsgröße vom Erwartungswert der Zufallsgröße:

$$V(X) = \sigma^2 = (a_1 - \mu)^2 \cdot P(X = a_1) + (a_2 - \mu)^2 \cdot P(X = a_2) + \dots + (a_m - \mu)^2 \cdot P(X = a_m)$$
$$= \sum_{i=1}^{m} (a_i - \mu)^2 \cdot P(X = a_i).$$

Dabei ist σ die **Standardabweichung der Zufallsgröße**.

Die Varianz kann nach Definition berechnet werden (eine weitere Spalte mit $(a_i - \mu)^2 \cdot P(X = a_i)$ ergänzen) oder mithilfe einer durch Anwendung der binomischen Formel vereinfachten Darstellung (eine weitere Spalte mit $a_i^2 \cdot P(X = a_i)$ ergänzen):

$$V(X) = \sigma^2 = [a_1^2 \cdot P(X = a_1) + a_2^2 \cdot P(X = a_2) + \dots + a_m^2 \cdot P(X = a_m)] - \mu^2 = \left(\sum_{i=1}^{m} a_i^2 \cdot P(X = a_i)\right) - \mu^2$$

Für einzelne Verteilungen gibt es Formeln, mit deren Hilfe die Varianz direkt berechnet werden kann, z. B. bei der Binomialverteilung gilt $\sigma^2 = n \cdot p \cdot (1 - p)$, wobei n die Anzahl der Stufen und p die Erfolgswahrscheinlichkeit des BERNOULLI-Versuchs ist.

Beispiel 1

Die Verteilung der Zufallsgröße X: *Augensumme beim doppelten Hexaederwurf* erhält man durch Abzählen der Ergebnisse, welche die Augensumme 2, 3, 4, …, 12 ergeben.

k	zugehörige Ergebnisse	P (X = k)	k · P (X = k)	$(k-7)^2 \cdot P(X=k)$
2	(1|1)	1/36	2/36	25/36
3	(1|2), (2|1)	2/36	6/36	32/36
4	(1|3), (2|2), (3|1)	3/36	12/36	27/36
5	(1|4), (2|3), (3|2), (4|1)	4/36	20/36	16/36
6	(1|5), (2|4), (3|3), (4|2), (5|1)	5/36	30/36	5/36
7	(1|6), (2|5), (3|4), (4|3), (5|2), (6|1)	6/36	42/36	0
8	(2|6), (3|5), (4|4), (5|3), (6|2)	5/36	40/36	5/36
9	(3|6), (4|5), (5|4), (6|3)	4/36	36/36	16/36
10	(4|6), (5|5), (6|4)	3/36	30/36	27/36
11	(5|6), (6|5)	2/36	22/36	32/36
12	(6|6)	1/36	12/36	25/36
	Summe	**1**	**E (X) = 7**	**V (X) = 35/6**

Beispiel 2

In einer Urne sind drei rote und zwei grüne Kugeln. Nacheinander werden Kugeln ohne Zurücklegen gezogen. Die Verteilung der Zufallsgröße X: *Anzahl der notwendigen Ziehungen, bis zwei grüne Kugeln gezogen sind* lässt sich mithilfe eines Baumdiagramms bestimmen.

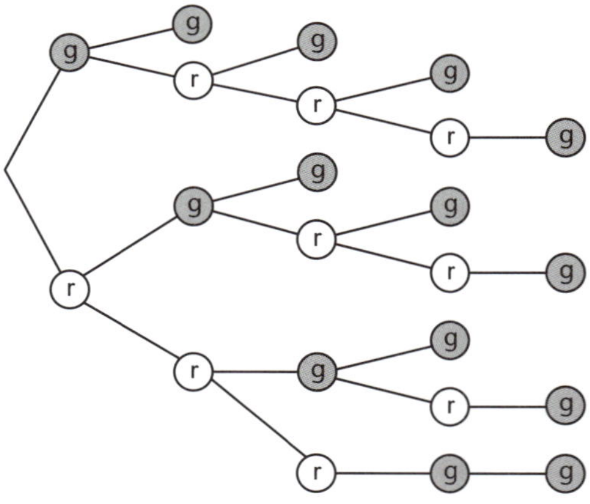

$P(X=2) = \frac{2 \cdot 1}{5 \cdot 4} = \frac{1}{10}$

$P(X=3) = 2 \cdot \frac{3 \cdot 2 \cdot 1}{5 \cdot 4 \cdot 3} = \frac{1}{5}$

$P(X=4) = 3 \cdot \frac{3 \cdot 2 \cdot 2 \cdot 1}{5 \cdot 4 \cdot 3 \cdot 2} = \frac{3}{10}$

$P(X=5) = 4 \cdot \frac{3 \cdot 2 \cdot 1 \cdot 2 \cdot 1}{5 \cdot 4 \cdot 3 \cdot 2 \cdot 1} = \frac{2}{5}$

Für den Erwartungswert und die Varianz ergibt sich:

k	P (X = k)	k · P (X = k)	$(k-4)^2 \cdot P(X=k)$
2	0,1	0,2	0,4
3	0,2	0,6	0,2
4	0,3	1,2	0
5	0,4	2,0	0,4
Summe	**1**	**E (X) = 4**	**V (X) = 1**

E (X) = 4 bedeutet: Im Mittel benötigt man 4 Ziehungen, bis zwei grüne Kugeln gezogen sind.

Beispiel 3

Ein Glücksspiel wird als **fair** bezeichnet, wenn der Erwartungswert der Auszahlung gleich dem Spieleinsatz ist.

Bei dem Glücksrad rechts wird der in dem Sektor stehende Betrag in Euro ausgezahlt, wenn der Zeiger auf diesem Sektor stehen bleibt. Der Erwartungswert der Zufallsgröße X: *Auszahlung in Euro* berechnet sich wie folgt:

$E(X) = \frac{4}{10} \cdot 0 + \frac{3}{10} \cdot 1 + \frac{2}{10} \cdot 2 + \frac{1}{10} \cdot 3 = 1,$

d. h., das Spiel ist fair, wenn der Spieleinsatz 1 Euro beträgt.

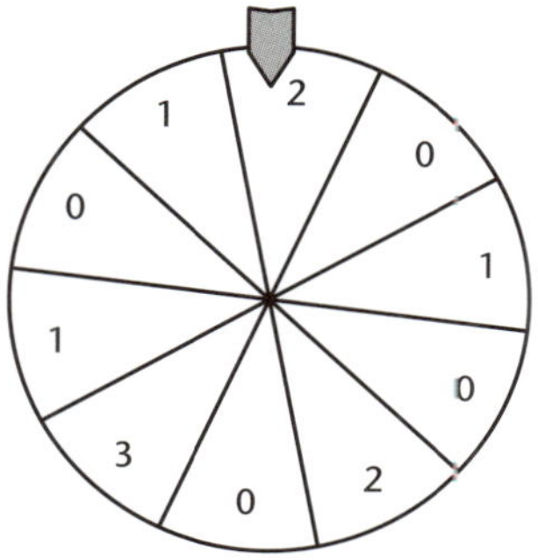

I2 Geeignete Zufallsversuche mithilfe des Binomialmodells beschreiben und Wahrscheinlichkeiten mithilfe der BERNOULLI-Formel berechnen und erläutern, unter welchen Bedingungen auch Ziehvorgänge ohne Zurücklegen näherungsweise als BERNOULLI-Versuche interpretiert werden können.

Ein n-stufiger **BERNOULLI-Versuch** ist ein n-stufiger Zufallsversuch, bei dem man sich nur dafür interessiert, ob ein bestimmtes Ergebnis (= „Erfolg") eintritt oder nicht („Misserfolg"). Während der Versuchsdurchführungen ändert sich die Wahrscheinlichkeit für das interessierende Ergebnis nicht (Erfolgswahrscheinlichkeit p bzw. Misserfolgswahrscheinlichkeit $q = 1 - p$ des BERNOULLI-Versuchs).
Die Zufallsgröße X zählt, wie oft der Erfolg eintritt (X: *Anzahl der Erfolge*).

Ein n-stufiger BERNOULLI-Versuch kann 0 Erfolge, 1 Erfolg, ..., n Erfolge haben. Würde man das zugehörige Baumdiagramm zeichnen, dann hätte dieses 2^n Verzweigungen.

Zum Ereignis $X = k$ gehören $\binom{n}{k}$ Pfade, denn es gibt $\binom{n}{k}$ Möglichkeiten, aus den n Stufen k auszuwählen, auf denen ein Erfolg stattfindet. Jeder Pfad mit k Erfolgen und $n - k$ Misserfolgen hat nach Pfadmultiplikationsregel die Wahrscheinlichkeit $p^k \cdot (1 - p)^{n-k}$.

Daher gilt die **BERNOULLI-Formel:** Die Wahrscheinlichkeit für k Erfolge berechnet sich mithilfe von $P(X = k) = \binom{n}{k} \cdot p^k \cdot (1 - p)^{n-k}$.

Die Wahrscheinlichkeitsverteilung der Zufallsgröße X heißt **Binomialverteilung**.

Ziehen mit und ohne Zurücklegen: Beim mehrfachen Ziehen aus einer Urne ohne Zurücklegen verändert sich der Inhalt der Urne bei jeder Ziehung. Die Wahrscheinlichkeiten für bestimmte Ziehungsergebnisse lassen sich mithilfe der Pfadregeln berechnen.
Ist jedoch das Verhältnis des Umfangs der Gesamtheit (Inhalt der Urne) zum Umfang der Stichprobe groß, dann können Wahrscheinlichkeiten in guter Näherung mit einem Binomialansatz berechnet werden.

Beispiel *BERNOULLI-Versuche*

(1) Beim Hexaederwurf kann man „Augenzahl 6" als *Erfolg* und die übrigen Augenzahlen als *Misserfolg* interpretieren. Erfolgswahrscheinlichkeit ist dann $p = \frac{1}{6}$, Misserfolgswahrscheinlichkeit $q = 1 - p = \frac{5}{6}$.

(2) In Deutschland ist die Wahrscheinlichkeit für die Geburt eines Mädchen 48,6 %, die eines Jungen 51,4 %. Die Zuordnung der Begriffe „Erfolg", „Misserfolg" ist willkürlich.

(3) Für den 6-stufigen BERNOULLI-Versuch mit $p = 0{,}2$ ergibt sich:

$P(X = 0) = 0{,}8^6 = 0{,}262$

$P(X = 1) = \binom{6}{1} \cdot 0{,}2^1 \cdot 0{,}8^5 = 0{,}393$

$P(X = 2) = \binom{6}{2} \cdot 0{,}2^2 \cdot 0{,}8^4 = 0{,}246$

$P(X = 3) = \binom{6}{3} \cdot 0{,}2^3 \cdot 0{,}8^3 = 0{,}082$

$P(X = 4) = \binom{6}{4} \cdot 0{,}2^4 \cdot 0{,}8^2 = 0{,}015$

$P(X = 5) = \binom{6}{5} \cdot 0{,}2^5 \cdot 0{,}8^1 = 0{,}0015$

$P(X = 6) = 0{,}2^6 = 0{,}00006$

Beispiel *Ziehen mit bzw. ohne Zurücklegen*

Aus einer Urne mit 60 % roten und 40 % grünen Kugeln werden drei Kugeln mit bzw. ohne Zurücklegen gezogen. Betrachtet wird die Zufallsgröße X: *Anzahl der roten Kugeln.*

Die Wahrscheinlichkeiten beim Ziehen mit bzw. ohne Zurücklegen können deutlich voneinander abweichen – je nachdem, ob man aus einer kleinen oder großen Gesamtheit zieht:

	Ziehen mit Zurücklegen (Binomialansatz)	**Ziehen ohne Zurücklegen aus einer Urne mit … Kugeln**	
		6 rote und 4 grüne	**60 rote und 40 grüne**
k	$P(X = k)$	$P(X = k)$	$P(X = k)$
0	0,064	$\frac{4}{10} \cdot \frac{3}{9} \cdot \frac{2}{8} \approx 0{,}033$	$\frac{40}{100} \cdot \frac{39}{99} \cdot \frac{38}{98} \approx 0{,}061$
1	0,288	$3 \cdot \frac{6}{10} \cdot \frac{4}{9} \cdot \frac{3}{8} = 0{,}300$	$3 \cdot \frac{60}{100} \cdot \frac{40}{99} \cdot \frac{39}{98} = 0{,}289$
2	0,432	$3 \cdot \frac{6}{10} \cdot \frac{5}{9} \cdot \frac{4}{8} = 0{,}500$	$3 \cdot \frac{60}{100} \cdot \frac{59}{99} \cdot \frac{40}{98} = 0{,}438$
3	0,216	$\frac{6}{10} \cdot \frac{5}{9} \cdot \frac{4}{8} \approx 0{,}167$	$\frac{60}{100} \cdot \frac{59}{99} \cdot \frac{58}{98} \approx 0{,}212$

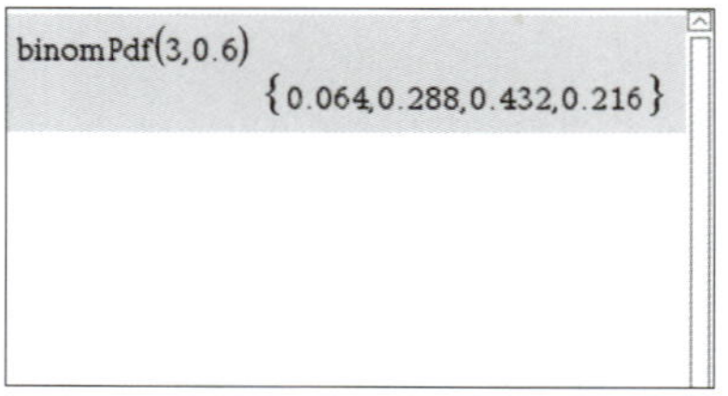

I3 Das Auslastungsmodell und das Kugel-Fächer-Modell bei der Berechnung von Wahrscheinlichkeiten anwenden.

Bei der vereinfachten **Modellierung der Auslastung** von Maschinen vernachlässigt man die Tatsache, dass diese Maschinen oft ohne Unterbrechung über einen längeren Zeitraum benutzt werden.
Man betrachtet vereinfacht einen beliebigen Zeitpunkt und prüft für jeden Mitarbeiter, ob er die Maschine benötigt oder nicht. Die Erfolgswahrscheinlichkeit ergibt sich aus der durchschnittlichen Benutzungsdauer pro Mitarbeiter.

Beim **Kugel-Fächer-Modell** werden n Kugeln zufällig auf f Fächer verteilt. Eine der klassischen Fragestellungen lautet:
Mit welcher Wahrscheinlichkeit ist ein beliebiges Fach leer? Mit welcher Wahrscheinlichkeit enthält ein beliebiges Fach mindestens eine Kugel? (Rosinenproblem)
Die Modellierung besteht darin, dass man ein bestimmtes Fach betrachtet und für jede der n Kugeln entscheidet, ob die Kugel in dieses Fach fällt (Erfolg mit Wahrscheinlichkeit $p = \frac{1}{f}$) oder nicht (Misserfolg). Der Zufallsversuch ist daher n-stufig.

Die Wahrscheinlichkeitsberechnung nach dem Binomialansatz lautet:
$P(X = k) = \binom{n}{k} \cdot \left(\frac{1}{f}\right)^k \cdot \left(1 - \frac{1}{f}\right)^{n-k}$.
Konkret interessiert, ob das betrachtete Fach leer bleibt: $P(X = 0) = \left(1 - \frac{1}{f}\right)^n$
oder mindestens eine Kugel enthält: $P(X \geq 1) = 1 - \left(1 - \frac{1}{f}\right)^n$.

Beispiel *Auslastungsmodell*

Bestimmte Büromaschinen werden von 10 Mitarbeitern für ungefähr 10 Minuten pro Stunde benötigt. Mit welcher Wahrscheinlichkeit genügen zwei (drei) Maschinen?

Binomialansatz für die Zufallsgröße
X: *Anzahl der zu einem beliebigen Zeitpunkt benötigten Maschinen*; $n = 10$; $p = \frac{10}{60} = \frac{1}{6}$

$P(X = 0) = 0{,}162$; $P(X = 1) = 0{,}323$; $P(X = 2) = 0{,}291$; $P(X = 3) = 0{,}155$
und weiter: $P(X \leq 2) = 0{,}775$; $P(X \leq 3) = 0{,}930$.

d. h. mit einer Wahrscheinlichkeit von 22,5 % reichen zwei Büromaschinen nicht aus; mit einer Wahrscheinlichkeit von 7 % kann es sogar vorkommen, dass mehr als drei Maschinen gleichzeitig benötigt werden.

Beispiel *Rosinenproblem*

400 Rosinen werden in den Teig von 100 Rosinenbrötchen eingeknetet.

Aus dem Binomialansatz mit Zufallsgröße X: *Anzahl der in einem bestimmten (beliebigen) Brötchen enthaltenen Rosinen*; $n = 400$; $p = \frac{1}{100}$ ergibt sich:

$P(X = 0) = 0{,}99^{400} = 0{,}018 \approx 2\,\%$.

Folgerung: Mit einer Wahrscheinlichkeit von 98,2 % enthält ein beliebig ausgewähltes Brötchen mindestens eine Rosine.
Mithilfe der **Häufigkeitsinterpretation** kann man sich eine bessere Vorstellung verschaffen: Bezogen auf die 100 Brötchen bedeutet dies: ungefähr 2 Brötchen enthalten keine Rosine, 98 Brötchen enthalten mindestens eine Rosine.

I4 Berechnen, wie oft ein BERNOULLI-Versuch mindestens durchgeführt werden muss, um mit einer gegebenen Mindestwahrscheinlichkeit mindestens einen Erfolg zu erzielen.

Gegeben ist ein n-stufiger BERNOULLI-Versuch mit Erfolgswahrscheinlichkeit p.
Die Zufallsgröße ist X: *Anzahl der Erfolge*.
Die Wahrscheinlichkeit für mindestens einen Erfolg wird mithilfe der Komplementärregel berechnet: Man betrachtet das Gegenereignis (lauter Misserfolge im n-stufigen BERNOULLI-Versuch).
Die Wahrscheinlichkeit für lauter Misserfolge ist: $P(X = 0) = q^n$
Für die Wahrscheinlichkeit für mindestens einen Erfolg $P(X \geq 1) = 1 - q^n$ muss die Bedingung $P(X \geq 1) \geq M$ erfüllt sein.
Aus der Gleichung $1 - q^n \geq M$ bestimmt man die gesuchte Anzahl n durch Betrachtung der Funktionswerte der Funktion f mit $f(x) = 1 - q^x$ oder durch Logarithmieren.

Beispiel

Wie oft muss ein Ikosaeder mindestens geworfen werden, damit mit einer Wahrscheinlichkeit von mindestens M = 90 % mindestens einmal Augenzahl 1 gefallen sein wird?

Hier ist $p = \frac{1}{20} = 0{,}05$; also $q = 0{,}95$.

P (lauter Misserfolge) = P (n Würfe ohne Augenzahl 1) $= 0{,}95^n$.
Gesucht ist also die Anzahl n, sodass $P(X \geq 1) = 1 - 0{,}95^n \geq 0{,}90$.

Aus der Ungleichung $0{,}95^n \leq 0{,}10$ erhält man $n \geq 45$.

Methode 1: Untersuchung der zugehörigen Funktion

Gesucht ist der Schnittpunkt der Funktion f mit $f(x) = 1 - 0{,}95^x$ mit der konstanten Funktion mit $y = 0{,}9$.

Methode 2: Logarithmieren

Gesucht ist diejenige Zahl x, für die gilt: $0{,}95^x = 0{,}1$.
Diese Zahl ist nach Definition der Logarithmus von 0,1 zur Basis 0,95. (siehe Screenshot unten).

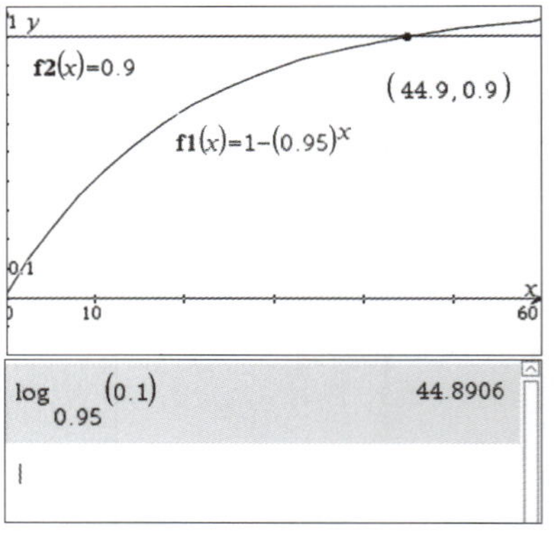

I5 Den Erwartungswert und die Standardabweichung von Binomialverteilungen berechnen und hiermit prognostische Aussagen treffen.
LK: Die Sigma-Regeln für prognostische Aussagen nutzen.

Erwartungswert und Standardabweichung von Binomialverteilungen

Für Binomialverteilungen ist der Erwartungswert $E(X) = \mu = n \cdot p$.

Dies ist plausibel, denn das Produkt $n \cdot p$ entspricht genau der Häufigkeitsinterpretation der Wahrscheinlichkeit p in einem n-stufigen Zufallsversuch. Das Maximum einer Binomialverteilung liegt in der Nähe von $\mu = n \cdot p$.
Die Varianz wird nach der Formel $V(X) = \sigma^2 = n \cdot p \cdot (1 - p) = n \cdot p \cdot q$ berechnet.

Sigma-Regeln

Falls $\sigma > 3$ (LAPLACE-Bedingung), dann gilt für symmetrische Umgebungen des Erwartungswerts von Binomialverteilungen bei großem Stichprobenumfang:
$P(\mu - 1{,}64\sigma \leq X \leq \mu + 1{,}64\sigma) \approx 90\,\%$
$P(\mu - 1{,}96\sigma \leq X \leq \mu + 1{,}96\sigma) \approx 95\,\%$
$P(\mu - 2{,}58\sigma \leq X \leq \mu + 2{,}58\sigma) \approx 99\,\%$

Die Sigma-Regeln geben nur Näherungswerte für die Wahrscheinlichkeiten der Umgebungen an. Bei der Anwendung der Sigma-Regeln im Rahmen der Beurteilenden Statistik (vgl. hierzu auch Basiswissen K1 ff. und K3 ff.) rundet man daher meistens „zur sicheren Seite" (d. h. nach außen), damit die vorgegebene Intervall-Wahrscheinlichkeit „sicher" erfüllt ist (oder man bestimmt das ungefähre Intervall nach den Sigma-Regeln, berechnet dann die exakte Wahrscheinlichkeit für das Intervall und korrigiert danach die Intervallgrenzen, falls dies erforderlich ist).

Beispiel *Berechnung von Erwartungswert und Varianz*

(1) $n = 120$; $p = \frac{1}{6}$: $\mu = 120 \cdot \frac{1}{6} = 20$, d. h. im Mittel ist bei 120 Hexaederwürfen 20-mal Augenzahl 6 zu erwarten.
Für die Varianz gilt: $V(X) = \sigma^2 = 120 \cdot \frac{1}{6} \cdot \frac{5}{6} = \frac{50}{3}$, die Standardabweichung ist $\sigma \approx 4{,}08$.

(2) $n = 100$; $p = 0{,}5$: $\mu = 100 \cdot 0{,}5 = 50$, d. h. im Mittel ist bei 100 Münzwürfen 50-mal Wappen zu erwarten.
Für die Varianz gilt: $V(X) = \sigma^2 = 100 \cdot 0{,}5 \cdot 0{,}5 = 25$, die Standardabweichung ist $\sigma = 5$.

Beispiel *Berechnung von Sigma-Umgebungen*

$n = 100$; $p = 0{,}5$; $\mu = 50$; $\sigma = 5$

$P(\mu - 1{,}64\sigma \leq X \leq \mu + 1{,}64\sigma) \approx 90\,\%$;

Kontrollrechnung:
$P(50 - 1{,}64 \cdot 5 \leq X \leq 50 + 1{,}64 \cdot 5)$
$\approx P(42 \leq X \leq 58) = 0{,}911$

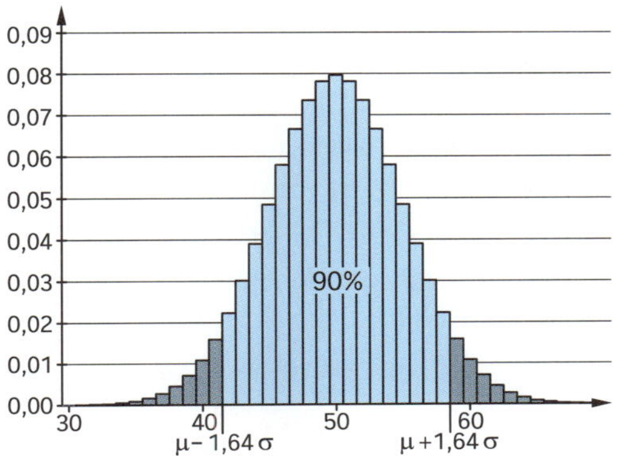

$P(\mu - 1{,}96\sigma \leq X \leq \mu + 1{,}96\sigma) \approx 95\,\%$;

Kontrollrechnung:
$P(50 - 1{,}96 \cdot 5 \leq X \leq 50 + 1{,}96 \cdot 5)$
$\approx P(41 \leq X \leq 59) = 0{,}943$

$P(\mu - 2{,}58\sigma \leq X \leq \mu + 2{,}58\sigma) \approx 99\,\%$;

Kontrollrechnung:
$P(50 - 2{,}58 \cdot 5 \leq X \leq 50 + 2{,}58 \cdot 5) \approx P(38 \leq X \leq 62) = 0{,}988$

I6 Nur LK: Wahrscheinlichkeitsberechnungen bei normalverteilten Zufallsgrößen durchführen.

Eine Funktion f heißt Dichtefunktion einer stetigen Zufallsgröße X, wenn folgende Eigenschaften erfüllt sind:

(1) Für alle $x \in \mathbb{R}$ gilt: $f(x) \geq 0$ (2) $P(a \leq X \leq b) = \int_a^b f(x)\,dx$ (3) $\int_{-\infty}^{+\infty} f(x)\,dx = 1$

Eine stetige Zufallsgröße X heißt **normalverteilt** mit den Parametern μ und σ, wenn ihre zugehörige Dichtefunktion $\varphi_{\mu,\sigma}$ gegeben ist durch

$\varphi_{\mu,\sigma}(x) = \frac{1}{\sigma \cdot \sqrt{2\pi}} \cdot \exp\left(-\frac{1}{2} \cdot \left(\frac{x-\mu}{\sigma}\right)^2\right)$.

Die Dichtefunktion für den Sonderfall $\mu = 0$ und $\sigma = 1$ wird auch als Gauss'sche Dichtefunktion φ oder Dichtefunktion der Standard-Normalverteilung bezeichnet; sie ist definiert durch $\varphi(x) = \frac{1}{\sqrt{2\pi}} \cdot e^{-\frac{x^2}{2}}$.

Wahrscheinlichkeitsberechnungen können mithilfe der zugehörigen Integralfunktion der oberen Grenze, der Gauss'schen Integralfunktion $\Phi_{\mu,\sigma}$, durchgeführt werden. Im Falle $\mu = 0$, $\sigma = 1$ schreibt man kurz nur Φ, vgl. auch den Sonderfall der Formeln von Moivre und Laplace I7. Es gilt

$$P(a \leq X \leq b) = \int_a^b \varphi_{\mu,\sigma}(x)\,dx = \int_{-\infty}^b \varphi_{\mu,\sigma}(x)\,dx - \int_{-\infty}^a \varphi_{\mu,\sigma}(x)\,dx$$
$$= \Phi_{\mu,\sigma}(b) - \Phi_{\mu,\sigma}(a) = \Phi\left(\frac{b-\mu}{\sigma}\right) - \Phi\left(\frac{a-\mu}{\sigma}\right).$$

Im Falle von klassierten Daten stehen die Randwerte a, b jeweils für eine Klasse; dann sollte bei der Berechnung von Wahrscheinlichkeiten die Klassenbreite berücksichtigt werden.

Da die Dichtefunktion der Normalverteilung nicht elementar integrierbar ist, müssen die Funktionswerte der Integralfunktion numerisch mithilfe des GTR bestimmt werden.

Beispiel

Im Rahmen eines Mikrozensus ergab sich für die Körpergröße von 18- bis 20-jährigen Frauen ein Mittelwert von 1,68 m bei einer Standardabweichung von 6,5 cm. Die Körpergröße kann näherungsweise als normalverteilt angesehen werden.

Mit welcher Wahrscheinlichkeit ist eine zufällig ausgewählte Frau dieser Altersgruppe größer als 1,63 m?

$P(X > 163) = 1 - P(X \leq 163) \approx 1 - \Phi_{168;6,5}(163) \approx 1 - \Phi(-0{,}77) \approx 78\,\%$

Wenn aus der Aufgabenstellung klar wird, dass die Angabe der Körperlänge sich auf Klassen der Breite 1 cm bezieht, dann ist es angemessener, die Klassenbreite zu berücksichtigen: Jemand, der größer ist als 1,63 cm, hat eine Körperlänge, die oberhalb der Klasse [162,5; 163,5[liegt, also

$P(X > 163) = P(X > 163{,}5) = 1 - P(X \leq 163{,}5) \approx 76\,\%$

Entsprechend würde der Anteil der Frauen, deren Körpergröße mindestens 1,60 m und höchstens 1,70 m beträgt, unter Berücksichtigung der halben Klassenbreite wie folgt berechnet:

$P(160\text{ cm} \le X \le 170\text{ cm}) \approx 0{,}553$

1-normCdf(-9.E999,163,168,6.5)	0.779122
1-normCdf(-9.E999,163.5,168,6.5)	0.755628
normCdf(159.5,170.5,168,6.5)	0.55425

I7 Nur LK: Wahrscheinlichkeiten für binomialverteilte Zufallsgrößen näherungsweise mithilfe der Formeln von Moivre und Laplace berechnen und mit den exakt berechneten Wahrscheinlichkeiten vergleichen.

Lokale Näherungsformel von Moivre und Laplace

Da für $\sigma > 3$ die Histogramme von Binomialverteilungen durch den Graphen der Gauss'schen Dichtefunktion approximiert werden können, gilt:

$$P(X = k) \approx \frac{1}{\sigma} \cdot \varphi\left(\frac{k - \mu}{\sigma}\right)$$

Integrale Näherungsformeln von Moivre und Laplace

Mithilfe von $\Phi(z) = \int_{-\infty}^{z} \varphi(x)\,dx$, der Integralfunktion zur Gauss'schen Dichtefunktion, können Wahrscheinlichkeiten für Intervalle näherungsweise durch Flächenbestimmung ermittelt werden:

$$P(X \le k) \approx \Phi\left(\frac{k + 0{,}5 - \mu}{\sigma}\right) \quad \text{und} \quad P(a \le X \le b) \approx \Phi\left(\frac{b + 0{,}5 - \mu}{\sigma}\right) - \Phi\left(\frac{a - 0{,}5 - \mu}{\sigma}\right)$$

Beispiel 1 *Bestimmung einer Einzel-Wahrscheinlichkeit*

$n = 100;\ p = 0{,}5;\ \mu = 50;\ \sigma = 5$

$P(X = 50) \approx 0{,}0796$

Die Näherungsrechnung mit der lokalen Näherungsformel ergibt 0,0798 und mit der integralen Näherungsformel 0,0797.

Beispiel 2: *Bestimmung einer Intervall-Wahrscheinlichkeit*

$P(45 \le X \le 55) \approx 0{,}729$

binomPdf(100,0.5,50)	0.079589
normPdf(50,50,5)	0.079788
normCdf(49.5,50.5,50,5)	0.079656
binomCdf(100,0.5,45,55)	0.728747
normCdf(44.5,55.5,50,5)	0.728668

J1 Prognosen im Hinblick auf zu erwartende absolute Häufigkeiten treffen und damit die Signifikanz von Abweichungen bewerten. LK zusätzlich: auch zu erwartende relative Häufigkeiten

Beim sogenannten **„Schluss von der Gesamtheit auf die Stichprobe“** ist der Anteil in der Gesamtheit (d. h. die Erfolgswahrscheinlichkeit für einen auszuführenden BERNOULLI-Versuch) bekannt. Es soll eine Prognose gemacht werden, welche Ergebnisse in der Stichprobe (d. h. bei wiederholter Durchführung des Zufallsversuchs) auftreten werden.

Hierzu können die Sigma-Regeln verwendet werden (vgl. Basiswissen I5) bzw. für die Schätzung relativer Häufigkeiten die

Regeln für $\frac{\sigma}{n}$-Umgebungen von p: $P\left(p - 1{,}64\frac{\sigma}{n} \le \frac{X}{n} \le p + 1{,}64\frac{\sigma}{n}\right) \approx 90\,\%$

$$P\left(p - 1{,}96\frac{\sigma}{n} \le \frac{X}{n} \le p + 1{,}96\frac{\sigma}{n}\right) \approx 95\,\%$$

$$P\left(p - 2{,}58\frac{\sigma}{n} \le \frac{X}{n} \le p + 2{,}58\frac{\sigma}{n}\right) \approx 99\,\%$$

Stichprobenergebnisse (relative oder absolute Häufigkeiten), die innerhalb der 95 %-Umgebung von p bzw. μ liegen, werden als **„verträglich mit p“** bezeichnet, die außerhalb der 95 %-Umgebung liegenden als **signifikant abweichend.**
Die Komplementärwahrscheinlichkeit zur **Sicherheitswahrscheinlichkeit** (beispielsweise 95 %) wird als **Signifikanzniveau** (also 5 %) bezeichnet.

Beispiel *Schätzung absoluter Häufigkeiten*

$n = 500$; $p = 0{,}5$; $\mu = n \cdot p = 250$; $\sigma = \sqrt{n \cdot p \cdot (1-p)} \approx 11{,}18$ (500-facher Münzwurf)

Punktschätzung: Wir erwarten, dass ca. 250-mal Wappen auftritt.

Intervallschätzung: In 90 % der Versuchsdurchführungen (d. h. von 500-fachen Münzwürfen) wird das Ergebnis zwischen $\mu - 1{,}64\sigma$ und $\mu + 1{,}64\sigma$ liegen, also im Intervall [232; 268], mit einer Wahrscheinlichkeit von ca. 95 % zwischen $\mu - 1{,}96\sigma$ und $\mu + 1{,}96\sigma$, also im Intervall [228; 272], und mit einer Wahrscheinlichkeit von ca. 99% zwischen $\mu - 2{,}58\sigma$ und $\mu + 2{,}58\sigma$, also im Intervall [221; 279].

Hinweis: Die Intervalle wurden zunächst näherungsweise nach den Sigma-Regeln bestimmt, teilweise jedoch nach Berechnung der exakten Wahrscheinlichkeiten korrigiert (nach außen „gerundet“, vgl. I5).

Signifikante Abweichung: Wenn in 500 Münzwürfen weniger als 228-mal Wappen oder mehr als 272-mal Wappen auftritt, dann ist dieses ein signifikant abweichendes Ergebnis.

Bestimmung der Schätzintervalle mithilfe des GTR:
Den Radius einer Umgebung um den Erwartungswert kann man mithilfe des numerischen Gleichungslösers ermitteln; dabei steht die vorgegebene Intervall-Wahrscheinlichkeit auf der rechten Seite der Gleichung. Auch eine grafische Lösung ist möglich (rechts).

```
nSolve(binomCdf(500,0.5,250−x,250+x)=0.9▸
                                      18.
nSolve(binomCdf(500,0.5,250−x,250+x)=0.9▸
                                      22.
nSolve(binomCdf(500,0.5,250−x,250+x)=0.9▸
                                      29.
```

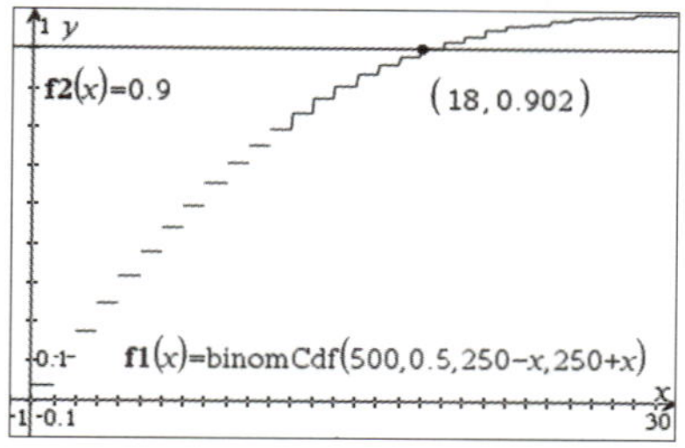

Eine Kontrollrechnung zeigt, dass die ermittelten Umgebungen den vorgegebenen Intervall-Wahrscheinlichkeit entsprechen.

binomCdf(500,0.5,232,268)	0.90211
binomCdf(500,0.5,233,267)	0.882564
binomCdf(500,0.5,228,272)	0.955937
binomCdf(500,0.5,229,271)	0.945631
binomCdf(500,0.5,221,279)	0.991739
binomCdf(500,0.5,222,278)	0.989273

Beispiel *Schätzung relativer Häufigkeiten (nur LK)*

Bei der Bundestagswahl 2009 erreichte die CDU/CSU einen Anteil von p = 33,8 % der gültigen Zweitstimmen.

Punktschätzung: Wenn man am Tag nach der Wahl eine Zufallsstichprobe vom Umfang n = 800 unter den Teilnehmern der Wahl durchgeführt hätte, dann hätten wir erwarten können, dass auch in der Stichprobe der Anteil der CDU/CSU-Wähler $\frac{X}{n} = 0{,}338$ ist.

Intervallschätzung: Für n = 800 und p = 0,338 ist $\frac{\sigma}{n} = \sqrt{\frac{0{,}338 \cdot 0{,}662}{800}} \approx 0{,}0167$
also $1{,}64\frac{\sigma}{n} \approx 0{,}0274 \approx 2{,}7\,\%$ bzw. $1{,}96\frac{\sigma}{n} \approx 0{,}0328 \approx 3{,}3\,\%$.

In 90 % der Versuchsdurchführungen (Stichproben vom Umfang n = 800) wird der Anteil in der Stichprobe zwischen $p - 1{,}64\frac{\sigma}{n}$ und $p + 1{,}64\frac{\sigma}{n}$ liegen, also im Intervall [31,1 %; 36,5 %], mit einer Wahrscheinlichkeit von ca. 95 % zwischen $p - 1{,}96\frac{\sigma}{n}$ und $p + 1{,}96\frac{\sigma}{n}$, also im Intervall [30,5 %; 37,1 %].

Signifikante Abweichung: Wenn in der Stichprobe weniger als 30,5 % oder mehr als 37,1 % der Befragten angegeben hätten, dass sie CDU/CSU gewählt haben, wäre dies ein vom Wahlergebnis signifikant abweichendes Ergebnis gewesen.

Bei der Bestimmung des Intervalls mithilfe des GTR muss beachtet werden, dass die Eingabe im Rechner als Intervallgrenzen nur Anzahlen, also absolute Häufigkeiten, infrage kommen, d.h., gesucht ist z.B. das Intervall, für das gilt:

$P(800 \cdot 0{,}338 - 800 \cdot x \leq k \leq 800 \cdot 0{,}338 + 800 \cdot x) \approx 0{,}90$

Die Lösung für x gibt an, wie weit mit einer Wahrscheinlichkeit von 90 % die relative Häufigkeit in der Stichprobe von der zugrundeliegenden Erfolgswahrscheinlichkeit p abweichen wird.

```
nSolve(binomCdf(800,0.338,800·(0.338−x),▸
                                    0.028
nSolve(binomCdf(800,0.338,800·(0.338−x),▸
                                    0.033
```

J2 Mithilfe einer Entscheidungsregel von der Stichprobe auf die Gesamtheit schließen (für GK verbindlich).

Gegeben ist eine **Entscheidungsregel**, die besagt, für welche Ergebnisse einer Stichprobe man nicht mehr bereit ist zu akzeptieren, dass die zugehörige Grundgesamtheit eine bestimmte Zusammensetzung hat.

Eine Entscheidungregel ist grundsätzlich wie folgt aufgebaut:

- Wenn das Stichprobenergebnis kleiner ist als ein unterer kritischer Wert k_u oder größer ist als ein oberer kritischer Wert k_o, dann liegen signifikante Abweichungen vom Erwartungswert vor und man geht davon aus, dass die Gesamtheit nicht so zusammengesetzt ist wie vermutet.
- Liegt das Stichprobenergebnis zwischen den beiden kritischen Werten, dann ist kein Anlass gegeben, an einer bestimmten Zusammensetzung zu zweifeln.

Mithilfe einer solchen Entscheidungsregel schließt man also vom Ergebnis einer Stichprobe auf die Gesamtheit, die dem Zufallsversuch zugrunde liegt.

Beispiel

Im vergangenen Jahr hatte ein bestimmter Autohersteller einen Marktanteil von 24 %. Um zu überprüfen, ob in diesem Jahr eine Veränderung eingetreten ist, werden die nächsten 500 Neuzulassungen ausgewertet. Für $p = 0{,}24$ und $n = 500$ ist $\mu = 120$ und $1{,}96\sigma \approx 18{,}7$. Als kritische Werte kann man dann $k_u \approx \mu - 1{,}96\sigma \approx 101$ und $k_o \approx \mu + 1{,}96\sigma \approx 139$ festlegen.

Wenn das Stichprobenergebnis unterhalb von 101 oder oberhalb von 139 liegt, sieht man dies als signifikante Abweichungen vom Erwartungswert an und entscheidet: Der Marktanteil hat sich verändert.

Andernfalls hat man keinen Anlass zu vermuten, dass eine Änderung eingetreten ist.

J3 Nur LK: Das prinzipielle Vorgehen bei einem zweiseitigen Hypothesentest erläutern sowie zu einem vorgegebenem Niveau eine Entscheidungsregel aufstellen (und damit Annahme- und Verwerfungsbereich bestimmen).

Man hat eine Hypothese über den Anteil in der Gesamtheit (d. h. man glaubt, die Erfolgswahrscheinlichkeit p zu kennen); dann bestimmt man einen Bereich (eine symmetrische Umgebung um den Erwartungswert), in dem das Ergebnis der Stichprobe mit hoher Wahrscheinlichkeit liegen wird.

Die Wahrscheinlichkeit, mit der das Ergebnis dann nicht in diesen Bereich fallen wird, bezeichnet man als **Signifikanzniveau**.

Wenn diese Prognose zutrifft, werden wir an unserem Ansatz nicht zweifeln (das Ergebnis liegt im so genannten **Annahmebereich** der Hypothese) – man sagt auch:

Das Ergebnis ist verträglich mit dem hypothetischen Wert von p.

Wenn das Ergebnis außerhalb der Umgebung des Erwartungswerts liegt (also im so genannten **Verwerfungsbereich**), wird man die Hypothese verwerfen – man sagt auch:

Das Ergebnis weicht signifikant ab.

Beispiel *Zweiseitiger Hypothesentest*

Hypothese: Eine gegebene Münze ist eine LAPLACE-Münze (d. h. dem Zufallsversuch liegt $p = 0{,}5$ zugrunde).
Die zu testende Hypothese wird mit H_0 bezeichnet:
H_0: $p = 0{,}5$.
Die **Gegenhypothese** lautet dann:
Die Münze ist gezinkt: H_1: $p \neq 0{,}5$.

Zur Überprüfung der Hypothese wird die Münze 500-mal geworfen.

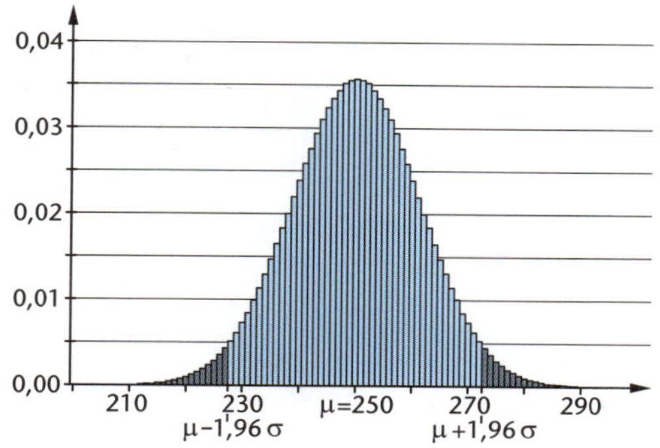

Punktschätzung: Wir erwarten, dass ca. 250-mal Wappen auftritt.

Intervallschätzung: Gemäß den Sigma-Regeln (vgl. I5) wird die Anzahl der Wappen mit einer Wahrscheinlichkeit von **ungefähr** 95 % im Intervall zwischen $\mu - 1{,}96\sigma$ und $\mu + 1{,}96\sigma$ liegen, also im Intervall [228; 272] (Annahmebereich der Hypothese).

Wenn dies nicht der Fall ist, zweifeln wir an der Richtigkeit des Ansatzes (nämlich, dass es sich um eine LAPLACE-Münze handelt). Wir befolgen damit die **Entscheidungsregel:** *Verwirf die Hypothese $p = 0{,}5$, falls das Ergebnis im Verwerfungsbereich der Hypothese liegt, d. h. wenn weniger als 228- oder mehr als 272-mal Wappen fällt.*

J4 Nur LK: Die Bedeutung der Fehler 1. Art und 2. Art für einen Hypothesentest angeben; die Wahrscheinlichkeiten für diese Fehler berechnen.

Ein **Fehler 1. Art** tritt ein, wenn das Ergebnis außerhalb des Annahmebereichs liegt, dem Zufallsversuch aber dennoch das hypothetische p zugrunde liegt.

Die Wahrscheinlichkeit α für einen Fehler 1. Art wird durch das Signifikanzniveau bestimmt. Ist beispielsweise das Signifikanzniveau durch $\alpha \leq 5\,\%$ vorgegeben und verfährt man so (d. h. nach diesem Schema), dann kommt es mit einer Wahrscheinlichkeit von höchstens 5 % vor, dass die Hypothese irrtümlich verworfen wird, obwohl sie wahr ist, denn mit einer Wahrscheinlichkeit von höchstens 5 % kommt es zufällig zu Ergebnissen des Zufallsversuchs, die außerhalb des angegebenen Intervalls liegen.

Ein **Fehler 2. Art** tritt ein, wenn das Ergebnis im Annahmebereich liegt, dem Zufallsversuch jedoch ein anderes p als das hypothetische zugrunde liegt.

Die Wahrscheinlichkeit β für einen Fehler 2. Art kann man nur berechnen, wenn die tatsächliche Erfolgswahrscheinlichkeit bekannt ist.

Beispiel

$n = 500$; $p = 0{,}5$; $\mu = n \cdot p = 250$; $\sigma = \sqrt{n \cdot p \cdot (1 - p)} \approx 11{,}18$; $\alpha = 5\,\%$

Entscheidungsregel: Verwirf die Hypothese $p = 0{,}5$, falls weniger als 228-mal oder mehr als 272-mal Wappen fällt.

Fehler 1. Art: Verfährt man nach dem Schema der Entscheidungsregel, kommt es mit einer Wahrscheinlichkeit von ca. 5 % vor, dass die Münze irrtümlich für eine Nicht-LAPLACE-Münze gehalten wird, denn mit einer Wahrscheinlichkeit von ca. 5 % kommt es zufällig zu Ergebnissen des Zufallsversuchs, die außerhalb des angegebenen Intervalls liegen, obwohl $p = 0{,}5$ wahr ist.

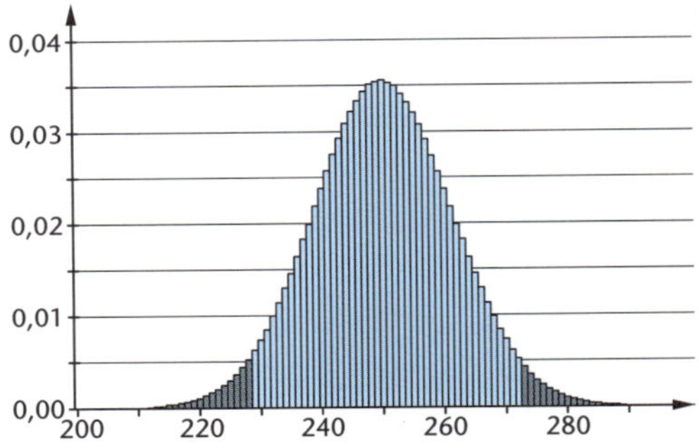

Die Wahrscheinlichkeit α für einen Fehler 1. Art ist nach Vorgabe des Signifikanzniveaus höchstens gleich 5 %. Eine genaue Rechnung, die sich auf die o. a. Entscheidungsregel bezieht, ergibt hier:
$P(X < 228) + P(X > 272) = 0{,}044$

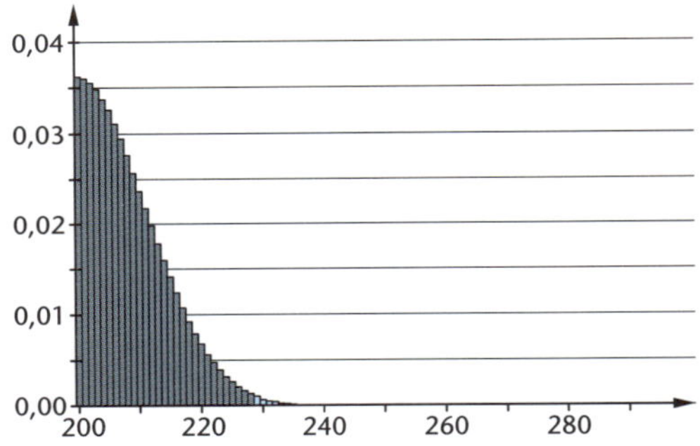

Fehler 2. Art: Falls es sich um eine manipulierte Münze handelt, könnte es trotzdem vorkommen, dass dies nicht erkannt wird (nämlich dann, wenn das Ergebnis im Annahmebereich der Hypothese liegt) – das wäre dann ein Fehler 2. Art.

Angenommen, die tatsächliche Erfolgswahrscheinlichkeit wäre $p = 0{,}4$, dann können zufällig Ergebnisse im Annahmebereich der Hypothese liegen, also im Intervall $[228; 272]$.

Die Wahrscheinlichkeit für einen Fehler 2. Art ist im Falle $p = 0{,}4$ gleich
$\beta = P_{p=0,4}(228 \leq X \leq 272)$
$= \text{binomcdf}(500, 0.4, 272) - \text{binomcdf}(500, 0.4, 227) = 0{,}006 = 0{,}6\,\%$.

J5 Nur LK: Die Operationscharakteristik eines Hypothesentests interpretieren.

Gegeben ist eine Hypothese $p = p_0$. Die Funktion, die jeder Erfolgswahrscheinlichkeit $p \neq p_0$ die Wahrscheinlichkeit β für einen Fehler 2. Art zuordnet, heißt **Operationscharakteristik.**

Beispiel

Hypothese $p_0 = 0{,}5$ (LAPLACE-Münze); $n = 500$;
Annahmebereich auf dem 95 %-Niveau: $228 \leq X \leq 272$

Die Funktion f mit $f(x) = \text{binomcdf}(500,x,272) - \text{binomcdf}(500,x,227)$ ist die Operationscharakteristik des Tests.

Die Wahrscheinlichkeit, dass ein Fehler 2. Art eintritt, ist beispielsweise für $p = 0{,}45$:

$\beta = f(0{,}45) = P_{p=0{,}45}(228 \le X \le 272)$
$= \text{binomcdf}(500{,}0.45{,}272)$
$- \text{binomcdf}(500{,}0.45{,}227)$
$\approx 0{,}411,$
wie man auch am Graphen ablesen kann.

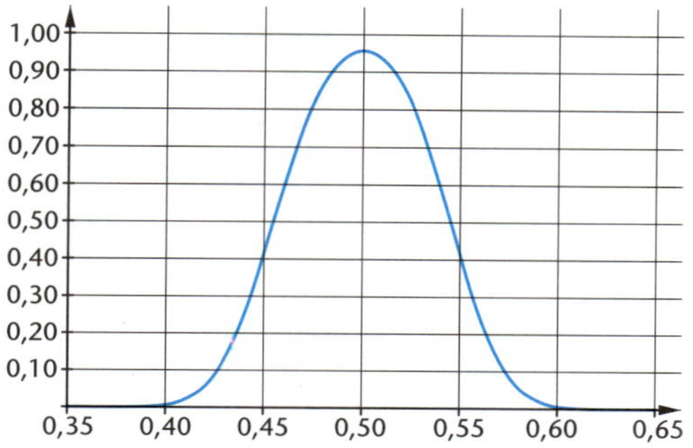

J6 Nur LK: Das prinzipielle Vorgehen bei einem einseitigen Hypothesentest erläutern sowie die beiden möglichen Standpunkte beschreiben und zugehörigen Entscheidungsregeln bestimmen.

Prinzipielles Vorgehen

Beim einseitigen Hypothesentest wird nicht gefragt, ob ein Stichprobenergebnis vom Erwartungswert nach oben *oder* nach unten signifikant abweicht, also betrachtet man nicht die Alternativen $p = p_0$ gegen $p \neq p_0$, sondern stellt als Alternativen gegeneinander:

$p > p_0$ gegen $p \le p_0$ oder $p \ge p_0$ gegen $p < p_0$ oder
$p < p_0$ gegen $p \ge p_0$ oder $p \le p_0$ gegen $p > p_0$.

Standpunkte

Man bezieht den Standpunkt von *einer* der Hypothesen. Von diesem geht man nur ab, wenn in der Kontroll-Stichprobe extreme Ergebnisse auftreten. Was *extrem* ist, wird durch die (vorgegebene) Wahrscheinlichkeit α für einen Fehler 1. Art festgelegt.

Grundsätzlich können zu einem Sachverhalt zwei gegensätzliche Standpunkte eingenommen werden, die zu unterschiedlichen Hypothesen gehören und somit zu unterschiedlichen Entscheidungsregeln führen. Wenn man einen Standpunkt hat, der den eigenen Interessen entspricht, ist das Vorgehen klar. Wenn man unbedingt eine bestimmte Hypothese „statistisch beweisen“ will, geht man vom logischen Gegenteil dieser Hypothese aus und testet diese.

Beispiel 1

Verlernen Jugendliche die ursprünglich angeborene Linkshändigkeit? Von 6- bis 10-jährigen Kindern weiß man, dass etwa 11 % bevorzugt die linke Hand benutzen.

1. möglicher Standpunkt: $p < 0{,}11$ – man geht davon aus, dass der Anteil abgenommen hat; von diesem Standpunkt lässt man sich nur abbringen, wenn in der Kontrollstichprobe *extrem große* Anteile von Linkshändern vorkommen.
2. möglicher Standpunkt: $p \ge 0{,}11$ – man geht davon aus, dass der Anteil gleich geblieben oder sogar größer geworden ist; von diesem Standpunkt lässt man sich nur abbringen, wenn in der Kontrollstichprobe *extrem kleine* Anteile von Linkshändern vorkommen.

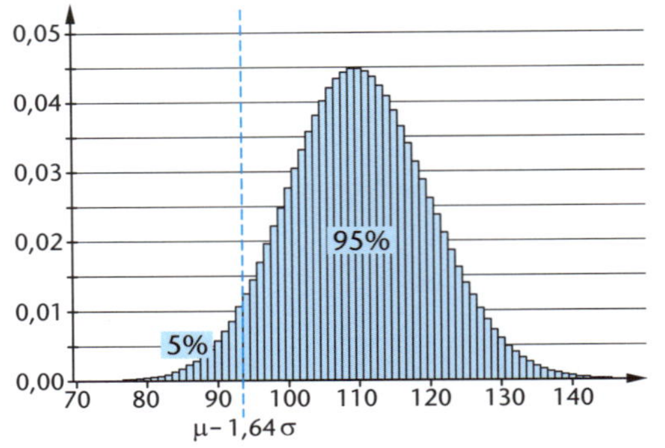

Für $p < 0{,}11$ hat der Bereich oberhalb von $\mu + 1{,}64\,\sigma$ eine Wahrscheinlichkeit von höchstens 5 %.
Für $p \geq 0{,}11$ hat der Bereich unterhalb von $\mu - 1{,}64\,\sigma$ eine Wahrscheinlichkeit von höchstens 5 %.

Bei einem Stichprobenumfang von $n = 1000$ und $p = 0{,}11$ ist $\mu = 110$ und $1{,}64\,\sigma \approx 16{,}2$.
Bezogen auf die Hypothese $p < 0{,}11$ werden also Ergebnisse oberhalb von $\mu + 1{,}64\,\sigma = 126{,}2$ als extrem angesehen, bezogen auf die Hypothese $p \geq 0{,}11$ entsprechend Ergebnisse unterhalb von $\mu - 1{,}64\,\sigma = 93{,}8$.

Die Entscheidungsregeln lauten daher:
Verwirf die Hypothese $p < 0{,}11$, falls in der Stichprobe mehr als 126 Jugendliche sind, die bevorzugt ihre linke Hand benutzen. bzw.
Verwirf die Hypothese $p \geq 0{,}11$, falls in der Stichprobe weniger als 94 Jugendliche sind, die bevorzugt ihre linke Hand benutzen.

Beispiel 2

Ein Arzneimittelhersteller wirbt für ein neues Medikament mit dem Hinweis, dass es eine bessere Heilungschance hat als die bisher auf dem Markt befindlichen; deren Heilungschance ist 60 %.

Zum Testen der Behauptung des Herstellers nimmt man einen *skeptischen Standpunkt* ein, d. h. man testet die Hypothese $p \leq 0{,}6$ (das neue Medikament ist *höchstens* so gut wie die bisherigen).

Von seinem skeptischen Standpunkt lässt man sich nur abbringen, wenn in einer Kontrollstichprobe signifikante Abweichungen nach oben eintreten, also z. B. das Ergebnis oberhalb von $\mu + 1{,}64\,\sigma$ liegt (Wahrscheinlichkeit für einen Fehler 1. Art: $\alpha = 5\,\%$) oder sogar oberhalb von $\mu + 2{,}33\,\sigma$ (Wahrscheinlichkeit für einen Fehler 1. Art: $\alpha = 1\,\%$)

Hinweis:

$P(X > \mu + 1{,}28\,\sigma) \approx 10\,\%$	$P(X < \mu - 1{,}28\,\sigma) \approx 10\,\%$
$P(X > \mu + 1{,}64\,\sigma) \approx 5\,\%$	$P(X < \mu - 1{,}64\,\sigma) \approx 5\,\%$
$P(X > \mu + 2{,}33\,\sigma) \approx 1\,\%$	$P(X < \mu - 2{,}33\,\sigma) \approx 1\,\%$

J7 Nur LK: Anwenden der Sigma-Regeln: Einen genügend großen Umfang einer Stichprobe bestimmen, mit dem eine Prognose mit einer vorgegebenen Genauigkeit möglich ist.

Zu vorgegebenem n kann man den Radius der $1{,}96\frac{\sigma}{n}$-Umgebung von p berechnen, also den maximalen Abstand, den das Stichprobenergebnis (relative Häufigkeit) vom zugrunde liegenden p in 95 % der Fälle hat:

$P\left(\left|\frac{X}{n} - p\right| \leq 1{,}96\frac{\sigma}{n}\right) \approx 0{,}95.$

Gibt man andererseits einen maximalen Abstand d vor (*Genauigkeit*), dann kann man aus der Ungleichung $1{,}96\frac{\sigma}{n} \le d$ den notwendigen Umfang der Stichprobe berechnen, der mit einer Wahrscheinlichkeit von 95 % zu einem Stichprobenergebnis führt, das die vorgegebene Bedingung erfüllt.

Allgemein führt die Ungleichung $1{,}96 \cdot \sqrt{\frac{p \cdot (1-p)}{n}} \le d$ nach Umformung zu $n \ge 1{,}96^2 \cdot \frac{p \cdot (1-p)}{d^2}$.

Wenn man statt der Sicherheitswahrscheinlichkeit 95 % eine andere wählt, muss entsprechend (gemäß Sigma-Regeln) das Vielfache von $\frac{\sigma}{n}$ verändert werden.

Beispiel

Der Anteil der Haushalte mit einer bestimmten Ausstattung soll auf 5 Prozentpunkte genau geschätzt werden, d. h. der Stichprobenumfang n ist so zu wählen, dass in 95 % der Fälle der Radius der Umgebung $1{,}96\frac{\sigma}{n}$ die maximale Abweichung von 5 Prozentpunkten nicht überschreitet: $1{,}96\frac{\sigma}{n} \le 0{,}05$.

Ist nichts über p bekannt, muss man mit dem ungünstigsten Wert rechnen, nämlich $p = 0{,}5$. Dann ist:

$$1{,}96 \cdot \sqrt{\frac{0{,}5 \cdot 0{,}5}{n}} \le 0{,}05 \Leftrightarrow 1{,}96^2 \cdot \frac{0{,}5 \cdot 0{,}5}{n} \le 0{,}05^2 \Leftrightarrow 1{,}96^2 \cdot \frac{0{,}5 \cdot 0{,}5}{0{,}05^2} \le n \Leftrightarrow n \ge 384{,}2.$$

Durch Quadrieren und Auflösen nach n erhält man $n \ge 385$.

Ein Stichprobenumfang von mindestens 385 sollte gewählt werden.

Der Screenshot zeigt ein grafisches Verfahren: Durch die Graphen von f1 und f2 ist die 95 %-Umgebung von $p = 0{,}5$ dargestellt. Aus den Schnittpunkten dieser beiden Graphen mit den Graphen der konstanten Funktionen mit $y = 0{,}5 + 0{,}05 = 0{,}55$ bzw. $y = 0{,}5 - 0{,}05 = 0{,}45$ kann dann der Mindestwert des Stichprobenumfangs für die maximale Abweichung von $d = 0{,}05$ (= 5 Prozentpunkte) abgelesen werden.

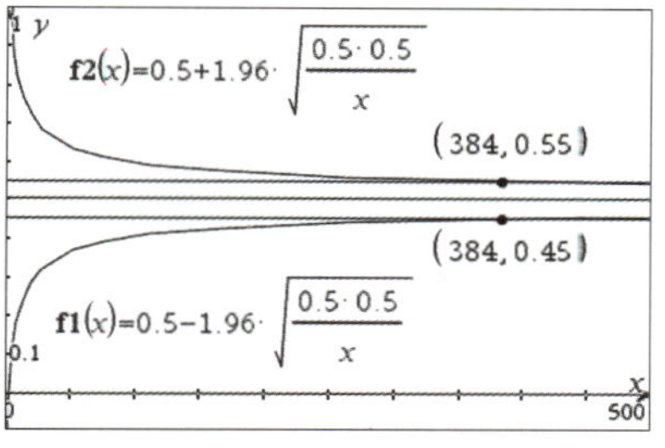

Falls man Informationen über den Anteil der Haushalte hat, z. B. dass der Anteil ungefähr 20 % beträgt, dann verringert sich der für die Erhebung notwendige Stichprobenumfang:

$n \ge 1{,}96^2 \cdot \frac{0{,}2 \cdot 0{,}8}{0{,}05^2} \approx 245{,}9$, also $n \ge 246$.

Hinweis: Wenn der Anteil auf 4 [3, 2, 1] Prozentpunkte genau geschätzt werden soll, ergibt sich analog ein Mindest-Stichprobenumfang von n = 601 [1068, 2401, 9604].

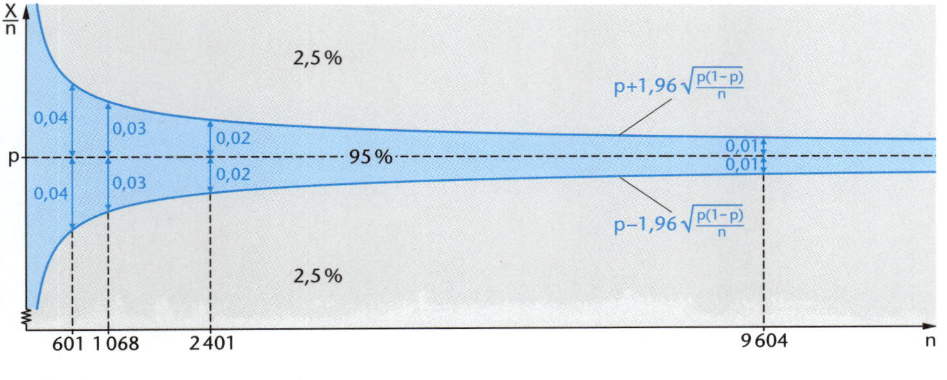

J8 Nur LK: Mithilfe der Sigma-Regeln einen genügend großen Umfang einer Stichprobe bestimmen, bei der eine gewünschte Anzahl von Erfolgen zu erwarten ist.

Gegeben ist ein n-stufiger BERNOULLI-Versuch mit Erfolgswahrscheinlichkeit p.
Die Zufallsgröße ist X: *Anzahl der Erfolge*.

In besonderen Fällen kann die Wahrscheinlichkeit für *mindestens k Erfolge* mithilfe der Sigma-Regeln abgeschätzt werden.

Ergebnisse
- oberhalb von $\mu - 1{,}28\sigma$ haben eine Wahrscheinlichkeit von 90 %,
- oberhalb von $\mu - 1{,}64\sigma$ haben eine Wahrscheinlichkeit von 95 %,
- oberhalb von $\mu - 2{,}33\sigma$ haben eine Wahrscheinlichkeit von 99 %.

Wenn die Sicherheitswahrscheinlichkeiten von 90 %, 95% bzw. 99 % und eine Mindestanzahl k von Erfolgen vorgegeben sind, kann man den hierfür notwendigen Stichprobenumfang n hieraus berechnen.

Analog ist eine Aufgabenstellung zu behandeln, bei der zu einer vorgegebenen Sicherheitswahrscheinlichkeit höchstens k Erfolge erzielt werden sollen.

Beispiel

Für eine Erhebung werden 500 Personen benötigt; jedoch werden erfahrungsgemäß nur 75 % der ausgewählten Personen angetroffen. Wie viele Personen müssen ausgewählt werden, damit man mit einer Wahrscheinlichkeit von 95 % mindestens 500 Personen für die Stichprobe hat.

Betrachtet wird hier die Zufallsgröße X: *Anzahl der Personen, die für die Erhebung tatsächlich zur Verfügung stehen*, und es gilt: $p = 0{,}75$. Dann ist ein Stichprobenumfang n gesucht derart, dass nur in 5 % der Fälle weniger als 500 Erfolge eintreten.

Diese Bedingung ist erfüllt, wenn gilt: $\mu - 1{,}64\sigma \geq 500$.

Gesucht ist also eine Stelle n, von der ab die Funktion f mit

$$f(n) = \mu - 1{,}64\sigma = 0{,}75 \cdot n - 1{,}64 \cdot \sqrt{n \cdot 0{,}75 \cdot 0{,}25}$$

größere Funktionswerte hat als 500. Diese Bedingung ist für $n \geq 692$ erfüllt.

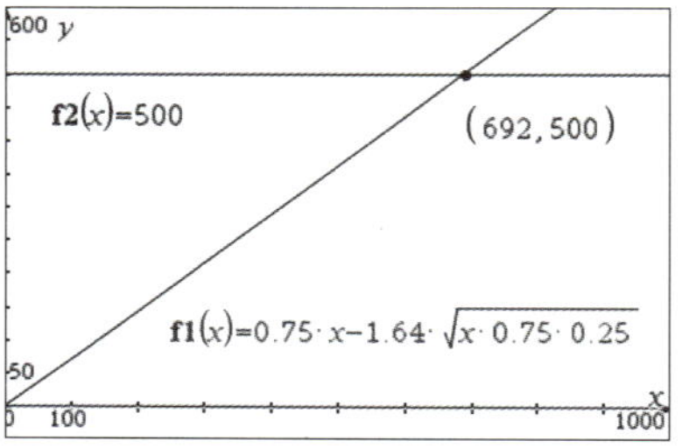

K1 Zufallsprozesse durch Übergangsdiagramme und stochastische Matrizen beschreiben und Zustandsvektoren interpretieren.

Die Zustände eines Systems werden mithilfe von Zustandsvektoren beschrieben. Diese geben an, mit welcher Wahrscheinlichkeit ein bestimmtes Ereignis zu einem bestimmten Zeitpunkt eintritt. Die zugehörigen Ereignisse (Zustände) und die Wahrscheinlichkeit für die Übergänge zwischen den Ereignissen werden grafisch mithilfe eines Übergangsdiagramms beschrieben, algebraisch mithilfe der Übergangsmatrix. Dabei wird die Übergangswahrscheinlichkeit von einem Zustand E_j in einen Zustand E_i in die Zelle a_{ij} der Matrix eingetragen (i-te Zeile, j-te Spalte).
Da die Zustandsvektoren von Zufallsprozessen eine Wahrscheinlichkeitsverteilung beschreiben, ist die Summe der Wahrscheinlichkeiten in einer Spalte der Übergangsmatrix und in jedem Zustandsvektor immer gleich eins.

Die Prozesse werden mithilfe von Matrizen und Zustandsvektoren beschrieben; für diese ist eine Verknüpfung (Multiplikation) wie folgt definiert:

Das **Produkt Matrix M mal Zustandsvektor $\vec{v}$** ist definiert durch das Skalarprodukt der Zeilenvektoren der Matrix M mit dem Spaltenvektor $\vec{v}$, z. B.

$$M \cdot \vec{v} = \begin{pmatrix} a_{11} & a_{12} & a_{13} \\ a_{21} & a_{22} & a_{23} \\ a_{31} & a_{32} & a_{33} \end{pmatrix} \cdot \begin{pmatrix} v_1 \\ v_2 \\ v_3 \end{pmatrix} = \begin{pmatrix} a_{11} \cdot v_1 + a_{12} \cdot v_2 + a_{13} \cdot v_3 \\ a_{21} \cdot v_1 + a_{22} \cdot v_2 + a_{23} \cdot v_3 \\ a_{31} \cdot v_1 + a_{32} \cdot v_2 + a_{33} \cdot v_3 \end{pmatrix},$$

Das **Produkt $M_1 \cdot M_2$ zweier Matrizen M_1 und M_2** ist definiert durch das Skalarprodukt der Zeilenvektoren von M_1 mit den Spaltenvektoren von M_2, z. B.

$$M_1 \cdot M_2 = \begin{pmatrix} a_{11} & a_{12} & a_{13} \\ a_{21} & a_{22} & a_{23} \\ a_{31} & a_{32} & a_{33} \end{pmatrix} \cdot \begin{pmatrix} b_{11} & b_{12} & b_{13} \\ b_{21} & b_{22} & b_{23} \\ b_{31} & b_{32} & b_{33} \end{pmatrix}$$

$$= \begin{pmatrix} a_{11} \cdot b_{11} + a_{12} \cdot b_{21} + a_{13} \cdot b_{31} & a_{11} \cdot b_{12} + a_{12} \cdot b_{22} + a_{13} \cdot b_{32} & a_{11} \cdot b_{13} + a_{12} \cdot b_{23} + a_{13} \cdot b_{33} \\ a_{21} \cdot b_{11} + a_{22} \cdot b_{21} + a_{23} \cdot b_{31} & a_{21} \cdot b_{12} + a_{22} \cdot b_{22} + a_{23} \cdot b_{32} & a_{21} \cdot b_{13} + a_{22} \cdot b_{23} + a_{23} \cdot b_{33} \\ a_{31} \cdot b_{11} + a_{32} \cdot b_{21} + a_{33} \cdot b_{31} & a_{31} \cdot b_{12} + a_{32} \cdot b_{22} + a_{33} \cdot b_{32} & a_{31} \cdot b_{13} + a_{32} \cdot b_{23} + a_{33} \cdot b_{33} \end{pmatrix}.$$

Beispiel 1 *Drehen eines Glücksrads*

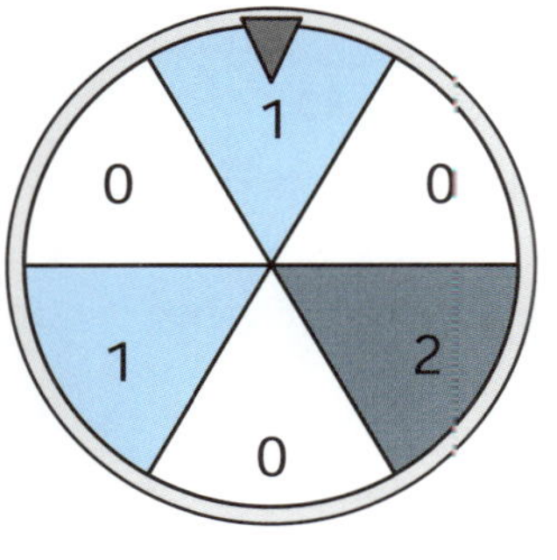

Bei einem Spiel wird das abgebildete Glücksrad 3-mal gedreht. Die in den Sektoren stehenden Zahlen geben den Betrag an, der ausgezahlt wird. Der Spieleinsatz beträgt 2 €.

Wegen des Spieleinsatzes von 2 € befindet sich ein Spieler zu Beginn des Spiels im Zustand –2, von dem aus dann die Zustände –1, 0, 1, 2, 3, 4 erreicht werden können. Diese möglichen Übergänge werden durch das folgende Übergangsdiagramm beschrieben:

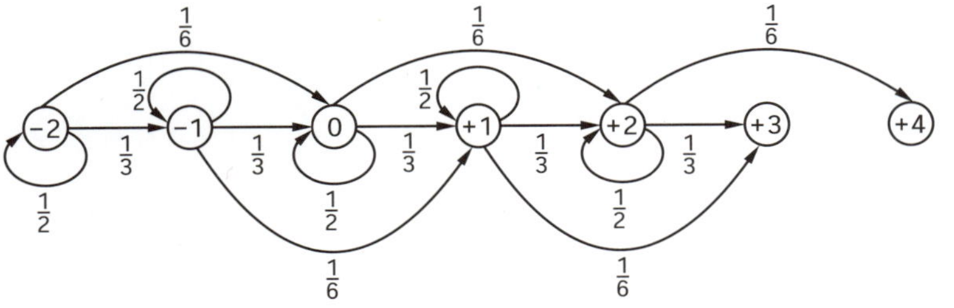

Der Vorgang kann auch durch eine 7 × 7-Matrix beschrieben werden:

$$M = \begin{pmatrix} \frac{1}{2} & 0 & 0 & 0 & 0 & 0 & 0 \\ \frac{1}{3} & \frac{1}{2} & 0 & 0 & 0 & 0 & 0 \\ \frac{1}{6} & \frac{1}{3} & \frac{1}{2} & 0 & 0 & 0 & 0 \\ 0 & \frac{1}{6} & \frac{1}{3} & \frac{1}{2} & 0 & 0 & 0 \\ 0 & 0 & \frac{1}{6} & \frac{1}{3} & \frac{1}{2} & 0 & 0 \\ 0 & 0 & 0 & \frac{1}{6} & \frac{1}{3} & 1 & 0 \\ 0 & 0 & 0 & 0 & \frac{1}{6} & 0 & 1 \end{pmatrix}$$

Da das Spiel aus drei Runden besteht, bleibt der Zustand unverändert, wenn die Zustände 3 bzw. 4 erreicht sind; daher stehen in Spalte 6 und 7 lauter Nullen und eine Eins.
Nach der ersten Runde werden die Zustände −2, −1, 0 mit den Wahrscheinlichkeiten $\frac{1}{2}$, $\frac{1}{3}$ bzw. $\frac{1}{6}$ erreicht:

$$M \cdot \vec{v} = \begin{pmatrix} \frac{1}{2} & 0 & 0 & 0 & 0 & 0 & 0 \\ \frac{1}{3} & \frac{1}{2} & 0 & 0 & 0 & 0 & 0 \\ \frac{1}{6} & \frac{1}{3} & \frac{1}{2} & 0 & 0 & 0 & 0 \\ 0 & \frac{1}{6} & \frac{1}{3} & \frac{1}{2} & 0 & 0 & 0 \\ 0 & 0 & \frac{1}{6} & \frac{1}{3} & \frac{1}{2} & 0 & 0 \\ 0 & 0 & 0 & \frac{1}{6} & \frac{1}{3} & 1 & 0 \\ 0 & 0 & 0 & 0 & \frac{1}{6} & 0 & 1 \end{pmatrix} \cdot \begin{pmatrix} 1 \\ 0 \\ 0 \\ 0 \\ 0 \\ 0 \\ 0 \end{pmatrix} = \begin{pmatrix} \frac{1}{2} \\ \frac{1}{3} \\ \frac{1}{6} \\ 0 \\ 0 \\ 0 \\ 0 \end{pmatrix}$$

Beispiel 2 *Standortwechsel von Leihautos*

Das Übergangsdiagramm zeigt die durchschnittlichen täglichen Wechsel von Leihautos zwischen drei Niederlassungen sowie die Anfangsverteilung (Startvektor = Anfangszustand: 10 % in A, 50 % in B, 40 % in C)

Übergangsmatrix: $M = \begin{pmatrix} 0{,}8 & 0{,}2 & 0{,}2 \\ 0{,}1 & 0{,}6 & 0{,}1 \\ 0{,}1 & 0{,}2 & 0{,}7 \end{pmatrix}$

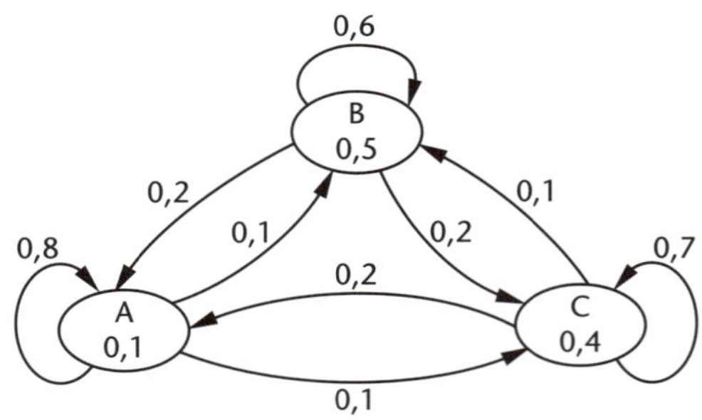

Durch Multiplikation der Übergangsmatrix mit dem Startvektor erhält man die Verteilung der Fahrzeuge nach einem Tag: $\vec{v}_1 = M \cdot \vec{v}_0 = \begin{pmatrix} 0{,}8 & 0{,}2 & 0{,}2 \\ 0{,}1 & 0{,}6 & 0{,}1 \\ 0{,}1 & 0{,}2 & 0{,}7 \end{pmatrix} \cdot \begin{pmatrix} 0{,}1 \\ 0{,}5 \\ 0{,}4 \end{pmatrix} = \begin{pmatrix} 0{,}26 \\ 0{,}35 \\ 0{,}39 \end{pmatrix}$.

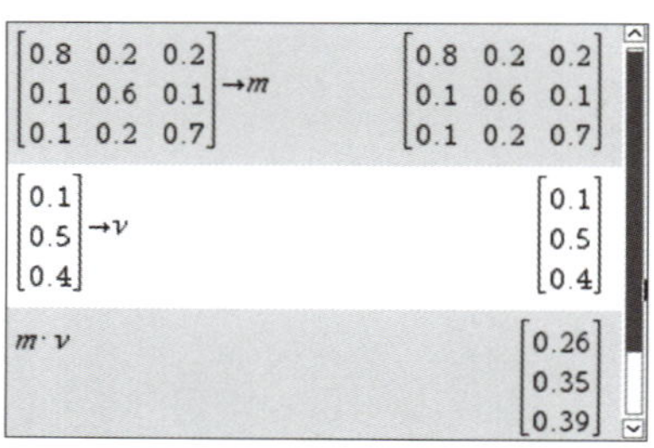

K2 Zustände von Prozessen nach wiederholter Durchführung mithilfe der Matrizenmultiplikation berechnen und deuten.

Wird ein Prozess durch eine Matrix beschrieben, dann erhält man aus dem Ausgangsvektor durch Multiplizieren den Vektor des zeitlich nachfolgenden Zustands und durch wiederholte Multiplikation mit der Matrix die darauffolgenden Zustände.
Diese kann man direkt auch dadurch berechnen, dass man – gemäß dem Assoziativgesetz – zunächst die entsprechende Matrixpotenz berechnet und diese dann mit dem Ausgangsvektor multipliziert:

$\vec{v}_1 = M \cdot \vec{v}_0,\ \vec{v}_2 = M \cdot \vec{v}_1,\ \vec{v}_3 = M \cdot \vec{v}_2$ usw. oder $\vec{v}_1 = M \cdot \vec{v}_0,\ \vec{v}_2 = M^2 \cdot \vec{v}_0,\ \vec{v}_3 = M^3 \cdot \vec{v}_0$ ...

Beispiel 1 *Fortsetzung von Beispiel 1 aus K1*

$$M^2 \cdot \vec{v} = M \cdot (M \cdot \vec{v}) = \begin{pmatrix} \frac{1}{2} & 0 & 0 & 0 & 0 & 0 & 0 \\ \frac{1}{3} & \frac{1}{2} & 0 & 0 & 0 & 0 & 0 \\ \frac{1}{6} & \frac{1}{3} & \frac{1}{2} & 0 & 0 & 0 & 0 \\ 0 & \frac{1}{6} & \frac{1}{3} & \frac{1}{2} & 0 & 0 & 0 \\ 0 & 0 & \frac{1}{6} & \frac{1}{3} & \frac{1}{2} & 0 & 0 \\ 0 & 0 & 0 & \frac{1}{6} & \frac{1}{3} & 1 & 0 \\ 0 & 0 & 0 & 0 & \frac{1}{6} & 0 & 1 \end{pmatrix} \cdot \begin{pmatrix} \frac{1}{2} \\ \frac{1}{3} \\ \frac{1}{6} \\ 0 \\ 0 \\ 0 \\ 0 \end{pmatrix} \approx \begin{pmatrix} 0{,}25 \\ 0{,}333 \\ 0{,}278 \\ 0{,}111 \\ 0{,}028 \\ 0 \\ 0 \end{pmatrix}$$

$$M^3 \cdot \vec{v} = M \cdot (M^2 \cdot \vec{v}) = \begin{pmatrix} \frac{1}{2} & 0 & 0 & 0 & 0 & 0 & 0 \\ \frac{1}{3} & \frac{1}{2} & 0 & 0 & 0 & 0 & 0 \\ \frac{1}{6} & \frac{1}{3} & \frac{1}{2} & 0 & 0 & 0 & 0 \\ 0 & \frac{1}{6} & \frac{1}{3} & \frac{1}{2} & 0 & 0 & 0 \\ 0 & 0 & \frac{1}{6} & \frac{1}{3} & \frac{1}{2} & 0 & 0 \\ 0 & 0 & 0 & \frac{1}{6} & \frac{1}{3} & 1 & 0 \\ 0 & 0 & 0 & 0 & \frac{1}{6} & 0 & 1 \end{pmatrix} \cdot \begin{pmatrix} 0{,}25 \\ 0{,}333 \\ 0{,}278 \\ 0{,}111 \\ 0{,}028 \\ 0 \\ 0 \end{pmatrix} \approx \begin{pmatrix} 0{,}125 \\ 0{,}25 \\ 0{,}2917 \\ 0{,}2037 \\ 0{,}0972 \\ 0{,}0278 \\ 0{,}0046 \end{pmatrix}$$

Nach 3 Spielrunden hat man mit der Wahrscheinlichkeit 12,5 % einen Verlust von 2 €, mit der Wahrscheinlichkeit 25 % einen Verlust von 1 €, mit der Wahrscheinlichkeit 29,2 % seinen Einsatz wiedererlangt usw.

Beispiele 2 *Fortsetzung von Beispiel 2 aus K1*

Verteilung der Leihautos auf die drei Standorte nach 1, 2 bzw. 3 Tagen:

$$m \cdot v \quad \begin{bmatrix} 0.26 \\ 0.35 \\ 0.39 \end{bmatrix}$$

$$m^2 \cdot v \quad \begin{bmatrix} 0.356 \\ 0.275 \\ 0.369 \end{bmatrix}$$

$$m^3 \cdot v \quad \begin{bmatrix} 0.4136 \\ 0.2375 \\ 0.3489 \end{bmatrix}$$

K3 Den Fixvektor einer Übergangsmatrix (d. h. eine stationäre Verteilung eines Zufallsprozesses) bestimmen und seine Bedeutung im Sachzusammenhang interpretieren.

Der Fixvektor $\vec{v}_F$ einer Übergangsmatrix M ist ein Zustandsvektor, der bei Multiplikation mit der Übergangsmatrix unverändert bleibt; er erfüllt also die Gleichung $\vec{v}_F = M \cdot \vec{v}_F$. Man bezeichnet $\vec{v}_F$ auch als stationäre Verteilung des Zufallsprozesses.

Hinweis: Wenn in der Übergangsmatrix M selbst oder in irgendeiner ihrer Potenzen nur positive Koeffizienten auftreten, dann gilt der **Hauptsatz über Markoff-Ketten**: Die Folge der Matrixpotenzen von M, also M^1, M^2, M^3, ... konvergiert gegen eine Grenzmatrix M^∞, deren Spalten alle gleich dem Fixvektor $\vec{v}_F$ der Matrix M sind.

Beispiel

Gegeben sei die stochastische Übergangsmatrix aus K1 (Beispiel 2) $M = \begin{pmatrix} 0{,}8 & 0{,}2 & 0{,}2 \\ 0{,}1 & 0{,}6 & 0{,}1 \\ 0{,}1 & 0{,}2 & 0{,}7 \end{pmatrix}$.

Der Fixvektor der Übergangsmatrix ergibt sich als Lösung des linearen Gleichungssystems

$$\left| \begin{array}{l} 0{,}8x + 0{,}2y + 0{,}2z = x \\ 0{,}1x + 0{,}6y + 0{,}1z = y \\ 0{,}1x + 0{,}2y + 0{,}7z = z \end{array} \right|$$

Das Gleichungssystem hat unendlich viele Lösungen, da die Gleichungen linear voneinander abhängen. Addiert man beispielsweise die 3. Gleichung zur 2. Gleichung, dann erhält man das Negative der 1. Gleichung:

$$\left| \begin{array}{r} -0{,}2x + 0{,}2y + 0{,}2z = 0 \\ 0{,}1x - 0{,}4y + 0{,}1z = 0 \\ 0{,}1x + 0{,}2y - 0{,}3z = 0 \end{array} \right| \Leftrightarrow \left| \begin{array}{r} -0{,}2x + 0{,}2y + 0{,}2z = 0 \\ 0{,}2x - 0{,}2y - 0{,}2z = 0 \\ 0{,}1x + 0{,}2y - 0{,}3z = 0 \end{array} \right|$$

Aus dem verbleibenden Gleichungssystem mit 2 Gleichungen und 3 Variablen kann man eine Parameterdarstellung aller Lösungen erstellen:

Summe von 2. und 3. Gleichung: $0{,}3x - 0{,}5z = 0 \Leftrightarrow x = \frac{5}{3}z$

Das Doppelte der 3. Gleichung zur 1. Gleichung addieren:

$0{,}6y - 0{,}4z = 0 \Leftrightarrow y = \frac{2}{3}z$, d. h. alle Lösungen haben die Form $\left(\frac{5}{3}z \middle| \frac{2}{3}z \middle| z\right)$.

Da es sich hier aber um eine stochastische Matrix handelt, gilt zusätzlich auch noch die Gleichung: $x + y + z = 1$, also nach Einsetzen

$x + y + z = 1 \Leftrightarrow \frac{5}{3}z + \frac{2}{3}z + z = 1 \Leftrightarrow z = 0{,}3$ und damit $x = 0{,}5$ und $y = 0{,}2$.

Daher ist $\vec{v}_F = \begin{pmatrix} 0{,}5 \\ 0{,}2 \\ 0{,}3 \end{pmatrix}$ ein Fixvektor.

Er beschreibt eine stationäre Verteilung, in diesem Beispiel der Leihautos auf die Niederlassungen. Liegt diese Verteilung vor, so wird sie sich (im Mittel) nicht mehr verändern. Auf lange Sicht wird sich auch jede andere Ausgangsverteilung der Fahrzeuge dieser stationären Verteilung annähern.

Beispiel zu *Hinweis*: Bereits bei M^{20} sind die Spaltenvektoren ungefähr gleich:

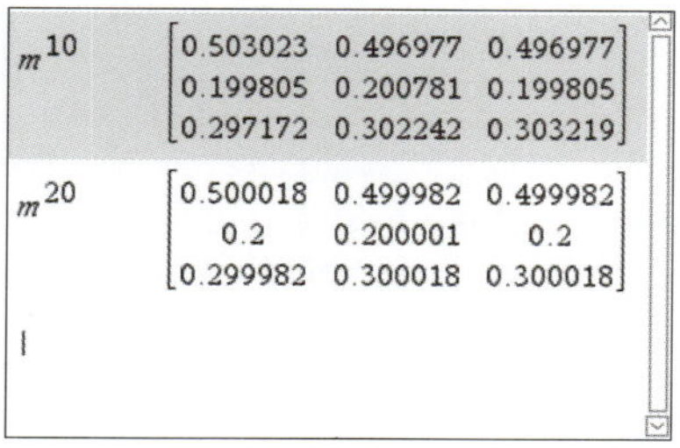

K4 Den Zustandsvektor eines zurückliegenden Zustands berechnen.

Ist eine Übergangsmatrix M und der Zustandsvektor $\vec{v}_n$ gegeben, dann kann man den vorangehenden Zustand $\vec{v}_{n-1}$ berechnen, indem man das lineare Gleichungssystem $M \cdot \vec{v}_{n-1} = \vec{v}_n$ löst.

Beispiel

Ist die Übergangsmatrix gegeben durch $M = \begin{pmatrix} 0{,}8 & 0{,}2 & 0{,}2 \\ 0{,}1 & 0{,}6 & 0{,}1 \\ 0{,}1 & 0{,}2 & 0{,}7 \end{pmatrix}$, dann kann man wie folgt zu dem Zustandsvektor $\vec{v} = \begin{pmatrix} 0{,}2 \\ 0{,}3 \\ 0{,}5 \end{pmatrix}$ den Zustandsvektor $\vec{w} = \begin{pmatrix} x \\ y \\ z \end{pmatrix}$ des vorangehenden Zustands berechnen:

Es gilt: $M \cdot \vec{w} = \vec{v}$, also $\begin{pmatrix} 0{,}8 & 0{,}2 & 0{,}2 \\ 0{,}1 & 0{,}6 & 0{,}1 \\ 0{,}1 & 0{,}2 & 0{,}7 \end{pmatrix} \cdot \begin{pmatrix} x \\ y \\ z \end{pmatrix} = \begin{pmatrix} 0{,}2 \\ 0{,}3 \\ 0{,}5 \end{pmatrix}$.

Durch elementare Zeilenumformungen (vgl. F7) erhält man dann die Lösung $x = 0$, $y = 0{,}4$, $z = 0{,}6$, also den Zustandsvektor des vorangehenden Zustands $\vec{w} = \begin{pmatrix} 0 \\ 0{,}4 \\ 0{,}6 \end{pmatrix}$.

Hinweis: Es ist auch folgende Vorgehensweise möglich (nicht im Lehrplan vorgesehen): Die Gleichung $M \cdot \vec{w} = \vec{v}$ kann man nach $\vec{w}$ auflösen: $\vec{w} = M^{-1} \cdot \vec{v}$. Der GTR bestimmt diese sogenannte inverse Matrix, wenn man die Matrix M mit (–1) potenziert:

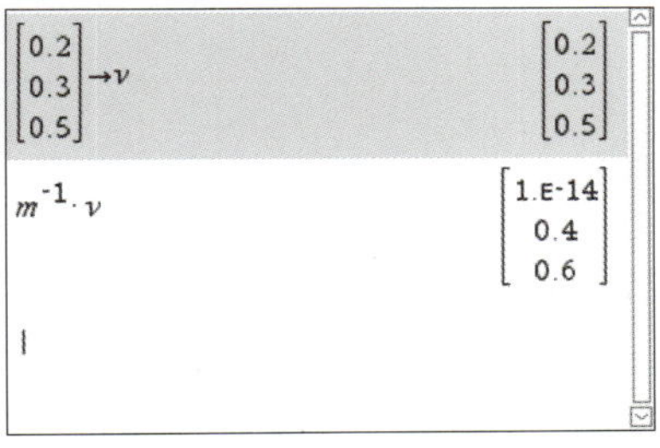

K5 Koeffizienten in Übergangsmatrizen mit vorgegebenen Eigenschaften im Sachzusammenhang bestimmen.

Die Koeffizienten einer Übergangsmatrix sind durch die Übergangswahrscheinlichkeiten bestimmt.
Wenn das zugehörige Übergangsdiagramm nicht für alle Übergänge Angaben enthält, stattdessen aber andere Bedingungen genannt werden, so führt dies zu einem linearen Gleichungssystem mit den fehlenden Koeffizienten als Variablen.

Beispiel

Auf dem Parkplatz eines großen Supermarkts können die Einkaufswagen an drei verschiedenen Sammelstellen A, B und C abgeholt und wieder untergestellt werden. Dabei bringen die Kunden oft ihre Einkaufswagen an eine andere Sammelstelle zurück als an die, von der sie ihren Wagen abgeholt haben.
Ergänzen Sie die fehlenden Übergangswahrscheinlichkeiten so, dass auf lange Sicht die Einkaufswagen je zu 25 % in A und B und zu 50 % in C stehen.

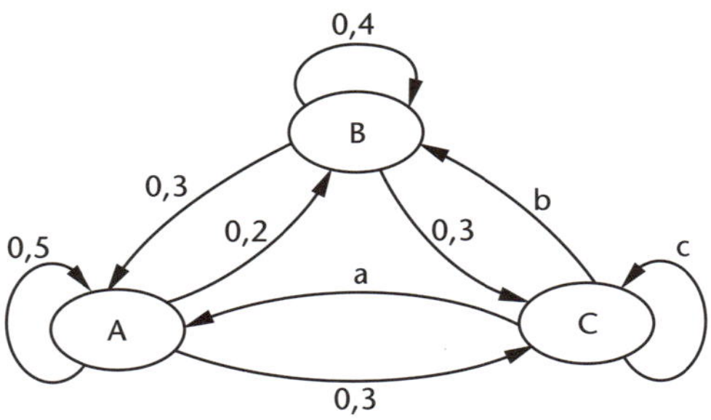

Aus dem Übergangsdiagramm entnehmen wir die Übergangswahrscheinlichkeiten,

die wir in die Übergangsmatrix eintragen können: $M = \begin{pmatrix} 0{,}5 & 0{,}3 & a \\ 0{,}2 & 0{,}4 & b \\ 0{,}3 & 0{,}3 & c \end{pmatrix}$.

Gesucht sind die Übergangswahrscheinlichkeiten (Koeffizienten) a, b, c derart, dass der stationäre Zustand durch den Fixvektor $\vec{v} = \begin{pmatrix} 0{,}25 \\ 0{,}25 \\ 0{,}5 \end{pmatrix}$ beschrieben wird, d. h. die Gleichung

$\begin{pmatrix} 0{,}5 & 0{,}3 & a \\ 0{,}2 & 0{,}4 & b \\ 0{,}3 & 0{,}3 & c \end{pmatrix} \cdot \begin{pmatrix} 0{,}25 \\ 0{,}25 \\ 0{,}5 \end{pmatrix} = \begin{pmatrix} 0{,}25 \\ 0{,}25 \\ 0{,}5 \end{pmatrix}$ erfüllt ist.

Damit ergibt sich das Gleichungssystem:

$$\left| \begin{array}{r} 0{,}125 + 0{,}075 + 0{,}5a = 0{,}25 \\ 0{,}05 + 0{,}1 + 0{,}5b = 0{,}25 \\ 0{,}075 + 0{,}075 + 0{,}5c = 0{,}5 \end{array} \right| \Leftrightarrow \left| \begin{array}{l} 0{,}5a = 0{,}05 \\ 0{,}5b = 0{,}1 \\ 0{,}5c = 0{,}35 \end{array} \right| \Leftrightarrow \left| \begin{array}{l} a = 0{,}1 \\ b = 0{,}2 \\ c = 0{,}7 \end{array} \right|.$$

Zu beachten ist, dass die Summe der Koeffizienten der Spalte einer Übergangsmatrix (als Summe der Wahrscheinlichkeiten von Übergängen von einem Zustand) stets 1 ergibt, d. h. es muss gelten: $a + b + c = 1$.

Aufgaben zum Trainieren

Hilfsmittelfreie Aufgaben

Aufgabe 1

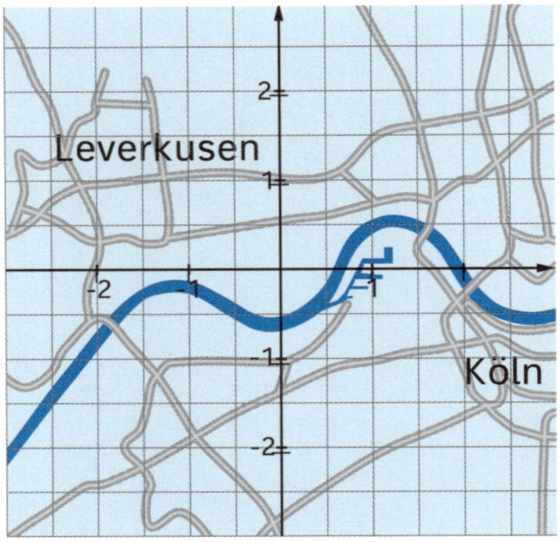

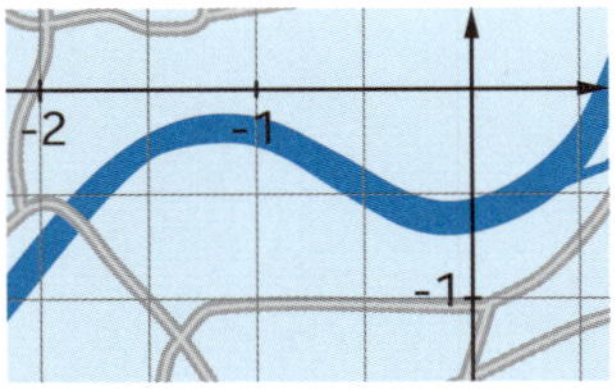

Die links abgebildete Karte zeigt den Verlauf des Rheins zwischen Leverkusen und Köln, die Abbildung rechts einen Ausschnitt aus dieser Karte.

(1) Begründen Sie, warum man den Verlauf des Rheins im rechts stehenden Ausschnitt mithilfe einer ganzrationalen Funktion 3. Grades modellieren könnte.

(2) Geben Sie jeweils zwei Bedingungen für Funktionswerte und für Werte der 1. Ableitung an, die man für diese Modellierung zugrundelegen könnte.
Abgelesene Werte: f( ) = , f( ) = ; f′( ) = ; f′( ) = .

B1 B3

Aufgabe 2

(1) Gegeben ist die Funktion f mit der Funktionsgleichung $f(x) = 2x^2 \cdot e^{2x+1}$. Berechnen Sie die erste Ableitung von f und den Wert der ersten Ableitung an der Stelle $x = 0$.

A1 A2

(2) Skizzieren Sie den Graphen einer Funktion g, wobei folgende Eigenschaften deutlich werden sollen: $g(0) = 1$, $g'(3) = 1$, $g''(3) < 0$.

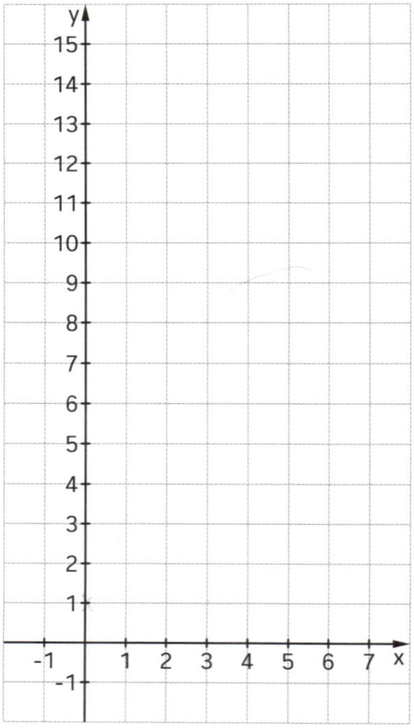

Aufgabe 3

(1) Die Abbildung zeigt den Graphen der Funktion f mit $f(x) = a \cdot (x - b)^2 \cdot e^x$, a, b > 0. Ermitteln Sie die Parameterwerte a, b. Begründen Sie Ihre Ansätze. A1 A2

(2) Berechnen Sie den Wert des Integrals $\int_{-1}^{2} (3x^2 + 2x)\,dx$. D1

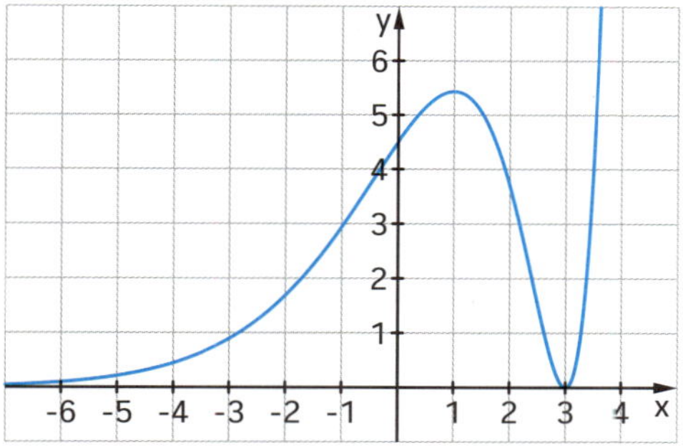

Aufgabe 4

Die Funktion f ist gegeben durch $f(x) = e^x$.

(1) Zeigen Sie, dass die Tangente t an den Graphen der Funktion f im Punkt $(a \mid e^a)$ durch die Gleichung $t(x) = e^a \cdot x + (1 - a) \cdot e^a$ beschrieben werden kann. A3

(2) Für welches a verläuft die Tangente durch den Ursprung?

Aufgabe 5

(1) Gegeben ist die Funktion f mit $f(x) = \ln(x)$. Bestimmen Sie die Gleichung der Tangente an den Graphen von f im Punkt $(1 \mid f(1))$ und skizzieren sie den Graphen von f und die Tangente in der Abbildung. A1 A3

(2) Geben Sie diejenige Stammfunktion der Funktion g mit $g(x) = \frac{1}{x}$ an, deren Graph durch den Punkt $(1 \mid 1)$ verläuft, und skizzieren Sie deren Graphen in der Abbildung. D1

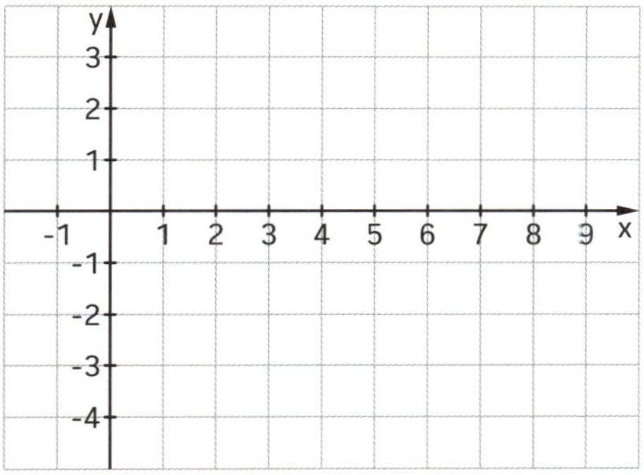

Aufgabe 6

Der Grafik ist zu entnehmen, mit welcher Geschwindigkeit (in m/s) sich ein Fahrzeug in einem Zeitraum von 20 s bewegt hat.

(1) Beschreiben Sie den Vorgang mit Worten.

(2) Bestimmen Sie (näherungsweise) den zurückgelegten Weg. D3

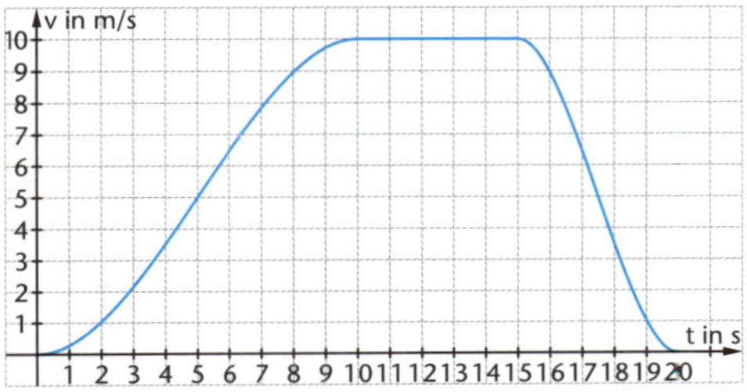

Aufgabe 7

Der Verlauf des Kartenverkaufs für ein Popkonzert kann näherungsweise durch den nebenstehenden Graphen modelliert werden.

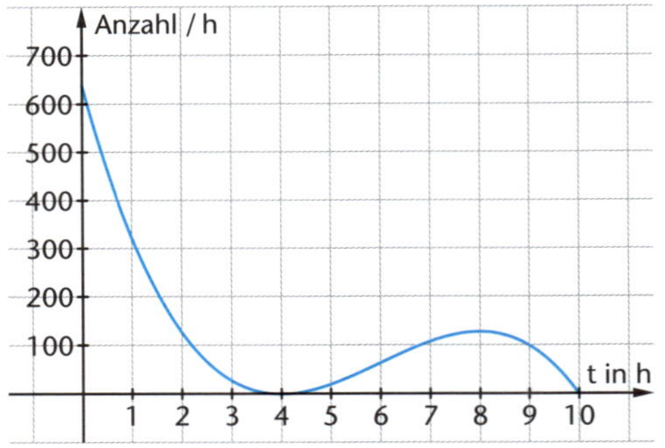

(1) Beschreiben Sie den Verlauf mit Worten. Ermitteln Sie einen Schätzwert für die Anzahl der in 10 Stunden verkauften Karten.
(2) Aus einem der nachfolgend abgebildeten Graphen kann man entnehmen, wie viele Karten zum Zeitpunkt t verkauft waren. Entscheiden Sie begründet, durch welchen der Graphen diese Information angegeben wird.

D3

(a)

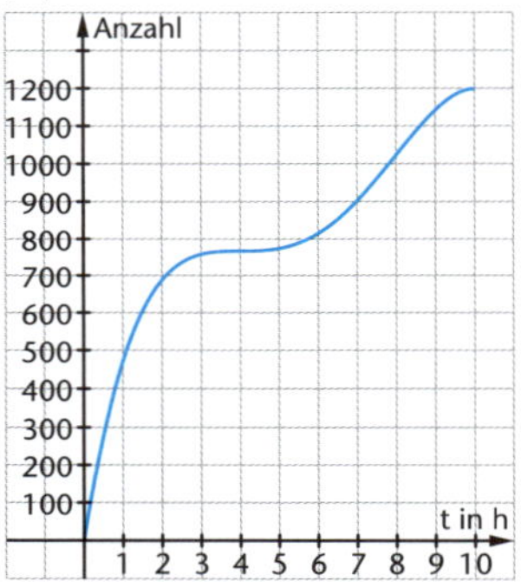

(b)

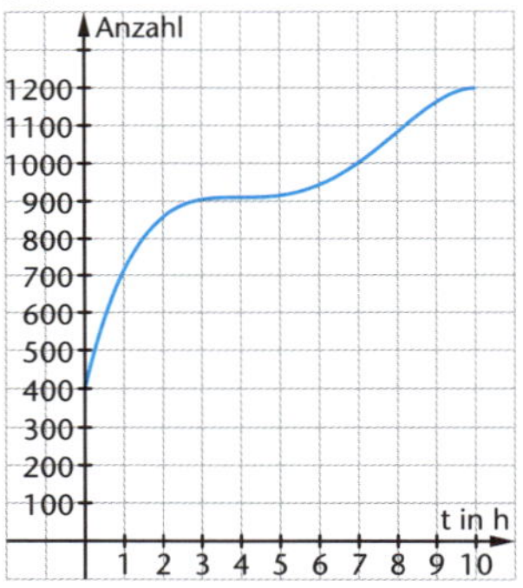

(c)

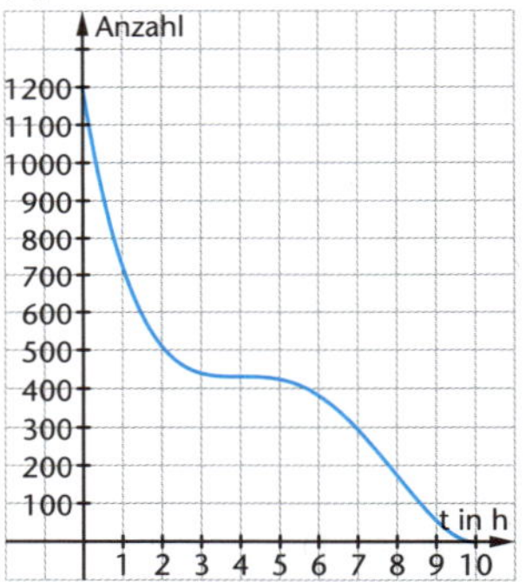

Aufgabe 8

Ein Tankwagen wird mit Heizöl gefüllt. Der zeitliche Verlauf der Zulaufgeschwindigkeit kann im nebenstehenden Diagramm abgelesen werden.

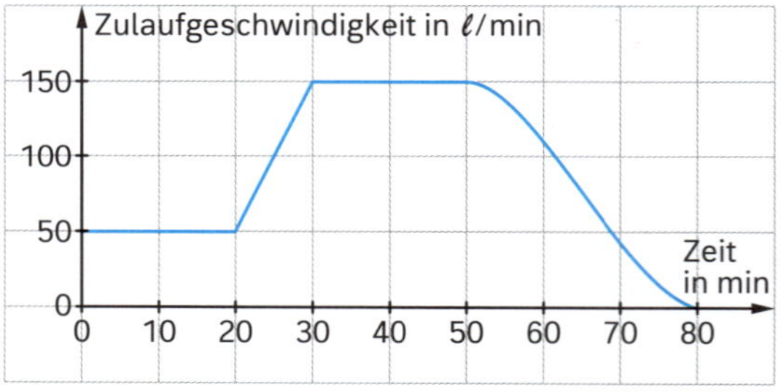

(1) Berechnen Sie, wie viel Öl in den ersten 50 Minuten näherungsweise in den Tankwagen geflossen sind.
(2) Beschreiben Sie, eine Möglichkeit zur Berechnung der zugeflossen Ölmenge im Zeitraum von 50 bis 80 Minuten und berechnen Sie einen Näherungswert dafür.

D3

Aufgabe 9

Gegeben sind zwei Funktionenscharen f_k und g_k ($k \in \mathbb{N}$) mit $f_k(x) = k \cdot x^2$ bzw. $g_k(x) = k \cdot (2 - x^2)$.

(1) Zeigen Sie: Für alle $k \in \mathbb{N}$ schneiden sich die Graphen von f_k und g_k in den Punkten $P_k(-1 \mid k)$ und $Q_k(1 \mid k)$. B6

(2) Zeigen Sie: Die Graphen von f_k und g_k schließen ein Flächenstück mit Flächeninhalt $A(k) = \frac{8}{3} \cdot k$ ein. D2

Aufgabe 10

Ein Glücksrad ist in 12 gleich große Sektoren unterteilt; diese sind gefärbt. Bei einem Spiel wird das Glücksrad mehrfach gedreht. Man gewinnt jedesmal einen Gutschein, wenn der Zeiger auf einem Sektor stehen bleibt, der in einer bestimmten Farbe gefärbt ist.

(1) Geben Sie eine mögliche Färbung der Sektoren sowie ein mögliches Ereignis an, wenn die Wahrscheinlichkeit für das Ereignis gegeben ist durch $\binom{5}{2} \cdot \left(\frac{2}{3}\right)^3 \cdot \left(\frac{1}{3}\right)^2$. H2 I2

(2) 3 der 12 Sektoren sind rot gefärbt. Welches der folgenden Histogramme passt zu dem Ereignis *Drei Gewinne in sechs Spielrunden*? Begründen Sie Ihre Entscheidung. I2

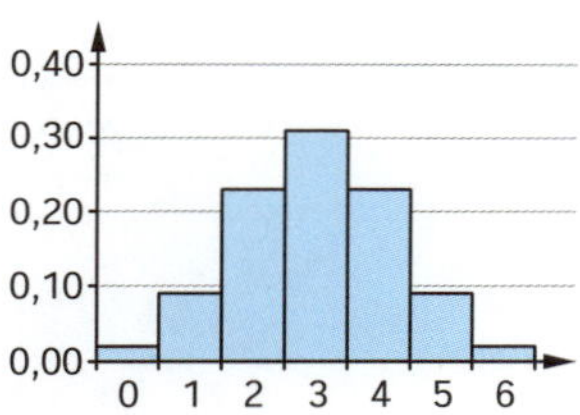

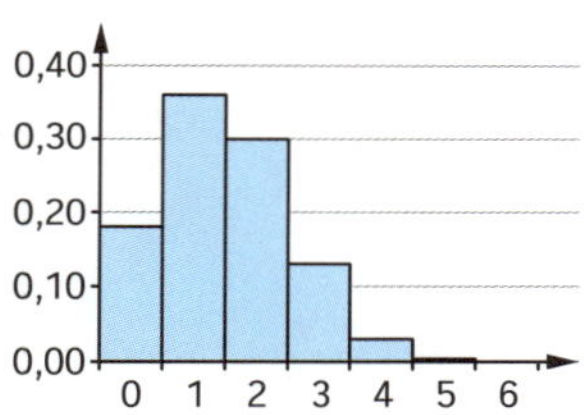

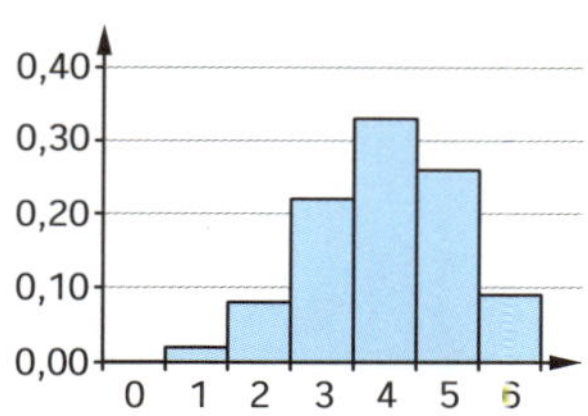

Aufgabe 11

(1) Bei einem Glücksspiel gewinnt man mit Wahrscheinlichkeit $p = 0{,}25$.
Ordnen Sie den folgenden Ereignissen den richtigen Term zur Berechnung der Wahrscheinlichkeit zu: H2 I2

E_1: In 5 Spielen gewinnt man mindestens 4-mal.

E_2: In 5 Spielen hat man mehr Spiele, in denen man gewinnt, als Spiele, in denen man verliert.

E_3: In 5 Spielen gewinnt man öfter als erwartet.

$P_1 = 10 \cdot 0{,}25^3 \cdot 0{,}75^2 + 5 \cdot 0{,}25^4 \cdot 0{,}75 + 0{,}25^5$

$P_2 = 1 - (0{,}75^5 + 5 \cdot 0{,}75^4 \cdot 0{,}25)$

$P_3 = 5 \cdot 0{,}75^4 \cdot 0{,}25 + 0{,}75^5$

$P_4 = 1 - (0{,}25^5 + 5 \cdot 0{,}25^4 \cdot 0{,}75)$

$P_5 = 10 \cdot 0{,}75^3 \cdot 0{,}25^2 + 5 \cdot 0{,}75^4 \cdot 0{,}25 + 0{,}75^5$

$P_6 = 5 \cdot 0{,}25^4 \cdot 0{,}75 + 0{,}25^5$

(2) Das Histogramm zeigt die Binomialverteilung mit n = 5 und p = 0,25. Ermitteln Sie mithilfe der Grafik ungefähre Werte für die Wahrscheinlichkeiten der Ereignisse E_1, E_2, E_3.

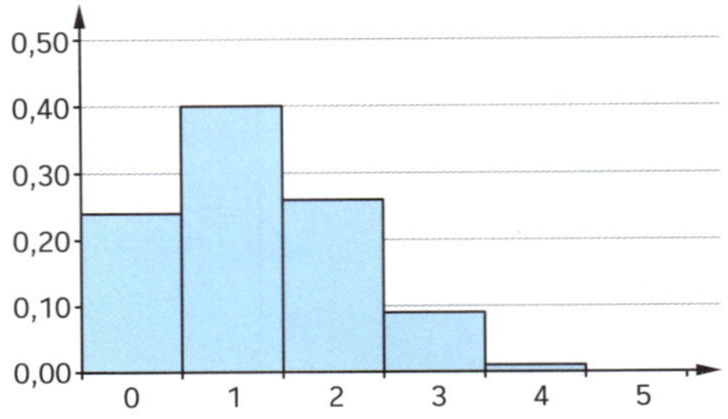

Aufgabe 12

In einer Urne befinden sich 3 weiße und 6 schwarze Kugeln.

(1) Geben Sie die Wahrscheinlichkeit an, eine weiße bzw. eine schwarze Kugel zu ziehen.
(2) Aus der Urne werden Kugeln mit Zurücklegen gezogen. Berechnen Sie die Wahrscheinlichkeit für das Ereignis E: *Beim 3-fachen Ziehen werden genau zwei weiße Kugeln gezogen.* H2 I1 I2

(3) In einer anderen Urne liegen 4 schwarze und w weiße Kugeln. Betrachten Sie die Verteilung der Zufallsgröße X: *Anzahl der weißen Kugeln beim 3-fachen Ziehen mit Zurücklegen*.

Bestimmen Sie eine Anzahl w so, dass man ohne konkrete Berechnung der Wahrscheinlichkeit sagen kann, dass die Wahrscheinlichkeit für das Ereignis X = 2 maximal ist.

Aufgabe 13

Bei einem Spiel wird das abgebildete Glücksrad zweimal gedreht. Der Zeiger kann auf einem der weiß (w), blau (b) oder grau (g) gefärbten Sektoren stehen bleiben.

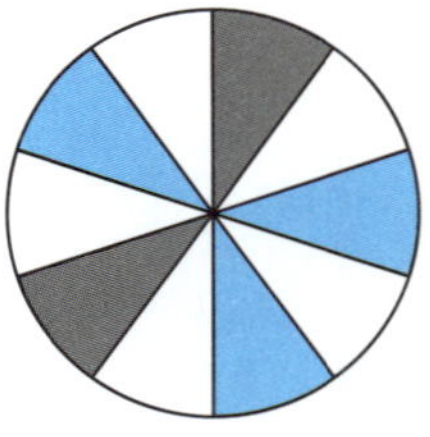

(1) Stellen Sie die möglichen Abläufe des Zufallsversuchs mithilfe eines Baumdiagramms dar. H2
(2) Bestimmen Sie die Wahrscheinlichkeit für das Ereignis E: *Das Rad bleibt zweimal hintereinander auf einem Sektor mit gleicher Färbung stehen.* I1
(3) Der Spielveranstalter plant für das Spiel einen Einsatz von 1 € und man soll 2 € ausgezahlt bekommen, wenn das Ereignis E eintritt. Bewerten Sie diese Spielregel.

Aufgabe 14

(1) Eine Zufallsgröße X ist binomialverteilt mit den Parametern n = 50 und $p = \frac{1}{3}$. Berechnen Sie die Standardabweichung σ. I5

(2) Eine Zufallsgröße Y ist binomialverteilt mit dem Parameter n = 100. Für die Standardabweichung von Y gilt: σ = 4. Berechnen Sie mögliche Erfolgswahrscheinlichkeiten p und zugehörige Erwartungswerte. I5

Aufgabe 15 (LK)

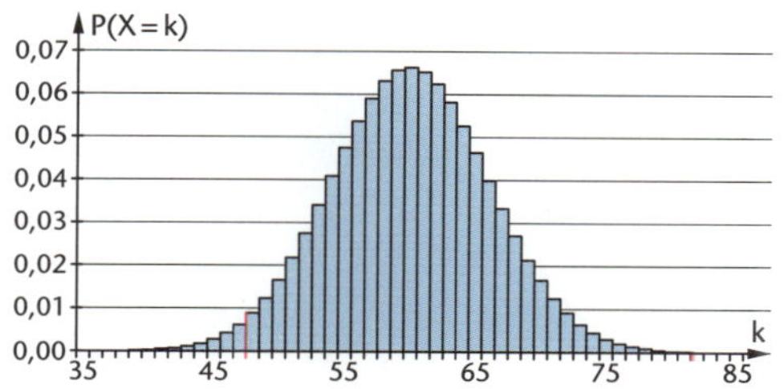

Die Abbildung zeigt das Histogramm einer Binomialverteilung mit $n = 150$ und $p = 0{,}4$.

(1) Berechnen Sie Erwartungswert und Standardabweichung zu dieser Wahrscheinlichkeitsverteilung. I5

(2) Bei einem Spiel gewinnt man mit einer Wahrscheinlichkeit von $p = 0{,}4$. Machen Sie eine Prognose, wie oft man wohl in 150 Spielrunden gewinnen wird. J1

(3) Jemand wettet darauf, dass die Anzahl X der gewonnenen Spiele im Intervall $54 \le X \le 66$ liegen wird. Beurteilen Sie, ob dies eine günstige Wette ist. J1

Aufgabe 16

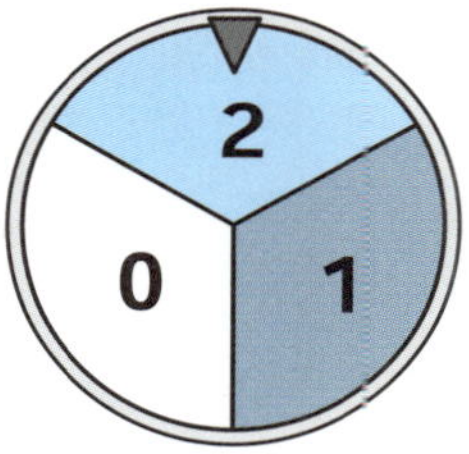

Bei einem Spiel wird das abgebildete Glücksrad mehrfach gedreht und die Punktzahl jeweils addiert. Das Spiel ist beendet, wenn der Spieler 2 Punkte (oder mehr) erreicht.

(1) Zeichnen Sie einen Übergangsgraph zu diesem Spiel. Erklären Sie, warum das Spiel theoretisch unendlich lange dauern kann. K1

(2) Der Zufallsprozess lässt sich auch mithilfe einer Übergangsmatrix beschreiben. Geben Sie diese an. K1

(3) Bestimmen Sie die Wahrscheinlichkeit dafür, dass ein Spiel nach höchstens zweimaligem Drehen endet. H2

Aufgabe 17

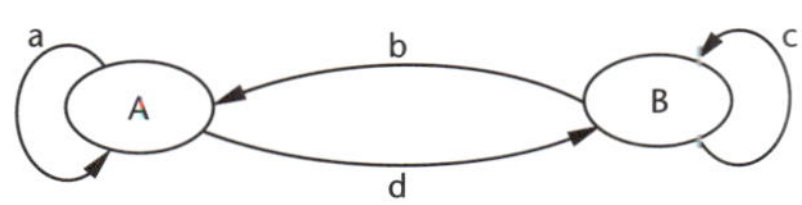

Gegeben ist ein Übergangsdiagramm für die Übergänge zwischen zwei Zuständen A und B. Die Übergangswahrscheinlichkeiten werden mit a, b, c, d bezeichnet

(1) Geben Sie die zugehörige Übergangsmatrix an. K1

(2) Welche Eigenschaften müssen die Wahrscheinlichkeiten a, b, c, d erfüllen? Begründen Sie dies. K1

(3) Zu Beginn des Prozesses befindet sich das System im Zustand $\vec{v}_0 = \begin{pmatrix} 1 \\ 0 \end{pmatrix}$. Bestimmen Sie die Zustandsvektoren $\vec{v}_1$ und $\vec{v}_2$. K2

Aufgabe 18

Ein stochastischer Übergangsprozess zwischen zwei bzw. drei Zuständen kann durch das abgebildete Übergangsdiagramm beschrieben werden.

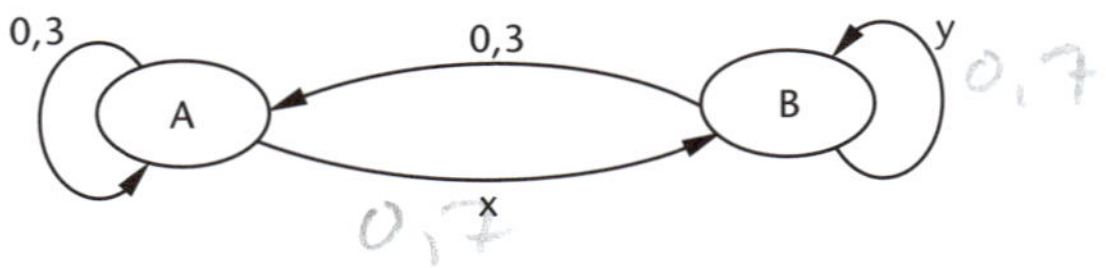

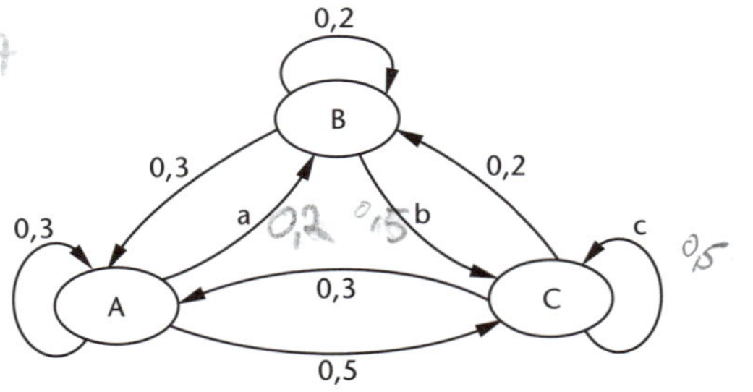

(1) Ergänzen Sie die fehlenden Übergangswahrscheinlichkeiten. K1
(2) Bestimmen Sie die zugehörigen Übergangsmatrizen M_2 und M_3. K1 K2
(3) Zeigen Sie: Egal, welche Anfangsverteilung zu Beginn des Prozesses herrscht, bereits nach einer Zeiteinheit liegt eine Verteilung vor, die sich nicht mehr ändert. K3

Aufgabe 19

Gegeben ist der Vektor $\vec{u} = \begin{pmatrix} -3 \\ 4 \\ 8 \end{pmatrix}$.

(1) Geben Sie einen Vektor $\vec{v} = \begin{pmatrix} a \\ 2 \\ 7 \end{pmatrix}$ an, der die gleiche Länge hat wie der Vektor $\vec{u}$. E3

(2) Geben Sie einen Vektor $\vec{w} = \begin{pmatrix} a \\ -3 \\ 6 \end{pmatrix}$ an, der orthogonal zu Vektor $\vec{u}$ ist. E2

Erläutern Sie, um welches besonderes Viereck es sich handelt, das von

(3) $\vec{u}$ und $\vec{v}$ (4) $\vec{u}$ und $\vec{w}$

aufgespannt wird.

Hinweis: Die Aufgaben (3), (4) können unabhängig von den Lösungen in (1) und (2) gelöst werden.

Aufgabe 20

Eine Ebene E wird aufgespannt durch die Vektoren $\vec{u} = \begin{pmatrix} 2 \\ 1 \\ 0 \end{pmatrix}$ und $\vec{v} = \begin{pmatrix} -1 \\ 0 \\ 1 \end{pmatrix}$; sie enthält den Punkt $P(-1|2|1)$. Eine Gerade g ist gegeben durch g: $\vec{x} = \begin{pmatrix} 1 \\ -2 \\ 3 \end{pmatrix} + t \cdot \begin{pmatrix} 1 \\ -2 \\ 1 \end{pmatrix}$.

(1) Geben Sie eine Parameterdarstellung der Ebene E an. F3
(2) Zeigen Sie, dass die Gerade g die Ebene E im Punkt P senkrecht schneidet. F1 E2

Aufgabe 21

Die Punkte $A(1|1|1)$, $B(4|3|-1)$, $C(5|6|-4)$ sowie der Punkt D bilden das Parallelogramm ABCD.

(1) Bestimmen Sie die Koordinaten des Punktes D. E1
(2) Bestimmen Sie die Seitenlängen des Parallelogramms. E3
(3) Zeigen Sie: Die Diagonalen des Parallelogramms schneiden sich nicht im rechten Winkel. E2

Aufgabe 22

(1) Ein lineares Gleichungssystem besteht aus zwei Gleichungen mit drei Variablen. Ein Taschenrechner gibt als Lösungsmenge an: $\{c+1; -c; c\}$.
Erläutern Sie diese Lösung. F8
(2) Bestimmen Sie die Lösungsmenge des linearen Gleichungssystems

$$\left|\begin{array}{l} 2x + y = 5 \\ 2y + z = 4 \\ x - 2z = 5 \end{array}\right|.$$

F8

Aufgabe 23

Gegeben sind die Punkte $A(2|3|-1)$, $B(-2|1|3)$, $C(1|4|-2)$.

(1) Zeigen Sie, dass diese Punkte ein Dreieck bilden. E1
(2) Welche der drei Seiten des Dreiecks ist am längsten? E3
(3) Ergänzen Sie das Dreieck zu einem Parallelogramm.
(*Hinweis*: Es gibt drei verschiedene Möglichkeiten; wählen Sie eine davon.) E1

Aufgabe 24

Gegeben ist die Gerade $g: \vec{x} = \begin{pmatrix} 1 \\ -1 \\ 2 \end{pmatrix} + t \cdot \begin{pmatrix} 2 \\ 2 \\ -1 \end{pmatrix}$.

Geben Sie eine Parameterdarstellung einer Geraden h an, die

(1) die Gerade g orthogonal schneidet, F1
(2) (echt) parallel zur Geraden g verläuft (also nicht identisch mit g ist). F1 F2

Begründen Sie Ihre Wahl.

Aufgabe 25 (LK)

Die Gerade g und die Ebene E werden durch folgende Gleichungen beschrieben:

$g: \vec{x} = \begin{pmatrix} 1 \\ 0 \\ 2 \end{pmatrix} + t \cdot \begin{pmatrix} 3 \\ 1 \\ -2 \end{pmatrix}$; $E: x_1 - x_2 + x_3 = 5$.

(1) Bestimmen Sie einen Normalenvektor der Ebene E. E2 F6
(2) Begründen Sie, warum man ohne umfangreiche Rechnung ablesen kann, dass E und g sich schneiden. Geben Sie den gemeinsamen Punkt an. F6

Lösungen

Lösung 1

(1) Der Graph einer ganzrationalen Funktion 3. Grades ist punktsymmetrisch zum Wendepunkt. Der Abschnitt des Rheins hat einen Verlauf, den man näherungsweise als punktsymmetrisch bezeichnen kann.
(2) Der Wendepunkt (= Symmetriezentrum) liegt ungefähr bei $(-0{,}65\,|\,-0{,}4)$. Der Hochpunkt liegt ungefähr bei $(-1{,}2\,|\,-0{,}2)$; der Tiefpunkt liegt ungefähr bei $(-0{,}1\,|\,-0{,}6)$; für beide Stellen gilt: $f'(x) = 0$.

Lösung 2

(1) $f(x) = 2x^2 \cdot e^{2x+1}$; Ableitung gemäß Produkt- und Kettenregel:

$f'(x) = 4x \cdot e^{2x+1} + 2x^2 \cdot e^{2x+1} \cdot 2 = e^{2x+1} \cdot (4x + 4x^2) = 4x \cdot e^{2x+1} \cdot (1 + x)$, $f'(0) = 0$.

(2) Die Bedingungen werden beispielsweise von der Funktion g mit $g(x) = -x^2 + 7x + 1$ erfüllt, aber auch von der Funktion g mit $g(x) = -0{,}5x^3 + 3x^2 - 3{,}5x + 1$, die einen Graphen besitzen, der durch den Punkt $(0\,|\,1)$ verläuft und an der Stelle $x = 3$ die Steigung 1 besitzt und rechtsgekrümmt ist.

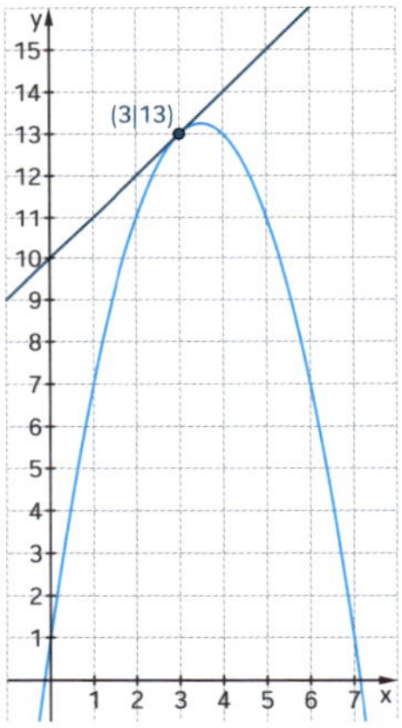

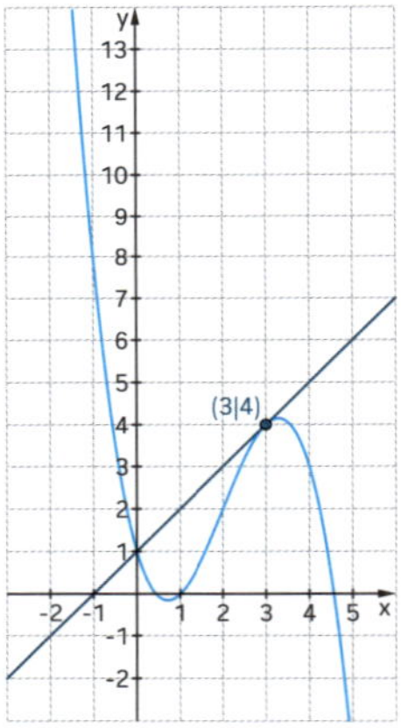

Lösung 3

(1) Aus der einzigen Nullstelle mit $f(3) = 0$ ergibt sich
$a \cdot (3 - b) \cdot e^3 = 0 \iff b = 3$ (wegen $a > 0$),
und aus $f(0) = 4{,}5$ folgt $f(0) = 4{,}5 = a \cdot (0 - 3)^2 \cdot 1 = 9a \iff a = 0{,}5$.

(2) $\int_{-1}^{2} (3x^2 + 2x)\,dx = [x^3 + x^2]_{-1}^{2} = (8 + 4) - (-1 + 1) = 12$

Lösung 4

Skizze zur Verdeutlichung: siehe rechts.

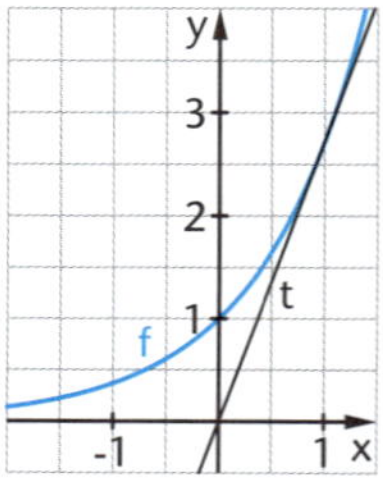

(1) Steigung der Tangente an der Stelle a:
$f'(a) = e^a$.
Tangentengleichung:
$t(x) = e^a \cdot (x - a) + e^a = e^a \cdot x - a \cdot e^a + e^a$
$= e^a \cdot x + (1 - a) \cdot e^a$.
(2) Es soll gelten $t(0) = 0$. Dies ist der Fall, wenn $e^a \cdot 0 + (1 - a) \cdot e^a = 0$, also wenn $a = 1$.

Lösung 5

(1) Mit $f'(x) = \frac{1}{x}$ erhält man die Steigung der Tangente: $m = f'(1) = 1$.

Die Tangente verläuft durch den Punkt $(1\,|\,0)$. Sie hat daher die Gleichung $t(x) = m \cdot x + b = x - 1$.

(2) Stammfunktionen zu g haben die Funktionsgleichung $G(x) = \ln(x) + c$ mit $c \in \mathbb{R}$. Da der Graph von G durch den Punkt $(1\,|\,1)$ verläuft, gilt $c = 1$. Also ist $G(x) = \ln(x) + 1$ die gesuchte Funktionsgleichung.

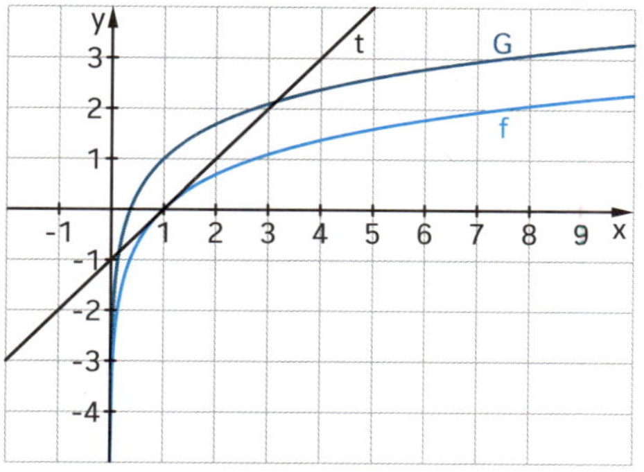

Lösung 6

(1) Das Fahrzeug wird während der ersten 10 Sekunden beschleunigt, dann fährt es 5 Sekunden mit konstanter Geschwindigkeit und wird dann wieder abgebremst (die Geschwindigkeit wird verringert), bis das Fahrzeug zum Stillstand kommt.

(2) Wenn man die abschnittsweise definierten Funktionen mit v_1, v_2 und v_3 bezeichnet, dann kann der zurückgelegte Weg s durch Integrale bestimmt werden:

$$s = \int_0^{10} v_1(t)\,dt + \int_{10}^{15} v_2(t)\,dt + \int_{15}^{20} v_3(t)\,dt,$$

näherungsweise durch die Flächeninhalte von Dreiecken bzw. des Rechtecks:

$$\int_0^{10} v_1(t)\,dt \approx \frac{1}{2} \cdot 10 \cdot 10 = 50; \quad \int_{10}^{15} v_2(t)\,dt = 10 \cdot 5 = 50; \quad \int_{15}^{20} v_3(t)\,dt \approx \frac{1}{2} \cdot 10 \cdot 5 = 25.$$

Insgesamt hat das Fahrzeug also 125 m zurückgelegt.

Lösung 7

(1) Zunächst werden sehr viele Karten pro Zeiteinheit verkauft (während der 1. Stunde im Mittel etwa 470 Karten), dann lässt die Nachfrage nach (während der 2. Stunde im Mittel etwa 220 Karten, in der 3. Stunde etwa 70 Karten). Aus irgendeinem Grund (möglicherweise technische Probleme) werden in der 4. und 5. Stunde insgesamt nur ca. 20 Karten verkauft. Dann steigt die Nachfrage wieder an: In der 6. Stunde im Mittel ca. 40 Karten, in der 7. Stunde ca. 90 Karten, in der 8. Stunde ca. 120 Karten, in der 9. Stunde ebenso ca. 120 Karten. In der 10. Stunde lässt der Verkauf (nur noch ca. 50 Karten) dann nach und endet nach 10 Stunden. Durch die Schätzung der Flächenstücke unter dem abgebildeten Graphen durch etwa flächengleiche Rechtecke kommt man so auf eine Gesamtkartenzahl von ca. 1200 Karten.

(2) Richtig ist der Graph (a). Denn die Funktionswerte entsprechen den geschätzten Werten, wenn man auf der y-Achse Einheiten von 200 Karten abträgt. Graph (b) kann es nicht sein, weil zu Beginn der Aktion noch keine Karten verkauft sind. Graph (c) beschreibt den Kartenbestand zum Zeitpunkt t (anfangs 1200 Karten, am Ende 0 Karten).

Lösung 8

(1) Der dargestellte zeitliche Verlauf der Zulaufgeschwindigkeit wird abschnittweise untersucht. In den ersten 20 Minuten fließen konstant $50\frac{\ell}{\text{min}}$ zu, also $20\,\text{min} \cdot 50\frac{\ell}{\text{min}} = 1000\,\ell$. Im zweiten Zeitabschnitt fließen 10 Minuten lang im Mittel $100\,\frac{\ell}{\text{min}}$ in den Tank, insgesamt also $10\,\text{min} \cdot 100\,\frac{\ell}{\text{min}} = 1000\,\ell$. (Hier kann auch der Flächeninhalt des Trapezes berechnet werden.) Im dritten Zeitabschnitt kommen noch $20\,\text{min} \cdot 150\,\frac{\ell}{\text{min}} = 3000\,\ell$ hinzu. Insgesamt enthält der Tank nach 50 Minuten $1000\,\ell + 1000\,\ell + 3000\,\ell = 5000\,\ell$.

(2) Zur Berechnung eines Wertes für die im letzten Zeitintervall zugeflossene Ölmenge kann die Bestimmung eines Funktionsterms f(x) für eine ganzrationale Funktion 3. Grades dienen.

Anschließend ist dann das Integral $\int_{50}^{80} f(x)\,dx$ zu berechnen.

Aufgrund der naheliegenden Symmetrie kann aber auch ein näherungsweise linearer Verlauf der Zulaufgeschwindigkeit angenommen werden. Den Flächeninhalt des sich dann ergebenden Dreiecks ist ein Maß für die zugeflossene Ölmenge:

$\frac{1}{2} \cdot 30\,\text{min} \cdot 150\,\frac{\ell}{\text{min}} = 2250\,\ell$.

Lösung 9

(1) $f_k(x) = g_k(x) \Leftrightarrow k \cdot x^2 = k \cdot (2 - x^2) \Leftrightarrow x^2 = 2 - x^2 \Leftrightarrow 2x^2 = 2 \Leftrightarrow x^2 = 1 \Leftrightarrow x = 1 \vee x = -1$.

Einsetzen der x-Werte ergibt die Funktionswerte $f_k(1) = k$ und $f_k(-1) = k$.

(2) $\int_{-1}^{1} (g_k(x) - f_k(x))\,dx = k \cdot \int_{-1}^{1} (2 - 2x^2)\,dx = k \cdot \left[2x - \frac{2}{3}x^3\right]_{-1}^{1} = k \cdot \left[\left(2 - \frac{2}{3}\right) - \left(-2 + \frac{2}{3}\right)\right] = k \cdot \frac{8}{3}$.

Hinweis: Die Berechnung des Integrals kann wegen der Achsensymmetrie der Scharen zur y-Achse entsprechend vereinfacht werden.

Lösung 10

(1) Der Term steht für die Wahrscheinlichkeit für 2 Erfolge bei einem 5-stufigen BERNOULLI-Versuch mit $p = \frac{1}{3}$. Diese Bedingung ist erfüllt, wenn 4 der 12 Sektoren in der Gewinnfarbe gefärbt sind und das Glücksrad bei 5 Umdrehungen 2-mal auf einem solchen Sektor stehen bleibt.

Hinweis: Da $\binom{5}{2} = \binom{5}{3}$, steht der Term auch für 3 Erfolge bei einem 5-stufigen BERNOULLI-Versuch mit $p = \frac{2}{3}$. Diese Bedingung ist erfüllt, wenn 8 der 12 Sektoren in der Gewinnfarbe gefärbt sind und das Glücksrad bei 5 Umdrehungen 3-mal auf einem solchen Sektor stehen bleibt.

(2) Wenn $p = \frac{1}{4}$ ist, liegt das Maximum der Verteilung bei einem der Nachbarwerte von $\mu = 6 \cdot 0{,}25 = 1{,}5$, also bei $k = 1$ oder $k = 2$; diese Bedingung wird nur von der 2. Grafik erfüllt.

Hinweis: Die 1. Grafik zeigt ein symmetrisches Histogramm, also das für $p = 0{,}5$. Das Histogramm rechts gehört zu $p = \frac{2}{3}$ mit einem Maximum bei $k = 4$.

Lösung 11

(1) Mithilfe der Zufallsgröße X: *Anzahl der Erfolge* ergibt sich
$P(E_1) = P(X \geq 4) = P(X = 4) + P(X = 5) = 5 \cdot 0{,}25^4 \cdot 0{,}75 + 0{,}25^5 = P_6$
$P(E_2) = P(X \geq 3) = P(X = 3) + P(X = 4) + P(X = 5)$
$= 10 \cdot 0{,}25^3 \cdot 0{,}75^2 + 5 \cdot 0{,}25^4 \cdot 0{,}75 + 0{,}25^5 = P_1$

$\mu = 5 \cdot 0{,}25 = 1{,}25$, also
$P(E_3) = P(X \geq 2) = 1 - P(X \leq 1) = 1 - (P(X = 0) + P(X = 1))$
$= 1 - (0{,}75^5 + 5 \cdot 0{,}75^4 \cdot 0{,}25) = P_2$

(2) Im Histogramm kann man ablesen: $P(X = 0) \approx 0{,}24$; $P(X = 1) \approx 0{,}40$;
$P(X = 2) \approx 0{,}26$; $P(X = 3) \approx 0{,}09$; $P(X = 4) \approx 0{,}01$; $P(X = 5) \approx 0$.
Hieraus ergibt sich:
$P(E_1) = P(X = 4) + P(X = 5) \approx 0{,}01$,
$P(E_2) = P(X = 3) + P(X = 4) + P(X = 5) \approx 0{,}10$,
$P(E_3) = 1 - (P(X = 0) + P(X = 1)) \approx 1 - 0{,}64 = 0{,}36$.

Lösung 12

(1) $P(\text{weiß}) = \frac{3}{9} = \frac{1}{3}$; $P(\text{schwarz}) = \frac{6}{9} = \frac{2}{3}$

(2) $P(E) = 3 \cdot \left(\frac{1}{3}\right)^2 \cdot \left(\frac{2}{3}\right) = \frac{2}{9}$

(3) Die Wahrscheinlichkeit einer binomialverteilten Zufallsgröße ist in der Nähe des Erwartungswerts $\mu = n \cdot p$ maximal. Aus $2 \approx 3 \cdot p$ folgt $p = \frac{2}{3}$. Der Anteil der weißen Kugeln in der Urne müsste also ungefähr $\frac{2}{3}$ sein. Dies ist erfüllt, wenn $w = 8$ ist.

Hinweis: Auch für $w = 7$, also $p = \frac{7}{11}$, ergibt sich eine Binomialverteilung, deren Maximum bei $k = 2$ liegt. Das Gleiche gilt auch noch für $w = 6$, $w = 5$, aber auch für $w = 9$, $w = 10$, $w = 11$. Für $w = 4$ (also $p = 0{,}5$) und für $w = 12$ (also $p = 0{,}75$) ergeben sich Binomialverteilungen, die zwei Maxima haben, nämlich für $p = 0{,}5$ bei $k = 1$ und $k = 2$ und für $p = 0{,}75$ bei $k = 2$ und $k = 3$.

Lösung 13

(1)

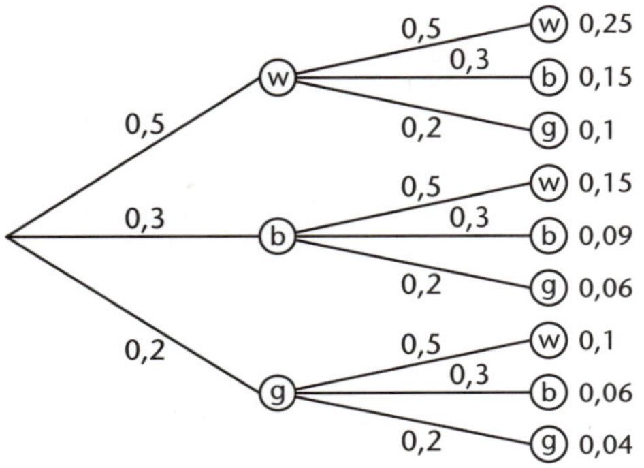

(2) $P(E) = 0{,}5^2 + 0{,}3^2 + 0{,}2^2 = 0{,}38$
(3) Zufallsgröße X: *Auszahlung in €*
$E(X) = 0{,}38 \cdot 2\,€ + 0{,}62 \cdot 0\,€ = 0{,}76\,€$
Im Mittel werden pro Spiel 0,76 € ausgezahlt, d. h. der Spielbetreiber hat im Mittel einen Gewinn von 0,24 € pro Spiel.

Lösung 14

(1) $\sigma = \sqrt{50 \cdot \frac{1}{3} \cdot \frac{2}{3}} = \sqrt{\frac{100}{3^2}} = \frac{10}{3}$.

(2) Aus $\sigma = 4 = \sqrt{100 \cdot p \cdot (1 - p)}$, also $100 \cdot p \cdot (1 - p) = 16$ und somit $p \cdot (1 - p) = 0{,}16$, ergibt sich $p_1 = 0{,}2$ und $1 - p_1 = 0{,}8$ oder umgekehrt $p_2 = 0{,}8$ und $1 - p_2 = 0{,}2$.

Hieraus ergeben sich die Erwartungswerte $\mu_1 = 100 \cdot 0{,}2 = 20$ bzw. $\mu_2 = 100 \cdot 0{,}8 = 80$.

Lösung 15

(1) $\mu = n \cdot p = 150 \cdot 0{,}4 = 60$; $\sigma = \sqrt{150 \cdot 0{,}4 \cdot 0{,}6} = \sqrt{36} = 6$.

(2) Die LAPLACE-Bedingung ($\sigma > 3$) ist erfüllt. Daher lassen sich die Sigma-Regeln anwenden.
$1{,}96 \cdot \sigma \approx 11{,}76$. Mit einer Wahrscheinlichkeit von ca. 95 % wird die Anzahl der gewonnenen Spiele also zwischen 49 und 71 (einschließlich) liegen.

(3) In der 1σ-Umgebung von μ liegen ungefähr zwei Drittel der Ergebnisse, d. h. die Wahrscheinlichkeit, dass die Anzahl der gewonnenen Spiele in das Intervall $54 \le X \le 66$ fällt, ist deutlich größer als 50 %, also ist die Wette vorteilhaft.

Lösung 16

(1)

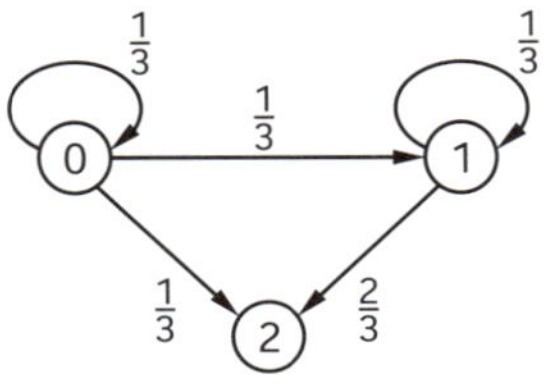

(2) $M = \begin{pmatrix} \frac{1}{3} & 0 & 0 \\ \frac{1}{3} & \frac{1}{3} & 0 \\ \frac{1}{3} & \frac{2}{3} & 1 \end{pmatrix}$

Da der Zeiger des Glücksrads theoretisch unendlich oft auf dem Sektor „0“ stehen bleiben kann, kann das Spiel auch unendlich lange dauern.

(3) Das Spiel endet nach …
… genau 1 Runde, wenn der Zeiger beim ersten Drehen auf Sektor 2 zeigt; die Wahrscheinlichkeit hierfür beträgt $\frac{1}{3}$,
… genau 2 Runden bei folgenden Abläufen: 02, 11; die Wahrscheinlichkeit hierfür beträgt $\left(\frac{1}{3}\right)^2 + \left(\frac{1}{3}\right)^2 = \frac{2}{9}$.

Die Wahrscheinlichkeit für das Ereignis „höchstens 2 Runden“ ist daher
$\frac{1}{3} + \frac{2}{9} = \frac{3+2}{9} = \frac{5}{9}$.

Lösung 17

(1) $M = \begin{pmatrix} a & b \\ d & c \end{pmatrix}$

(2) Da vom Zustand A aus entweder ein Übergang nach A oder nach B erfolgt, muss die Summe der Wahrscheinlichkeiten a und d gleich 1 sein. Entsprechendes gilt für die Übergänge von B aus. Daher gilt: $a + d = 1$ und $b + c = 1$.

(3) $\vec{v_1} = \begin{pmatrix} a & b \\ d & c \end{pmatrix} \cdot \begin{pmatrix} 1 \\ 0 \end{pmatrix} = \begin{pmatrix} a \\ d \end{pmatrix}$; $\vec{v_2} = \begin{pmatrix} a & b \\ d & c \end{pmatrix} \cdot \begin{pmatrix} a \\ d \end{pmatrix} = \begin{pmatrix} a^2 + b \cdot d \\ a \cdot d + c \cdot d \end{pmatrix}$.

Lösung 18

(1) Da die Übergangswahrscheinlichkeiten von den Zuständen A, B, C zu den Zuständen A, B, C jeweils zusammen 100 % betragen müssen, ergibt sich:
$x = 0{,}7$ und $y = 0{,}7$ sowie $a = 0{,}2$; $b = 0{,}5$; $c = 0{,}5$.

(2) $M_2 = \begin{pmatrix} 0{,}3 & 0{,}3 \\ 0{,}7 & 0{,}7 \end{pmatrix}$; $M_3 = \begin{pmatrix} 0{,}3 & 0{,}3 & 0{,}3 \\ 0{,}2 & 0{,}2 & 0{,}2 \\ 0{,}5 & 0{,}5 & 0{,}5 \end{pmatrix}$

(3) $\begin{pmatrix} 0{,}3 & 0{,}3 \\ 0{,}7 & 0{,}7 \end{pmatrix} \cdot \begin{pmatrix} x \\ y \end{pmatrix} = \begin{pmatrix} 0{,}3x + 0{,}3y \\ 0{,}7x + 0{,}7y \end{pmatrix} = \begin{pmatrix} 0{,}3 \cdot (x+y) \\ 0{,}7 \cdot (x+y) \end{pmatrix} = \begin{pmatrix} 0{,}3 \\ 0{,}7 \end{pmatrix}$, da $x + y = 1$.

$\begin{pmatrix} 0{,}3 & 0{,}3 & 0{,}3 \\ 0{,}2 & 0{,}2 & 0{,}2 \\ 0{,}5 & 0{,}5 & 0{,}5 \end{pmatrix} \cdot \begin{pmatrix} x \\ y \\ z \end{pmatrix} = \begin{pmatrix} 0{,}3 \cdot (x+y+z) \\ 0{,}2 \cdot (x+y+z) \\ 0{,}5 \cdot (x+y+z) \end{pmatrix} = \begin{pmatrix} 0{,}3 \\ 0{,}2 \\ 0{,}5 \end{pmatrix}$, da $x + y + z = 1$.

Lösung 19

(1) Der Vektor $\vec{u}$ hat die Länge $|\vec{u}| = \sqrt{(-3)^2 + 4^2 + 8^2} = \sqrt{89}$. Die Länge des Vektors $\vec{v}$ ist $|\vec{v}| = \sqrt{a^2 + 2^2 + 7^2} = \sqrt{a^2 + 53}$. Die Bedingung ist für $a = 6$ bzw. für $a = -6$ erfüllt.

(2) $\vec{u} * \vec{w} = \begin{pmatrix} -3 \\ 4 \\ 8 \end{pmatrix} * \begin{pmatrix} a \\ -3 \\ 6 \end{pmatrix} = -3a - 12 + 48 = 0 \Leftrightarrow 3a = 36 \Leftrightarrow a = 12.$

(3) Da beide Vektoren die gleiche Länge besitzen, handelt es sich um eine Raute.

Da für das Skalarprodukt gilt: $\vec{u} * \vec{v} = \begin{pmatrix} -3 \\ 4 \\ 8 \end{pmatrix} * \begin{pmatrix} a \\ 2 \\ 7 \end{pmatrix} = -3a + 8 + 56 = \mp 18 + 8 + 56 \neq 0$,

handelt es sich nicht um ein Quadrat.

(4) Da die beiden Vektoren orthogonal zueinander sind, handelt es sich um ein Rechteck.

Da $|\vec{v}| = \left|\begin{pmatrix} 12 \\ 2 \\ 7 \end{pmatrix}\right| = \sqrt{12^2 + 2^2 + 7^2} \neq \sqrt{89}$, handelt es sich nicht um ein Quadrat.

Lösung 20

(1) $E\colon \vec{x} = \begin{pmatrix} -1 \\ 2 \\ 1 \end{pmatrix} + r \cdot \begin{pmatrix} 2 \\ 1 \\ 0 \end{pmatrix} + s \cdot \begin{pmatrix} -1 \\ 0 \\ 1 \end{pmatrix}$

(2) Mithilfe einer Punktprobe zeigt man, dass $P \in g$. Zu lösen ist das lineare Gleichungssystem

$\begin{pmatrix} 1 \\ -2 \\ 3 \end{pmatrix} + t \cdot \begin{pmatrix} 1 \\ -2 \\ 1 \end{pmatrix} = \begin{pmatrix} -1 \\ 2 \\ 1 \end{pmatrix} \Leftrightarrow t \cdot \begin{pmatrix} 1 \\ -2 \\ 1 \end{pmatrix} = \begin{pmatrix} -2 \\ 4 \\ -2 \end{pmatrix} \Leftrightarrow \begin{vmatrix} t = -2 \\ -2t = 4 \\ t = -2 \end{vmatrix} \Leftrightarrow \begin{vmatrix} t = -2 \\ t = -2 \\ t = -2 \end{vmatrix} \Leftrightarrow t = -2.$

Dann muss noch gezeigt werden, dass der Richtungsvektor von g und die Richtungsvektoren von E zueinander orthogonal sind, d. h. dass die Skalarprodukte jeweils gleich null sind:

$\begin{pmatrix} 1 \\ -2 \\ 1 \end{pmatrix} * \begin{pmatrix} 2 \\ 1 \\ 0 \end{pmatrix} = 1 \cdot 2 + (-2) \cdot 1 + 1 \cdot 0 = 0$; $\begin{pmatrix} 1 \\ -2 \\ 1 \end{pmatrix} * \begin{pmatrix} -1 \\ 0 \\ 1 \end{pmatrix} = 1 \cdot (-1) + (-2) \cdot 0 + 1 \cdot 1 = 0.$

Lösung 21

(1) Es gilt: $\overrightarrow{BC} = \begin{pmatrix} 5-4 \\ 6-3 \\ -4-(-1) \end{pmatrix} = \begin{pmatrix} 1 \\ 3 \\ -3 \end{pmatrix}$, daher ist:

$\overrightarrow{OD} = \overrightarrow{OA} + \overrightarrow{AD} = \overrightarrow{OA} + \overrightarrow{BC} = \begin{pmatrix} 1 \\ 1 \\ 1 \end{pmatrix} + \begin{pmatrix} 1 \\ 3 \\ -3 \end{pmatrix} = \begin{pmatrix} 2 \\ 4 \\ -2 \end{pmatrix}$, also $D(2|4|-2)$.

(2) $\overrightarrow{AB} = \begin{pmatrix} 4-1 \\ 3-1 \\ -1-1 \end{pmatrix} = \begin{pmatrix} 3 \\ 2 \\ -2 \end{pmatrix}$, also $|\overrightarrow{AB}| = |\overrightarrow{DC}| = \sqrt{\begin{pmatrix} 3 \\ 2 \\ -2 \end{pmatrix} * \begin{pmatrix} 3 \\ 2 \\ -2 \end{pmatrix}} = \sqrt{9+4+4} = \sqrt{17}$ und

$|\overrightarrow{AD}| = |\overrightarrow{BC}| = \sqrt{\begin{pmatrix} 1 \\ 3 \\ -3 \end{pmatrix} * \begin{pmatrix} 1 \\ 3 \\ -3 \end{pmatrix}} = \sqrt{1+9+9} = \sqrt{19}$.

(3) $\overrightarrow{AC} = \begin{pmatrix} 5-1 \\ 6-1 \\ -4-1 \end{pmatrix} = \begin{pmatrix} 4 \\ 5 \\ -5 \end{pmatrix}$; $\overrightarrow{DB} = \begin{pmatrix} 4-2 \\ 3-4 \\ -1-(-2) \end{pmatrix} = \begin{pmatrix} 2 \\ -1 \\ 1 \end{pmatrix}$; $\begin{pmatrix} 4 \\ 5 \\ -5 \end{pmatrix} * \begin{pmatrix} 2 \\ -1 \\ 1 \end{pmatrix} = 8-5-5 = -2 \neq 0$.

Da das Skalarprodukt der beiden Diagonalenvektoren ungleich null ist, gilt, dass sich die Diagonalen nicht im rechten Winkel schneiden.

Lösung 22

(1) Das lineare Gleichungssystem besitzt unendlich viele Lösungen, die sich in der Form $x = \begin{pmatrix} c+1 \\ -c \\ c \end{pmatrix} = \begin{pmatrix} 1 \\ 0 \\ 0 \end{pmatrix} + c \cdot \begin{pmatrix} 1 \\ -1 \\ 1 \end{pmatrix}$, $c \in \mathbb{R}$, darstellen lassen.

(Geometrische Veranschaulichung: Die beiden Gleichungen können als Koordinatengleichungen von zwei Ebenen interpretiert werden; die Lösung ist eine Parameterdarstellung der Schnittgerade.)

(2) $\left| \begin{array}{l} 2x+y=5 \\ 2y+z=4 \\ x-2z=5 \end{array} \right| \Leftrightarrow \left| \begin{array}{c} 2x+y=5 \\ -4x+z=-6 \\ x-2z=5 \end{array} \right| \Leftrightarrow \left| \begin{array}{c} 2x+y=5 \\ -4x+z=-6 \\ -7x=-7 \end{array} \right| \Leftrightarrow \left| \begin{array}{c} y=3 \\ z=-2 \\ x=1 \end{array} \right|$

1. Schritt: (−2)-Faches der 1. Zeile zur 2. Zeile addieren
2. Schritt: 2-Faches der 2. Zeile zur 3. Zeile addieren
3. Schritt: nacheinander Lösungskoordinaten einsetzen

Lösung 23

(1) Zu zeigen ist, dass die drei Punkte nicht auf einer Geraden liegen. Dies ist auf verschiedene Arten möglich.

Möglichkeit 1:

$\overrightarrow{AB} = \begin{pmatrix} -2-2 \\ 1-3 \\ 3-(-1) \end{pmatrix} = \begin{pmatrix} -4 \\ -2 \\ 4 \end{pmatrix}$; $\overrightarrow{AC} = \begin{pmatrix} 1-2 \\ 4-3 \\ -2-(-1) \end{pmatrix} = \begin{pmatrix} -1 \\ 1 \\ -1 \end{pmatrix}$; $\overrightarrow{BC} = \begin{pmatrix} 1-(-2) \\ 4-1 \\ -2-3 \end{pmatrix} = \begin{pmatrix} 3 \\ 3 \\ -5 \end{pmatrix}$.

Da diese drei Vektoren nicht Vielfache voneinander sind, liegen sie nicht auf einer Geraden.

Möglichkeit 2:
Geprüft wird, ob der Punkt C auf der Geraden g durch A, B liegt:

$g: \vec{x} = \begin{pmatrix} 2 \\ 3 \\ -1 \end{pmatrix} + r \cdot \begin{pmatrix} -4 \\ -2 \\ 4 \end{pmatrix};$

Punktprobe: $C \in g \Leftrightarrow \begin{pmatrix} 1 \\ 4 \\ -2 \end{pmatrix} = \begin{pmatrix} 2 \\ 3 \\ -1 \end{pmatrix} + r \cdot \begin{pmatrix} -4 \\ -2 \\ 4 \end{pmatrix} \Leftrightarrow \begin{pmatrix} -1 \\ 1 \\ -1 \end{pmatrix} = r \cdot \begin{pmatrix} -4 \\ -2 \\ 4 \end{pmatrix} \Leftrightarrow \begin{vmatrix} r = \frac{1}{4} \\ r = -\frac{1}{2} \\ r = -\frac{1}{4} \end{vmatrix}.$

Da das lineare Gleichungssystem keine Lösung hat, liegt C nicht auf der Geraden durch A, B. Die drei Punkte bilden also ein Dreieck.

(2) Vergleich der Seitenlängen: Es genügt, die Quadrate der Seitenlängen zu berechnen:
$|\overrightarrow{AB}|^2 = 36$, $|\overrightarrow{AC}|^2 = 3$, $|\overrightarrow{BC}|^2 = 43$. Die Seite BC ist die längste Seite.

(3) $\overrightarrow{OD_1} = \overrightarrow{OC} + \overrightarrow{CD_1} = \overrightarrow{OC} + \overrightarrow{AB} = \begin{pmatrix} 1 + (-4) \\ 4 + (-2) \\ -2 + 4 \end{pmatrix} = \begin{pmatrix} -3 \\ 2 \\ 2 \end{pmatrix}$; $D_1(-3|2|2)$

$\overrightarrow{OD_2} = \overrightarrow{OC} + \overrightarrow{CD_2} = \overrightarrow{OC} + \overrightarrow{BA} = \begin{pmatrix} 1 + 4 \\ 4 + 2 \\ -2 + (-4) \end{pmatrix} = \begin{pmatrix} 5 \\ 6 \\ -6 \end{pmatrix}$; $D_2(5|6|-6)$

$\overrightarrow{OD_3} = \overrightarrow{OB} + \overrightarrow{BD_3} = \overrightarrow{OB} + \overrightarrow{CA} = \begin{pmatrix} -2 + 1 \\ 1 + (-1) \\ 3 + 1 \end{pmatrix} = \begin{pmatrix} -1 \\ 0 \\ 4 \end{pmatrix}$; $D_3(-1|0|4)$

Lösung 24

(1) Eine Gerade h, die durch den gemeinsamen Punkt $(1|-1|2)$ verläuft, ist beispielsweise gegeben durch $h: \vec{x} = \begin{pmatrix} 1 \\ -1 \\ 2 \end{pmatrix} + t \cdot \begin{pmatrix} 1 \\ -1 \\ 0 \end{pmatrix}$, deren Richtungsvektor die

Orthogonalitätsbedingung $\begin{pmatrix} 2 \\ 2 \\ -1 \end{pmatrix} * \begin{pmatrix} 1 \\ -1 \\ 0 \end{pmatrix} = 2 - 2 + 0 = 0$ erfüllt.

(2) Man wählt für die Gerade h den gleichen Richtungsvektor wie für g sowie einen Punkt als Aufhängepunkt, der nicht auf g liegt, z. B. den Ursprung: $h: \vec{x} = \begin{pmatrix} 0 \\ 0 \\ 0 \end{pmatrix} + t \cdot \begin{pmatrix} 2 \\ 2 \\ -1 \end{pmatrix}$.
Nachweis, dass $O(0|0|0)$ nicht auf g liegt:
$1 + 2t = 0 \Leftrightarrow t = -0{,}5$; $-1 + 2t = 0 \Leftrightarrow t = 0{,}5$; $2 + t = 0 \Leftrightarrow t = -2$.

Wenn die Gerade g den Ursprung enthalten würde, müsste sich bei den drei Koordinaten der gleiche Parameterwert t ergeben.

Lösung 25

(1) Ein Normalenvektor der Ebene ist $\vec{n} = \begin{pmatrix} 1 \\ -1 \\ 1 \end{pmatrix}$.

(2) Da dieser kein Vielfaches des Richtungsvektors der Geraden ist, kann die Gerade nicht parallel zur Ebene verlaufen, muss also die Ebene schneiden.
Den gemeinsamen Punkt S erhält man durch Einsetzen der Koordinaten der Geradenpunkte aus der Parameterdarstellung in die Koordinatengleichung der Ebene:

$(1 + 3t) - (0 + t) + (2 - 2t) = 5 \Leftrightarrow 3 + 2t = 5 \Leftrightarrow t = 1$, also $\vec{x} = \begin{pmatrix} 1 \\ 0 \\ 2 \end{pmatrix} + 1 \cdot \begin{pmatrix} 3 \\ 1 \\ -2 \end{pmatrix} = \begin{pmatrix} 4 \\ 1 \\ 0 \end{pmatrix}$,
d. h. $S(4|1|0)$.

Aufgabe 1 *Deichbau*

Ein Deich ist ein Schutzwall gegen das Meer mit einer steilen Böschung zur Landseite und einer flacheren Böschung an der Seeseite, so dass die auflaufenden Wellen ihre Kraft verlieren.

Ältere Deiche an der Nordseeküste haben ein Deichprofil, dessen Form auf einem bestimmten Deichabschnitt näherungsweise dem Graphen der Funktion f_t entspricht mit

$f_t(x) = \frac{1}{3t}x(x-3t)^2;\ t \geq 1$

und einem geeigneten Definitionsbereich. Dabei beschreibt die negative x-Achse im Koordinatensystem den Verlauf des Lands hinter dem Deich, die positive x-Achse die Deichsohle und die Meeresoberfläche.

Der abgebildete Graph zeigt das Deichprofil für t = 2.

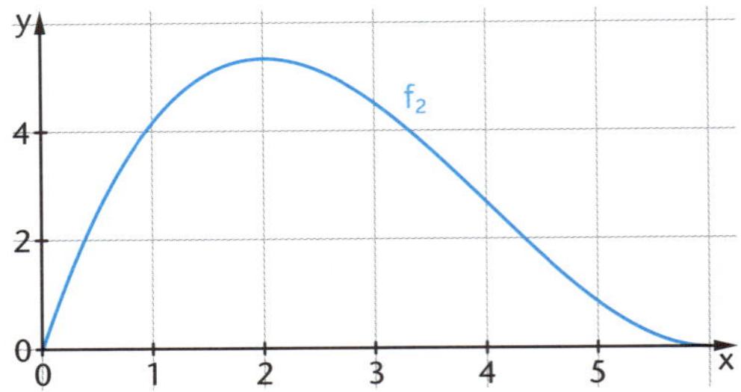

a) Berechnen Sie allgemein für die durch die Graphen von f_t beschriebenen Deichprofile Lage und Höhe der Deichkrone (= Maximum) und die Breite der Deiche in der Ebene. B2 B3

b) Bestimmen Sie von den Profilen denjenigen Deich, dessen Höhe mit der Breite übereinstimmt. B6

c) Das Innere der Deiche besteht aus Sand, der mit einer Schicht aus Kleie abgedeckt ist. Der Querschnitt dieser Schichten wird durch die Graphen der Funktionen f_t und $0{,}8 \cdot f_t$ und die x-Achse begrenzt.

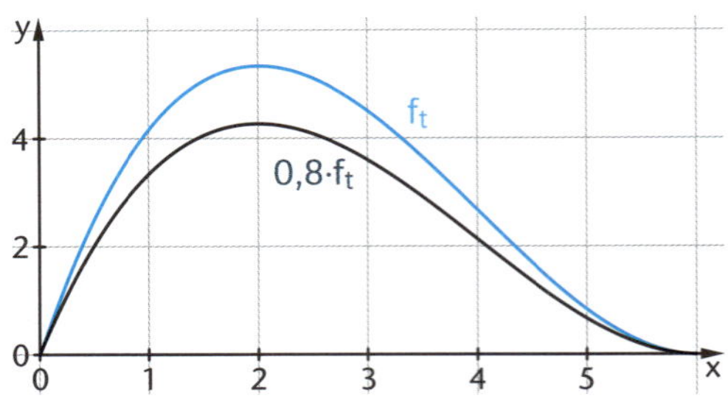

(1) Berechnen Sie für beliebiges t den Flächeninhalt der Querschnittsfläche des Deichs, die durch die Graphen von f_t sowie die x-Achse begrenzt wird. D2

(2) Begründen Sie, warum der Anteil an Sand für diese Querschnittsfläche nicht vom Parameter t abhängt.

d) Von der Deichkrone H aus soll ein unterirdisch verlaufendes, gerades Entwässerungsrohr bis zum Punkt O(0|0) verlegt werden.

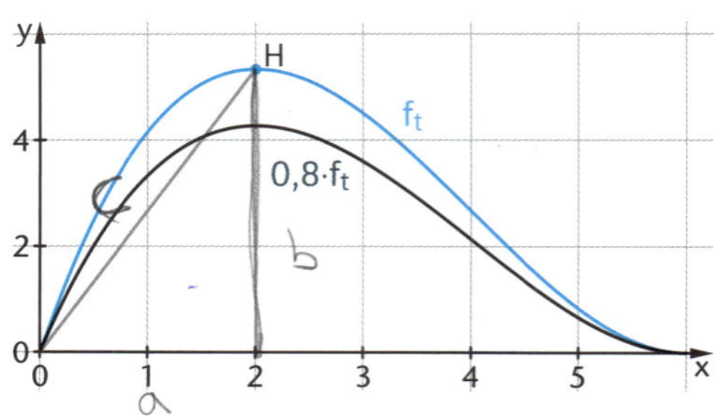

(1) Berechnen Sie die Länge dieses Rohrs sowie die Länge der Strecke, für die das Rohr innerhalb der Sandschicht verläuft. B2

(2) Bestimmen Sie rechnerisch die Stelle auf dem Deich, an der der senkrecht zur Meeresoberfläche gemessene Abstand zum Rohr am größten ist. C4

e) Zur Festigung des Deichs soll an der Meeresseite die obere Schicht durch Basaltsteine ersetzt werden. Im Rahmen dieser Baumaßnahme soll das Deichprofil so verändert werden, dass zur Meerseite hin eine nicht gekrümmte Ebene entsteht. Der bis zum Wendepunkt rechtsgekrümmte Graph soll nicht in eine Linkskrümmung übergehen, sondern tangential fortgesetzt werden. Bestimmen Sie rechnerisch für beliebiges t, $t \geq 1$, die Gleichung dieser Tangente sowie die Stelle, an der das neue Profil die Meeresoberfläche (Normalnull) schneidet. A3 B2 B4

Lösung

a) $f_t(x) = \frac{1}{3t} \cdot x \cdot (x - 3t)^2 = \frac{1}{3t} \cdot x^3 - 2x^2 + 3tx$,

Ableitungen: $f_t'(x) = \frac{1}{t}x^2 - 4x + 3t$ und $f_t''(x) = \frac{2}{t}x - 4$.

Um die Lage und Höhe der Deichkrone zu bestimmen, untersuchen wir die Graphen auf Extrempunkte.
Notwendige Bedingung:
$f_t'(x) = 0 \Leftrightarrow x^2 - 4tx + 3t^2 = 0 \Leftrightarrow (x - t)(x - 3t) = 0 \Leftrightarrow x = t \vee x = 3t$.
Überprüfung der hinreichenden Bedingung:
Da $f_t'(t) = 0$ und $f_t''(t) = -2 < 0$, liegt an der Stelle $x = t$ ein lokales Maximum vor.

Die Höhe der Deichkrone ist $f_t(t) = \frac{1}{3t} \cdot t \cdot (t - 3t)^2 = \frac{1}{3} \cdot (-2t)^2 = \frac{4}{3}t^2$.

Für $x = 3t$ erhält man: $f_t''(3t) = 2 > 0$ – hier liegt ein lokales Minimum der Funktion vor.
Die Breite der Deiche ergibt sich aus den Schnittpunkten der Graphen mit der x-Achse:

$f_t(x) = 0 \Leftrightarrow \frac{1}{3t}x(x - 3t)^2 = 0 \Leftrightarrow x = 0 \vee x = 3t$.

Die Breite der Deiche (bezogen auf die Ebene) ist 3t.

b) Damit die Höhe und die Breite übereinstimmen, muss der Abstand der Nullstellen mit dem Funktionswert des Maximums übereinstimmen:

$3t = \frac{4}{3}t^2 \Leftrightarrow t = \frac{9}{4} \quad (t \neq 0)$.

Die quadratische Gleichung kann auch mit dem GTR gelöst werden (Abb. links). Bei der Verwendung des Befehls *nSolve* muss ein Schätzwert für die Lösung (hier 1) eingegeben werden, damit nicht 0 als Ergebnis angegeben wird. Das ist bei Verwendung des Befehls *polyRoots* nicht nötig. Alternativ kann man die Lösung auch grafisch ermitteln (rechts).

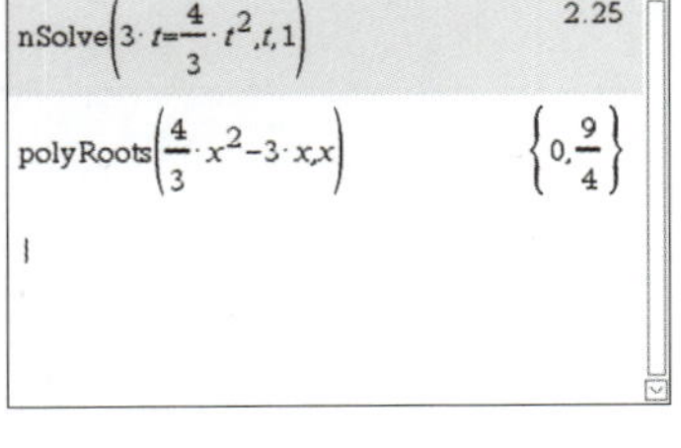

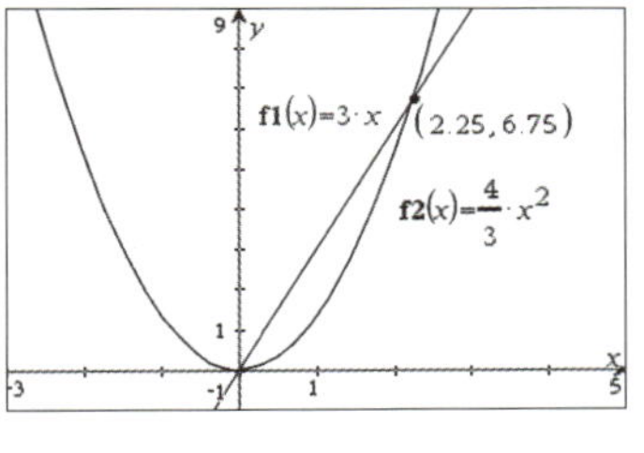

c) (1) Um die Querschnittsfläche des Deichs zu berechnen, muss die Funktion f_t zwischen ihren beiden Nullstellen ($x = 0$ und $x = 3t$) integriert werden:

$$A(t) = \int_0^{3t} f_t(x)\,dx = \left[\frac{1}{12t}x^4 - \frac{2}{3}x^3 + \frac{3}{2}tx^2\right]_0^{3t} = \frac{27}{4}t^3 - 18t^3 + \frac{27}{2}t^3 = \frac{9}{4}t^3.$$

(2) Da die Profilkurve des inneren Sand-Deiches sich durch Multiplikation mit dem konstanten Faktor 0,8 aus der Profilkurve des Deiches ergibt, hat die Sandfläche 80 % Anteil an der gesamten Querschnittsfläche (Linearität des Integrals).

d) Die Verbindungsgerade vom lokalen Maximum in $\left(t\middle|\frac{4}{3}t^2\right)$ zum Koordinatenursprung hat die Steigung $m = \frac{\frac{4}{3}t^2}{t} = \frac{4}{3}t$, die Gerade demnach die Gleichung $g_t(x) = \frac{4}{3}t \cdot x$.

(1) Die Länge des Rohrs berechnet sich nach dem Satz von PYTHAGORAS: $l_1 = \sqrt{t^2 + \frac{16}{9}t^4}$.

Gesucht ist außerdem der Schnittpunkt der Geraden $g_t(x)$ mit der Profilkurve des Sand-Deiches:

$$0{,}8 \cdot \left(\frac{1}{3t}x^3 - 2x^2 + 3tx\right) = \frac{4}{3}tx \Leftrightarrow \frac{4}{15t}x^3 - \frac{8}{5}x^2 + \frac{12}{5}tx = \frac{4}{3}tx \Leftrightarrow$$

$$\frac{4}{15t}x^3 - \frac{8}{5}x^2 + \frac{16}{15}tx = 0 \Leftrightarrow x \cdot \left(\frac{4}{15t}x^2 - \frac{8}{5}x + \frac{16}{15}t\right) = 0 \Leftrightarrow$$

$$x = 0 \lor x^2 - 6tx + 4t^2 = 0 \Leftrightarrow x = 0 \lor (x - 3t)^2 = 5t^2 \Leftrightarrow$$
$$x = 0 \lor x = (3 + \sqrt{5}) \cdot t \approx 5{,}24 \cdot t \lor x = (3 - \sqrt{5}) \cdot t \approx 0{,}764 \cdot t.$$

Die hier in Frage kommende Schnittstelle ist $x \approx 0{,}764t$ (da sie im Intervall $[0;t]$ liegen muss).

Die zugehörige y-Koordinate berechnen wir am einfachsten mithilfe der Geradengleichung: $g_t(0{,}764t) \approx 1{,}019t^2$.

Die Länge des Rohrs, das im Sand liegt, ist demnach:

$$l_2 = \sqrt{(0{,}764t)^2 + (1{,}019t^2)^2} \approx \sqrt{0{,}584t^2 + 1{,}038t^4}.$$

(2) Gesucht ist das Maximum der Differenzfunktion $d_t(x) = f_t(x) - g_t(x)$ auf dem Intervall $[0;t]$:

$$d_t(x) = f_t(x) - g_t(x) = \frac{1}{3t} \cdot x^3 - 2x^2 + 3tx - \frac{4}{3}tx = \frac{1}{3t} \cdot x^3 - 2x^2 + \frac{5}{3}tx,$$

Ableitungen: $d_t'(x) = \frac{1}{t} \cdot x^2 - 4x + \frac{5}{3}t$ und $d_t''(x) = \frac{2}{t} \cdot x - 4$.

Notwendige Bedingung:

$$d_t'(x) = \frac{1}{t} \cdot x^2 - 4x + \frac{5}{3}t = 0$$
$$\Leftrightarrow x^2 - 4tx + \frac{5}{3}t^2 = 0$$
$$\Leftrightarrow x^2 - 4tx + (2t)^2 = \frac{7}{3}t^2$$

also $x = \left(2 + \sqrt{\frac{7}{3}}\right) \cdot t \approx 3{,}53t \lor$

$x = \left(2 - \sqrt{\frac{7}{3}}\right) \cdot t \approx 0{,}47t.$

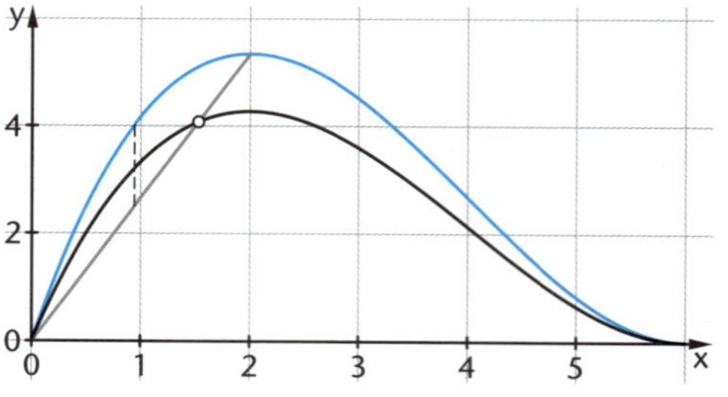

Da zusätzlich $d_t''(0{,}47t) < 0$, liegt an der Stelle $x \approx 0{,}47t$ ein lokales Maximum vor.

e) Bestimmung des Wendepunkts des Graphen

Notwendige Bedingung: $f_t''(x) = \frac{2}{t}x - 4 = 0$, d. h. $x = 2t$.

Da die 3. Ableitung $f_t'''(x) = \frac{2}{t}$ konstant ist, ist auch die hinreichende Bedingung für das Vorliegen eines Wendepunkts erfüllt.

Es gilt: $f_t(2t) = \frac{1}{3t} \cdot 2t \cdot (2t - 3t)^2 = \frac{2}{3}t^2$ und $f_t'(2t) = \frac{1}{t} \cdot (2t)^2 - 4 \cdot 2t + 3t = -t$.

Die Gleichung der Wendetangente w lautet daher:

$w(x) = (-t) \cdot (x - 2t) + \frac{2}{3}t^2 = -t \cdot x + \frac{8}{3}t^2$.

Die Wendetangente schneidet die x-Achse (Meereshöhe, Normalnull) für $x = \frac{8}{3}t$.

Aufgabe 2 *Trassierung*

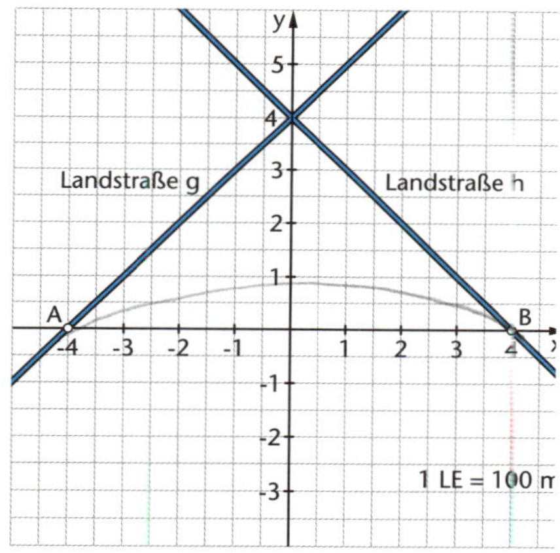

An der Kreuzung zweier Landstraßen ist das Verkehrsaufkommen sehr hoch und die Unfallgefahr groß.
Zur Entlastung der Kreuzung sollen die Straßen durch eine sinnvolle Trassenführung für Rechtsabbieger miteinander verbunden werden. Diese sollen die Möglichkeit erhalten, bei A die Landstraße g zu verlassen und über die Trasse in B auf die Landstraße h aufzufahren.

a) Bauingenieure einer Trassenbaugesellschaft erhalten den Auftrag, eine Funktion f zu finden, welche eine geeignete Trasse modelliert.
Grundlegend für die Trassierung ist, dass sich die gesuchte Übergangsstraße (1) *nahtlos* und (2) *knickfrei* an die Landstraßen anschließen muss. Mathematisch bedeutet dies, dass der Graph der Trassenfunktion f den Graphen der Landstraße g im Punkt A sowie den Graphen der Landstraße h im Punkt B berühren muss. Zudem müssen die Fahrzeuge an den Anknüpfungspunkten der Trasse möglichst (3) *ruckfrei* von der einen zur anderen Straße wechseln können. Dies ist erfüllt, wenn in den Berührpunkten auch die Krümmung der Graphen übereinstimmt, was gewährleistet ist, wenn dort die Werte der zweiten Ableitungen übereinstimmen.
Stellen Sie die Bedingungen dar, welche eine Funktion f für die vorliegende Trassierung erfüllen sollte. A6 C1 C2
Hinweise: Zur Lösung des vorliegenden Trassierungsproblems lassen sich Symmetrieeigenschaften ausnutzen. Geben Sie daher an, welche Voraussetzung die Funktion f erfüllen muss und schränken Sie die Bedingungen ein. Beachten Sie auch, dass die Trasse südlich (also in der Abbildung unterhalb) der Kreuzung verlaufen soll. Nennen Sie auch die hierzu gehörenden Bedingungen.

b) Begründen Sie, dass es keine ganzrationale Funktion zweiten Grades geben kann, welche alle gewünschten Bedingungen erfüllt.
Ermitteln Sie das Gleichungssystem, welches die Koeffizienten einer ganz-rationalen Funktion f vierten Grades mit $f(x) = ax^4 + bx^2 + c$ erfüllen müssen. (Die Koeffizienten sollen nicht bestimmt werden.) C3

c) Zur Planung der Übergangsstraße wird ein Ausschuss eingerichtet. Jemand schlägt vor, eine Trasse zu bauen, welche durch eine Exponentialfunktion f_1 der Form $f_1(x) = a\,e^{b \cdot x^2} + c$; a, $b \neq 0$ mathematisch beschrieben werden kann. Bestimmen Sie die Parameter a, b und c der Funktion f_1, so dass ein nahtloses, knick- und ruckfreies Auf- und Abfahren der Verkehrsteilnehmer über die Trasse möglich ist. [Kontrollangabe: $f_1(x) = 4\,(e^{-\frac{1}{32}x^2 + \frac{1}{2}} - 1)$]
Prüfen Sie die Lage der Trasse bezüglich der Kreuzung. C2

d) Von der Trassenbaugesellschaft wird die Funktion f_2 für die Modellierung der Trasse vorgeschlagen:

$$f_2(x) = -0{,}2757\,(e^{0{,}5x} + e^{-0{,}5x}) + 2{,}075$$

Zeigen Sie, dass auch f_2 als Modellierung in Frage kommt mit der Einschränkung, dass die Ruckfreiheit nur bedingt gewährleistet ist. A2 A6

e) Das Gebiet, welches von den Landstraßen und der Trasse eingeschlossen wird, kann nicht mehr landwirtschaftlich genutzt werden; pro Quadratmeter Fläche entstehen hohe Kosten.
Die Planungsgruppe vergleicht den Flächenbedarf der beiden durch f_1 und f_2 gegebenen Alternativen. Für Modell 1 wird ein Bedarf von 28 580 m² berechnet. Modell 2 erfordert eine k-fach so große Fläche. Bestimmen Sie den Faktor k (Rundung auf eine Dezimalstelle). D1 D2 A2

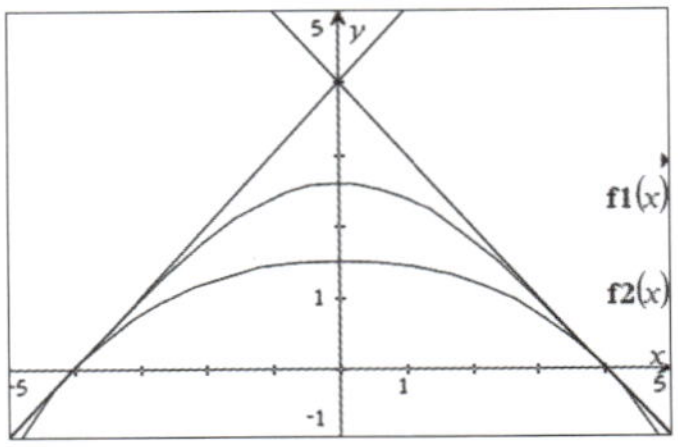

Entscheiden Sie, welche Funktion zur Modellierung der Trasse ausgewählt werden soll.

Lösung

a) Die Landstraßen werden modelliert durch die linearen Funktionen g und h mit $g(x) = x + 4$ und $h(x) = -x + 4$.
Eine Modellierungsfunktion f sollte die folgenden Bedingungen erfüllen:
A ist Berührpunkt der Graphen von f und g und B ist Berührpunkt von f und h.
(1) nahtlos: $f(-4) = g(-4) \wedge f(4) = h(4) \Leftrightarrow f(-4) = 0 \wedge f(4) = 0$
(2) knickfrei: $f'(-4) = g'(-4) \wedge f'(4) = h'(4) \Leftrightarrow f'(-4) = 1 \wedge f'(4) = -1$
Zusätzlich soll das Krümmungsverhalten der Graphen an den Berührstellen übereinstimmen. Die Krümmung einer Gerade ist in allen Punkten gleich null.
(3) ruckfrei: $f''(-4) = g''(-4) = 0 \wedge f''(4) = h''(4) = 0$
Das vorliegende Trassierungsproblem ist achsensymmetrisch, gesucht wird also eine achsensymmetrische Funktion f. Es genügt daher, die Bedingungen im Punkt B zu betrachten, d. h. es muss gelten:
(1) $f(4) = 0$ (2) $f'(4) = -1$ (3) $f''(4) = 0$
Zu beachten ist auch $f(0) < 4$, da die Trasse südlich der Kreuzung verlaufen soll.

b) Der Graph der ganzrationalen Funktion zweiten Grades muss achsensymmetrisch zur y-Achse sein, der Funktionsterm kann also nur Summanden mit geraden Potenzen von x enthalten:
Ansatz: $f(x) = a\,x^2 + b$ mit $f'(x) = 2\,a\,x$ und $f''(x) = 2\,a$.
(1) $16\,a + b = 0$ (2) $8\,a = -1$ (3) $2\,a = 0$
Die Gleichungen (2) und (3) stehen zueinander im Widerspruch.

Es existiert also keine ganz-rationale Funktion zweiten Grades, welche alle drei Bedingungen erfüllt.

Aufgrund der Achsensymmetrie lässt sich für die gesuchte ganzrationale Funktion vierten Grades die Funktionsgleichung $f(x) = ax^4 + bx^2 + c$ aufstellen.
Die erste und zweite Ableitung lauten: $f'(x) = 4ax^3 + 2bx$ und $f''(x) = 12ax^2 + 2b$.

Aus den Bedingungen (1), (2) und (3) ergibt sich das Gleichungssystem
(1) $256a + 16b + c = 0$
(2) $256a + 8b = -1$
(3) $192a + 2b = 0$

c) Gesucht ist eine Funktion f_1 der Form $f_1(x) = a e^{b \cdot x^2} + c$; $a, b \neq 0$.
Der Graph der Funktion ist achsensymmetrisch, denn es gilt
$f_1(-x) = a e^{b \cdot (-x)^2} + c = a e^{b \cdot x^2} + c = f_1(x)$ für alle $x \in \mathbb{D}_{f_1}$.
Durch Anwendung der Kettenregel erhält man die erste Ableitungsfunktion, mithilfe der Produkt- und Kettenregel die zweite Ableitungsfunktion:
$f_1'(x) = 2abx e^{b \cdot x^2}$
$f_1''(x) = 2ab e^{b \cdot x^2} + 2abx \cdot 2bx e^{b \cdot x^2} = 2ab(1 + 2bx^2) e^{b \cdot x^2}$

Die Bedingungen (1) $f(4) = 0$, (2) $f'(4) = -1$ und (3) $f''(4) = 0$ führen zu dem Gleichungssystem
(1) $a \cdot e^{16 \cdot b} + c = 0$
(2) $8 \cdot a \cdot b \cdot e^{16 \cdot b} = -1$
(3) $2 \cdot a \cdot b \cdot (1 + 32 \cdot b) \cdot e^{16 \cdot b} = 0$

Aus (3) folgt: $2 \cdot a \cdot b \cdot (1 + 32 \cdot b) \cdot e^{16 \cdot b} = 0 \Leftrightarrow 1 + 32 \cdot b = 0 \Leftrightarrow b = -\frac{1}{32}$
da $a, b \neq 0 \wedge e^{16 \cdot b} \neq 0$.
Durch Einsetzen von $b = -\frac{1}{32}$ in (2) ergibt sich $8 \cdot a \cdot \left(-\frac{1}{32}\right) \cdot e^{-16 \cdot \frac{1}{32}} = -1 \Leftrightarrow a = 4 \cdot e^{\frac{1}{2}}$.
Setzt man $a = 4 \cdot e^{\frac{1}{2}}$ und $b = -\frac{1}{32}$ in (1) ein, so erhält man $4 \cdot e^{\frac{1}{2}} \cdot e^{-16 \cdot \frac{1}{32}} + c = 0 \Leftrightarrow c = -4$.

Für die Funktion f_1 ergibt sich $f_1(x) = 4 \cdot e^{\frac{1}{2}} \cdot e^{-\frac{1}{32} \cdot x^2} - 4 = 4 \cdot \left(e^{-\frac{1}{32} \cdot x^2 + \frac{1}{2}} - 1\right)$.

Es ist $f_1(0) = 4 \cdot e^{\frac{1}{2}} - 4 \approx 2{,}6 < 4$. Die Trasse verläuft etwa 140 m südlich des Kreuzungspunktes.

d) Der Graph der Funktion f_2 mit $f_2(x) = -0{,}2757 \cdot (e^{0{,}5 \cdot x} + e^{-0{,}5 \cdot x}) + 2{,}075$ ist achsensymmetrisch, denn es gilt für alle $x \in D_{f_2}$.
$f_2(-x) = -0{,}2757 \cdot (e^{0{,}5 \cdot (-x)} + e^{-0{,}5 \cdot (-x)}) + 2{,}075 = -0{,}2757 \cdot (e^{-0{,}5 \cdot x} + e^{0{,}5 \cdot x}) + 2{,}075 = f_2(x)$.

Die Überprüfung der geforderten Eigenschaften erfolgt mit dem GTR.

Das Maximum liegt unterhalb des Schnittpunktes der beiden Geraden, denn es ist $f_2(0) \approx 1{,}52 < 4$. Da $f_2(4) \approx 0$ ist, erfolgt der Übergang bei der Modellierung mit f_2 nahezu nahtlos. Da $f_2'(4) \approx -1$, ist er außerdem auch knickfrei. Der Übergang ist jedoch nicht völlig ruckfrei, da $f_2''(4) \approx -0{,}52 \neq 0$ ist.

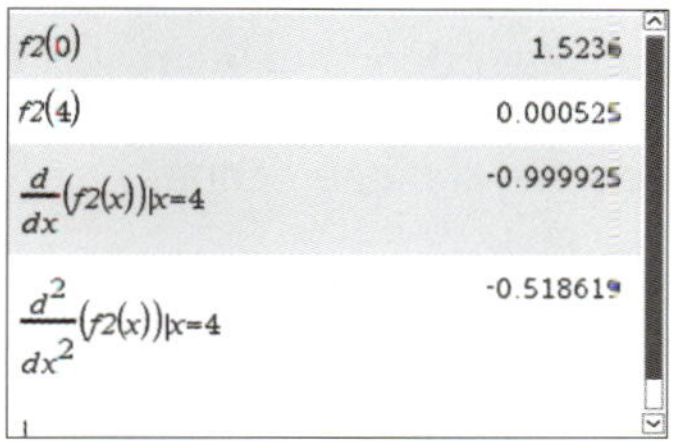

e) Zunächst wird die von den beiden Geraden und der x-Achse eingeschlossene Dreiecksfläche berechnet.
Die Länge der Grundseite des Dreiecks beträgt 8 LE (Längeneinheiten), die Länge der Dreieckshöhe 4 LE.

$A_D = \frac{1}{2} \cdot 8\text{ LE} \cdot 4\text{ LE} = 16\text{ FE}$ (Flächeneinheiten).

In der Realität entspricht eine Längeneinheit einer Länge von 100 m, daher beträgt der Inhalt des dreieckförmigen Flächenstücks 160 000 m².
Die Fläche, welche der Graph von f_2 mit der x-Achse einschließt, kann unter Ausnutzung der Achsensymmetrie durch Integration bestimmt werden (siehe Abb. rechts).

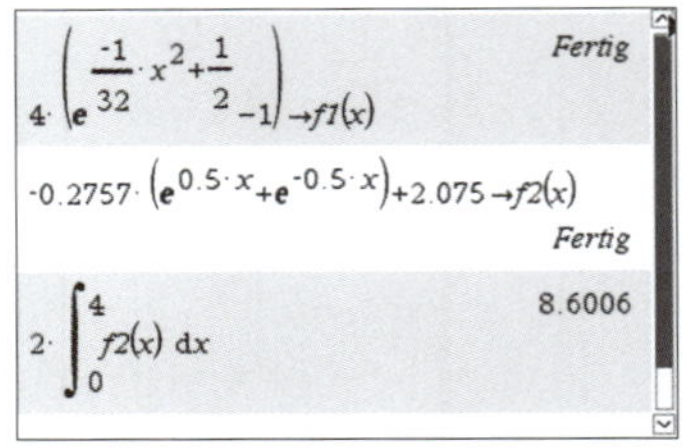

Die Integration kann zur Übung auch ohne den GTR erfolgen:

$$A_{f_2} = 2 \cdot \int_0^4 f_2(x)\,dx = 2 \cdot \int_0^4 (-0{,}2757 \cdot (e^{0{,}5 \cdot x} + e^{-0{,}5 \cdot x}) + 2{,}075)\,dx$$
$$= 2 \cdot \Big[-0{,}2757 \cdot (2 \cdot e^{0{,}5 \cdot x} - 2 \cdot e^{-0{,}5 \cdot x}) + 2{,}075 \cdot x\Big]_0^4 \approx 8{,}6\text{ FE}$$

Dies entspricht in der Realität einer Größe von 86 000 m². Der Flächenbedarf für die Trassierung mittels f_2 beträgt demnach A = 160 000 m² – 86 000 m² = 74 000 m².

Mit k = 74 000 m² : 28 580 m² ≈ 2,6 ist der Flächenbedarf für das Trassierungsmodell 2 also etwa 2,6-fach höher als bei Modell 1.
Die Funktion f_1 ist für die Modellierung der Trassierung zu empfehlen. Der zugehörige Graph verläuft achsensymmetrisch unterhalb des Schnittpunktes der Geraden g und h. Das Verhalten an den Übergangspunkten entspricht genau den geforderten Bedingungen.

Aufgabe 3 *mp3-Player*

Die Elektronikfirma stellt einen mp3-Player her.
In der nebenstehenden Abbildung ist die Anzahl der täglich verkauften mp3-Player im Verlauf eines Jahres dargestellt.
Zur Vereinfachung der Modellierung wird im Folgenden mit einem Jahr mit 360 Tagen und einer konstanten Monatslänge von 30 Tagen gerechnet.

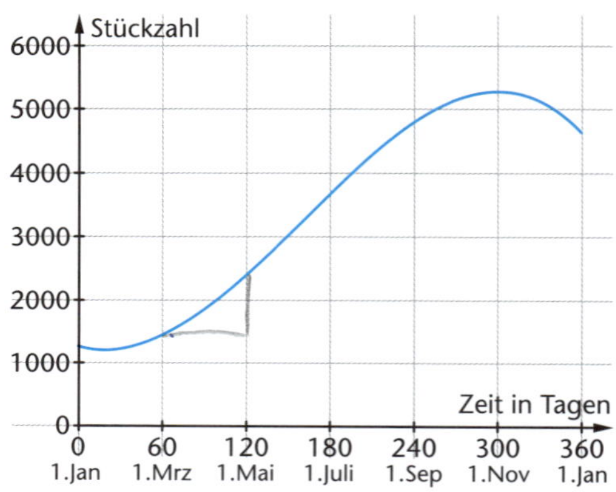

a) Entnehmen Sie die in diesem Aufgabenteil benötigten Informationen der Abbildung.
   (1) Bestimmen Sie, wie viele mp3-Player ungefähr am 1. März verkauft wurden.
   (2) Bestimmen Sie die mittlere tägliche Zunahme der Anzahl der täglich verkauften mp3-Player für den Zeitraum vom 1. März bis zum 1. Mai.
   (3) Ermitteln Sie, wie groß die momentane tägliche Zunahme der Anzahl der verkauften mp3-Player am 1. März war. A4

b) Anhand einiger Unternehmensdaten soll ein mathematisches Modell für die Anzahl der täglich verkauften mp3-Player erstellt werden:

- Am 1. Januar ($t = 0$) wurden 1280 und am 1. September ($t = 240$) wurden 4800 mp3-Player verkauft.
- Am 20. Januar ($t = 20$) wurden die wenigsten mp3-Player verkauft.
- Die momentane Zunahme der verkauften mp3-Player betrug am 1. Mai ($t = 120$) $20\,\frac{\text{Stück}}{\text{Tag}}$.

(1) Stellen Sie anhand dieser Daten ein Gleichungssystem zur Bestimmung einer geeigneten ganzrationalen Funktion 3. Grades auf. C1

(2) Ermitteln Sie die Funktionsgleichung einer für diese Modellierung geeigneten Funktion f.
Kontrolllösung: $f(t) = -\frac{1}{2700}t^3 + \frac{8}{45}t^2 - \frac{20}{3}t + 1280$ für $0 \le t \le 360$

c) Nun sei durch $f(t)$ aus Aufgabenteil b) eine Funktion zur Beschreibung der pro Tag verkauften mp3-Player gegeben. Dabei wird die Zeit t in Tagen und die Anzahl $f(t)$ in Stück angegeben.

(1) Bestimmen Sie rechnerisch, wie viele mp3-Player nach diesem Modell maximal pro Tag verkauft wurden. Geben Sie an, wann dies der Fall war. B3

(2) Bestimmen Sie rechnerisch, wann die Zunahme der täglich verkauften mp3-Player am größten war. B4

(3) Berechnen Sie, wie viele mp3-Player im ganzen Jahr verkauft wurden. D3

d) Für das folgende Geschäftsjahr mit $360 \le t \le 720$ nimmt die Unternehmensleitung an, dass die Verkaufszahlen exponentiell abnehmen werden.
Zur Untersuchung von Prognosen wird dazu die Funktion g mit $g(t) = a \cdot e^{-b \cdot t}$ ($a > 0$, $b > 0$) so bestimmt, dass die Graphen von f und g an der Stelle $t = 360$ ohne Sprung und ohne Knick aneinander anschließen.

(1) Bestimmen Sie die Koeffizienten a und b, so dass die obige Bedingung erfüllt ist. C2

(2) Berechnen Sie die mittlere Anzahl der in diesem Jahr täglich verkauften mp3-Player. D4

Lösung

a) (1) Am 1. März wurden ungefähr 1400 mp3-Player verkauft.

(2) Die mittlere tägliche Zunahme für den Zeitraum vom 1. März bis zum 1. Mai beträgt etwa $\frac{2400 - 1400}{60} = \frac{50}{3}$.

(3) Die momentane tägliche Zunahme am 1. März kann als Tangentensteigung einer in die Grafik eingezeichneten Tangente abgelesen werden.
Sie beträgt ungefähr $10{,}7\,\frac{\text{Stück}}{\text{Tag}}$.

b) Ansatz: $f(t) = at^3 + bt^2 + ct + d$ mit $a, b, c, d \in \mathbb{R}$ und $f'(t) = 3at^2 + 2bt + c$
Folgende Bedingungen müssen erfüllt sein:
$f(0) = 1280 \wedge f(240) = 4800 \wedge f'(20) = 0 \wedge f'(120) = 20$.

(1) Das Gleichungssystem lautet:
$$\left|\begin{array}{r} d = 1280 \\ 240^3a + 240^2b + 240c + d = 4800 \\ 3 \cdot 20^2a + 2 \cdot 20b + c = 0 \\ 3 \cdot 120^2a + 2 \cdot 120b + c = 20 \end{array}\right|$$

(2) Die Lösung des Gleichungssystems kann hier mit dem GTR ermittelt werden:

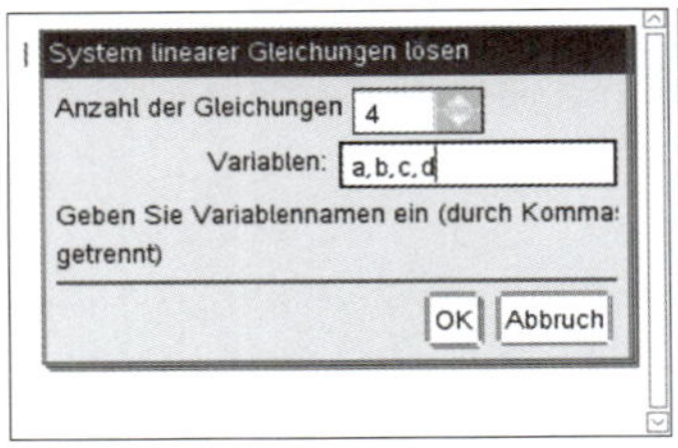

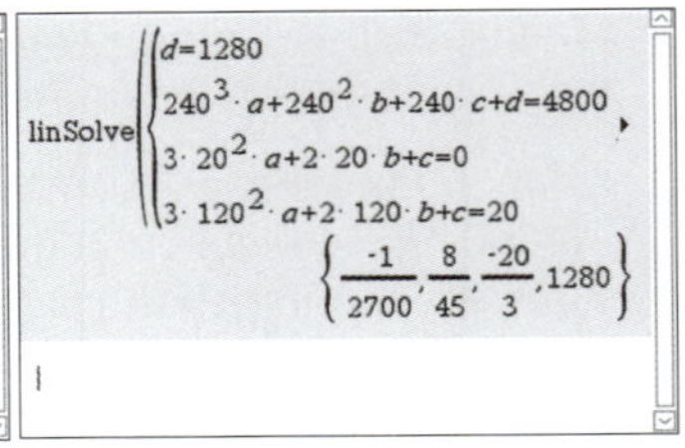

Die Funktionsgleichung für die Modellierung der Verkaufszahlen lautet damit:

$f(t) = -\frac{1}{2700}t^3 + \frac{8}{45}t^2 - \frac{20}{3}t + 1280$ für $0 \leq t \leq 360$.

c) $f'(t) = -\frac{1}{900}t^2 + \frac{16}{45}t - \frac{20}{3}$; $f''(t) = -\frac{1}{450}t + \frac{16}{45}$; $f'''(t) = -\frac{1}{450}$

(1) Zu bestimmen ist ein absolutes Extremum. Die notwendige Bedingung ergibt:

$f'(t) = 0 \Leftrightarrow -\frac{1}{900}t^2 + \frac{16}{45}t - \frac{20}{3} = 0 \Leftrightarrow t^2 - 320t + 6000 = 0 \Leftrightarrow t = 20 \vee t = 300$.

Da an der Stelle $t = 20$ ein lokales Minimum vorliegt, kommt hier nur $t = 300$ in Frage.

Mit der hinreichenden Bedingung $f'(300) = 0 \wedge f''(300) = -\frac{14}{45} < 0$ ergibt sich ein lokales Maximum bei $t = 300$. Durch den Vergleich von $f(300) = 5280$ mit den Funktionswerten an den Rändern des betrachteten Intervalls $f(0) = 1280$ und $f(360) = 4640$ ergibt sich hier auch ein absolutes Maximum.

Mit 5280 Stück wurden also am 1. November die meisten mp3-Player verkauft.

(2) Gesucht ist eine Extremstelle der ersten Ableitung, also eine Wendestelle, an der zusätzlich eine positive Steigung vorliegen soll. Die notwendige Bedingung ergibt

$f''(t) = 0 \Leftrightarrow \frac{1}{450}t = \frac{16}{45} \Leftrightarrow t = 160$. Aus der hinreichenden Bedingung

$f''(160) = 0 \wedge f'''(160) = -\frac{1}{450} \neq 0$ folgt, dass $t = 160$ eine Wendestelle ist.

Da außerdem auch $f'(160) = 21\frac{7}{9} > 0$, war die Zunahme für $t = 160$, also am 10. Juni maximal.

(3) Zur Berechnung der Gesamtzahl der verkauften mp3-Player wird folgendes Integral berechnet:

$$n = \int_0^{360} f(t)\,dt = \left[-\frac{1}{10800}t^4 + \frac{8}{135}t^3 - \frac{10}{3}t^2 + 1280t\right]_0^{360}$$
$$= -1\,555\,200 + 2\,764\,800 - 432\,000 + 460\,800$$
$$= 1\,238\,400.$$

Hinweis: Da in den Aufgabenstellungen zu c) durchgängig rechnerische Bestimmungen gefordert sind, müssen alle mathematischen Ansätze notiert werden. Lediglich die Lösung einzelner Gleichungen und die Auswertung des bestimmten Integrals dürfen mit dem GTR vorgenommen oder kontrolliert werden.

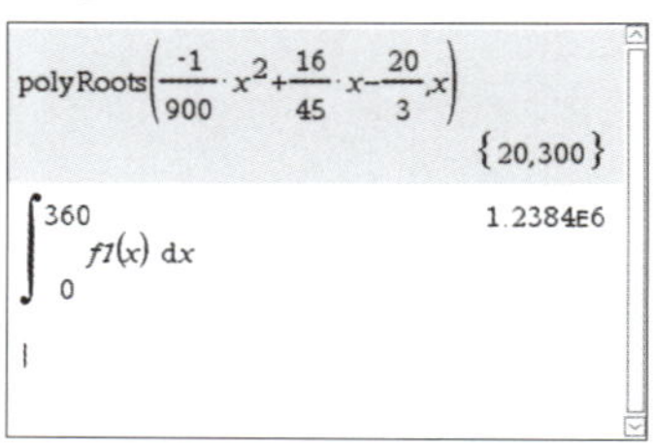

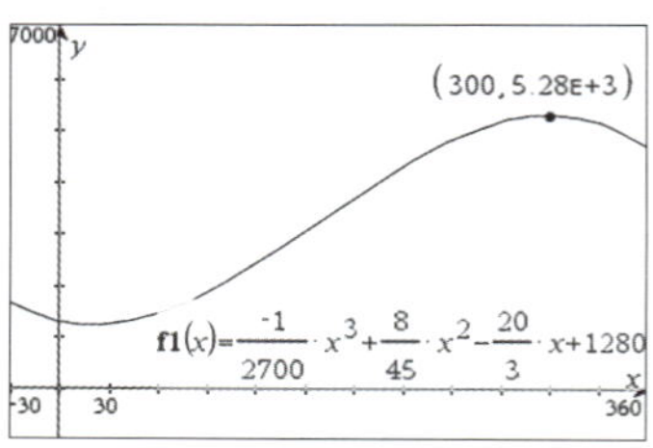

d) (1) Die Bedingungen
$g(360) = f(360) \wedge g'(360) = f'(360)$
führen zum Gleichungssystem

$a\,e^{-360 \cdot b} = 4640 \wedge -b \cdot a\,e^{-360 \cdot b} = -\frac{68}{3}$.

Einsetzen von 4640 für $a\,e^{-360 \cdot b}$ in der zweiten Gleichung ergibt $b = \frac{17}{3480}$.

Daraus folgt mit der ersten Gleichung $a = 4640 \cdot e^{\frac{51}{29}}$.

Also lautet die Funktionsgleichung:

$g(t) = 4640\,e^{\frac{51}{29}} \cdot e^{-\frac{17}{3480} \cdot t}$
$\approx 26\,932{,}5 \cdot e^{-0{,}004885t}$

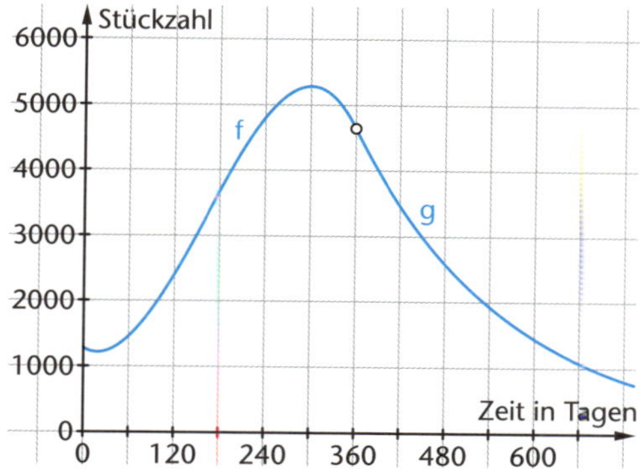

(2) Berechnung des Mittelwertes M durch Integration:

$$M = \frac{1}{360} \int_{360}^{720} g(t)\,dt = \frac{1}{360}\left[-\frac{a}{b} e^{-b \cdot t}\right]_{360}^{720} \approx \frac{1}{360} \cdot 786\,195 \approx 2184.$$

Die mittlere Anzahl der täglich verkauften mp3-Player beträgt also 2184 Stück.

Aufgabe 4 *Ein Kugelgasbehälter*

Der abgebildete kugelförmige Körper kann mit Flüssiggas befüllt werden. Flüssiggas kann natürlich nur entnommen werden, wenn der Kugelgasbehälter nicht leer ist. Die Zulaufgeschwindigkeit v(t) des Flüssiggases ist durch eine ganzrationale Funktion 3. Grades gegeben. Die Zulaufgeschwindigkeit wird in $\frac{m^3}{h}$, die Zeit t in Stunden angegeben.

Betrachtet wird das Zeitintervall [0; 5].
Zum Zeitpunkt t = 0 befinden sich 42 m^3 Flüssiggas im Behälter.

a) Die Zulaufgeschwindigkeit ist nach einer Stunde (t = 1) maximal und beträgt dabei 22 $\frac{m^3}{h}$. Sie ist nach vier Stunden (t = 4) minimal und beträgt dann $-32\,\frac{m^3}{h}$.
Bestimmen Sie mit diesen Angaben den Funktionsterm einer ganzrationalen Funktion zur Modellierung der Zulaufgeschwindigkeit. C1

Für alle weiteren Aufgabenteile sei die Zulaufgeschwindigkeit gegeben durch $v(t) = 4t^3 - 30t^2 + 48t$.

b) Die Abbildung zeigt den Graphen für die Zulaufgeschwindigkeit im Intervall [0; 5]. Beschreiben Sie den in der Abbildung dargestellten Vorgang. Geben Sie ohne Berechnung eine begründete Entscheidung an, ob nach 5 Stunden mehr oder weniger als 42 m^3 Flüssiggas im Behälter sind. D2
Bestimmen Sie rechnerisch, zu welchen Zeitpunkten Flüssiggas weder zu- noch abfließt. B2

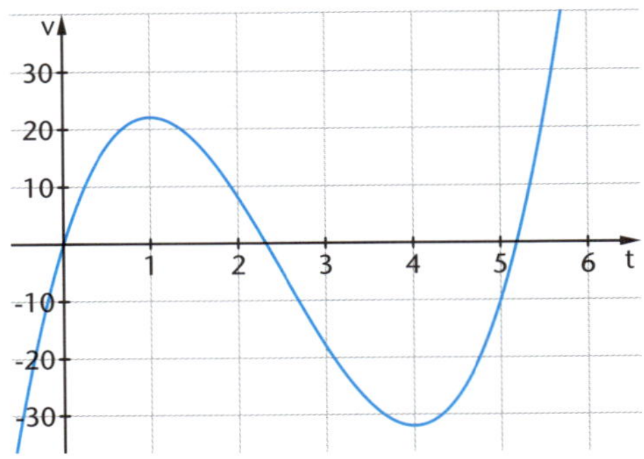

c) Bestimmen Sie den Zeitpunkt, in dem die Zuflussrate am stärksten abnimmt, und welche Ablaufgeschwindigkeit dann vorliegt. B4

d) (1) Berechnen Sie, wie viel Gas sich nach 2 Stunden in dem Gasbehälter befindet.
(2) Berechnen Sie, zu welchen Zeitpunkten sich wieder die Ausgangsmenge von 42 m^3 Gas im Behälter befindet. D3

e) **(LK)** Die Form des kugelförmigen Gasbehälters entsteht durch die Rotation des Graphen der Funktion $h(x) = \sqrt{9 - x^2}$ zwischen ihren Nullstellen um die x-Achse. Alle Längen werden dabei in Meter angegeben.

(1) Berechnen Sie das Volumen des Gasbehälters.

(2) Ermitteln Sie, welche Füllhöhe der Behälter hat, wenn 42 m^3 Flüssiggas eingefüllt sind. D3

Lösung

a) Ansatz mit einer ganzrationalen Funktion 3. Grades:
$v(t) = at^3 + bt^2 + ct + d$ mit $v'(t) = 3at^2 + 2bt + c$

Aus den Informationen im Text ergeben sich die folgenden Bedingungen:
Die Zulaufgeschwindigkeit zum Zeitpunkt $t = 1$
– beträgt 22 m^3/h: $v(1) = 22$
– ist maximal: $v'(1) = 0$ (*notwendige Bedingung*)
Die Zulaufgeschwindigkeit zum Zeitpunkt $t = 4$
– beträgt −32 m^3/h: $v(4) = -32$
– ist minimal: $v'(4) = 0$ (*notwendige Bedingung*)

Setzt man diese in die Gleichungen für v(t) bzw. v′(t) ein, so ergibt sich ein lineares Gleichungssystem mit zugehöriger erweiterter Koeffizientenmatrix:

$$\left|\begin{array}{rl} a + b + c + d &= 22 \\ 3a + 2b + c &= 0 \\ 64a + 16b + 4c + d &= -32 \\ 48a + 8b + c &= 0 \end{array}\right| \Leftrightarrow \left|\begin{array}{rrrr|r} 1 & 1 & 1 & 1 & 22 \\ 3 & 2 & 1 & 0 & 0 \\ 64 & 16 & 4 & 1 & -32 \\ 48 & 8 & 1 & 0 & 0 \end{array}\right|$$

Die Lösung des Gleichungssystems kann hier aufgrund des Operators „bestimmen“ mit dem GTR vorgenommen werden.

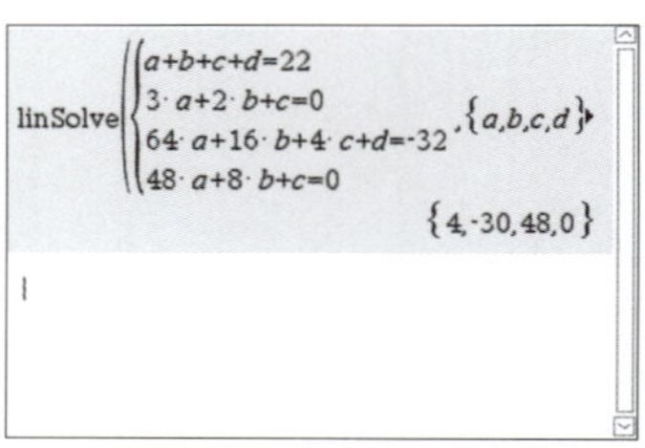

Zum Training kann das Gleichungssystem aber auch ohne Verwendung des GTR mithilfe elementarer Zeilenumformungen gelöst werden:

$$\left|\begin{array}{cccc|c} 1 & 1 & 1 & 1 & 22 \\ 0 & -1 & -2 & -3 & -66 \\ 0 & -48 & -60 & -63 & -1440 \\ 0 & -40 & -47 & -48 & -1056 \end{array}\right| \Leftrightarrow \left|\begin{array}{cccc|c} 1 & 1 & 1 & 1 & 22 \\ 0 & 1 & 2 & 3 & -66 \\ 0 & 0 & 36 & 81 & 1728 \\ 0 & 0 & 33 & 72 & 1584 \end{array}\right| \Leftrightarrow$$

$$\left|\begin{array}{cccc|c} 1 & 1 & 1 & 1 & 22 \\ 0 & 1 & 2 & 3 & 66 \\ 0 & 0 & 1 & 2{,}25 & 48 \\ 0 & 0 & 0 & -2{,}25 & 0 \end{array}\right| \Leftrightarrow \left|\begin{array}{cccc|c} 1 & 1 & 1 & 1 & 22 \\ 0 & 1 & 2 & 3 & 66 \\ 0 & 0 & 1 & 2{,}25 & 48 \\ 0 & 0 & 0 & 1 & 0 \end{array}\right|.$$

Aus der Matrix in Dreiecksform kann man von unten nach oben die Lösungen ablesen:
$d = 0$,
$c + 2{,}25 \cdot 0 = 48$, also $c = 48$,
$b + 2 \cdot 48 + 3 \cdot 0 = 66$, also $b = -30$,
$a + 1 \cdot (-30) + 1 \cdot 48 + 1 \cdot 0 = 22$, also $a = 4$.

In beiden Fällen erhält man zur Modellierung der Zulaufgeschwindigkeit

$v(t) = 4t^3 - 30t^2 + 48t$.

Kontrolle, ob diese so ermittelte Funktion tatsächlich die Bedingungen erfüllt:
Es gilt: $v'(t) = 12t^2 - 60t + 48 = 12 \cdot (t^2 - 5t + 4) = 12 \cdot (t-1) \cdot (t-4)$, also
$v'(t) = 0 \Leftrightarrow t = 1 \vee t = 4$.

Überprüfung, ob die hinreichenden Bedingungen erfüllt sind:
Da $v''(t) = 24t - 60$ liegt mit $v''(1) = -36 < 0$ für $t = 1$ ein lokales Maximum und mit $v''(4) = 36 > 0$ für $t = 4$ ein lokales Minimum vor.

b) Zunächst läuft Flüssiggas in den zu Beginn bereits mit 42 m³ gefüllten Tank ein. Die Zuflussgeschwindigkeit nimmt in der ersten Stunde immer weiter zu. Danach verringert sich die Zuflussgeschwindigkeit wieder (es wird aber weiter Flüssiggas eingefüllt), bis sie nach etwa 2,3 Stunden gleich null ist. In diesem Moment fließt nichts ein oder aus. Anschließend wird die Zuflussgeschwindigkeit sogar negativ, was bedeutet, dass Flüssiggas aus dem Tank entnommen wird.
Man erkennt eindeutig, dass über dem Intervall [0; 5] der Flächeninhalt der Fläche unterhalb der x-Achse größer ist als der Flächeninhalt der Fläche oberhalb der x-Achse. Daher wird dem Tank insgesamt mehr entnommen als zugeführt wird und er wird nach 5 Stunden weniger als 42 m³ Flüssiggas enthalten.

Es ergeben sich die Nullstellen: $t_1 = 0$; $t_2 = \frac{15}{4} - \frac{\sqrt{33}}{4} \approx 2{,}31$; $t_3 = \frac{15}{4} + \frac{\sqrt{33}}{4} \approx 5{,}19$.

Im Zeitintervall $[0; t_2]$ fließt Gas zu;
im Zeitintervall $[t_2; 5]$ fließt Gas aus.
Die Nullstelle t_3 liegt außerhalb des betrachteten 5-stündigen Zeitintervalls.

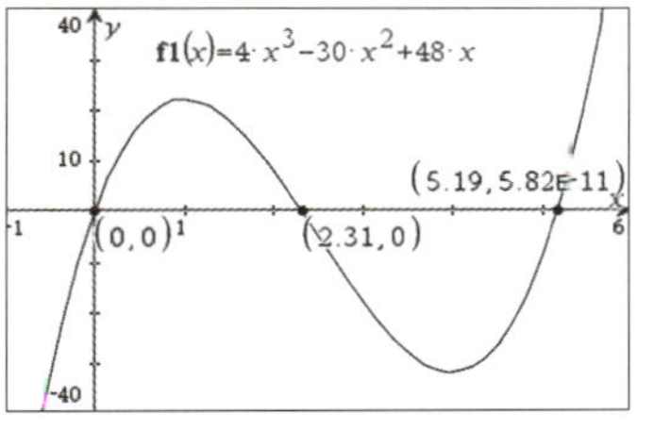

c) Gesucht ist eine Extremstelle der ersten Ableitung, also eine Wendestelle, an der zusätzlich eine negative Steigung vorliegen soll.

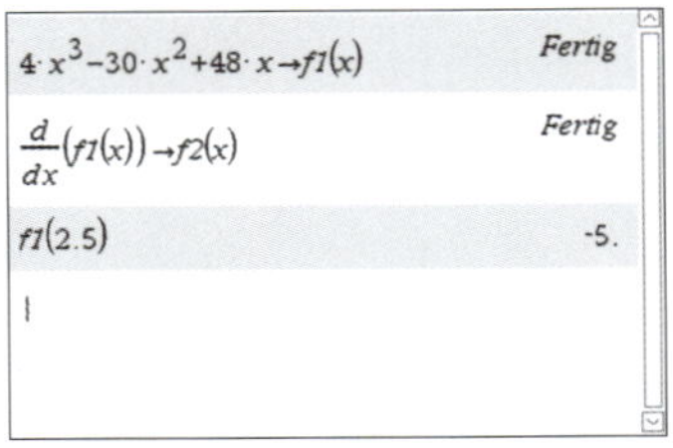

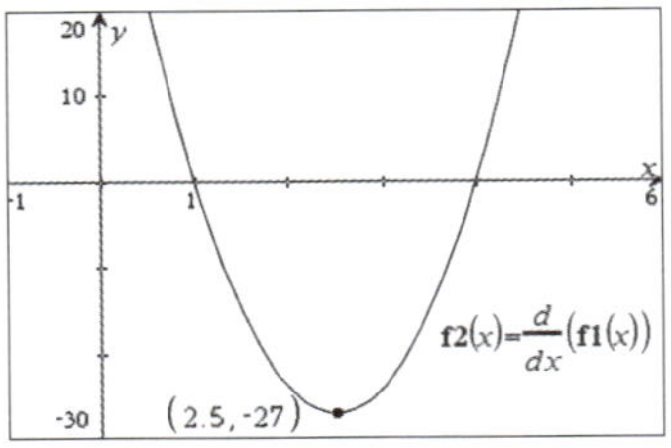

Mit dem GTR kann die Extremstelle der ersten Ableitung im Grafik-Modus bestimmt werden. Damit erhält man die Wendestelle von v mit x = 2,5. An dieser Stelle liegt also eine Wendestelle mit den geforderten Eigenschaften vor.

Die Berechnung kann aber auch leicht ohne den GTR erfolgen:
$v'(t) = 12t^2 - 60t + 48$; $v''(t) = 24t - 60$; $v'''(t) = 24$.
Die notwendige Bedingung ergibt $v''(t) = 0 \Leftrightarrow 24t = 60 \Leftrightarrow t = 2{,}5$.
Aus der hinreichenden Bedingung $v''(2{,}5) = 0 \wedge v'''(2{,}5) = 24 \neq 0$ folgt, dass $t = 2{,}5$ eine Wendestelle ist.
Da außerdem auch $v'(2{,}5) = -27 < 0$, war die Abnahme nach 2,5 Stunden am größten.
Da weiterhin $v(2{,}5) = -5$, fließen zu diesem Zeitpunkt $5\,\frac{m^3}{h}$ aus dem Behälter heraus.

d) (1) Bei der Berechnung der Füllmenge nach 2 Stunden mithilfe der Integralrechnung ist zu beachten, dass der Behälter bereits mit 42 m^3 gefüllt war.

$$\int_0^2 v(t)\,dt + 42 = \left[t^4 - 10t^3 + 24t^2\right]_0^2 + 42 = 32 + 42 = 74.$$

Nach 2 Stunden befinden sich also 74 m^3 Gas im Behälter.

(2) Soll sich im Behälter wieder die Ausgangsmenge von 42 m^3 befinden, so muss die Bilanzsumme aus Zu- und Abfluss gerade wieder null ergeben.

Der Ansatz $\int_0^d v(t)\,dt = 0$ mit $d > 0$ führt zu der Gleichung:

$d^4 - 10d^3 + 24d^2 = 0 \Leftrightarrow d^2(d^2 - 10d + 24) = 0 \Leftrightarrow d^2(d-4)(d-6) = 0$.
Diese hat die Lösungen $d = 0 \vee d = 4 \vee d = 6$.
Im betrachteten Zeitintervall befindet sich also nach 4 Stunden sowie zusätzlich nach 6 Stunden wieder die Ausgangsmenge im Behälter.

Die Berechnung des bestimmten Integrals in (1) und die Lösung der Gleichung in (2) kann mit dem GTR vorgenommen werden (siehe rechts).

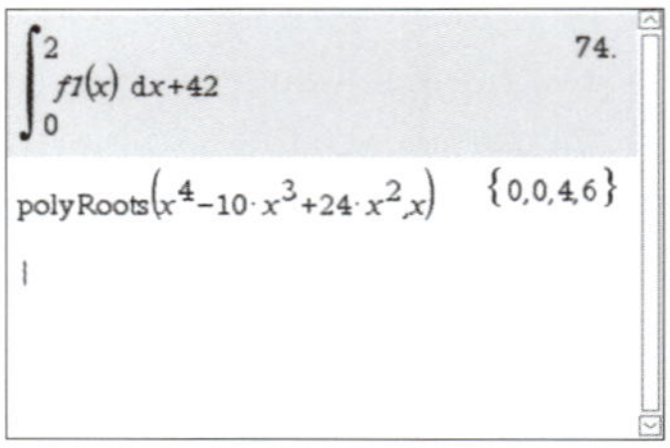

e) **(LK)** Der kugelförmige Behälter hat den Radius $r = 3$ m. Er kann als Rotationskörper betrachtet werden.

(1) $V_{ges} = \pi \int_{-3}^{3} (9 - x^2)\,dx = 2\pi \int_{0}^{3} (9 - x^2)\,dx = 2\pi \left[9x - \frac{1}{3}x^3\right]_0^3 = 36\pi \approx 113{,}1.$

Das gesamte Volumen des Behälters beträgt etwa 113,1 m^3.

(2) Die Füllung kann als sich in einer Kugelkappe der Höhe h befindlich betrachtet werden. Zur Bestimmung der Füllhöhe h dient der Ansatz

$\pi \int_{3-h}^{3} (9 - x^2)\,dx = 42.$

Durch Integration folgt die äquivalente Gleichung

$\frac{\pi}{3} \cdot h^2(9 - h) = 42$

mit den numerisch oder grafisch bestimmten Lösungen $h_1 \approx -1{,}92$; $h_2 \approx 2{,}48$; $h_3 \approx 8{,}44$.
Da nur h_2 im Intervall $[0; 3]$ liegt, beträgt die gesuchte Füllhöhe ungefähr 2,48 m.

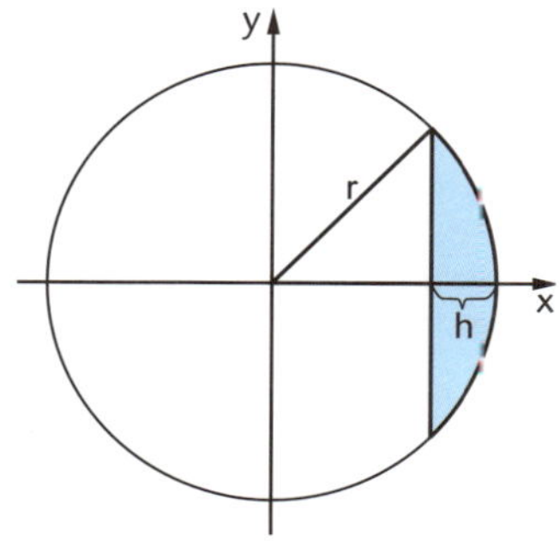

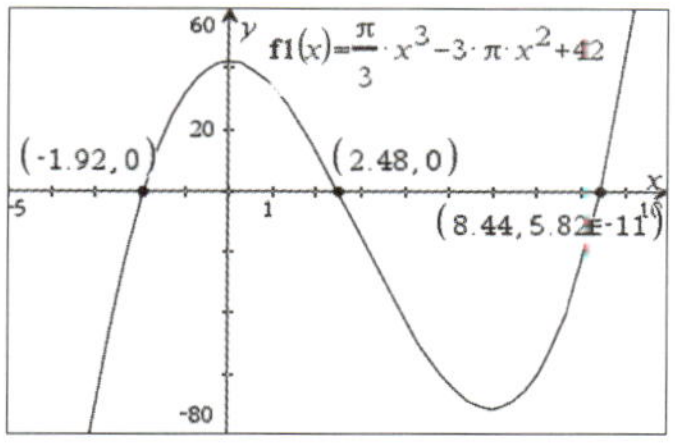

Aufgabe 5 *Wirkstoffkonzentration*

Ein Pharmaunternehmen produziert ein Medikament, das in Tablettenform verabreicht wird. Der zeitliche Verlauf derWirkstoffkonzentration im Blut eines Patienten kann in den ersten 24 Stunden nach Einnahme einer Tablette näherungsweise durch die Funktion f mit $f(t) = 8 \cdot t \cdot e^{-0{,}25 \cdot t}$, $t \in [0; 24]$, beschrieben werden. Dabei wird die Zeit t in Stunden seit der Einnahme (t = 0)und die Wirkstoffkonzentration f(t) im Blut in Milligramm pro Liter (mg/l) gemessen.

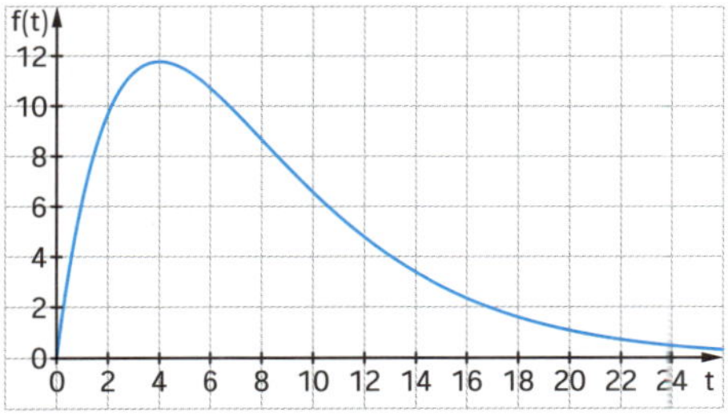

a) Beschreiben Sie den Verlauf des Graphen im Sachzusammenhang.
Berechnen Sie die Höhe der Wirkstoffkonzentration im Blut des Patienten 24 Stunden nach Einnahme des Medikaments. C4

b) Bestimmen Sie den Zeitpunkt, zu dem die maximale Wirkstoffkonzentration im Blut erreicht wird, und geben Sie den maximalen Wert an. B5

c) Weisen Sie nach, dass der Graph von f an der Stelle t = 8 den einzigen Wendepunkt besitzt.am stärksten
Begründen Sie, dass die Wirkstoffkonzentration zum Zeitpunkt t=8 am stärksten abnimmt. B4

d) Weisen Sie nach, dass die Funktion F mit $F(t) = -32 \cdot (t + 4) \cdot e^{-0{,}25 \cdot t}$ eine Stammfunktion von f ist.

Durch $m = \frac{1}{b-a} \cdot \int_a^b f(t)\,dt$ wird die mittlere Wirkstoffkonzentration im Zeitintervall [a; b] bestimmt.
Bestimmen Sie die mittlere Wirkstoffkonzentration in den ersten 12 Stunden nach der Einnahme des Medikaments. **D4**

e) Für t > 24 soll der zeitliche Verlauf der Wirkstoffkonzentration durch die Tangente an den Graphen von f im Punkt (24 | f(24)) beschrieben werden.
Bestimmen Sie eine Gleichung dieser Tangente.
Berechnen Sie für diese Modellierung den Zeitpunkt, zu dem der Wirkstoff im Blut vollständig abgebaut ist. **A3**

f) (1) Das Medikament ist nur wirksam, wenn seine Konzentration im Blut mindestens 8 mg/l beträgt.
Bestimmen Sie die Zeitspanne, in der das Medikament wirksam ist. **B2**

(2) Für Mediziner kommt es neben der Konzentration des Wirkstoffes zusätzlich auf die Zeit an, in der der Wirkstoff dem Körper zur Verfügung steht. Die sogenannte „Wirkungsgröße" des Medikaments ist dabei sowohl von der Wirkstoffkonzentration als auch von der Wirkungsdauer abhängig und kann durch die Maßzahl der in der nebenstehenden Abbildung schraffierten Fläche angegeben werden.

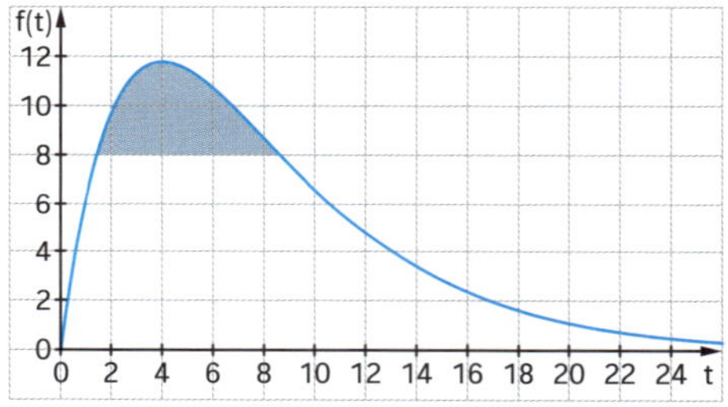

Ermitteln Sie die Maßzahl der schraffierten Fläche. **D2**

g) (LK) Der zeitliche Verlauf der Wirkstoffkonzentration im Blut eines Patienten kann in den ersten 24 Stunden nach Einnahme einer Tablette näherungsweise durch die Funktionenschar $f_a(t) = a \cdot t \cdot e^{-0{,}25 \cdot t}$, $t \in [0; 24]$, $a > 0$, beschrieben werden.
Untersuchen Sie das Monotonieverhalten der Funktionen f_a in Abhängigkeit von a und zeigen Sie, dass die Funktion f_a unabhängig vom Parameter a an der Stelle t = 4 ein absolutes Maximum besitzt. Interpretieren Sie die Ergebnisse im Sachzusammenhang.

Um eine schädliche Wirkung des Medikaments zu vermeiden, darf eine Wirkstoffkonzentration von 18 mg/l nicht überschritten werden.
Ermitteln Sie die Dosishöhe a, ab der eine schädliche Wirkung des Medikamens eintritt. **B6**

Lösung

a) Zum Zeitpunkt t = 0 beträgt die Wirkstoffkonzentration $0\,\frac{mg}{l}$, sie steigt in den ersten vier Stunden an bis auf einen maximalen Wert von etwa $12\,\frac{mg}{l}$. Anschließend nimmt die Wirkstoffkonzentration wieder ab. Es ist zu beobachten, dass sich die Wirkstoffkonzentration asymptotisch dem Wert $0\,\frac{mg}{l}$ nähert und diesen nicht erreicht.

Nach 24 Stunden (t = 24) beträgt die Wirkstoffkonzentration $f(24) = 8 \cdot 24 \cdot e^{-0{,}25 \cdot 24} \approx 0{,}48\,\left[\frac{mg}{l}\right]$.

b) Aufgrund des Operators „bestimme" darf der GTR zur Bearbeitung der Aufgabe mit allen Optionen verwendet werden. Daher werden hier die Koordinaten des lokalen Maximums graphisch bestimmt, indem der Graph von f mit der Option *Graph analysieren* auf Maxima untersucht wird. Man erhält die Koordinaten des lokalen Hochpunktes (4 | 11,8). Durch den Vergleich mit den Funktionswerten an den Rändern des Definitionsbereichs $f(0) = 0$ und $f(24) \approx 0{,}48$ ergibt sich, dass $f(4) \approx 11{,}8$ auch ein absolutes Maximum von f ist. Die Wirkstoffkonzentration erreicht nach 4 Stunden ihren maximalen Wert von ungefähr $11{,}8\,\frac{\text{mg}}{\text{l}}$.

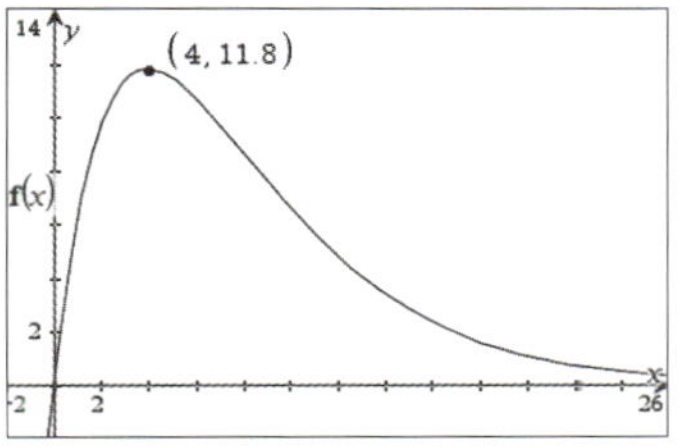

Zur Übung kann die Berechnung des lokalen Extremums auch ohne Verwendung des GTR ausgeführt werden. Die Ableitungen werden mit der Produkt- und der Kettenregel berechnet:

$f'(t) = 8 \cdot e^{-0{,}25 \cdot t} - 0{,}25 \cdot 8 \cdot t \cdot e^{-0{,}25 \cdot t} = (8 - 2 \cdot t) \cdot e^{-0{,}25 \cdot t}$

$f''(t) = -2 \cdot e^{-0{,}25 \cdot t} - 0{,}25 \cdot (8 - 2 \cdot t) \cdot e^{-0{,}25 \cdot t} = (0{,}5 \cdot t - 4) \cdot e^{-0{,}25 \cdot t}$

Notwendiges Kriterium:
$f'(t) = 0 \Leftrightarrow (8 - 2 \cdot t) \cdot e^{-0{,}25 \cdot t} = 0 \Leftrightarrow (8 - 2 \cdot t) = 0 \Leftrightarrow t = 4.$

Hinreichendes Kriterium:
$f'(4) = 0 \wedge f''(4) = (2 - 4) \cdot e^{-1} = -\frac{2}{e} < 0.$

Also liegt an der Stelle $t = 4$ ein lokales Maximum mit $f(4) = 8 \cdot 4 \cdot e^{-1} = \frac{32}{e} \approx 11{,}77$ vor.

c) Da nachzuweisen ist, dass an der Stelle $t = 8$ der einzige Wendepunkt von f vorliegt, muss hier formal argumentiert werden. Der GTR kann zu diesem Zweck nicht verwendet werden.

Alle Kandidaten für Wendestellen erhält man mit der zweiten Ableitung aus a) und dem notwendigen Kriterium:
$f''(x) = 0 \Leftrightarrow (0{,}5 \cdot t - 4) \cdot e^{-0{,}25 \cdot t} = 0 \Leftrightarrow 0{,}5 \cdot t - 4 = 0 \Leftrightarrow t = 8.$
Es kann also höchstens einen Wendepunkt geben.

Als hinreichendes Kriterium ist die Untersuchung eines Vorzeichenwechsels von f'' am einfachsten. Da z. B. $f''(4) = -2 \cdot e^{-1} < 0$ und $f''(12) = 2 \cdot e^{-3} > 0$ ist, hat f'' an der Stelle $t = 8$ einen $(-/+)$-Vorzeichenwechsel. Damit ist nachgewiesen, dass der Graph von f dort seinen einzigen Wendepunkt hat.

Die Änderungsrate f' hat demnach an der Stelle $t = 8$ ein lokales Minimum mit $f'(8) = -8 \cdot e^{-2} \approx -1{,}08$. Dieses muss nun noch mit den Änderungsraten am Rand des Definitionsbereichs verglichen werden:
$f'(0) = 8$ und $f'(24) = -40 \cdot e^{-6} \approx -0{,}099$.
Da $f'(8) < f'(24) < f'(0)$, liegt bei $t = 8$ ein absolutes Minimum von f' vor, die Wirkstoffkonzentration nimmt zum Zeitpunkt $t = 8$ ab stärksten ab.

d) Durch Ableiten von $F(t)$ mit der Produkt- und der Kettenregel erhält man:
$F'(t) = -32 \cdot e^{-0{,}25 \cdot t} - 32 \cdot (t + 4) \cdot (-0{,}25) \cdot e^{-0{,}25 \cdot t}$
$= (-32 + 8(t + 4)) \cdot e^{-0{,}25 \cdot t} = 8t \cdot e^{-0{,}25 \cdot t} = f(t).$

Da $F'(t) = f(t)$, ist nachgewiesen, dass F eine Stammfunktion von f ist.

Die mittlere Wirkstoffkonzentration in den ersten 12 Stunden kann mit a = 0 und b = 12 und der angegebenen Formel bestimmt werden. Der GTR liefert dazu

$m = \frac{1}{12}\int_0^{12} f(t)\,dt \approx 8{,}54\ \left[\frac{mg}{l}\right].$

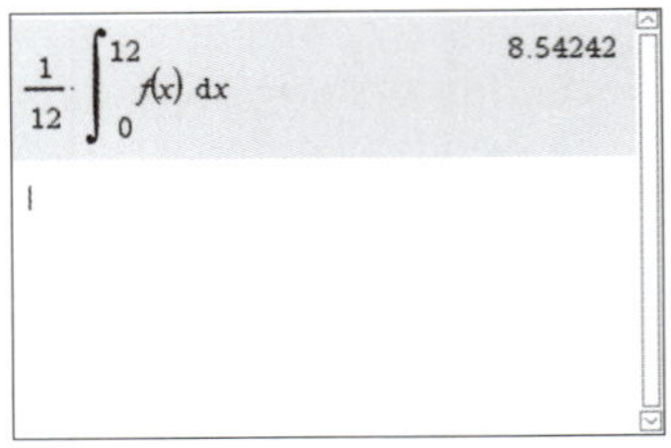

Zur Übung kann das Integral hier auch ohne GTR berechnet werden:

$m = \frac{1}{12}\int_0^{12} f(t)\,dt = \frac{1}{12}\cdot\left[-32\cdot(t+4)\cdot e^{-0{,}25\cdot t}\right]_0^{12} = \frac{1}{12}\cdot(-512\cdot e^{-3}+128) \approx 8{,}54\left[\frac{mg}{l}\right]$

e) Der GTR liefert für die Steigung der Tangente $m = f'(24) \approx -0{,}1$. Durch Einsetzen der Koordinaten des Punktes $(24\,|\,f(24))$ in die Gleichung $g(t) = -0{,}1\cdot t + b$ und numerisches Lösen mit dem GTR erhält man $b \approx 2{,}88$. Die Tangentengleichung lautet also $g(t) = -0{,}1\cdot t + 2{,}88$.

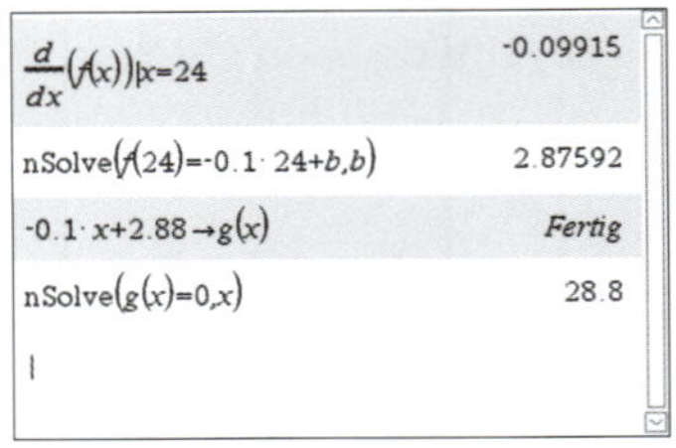

In diesem Modell wäre der Wirkstoff vollständig abgebaut, wenn $g(t) = 0$ ist. Gesucht ist also eine Nullstelle von g. Der GTR liefert dafür $t \approx 28{,}8$. Also ist der Wirkstoff nach 28 h 48 min vollständig abgebaut.

Hinweis: Die gesuchte Tangentengleichung kann auch mit der Formel $g(t) = f'(24)\cdot(t-24) + f(24)$ bestimmt werden. Man erhält durch Einsetzen $g(t) = -40\cdot e^{-6}\cdot(t-24) + 192\cdot e^{-6} = -40\cdot e^{-6}\cdot t + 1152\cdot e^{-6} \approx 0{,}01\cdot t + 2{,}86$.

f) (1) Zunächst werden die Schnittstellen des Graphen von f und der waagerecht verlaufenden Gerade y = 8 bestimmt. Dazu kann mit dem GTR die Gleichung f(t) = 8 numerisch gelöst werden. Hier erhält man zunächst jedoch nur eine Lösung $t_1 \approx 1{,}43$. Die zweite Lösung wird erst nach Angabe eines Schätzwertes (hier 6) numerisch ermittelt zu $t_2 \approx 8{,}61$.

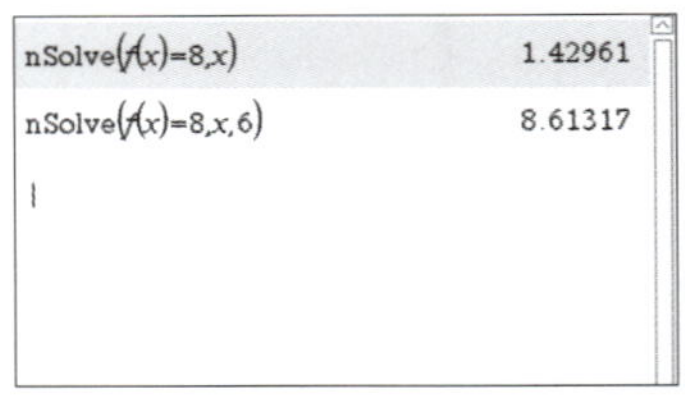

Alternativ kann man auch die Graphen von f und y = 8 im Grafikfenster des GTR darstellen und die Koordinaten der Schnittpunkte mit der Option *Graph analysieren* ermitteln.
Demnach ist das Medikament in der Zeitspanne zwischen $t_1 \approx 1{,}43$ und $t_2 \approx 8{,}61$ wirksam, also für etwa 8,61 h – 1,43 h = 7,18 h, d.h. für ca. 7 h 11 min.

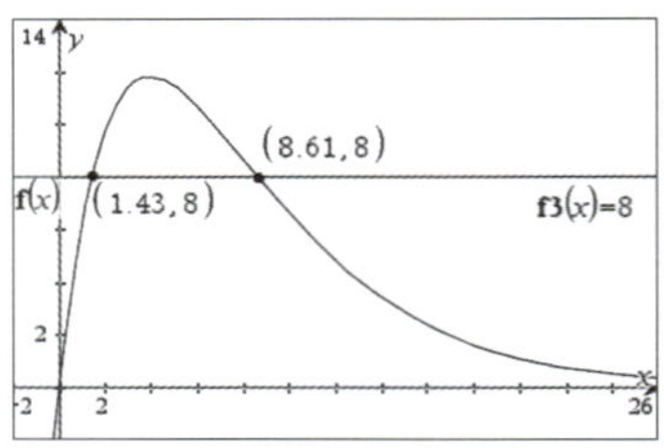

(2) Die zu ermittelnde „Wirkungsgröße“ ist der Aufgabenstellung zufolge durch den Flächeninhalt der zwischen den Graphen von f und y = 8 eingeschlossenen Fläche bestimmt. Die Maßzahl für diesen Flächeninhalt wird per Integration bestimmt. Als Integrand ist dabei die Differenzfunktion f(t) – 8 zu verwenden; die Integrationsgrenzen ergeben sich aus den in Aufgabenteil (1) bestimmten Schnittstellen der beiden Graphen $t_1 \approx 1{,}43$ und $t_2 \approx 8{,}61$.

Der GTR liefert: $\int_{1{,}43}^{8{,}61} (f(t)-8)\,dt \approx 17{,}21$.

Alternativ erhält man das Ergebnis im Grafikfenster des GTR als Differenz von zwei numerischen Integrationen mit den Randfunktionen f(t) und y = 8 aus 74,3 − 57,1 = 17,2.

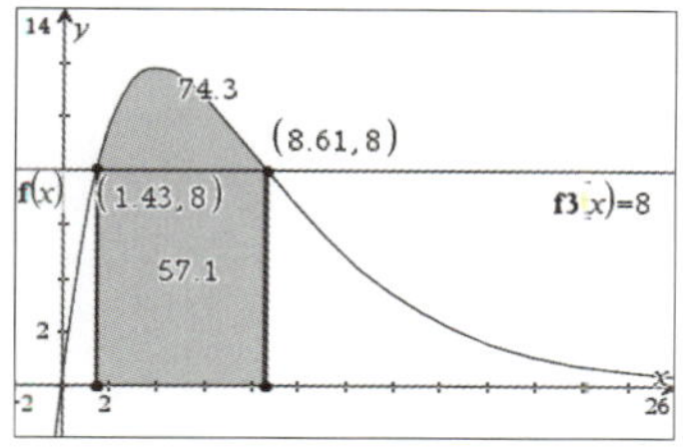

g) (**LK**) Zur Untersuchung des Monotonieverhaltens werden die Nullstellen der ersten Ableitung $f_a'(t)$benötigt. Die Ableitung wird wieder mit der Produkt- und der Kettenregel berechnet:
$f_a'(t) = a \cdot e^{-0,25 \cdot t} + a \cdot t \cdot (-0,25) \cdot e^{-0,25 \cdot t} = (a - 0,25 \cdot a \cdot t) \cdot e^{-0,25 \cdot t}$;
$f_a'(t) = 0 \Leftrightarrow (a - 0,25 \cdot a \cdot t) \cdot e^{-0,25 \cdot t} = 0 \Leftrightarrow a - 0,25 \cdot a \cdot t = 0 \Leftrightarrow t = 4$, da $a > 0$ nach Voraussetzung. Die einzige Nullstelle von $f_a'(t)$ ist also unabhängig von a.

Für $0 \le t < 4$ gilt: $f_a'(t) > 0$, da $a - 0,25 \cdot a \cdot t > 0$ und $e^{-0,25 \cdot t} > 0$
Für $4 < t \le 24$ gilt: $f_a'(t) < 0$, da $a - 0,25 \cdot a \cdot t < 0$ und $e^{-0,25 \cdot t} > 0$.

Der Graph von $f_a(t)$ ist also für alle $a > 0$ im Intervall $0 \le t < 4$ streng monoton steigend und im Intervall $4 < t \le 24$ streng monoton fallend. $f_a(t)$ hat demnach an der Stelle $t = 4$ ein lokales Maximum. Da $f_a(0) = 0 < f_a(24) < f_a(4)$, ist dies auch ein absolutes Maximum.

Im Sachzusammenhang bedeutet dies, dass die Wirkstoffkonzentration unabhängig von der Dosishöhe a in den ersten vier Stunden zunimmt, nach vier Stunden ihr absolutes Maximum erreicht und dann wieder abnimmt.

Die maximale Wirkstoffkonzentration ist $f_a(4) = 4a \cdot e^{-1}$. Diese darf den Wert von 18 $\frac{mg}{l}$ nicht überschreiten.
$f_a(4) = 18 \Leftrightarrow 4a \cdot e^{-1} = 18 \Leftrightarrow a = 4,5e \approx 12,23$, d. h. eine schädliche Wirkung des Medikaments tritt ein, wenn die Dosishöhe a den Wert $a \approx 12,23$ überschreitet.

Aufgabe 6 *Ein neues Logo für die Firma SyncLog*

Für ihre Werbung und ihre Korrespondenz möchte die Firma SyncLog ein neues Logo verwenden. Dazu hat ein Grafiker bereits eine Vorlage entwickelt.

Zur weiteren Bearbeitung wird dieser Entwurf der mathematischen Abteilung vorgelegt. Der die Abbildung unterteilende geschwungene Graph soll punktsymmetrisch zum Mittelpunkt des Logos sein, jeweils genau einen Hoch- und einen Tiefpunkt aufweisen und sich an den Rändern einer in der Skizze nicht enthaltenen waagerechten Linie anschmiegen.

a) Zeigen Sie, dass der Graph der Funktion f mit $f(x) = 2 \cdot \sqrt{e} \cdot x \cdot e^{-0,5 \cdot x^2}$ die gewünschten Eigenschaften aufweist. Untersuchen Sie dazu die Symmetrie-Eigenschaft des Graphen, die Lage der Extrempunkte sowie das Verhalten am Rande des Definitionsbereichs $D_f = \mathbb{R}$.
Skizzieren Sie mithilfe der so bestimmten Punkte den Graphen der Funktion im Intervall $[-3; +3]$. B2 B3 B5

b) Das Logo soll in geeigneter Größe am Firmengebäude angebracht werden. Dabei wird der erste Buchstabe „S“ des Schriftzuges entlang des Graphen der Funktion f aus Metall ausgeführt. Eine Längeneinheit entspricht in diesem Fall einem Meter. Das Metallstück soll dabei die beiden nicht im Ursprung des Koordinatensystems liegenden Wendepunkte verbinden und in diesen befestigt werden. Bestimmen Sie den Abstand der Befestigungen und den Winkel, den die dazwischen liegende Verbindungsstrecke mit der Horizontalen einschließt. B4

c) Das in der zugrundeliegenden Skizze des Grafikers schraffierte Flächenstück soll auf zu erstellenden Anstecknadeln versilbert werden.

(1) Weisen Sie nach, dass die Funktion F mit $F(x) = -2\sqrt{e} \cdot e^{-0,5 \cdot x^2}$ eine Stammfunktion für die Funktion f ist. D1

(2) Berechnen Sie den Flächeninhalt des schraffierten Flächenstücks für den Graphen der Funktion f. Eine Längeneinheit entspricht in diesem Fall einem Zentimeter. D2

(LK) Betrachten Sie nun allgemein die Graphen der Funktionenschar $f_{a,b}$ mit $f_{a,b}(x) = a \cdot x \cdot e^{-b \cdot x^2}$, wobei $a, b \in \mathbb{R}^+$.

d) Zeigen Sie, dass alle Graphen der Funktionenschar $f_{a,b}$ die von der Geschäftsleitung gewünschten Eigenschaften aufweisen.
Weisen Sie nach, dass die Hochpunkte bestimmt sind durch $H\left(\frac{1}{\sqrt{2b}} \middle| \frac{a}{\sqrt{2be}}\right)$. B3

e) Untersuchen Sie, wie sich die Lage der Extrempunkte der Funktionenschar verändert, wenn man die Werte der Parameter a bzw. b vergrößert oder verkleinert. B3 B6

f) Aus ästhetischen Gründen soll das rechteckige Logo mit der Breite 16 LE und der Höhe 9 LE entwickelt werden. (Damit es später beliebig vergrößert und verkleinert werden kann, sind hier keine Angaben in cm vorgegeben.) C2

(1) Weiterhin soll der Hochpunkt so liegen, dass seine x-Koordinate x_H das Intervall [0; 8] im Verhältnis des *Goldenen Schnitts* unterteilt.

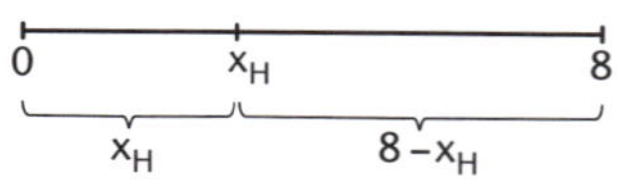

Dies ist der Fall, wenn $\frac{x_H}{8 - x_H} = \frac{8 - x_H}{8}$.

Zeigen Sie, dass dann für die x-Koordinate x_H gilt: $x_H \approx 3,056$.

(2) Bestimmen Sie mit dem Ergebnis aus Teilaufgabe (1) den Wert aus b so, dass das gewünschte Teilverhältnis erzielt wird.

(3) Schließlich soll der Graph den oberen Rand des vorgegebenen Rechtecks berühren. Bestimmen Sie den hierzu benötigten Wert von a.
[Hinweis: Hier können alle Größen auf drei Dezimalstellen gerundet werden.]

Lösung

a) Es gilt: $f(-x) = 2\sqrt{e} \cdot (-x) \cdot e^{-0,5 \cdot (-x)^2} = -2\sqrt{e} \cdot x \cdot e^{-0,5 \cdot x^2} = -f(x)$.
Daher ist der zugehörige Graph punktsymmetrisch zum Ursprung.

Man erhält die benötigten Ableitungen durch Anwendung der Produkt- und Kettenregel:
$f'(x) = 2\sqrt{e} \cdot e^{-0,5 \cdot x^2} + 2\sqrt{e} \cdot x \cdot (-x) \cdot e^{-0,5 \cdot x^2} = 2\sqrt{e} \cdot (1 - x^2) \cdot e^{-0,5 \cdot x^2}$
$f''(x) = (-2\sqrt{e} \cdot 2x) \cdot e^{-0,5 \cdot x^2} + 2\sqrt{e} \cdot (1 - x^2) \cdot (-x) \cdot e^{-0,5 \cdot x^2} = 2\sqrt{e} \cdot x \cdot (x^2 - 3) \cdot e^{-0,5 \cdot x^2}$

Notwendige Bedingung für Extremstellen:
$f'(x) = 0 \Leftrightarrow 1 - x^2 = 0 \Leftrightarrow x^2 = 1 \Leftrightarrow x = -1 \vee x = 1.$

Hinreichende Bedingung für Extremstellen:
$f'(-1) = 0 \wedge f''(-1) = -2\sqrt{e} \cdot (-2) \cdot e^{-0,5} = 4\sqrt{e} \cdot \frac{1}{\sqrt{e}} = 4 > 0;$

also liegt an der Stelle $x_T = -1$ ein lokaler Tiefpunkt vor.

$f'(1) = 0 \wedge f''(1) = 2\sqrt{e} \cdot (-2) \cdot e^{-0,5} = -4\sqrt{e} \cdot \frac{1}{\sqrt{e}} = -4 < 0;$

also liegt an der Stelle $x_H = 1$ ein lokaler Hochpunkt vor.
Weitere Extrempunkte können nicht auftreten.

Berechnung der y-Koordinaten zu den Extrempunkten:

$f(-1) = 2\sqrt{e} \cdot (-1) \cdot e^{-0,5} = -2\sqrt{e} \cdot \frac{1}{\sqrt{e}} = -2 \quad \Rightarrow T(-1\,|\,-2)$ ist der Tiefpunkt.

$f(1) = 2\sqrt{e} \cdot (1) \cdot e^{-0,5} = 2\sqrt{e} \cdot \frac{1}{\sqrt{e}} = 2 \quad \Rightarrow H(1\,|\,2)$ ist der Hochpunkt.

Die Extrempunkte können auch mit dem GTR im Grafik-Modus mit der Option *Graph analysieren* ermittelt werden.

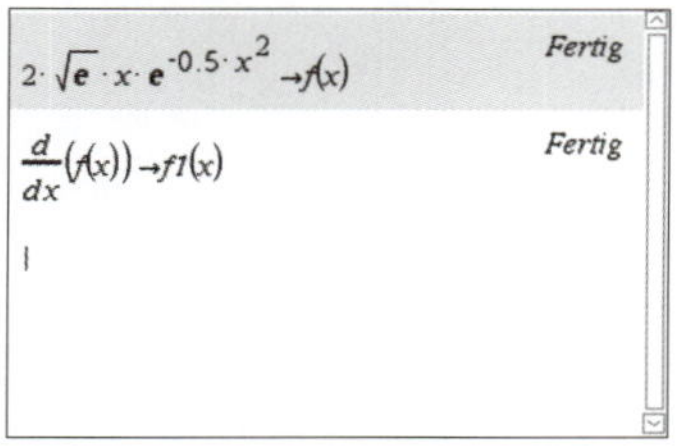

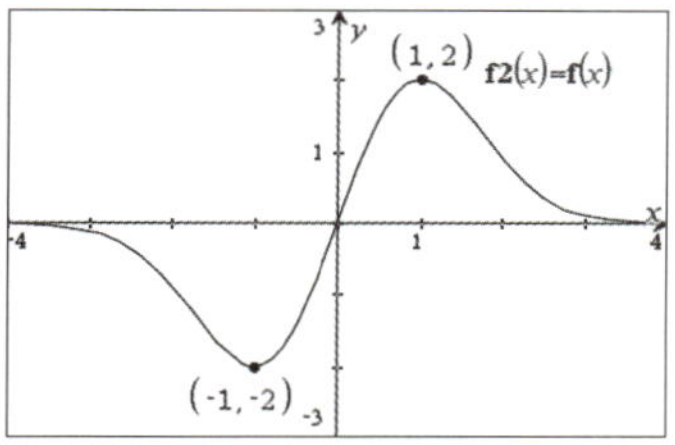

Für das Verhalten an den Rändern ergeben sich folgende Grenzwerte:
$\lim\limits_{x \to +\infty} f(x) = \lim\limits_{x \to +\infty} (2\sqrt{e} \cdot x \cdot e^{-0,5 \cdot x^2}) = 0, \; \lim\limits_{x \to -\infty} f(x) = \lim\limits_{x \to -\infty} (2\sqrt{e} \cdot x \cdot e^{-0,5 \cdot x^2}) = 0$

Der Graph schmiegt sich also an die x-Achse asymptotisch an. Die lokalen Extrempunkte sind daher ebenfalls absolute Extrempunkte. Damit sind die geforderten Bedingungen erfüllt.

b) Da Wendestellen immer Extremstellen der ersten Ableitung sind, können sie mit dem GTR im Grafik-Modus mit der Option *Graph analysieren* anhand des Graphen von f′ ermittelt werden.
Man erhält die Wendestellen $x_{W_1} \approx -1,73$; $x_{W_2} = 0$ und $x_{W_3} \approx 1,73$.

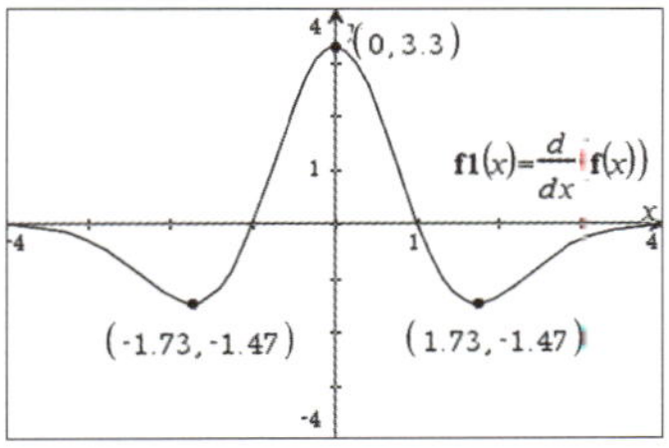

Zur Übung können die Koordinaten der Wendepunkte hier auch algebraisch berechnet werden.

Notwendige Bedingung für Wendestellen:
$f''(x) = 0 \Leftrightarrow x = 0 \vee x = -\sqrt{3} \vee x = \sqrt{3}.$

Hinreichende Bedingung für Wendestellen: Vorzeichenwechsel bei der 2. Ableitung.
Es gilt: $f''(-2) < 0$; $f''(-1) > 0$; $f''(+1) < 0$; $f''(+2) > 0$, also liegt bei $x = -\sqrt{3}$ und bei $x = +\sqrt{3}$ ein Vorzeichenwechsel von – nach + vor (Übergang von einer Rechts- zu einer Linkskrümmung) und an der Stelle $x = 0$ ein Vorzeichenwechsel von + nach – (Übergang von einer Links- zu einer Rechtskrümmung).

Mit den zugehörigen Funktionswerten erhält man die Wendepunkte:
$W_1(-\sqrt{3}\,|\,-1,274)$; $W_2(0\,|\,0)$; $W_3(\sqrt{3}\,|\,1,274)$.

Die zu ermittelnde Länge der Verbindungsstrecke erhält man mit dem Satz des PYTHAGORAS: $l = 2 \cdot \sqrt{3 + 1{,}274^2} \approx 4{,}30$ LE. In der Realität ist sie also 4,30 m lang.

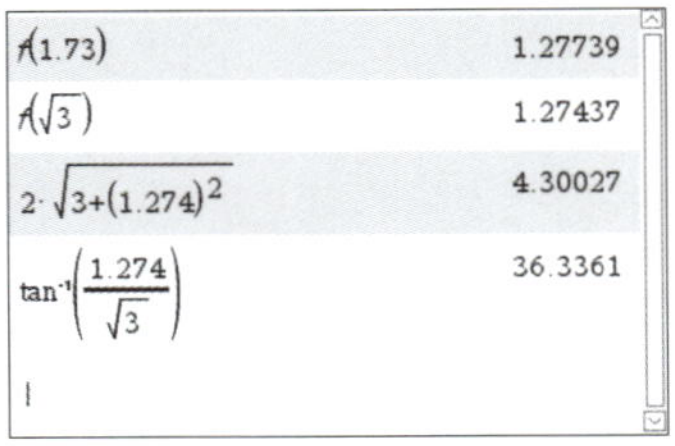

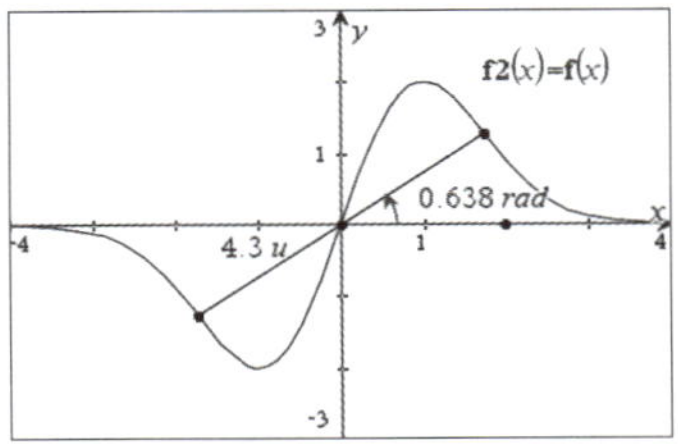

Für den gesuchten Winkel α erhält man: $\tan\alpha = \frac{1{,}274}{\sqrt{3}} \Rightarrow \alpha = \tan^{-1}\left(\frac{1{,}274}{\sqrt{3}}\right) \approx 36{,}3°$.

c) (1) Zum Nachweis, dass F eine Stammfunktion zu f ist, bilden wir die erste Ableitung F′(x) mithilfe der Konstanten- und der Kettenregel und zeigen, dass sie mit f(x) übereinstimmt:
$F'(x) = -2\sqrt{e} \cdot (-0{,}5 \cdot 2x) \cdot e^{-0{,}5x^2} = 2\sqrt{e} \cdot x \cdot e^{-0{,}5x^2} = f(x)$.

(2) Das im 3. Quadranten liegende Flächenstück kann am Ursprung gespiegelt werden. Dann erhält man den gesuchten Flächeninhalt A mit:

$$A = A_1 + A_2 + A_3 = 1 \cdot 2 + 3 \cdot 2 + \int_1^3 f(x)\,dx$$
$$= 2 + 6 + \left[-2\sqrt{e} \cdot e^{-0{,}5x^2}\right]_1^3$$
$$= 8 - 2\sqrt{e} \cdot (e^{-4{,}5} - e^{-0{,}5}) \approx 8 + 1{,}96 = 9{,}96.$$

Der Flächeninhalt beträgt insgesamt also etwa 9,96 cm².

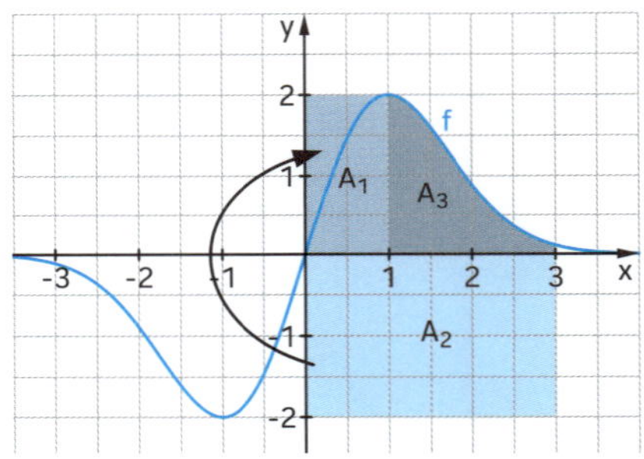

d) Zu zeigen ist, dass die Graphen der Funktionenschar $f_{a,b}$ punktsymmetrisch zum Ursprung des Koordinatensystems sind, jeweils genau einen Hoch- und einen Tiefpunkt aufweisen und sich an den Rändern der x-Achse asymptotisch annähern.

Es gilt: $f_{a,b}(-x) = -a \cdot x \cdot e^{-b \cdot x^2} = -f_{a,b}(x)$.
Daher sind die zugehörigen Graphen punktsymmetrisch zum Ursprung.

Man erhält die benötigten Ableitungen durch Anwendung der Produkt- und Kettenregel:
$f'_{a,b}(x) = a \cdot e^{-b \cdot x^2} + a x \cdot (-2bx) \cdot e^{-b \cdot x^2} = (a - 2abx^2) \cdot e^{-b \cdot x^2}$
$f''_{a,b}(x) = (-4abx) \cdot e^{-b \cdot x^2} + (a - 2abx^2) \cdot (-2bx) \cdot e^{-b \cdot x^2} = (4ab^2x^3 - 6abx) \cdot e^{-b \cdot x^2}$

Notwendige Bedingung für Extremstellen:
$f'_{a,b}(x) = 0 \Leftrightarrow a - 2abx^2 = 0 \Leftrightarrow 1 - 2bx^2 = 0$ (da $a \neq 0$ nach Voraussetzung)
$\Leftrightarrow 2bx^2 = 1 \Leftrightarrow x = -\frac{1}{\sqrt{2b}} \vee x = \frac{1}{\sqrt{2b}}$.

Hinreichende Bedingung für Extremstellen:
$$f'_{a,b}\left(-\frac{1}{\sqrt{2b}}\right) = 0 \wedge f''_{a,b}\left(-\frac{1}{\sqrt{2b}}\right) = \left(4ab^2 \cdot \left(-\frac{1}{2b\sqrt{2b}}\right) - 6ab \cdot \left(-\frac{1}{\sqrt{2b}}\right)\right) \cdot e^{-b \cdot \frac{1}{2b}}$$
$$= \left(-\frac{2ab}{\sqrt{2b}} + \frac{6ab}{\sqrt{2b}}\right) \cdot e^{-\frac{1}{2}} = 2a\sqrt{2b} \cdot e^{-\frac{1}{2}} > 0.$$

Also liegt an der Stelle $x_T = -\frac{1}{\sqrt{2b}}$ ein lokaler Tiefpunkt vor.

$$f'_{a,b}\left(\frac{1}{\sqrt{2b}}\right) = 0 \wedge f''_{a,b}\left(\frac{1}{\sqrt{2b}}\right) = \left(4ab^2 \cdot \frac{1}{2b\sqrt{2b}} - 6ab \cdot \frac{1}{\sqrt{2b}}\right) \cdot e^{-b \cdot \frac{1}{2b}}$$

$$= \left(\frac{2ab}{\sqrt{2b}} - \frac{6ab}{\sqrt{2b}}\right) \cdot e^{-\frac{1}{2}} = -2a\sqrt{2b} \cdot e^{-\frac{1}{2}} < 0.$$

Also liegt an der Stelle $x_H = \frac{1}{\sqrt{2b}}$ ein lokaler Hochpunkt vor.

Weitere Extrempunkte können nicht auftreten.

Die y-Koordinaten der Extrempunkte können durch Einsetzen der Extremstellen in die Funktionsgleichung berechnet werden:

$$f_{a,b}\left(\frac{1}{\sqrt{2b}}\right) = a \cdot \frac{1}{\sqrt{2b}} \cdot e^{-b \cdot \frac{1}{2b}} = a \cdot \frac{1}{\sqrt{2b}} \cdot e^{-\frac{1}{2}} = \frac{a}{\sqrt{2be}} \quad \Rightarrow H\left(\frac{1}{\sqrt{2b}} \middle| \frac{a}{\sqrt{2be}}\right).$$

Aufgrund der bereits nachgewiesenen Punktsymmetrie folgt damit sofort auch

$$f_{a,b}\left(-\frac{1}{\sqrt{2b}}\right) = -\frac{a}{\sqrt{2be}} \quad \Rightarrow T\left(-\frac{1}{\sqrt{2b}} \middle| -\frac{a}{\sqrt{2be}}\right).$$

Der maximale Definitionsbereich der Funktionenschar $f_{a,b}$ ist $D_{f_{a,b}} = \mathbb{R}$.
Für das Verhalten an den Rändern ergeben sich folgende Grenzwerte:

$$\lim_{x \to +\infty} f_{a,b}(x) = \lim_{x \to +\infty} (a \cdot x \cdot e^{-b \cdot x^2}) = 0,$$

$$\lim_{x \to -\infty} f_{a,b}(x) = \lim_{x \to -\infty} (a \cdot x \cdot e^{-b \cdot x^2}) = 0.$$

Die Graphen schmiegen sich also an die x-Achse an. Die lokalen Extrempunkte sind daher ebenfalls absolute Extrempunkte. Damit sind die geforderten Bedingungen auch für die Funktionenschar erfüllt.

e) Die x-Koordinaten der Extrempunkte $x_T = -\frac{1}{\sqrt{2b}}$ und $x_H = \frac{1}{\sqrt{2b}}$ wurden in Teilaufgabe b) bereits berechnet. Sie sind unabhängig vom Parameter a. Je größer der Parameter b gewählt wird, umso näher liegen die Extremstellen am Ursprung. Umgekehrt wandert bei kleiner werdendem b der Hochpunkt nach rechts und der Tiefpunkt nach links.
Die y-Koordinaten der Extrempunkte $y_T = -\frac{a}{\sqrt{2be}}$ und $y_H = \frac{a}{\sqrt{2be}}$ sind umgekehrt proportional zu $\sqrt{b}$. Mit wachsendem b liegen die Extrempunkte näher an der x-Achse. Zusätzlich sind die y-Koordinaten der Extrempunkte noch proportional zu a. Je größer a gewählt wird, umso weiter entfernt liegen die Extrempunkte von der x-Achse.

f) (1) Damit die Intervallteilung gemäß dem Verhältnis des Goldenen Schnittes erfolgt, muss für die x-Koordinate des Hochpunktes x_H gelten:

$$\frac{x_H}{8 - x_H} = \frac{8 - x_H}{8} \Leftrightarrow 8x_H = (8 - x_H)^2 \Leftrightarrow 8x_H = 64 - 16x_H + x_H^2 \Leftrightarrow x_H^2 - 24x_H + 64 = 0$$

$$\Leftrightarrow x_H = 12 - \sqrt{80} \approx 3{,}056.$$

Die zweite Lösung liegt nicht mehr im betrachteten Intervall [0; 8] und muss daher nicht betrachtet werden.

(2) Nun kann der Parameter b so bestimmt werden, dass die x-Koordinate des Hochpunktes die Bedingung aus Aufgabenteil (1) erfüllt:

$$x_H = \frac{1}{\sqrt{2b}} = 3{,}056 \Leftrightarrow b = \frac{1}{2 \cdot 3{,}056^2} \approx 0{,}054.$$

(3) Damit der Graph im Hochpunkt zusätzlich den oberen Rand des Rechtecks berührt, muss für die y-Koordinate gelten: $y_H = \frac{a}{\sqrt{2 \cdot 0{,}054 \cdot e}} = 4{,}5.$

Also: $a = 4{,}5 \cdot \sqrt{2 \cdot 0{,}054 \cdot e} \approx 2{,}438.$

Aufgabe 7 *Glasfassade für einen Baumarkt*[1]

Der Querschnitt des geschwungenen Daches eines Baumarktes bei Hannover (vgl. Abbildung links) soll durch den Graphen einer ganzrationalen Funktion modelliert werden. Die Maße der gesamten Dachkonstruktion sowie der Glasfassade des Baumarktes können den nachfolgenden Abbildungen entnommen werden.

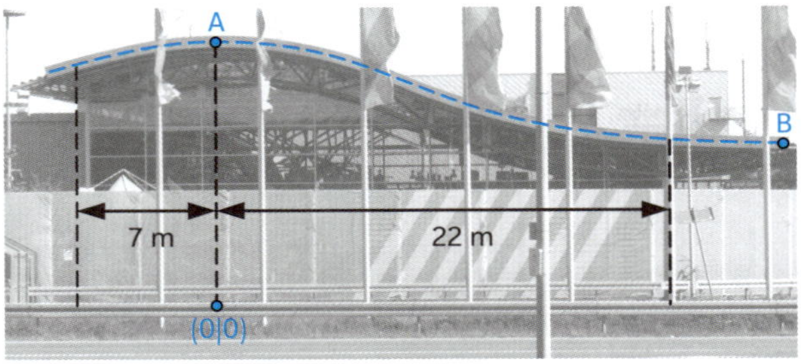

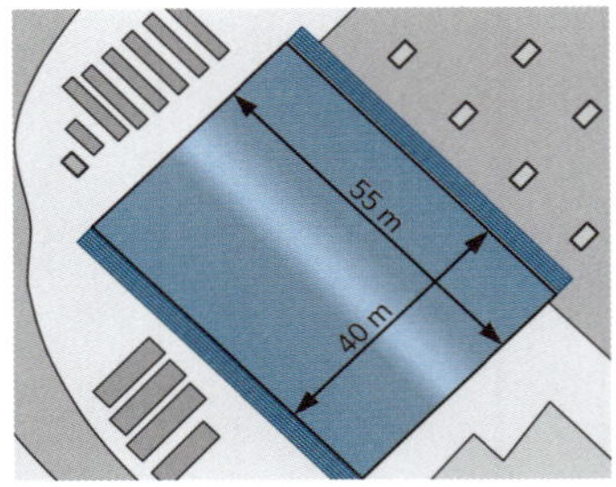

In einem für dieses Modell gewählten kartesischen Koordinatensystem liegt der Achsenursprung (0|0) auf Höhe des Parkplatzes und 13,50 m unterhalb des höchsten Punktes A der Dachkonstruktion. Der Quersclmitt der Dachkonstruktion endet in diesem Modell im Punkt B(30|7,5) und läuft dort waagerecht aus (alle Angaben in Metern).

a) (1) Begriinden Sie, dass sich der Verlauf des Dachquerschnitts z. B. durch eine ganzrationale Funktion 3. Grades beschreiben lässt. C1

(2) Ermitteln Sie den zum vorgegebenen Koordinatensystem zugehörigen Funktionsterm f(x). C1

Nachfolgend soll die Dachkonstruktion durch den Graphen der Funktion f mit

$f(x) = \frac{1}{2250}x^3 - \frac{1}{50}x^2 + \frac{27}{2},\ x \in [-10; 30]$, beschrieben werden.

b) Untersuchen Sie, an welcher Stelle der Dachquerschnitt bei der Modellierung durch die Funktion f die größte Neigung gegenüber der Horizontalen aufweist. B4

c) Eine Gebäudereinigungsfirma wird beauftragt, die gesamt Glasfassade des Baumarktes zu reinigen. Die 29 m breite identische Vorder- und Rückseite (siehe Abbildung links) sowie die in der Abbildung nicht sichtbare rechte Seitenwand, welche rechteckig ist, sind verglast.
Die Kosten für die Reinigung belaufen sich auf 0,79 € pro m^2.
Berechnen Sie die Gesamtkosten für die Reinigung der Glasfassade mithilfe des gegebenen Modells für den Dachquerschnitt. D1 D2

Die Funktion f ist Teil einer Funktionenschar f_k mit

$f_k = \frac{2}{125k^2}x^3 - \frac{3}{25k}x^2 + k + 7{,}5,\ k > 0.$

Die Funktion f_k kann auch zur Modellierung anderer ähnlich geformter Dächer unterschiedlicher Breite herangezogen werden.

d) (1) Bestimmen Sie k so, dass f_k zur Modellierung eines weiteren Dachquerschnitts herangezogen werden kann, dessen horizontaler Abstand, d. h. der Abstand der zugehörigen x-Werte, zwischen dem höchsten Punkt A_k und der rechten Dachkante B_k 15 m beträgt. Dabei soll der Querschnitt der Dachkonstruktion wiederum in der rechten Dachkante waagerecht auslaufen. B6

(2) Weisen Sie nach, dass die maximale Dachneigung im Modell $f_k(x)$ zwischen den Punkten A_k und B_k unabhängig von k ist. B6

1 Basiert auf einer Aufgabe aus dem Zentralabitur 2010.

Lösung

a) (1) Der Dachverlauf kann mit einer ganzrationalen Funktion 3. Grades beschrieben werden, da Graphen aus dieser Funktionenklasse einen stetigen Verlauf mit zwei Extrempunkten aufweisen können. Da die Beschreibung in der Aufgabenstellung vier Bedingungen für den Verlauf des Graphen enthält, können die vier reellen Parameter a, b, c und d im Ansatz $f(x) = a \cdot x^3 + b \cdot x^2 + c \cdot x + d$ durch Lösen eines Gleichungssystems bestimmt werden.

(2) Da der Graph von f zur Beschreibung des Dachquerschnittes durch die Punkte $A(0|13{,}5)$ und $B(30|7{,}5)$ verläuft, erhält man die Bedingungen $f(0) = 13{,}5$ und $f(30) = 7{,}5$. Da der Punkt A der höchste Punkt der Dachkonstruktion ist und diese in B waagerecht auslaufen soll, müssen in beiden Punkten waagerechte Tangenten vorliegen. Damit erhält man die Bedingungen $f'(0) = 0$ und $f'(30) = 0$.
Mit dem Ansatz $f(x) = a \cdot x^3 + b \cdot x^2 + c \cdot x + d$ und der Ableitung $f'(x) = 3a \cdot x^2 + 2b \cdot x + c$ ergibt sich daraus das Gleichungssystem:

$$\left| \begin{array}{l} f(0) = 13{,}5 \\ f(30) = 7{,}5 \\ f'(0) = 0 \\ f'(30) = 0 \end{array} \right| \Leftrightarrow \left| \begin{array}{rr} d = & 13{,}5 \\ 30^3 a + 30^2 b + 30c + d = & 7{,}5 \\ c = & 0 \\ 3 \cdot 30^2 a + 2 \cdot 30 b + c = & 0 \end{array} \right|.$$

Dieses LGS kann nun mithilfe des GTR gelöst werden:

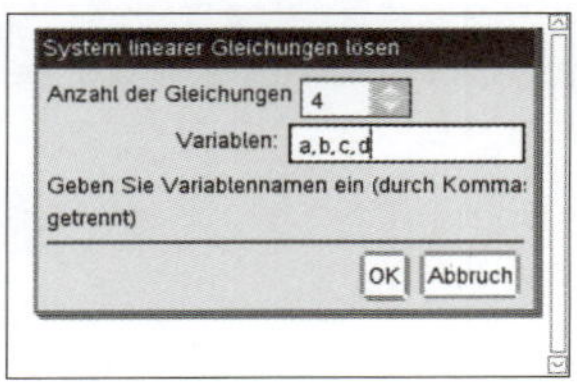

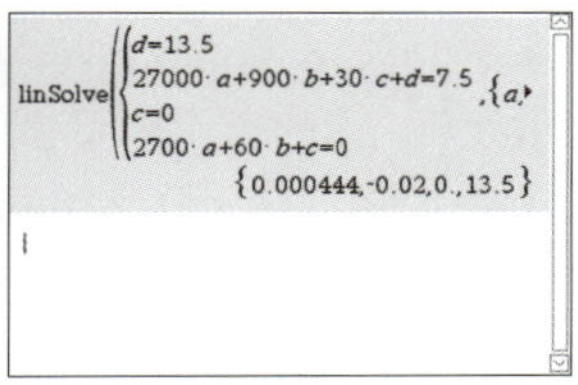

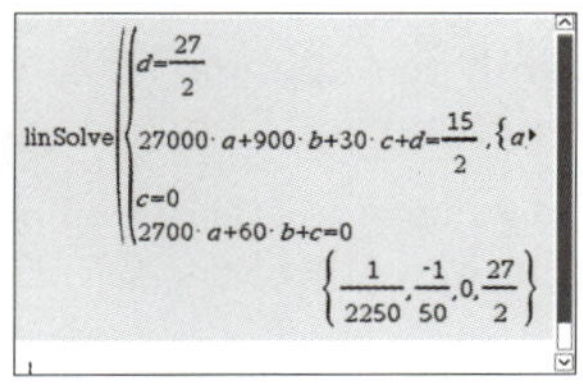

Man erhält die Lösungen $a = \frac{1}{2250} \wedge b = -\frac{1}{50} \wedge c = 0 \wedge d = \frac{27}{2}$ und damit die

Funktionsgleichung $f(x) = \frac{1}{2250} x^3 - \frac{1}{50} x^2 + \frac{27}{2}$.

b) Die gesuchte Stelle mit der größten Neigung des Dachquerschnittes bei der Modellierung mit der Funktion f erhält man durch die Bestimmung des globalen Maximums oder Minimums der Ableitungsfunktion f′ auf dem maßgeblichen Intervall $[-10|30]$.

Die Untersuchung kann weitgehend mit dem GTR im Grafik-Modus erfolgen. Dazu stellt man den Graphen der Ableitungsfunktion dar und bestimmt die Koordinaten des Tiefpunkts mithilfe der Option *Graph analysieren*.

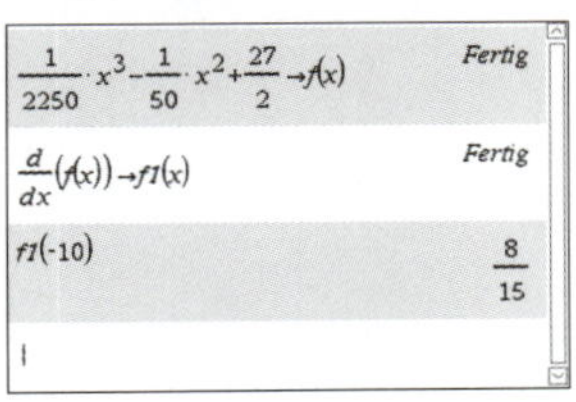

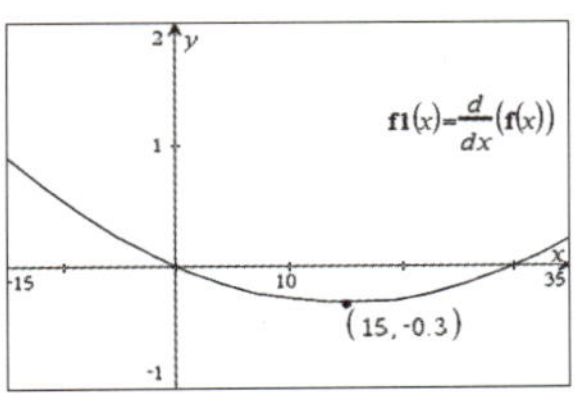

An der Stelle $x = 15$ liegt also ein lokales Minimum von f' vor. Der Dachquerschnitt weist dort mit $f'(15) = -0{,}3$ das größte Gefälle im Inneren des angegebenen Definitionsbereichs auf. Zusätzlich muss die Steigung bzw. das Gefälle an den Rändern des Definitionsbereichs betrachtet werden. Durch die Modellierung ist bereits $f'(30) = 0$ vorgegeben. Am linken Rand erhält man $f'(-10) = \frac{8}{15} \approx 0{,}53$. Daher liegt die größte Neigung des Dachquerschnitts am linken Rand, also bei $x = -10$, vor.

Die gesuchte Extremstelle der ersten Ableitung f' ist eine Wendestelle von f. Sie kann zur Übung auch mit der notwendigen und einer hinreichenden Bedingung berechnet werden.
Ableitungen: $f'(x) = \frac{1}{750}x^2 - \frac{1}{25}x$; $f''(x) = \frac{1}{375}x - \frac{1}{25}$ und $f'''(x) = \frac{1}{375}$.
Notwendige Bedingung: $f''(x) = 0 \Leftrightarrow \frac{1}{375}x - \frac{1}{25} = 0 \Leftrightarrow x = 15$.
Da auch die hinreichende Bedingung $f''(15) = 0 \wedge f'''(15) = \frac{1}{375} \neq 0$ erfüllt ist, ist $x = 15$ eine Wendestelle.

c) Zur Berechnung der Gesamtkosten muss der Flächeninhalt von drei Gebäudeaußenflächen berechnet werden. Für die identische Vorder und Rückseite erhält man jeweils

$$A_1 = \int_{-7}^{22} f(x)\,dx = \int_{-7}^{22} \left(\frac{1}{2250}x^3 - \frac{1}{50}x^2 + \frac{27}{2}\right)dx = \left[\frac{1}{9000}x^4 - \frac{1}{150}x^3 + \frac{27}{2}x\right]_{-7}^{22}$$
$$\approx 252{,}04 - (-91{,}95) \approx 344.$$

Die rechte Außenfläche ist ein 55 m breites Rechteck, dessen Höhe durch $f(22)$ beschrieben wird. Damit erhält man $A_2 = 55 \cdot f(22) \approx 55 \cdot 8{,}55 \approx 470{,}25$.

Den gesamten Flächeninhalt aller Teilflächen berechnet man mit
$A = 2 \cdot A_1 + A_2 \approx 688 + 470{,}25 \approx 1158{,}25$ zu etwa $1158{,}25\ m^2$.

Damit werden die Gesamtkosten für die Reinigung berechnet:
$1158{,}25\ m^2 \cdot 0{,}79\ \frac{€}{m^2} \approx 915\ €$.

Hinweis: Die einzelnen Berechnungen können mit dem GTR vorgenommen werden, müssen aber wie oben dargestellt (ohne einzelne numerische Zwischenergebnisse) dokumentiert werden.

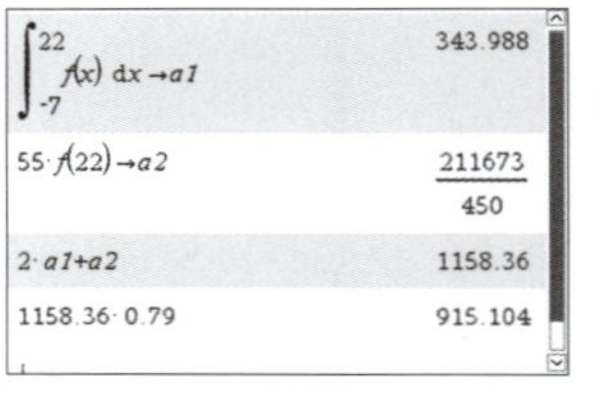

d) (1) Zunächst werden die Extremstellen der Funktionenschar bestimmt. Dazu sind die ersten beiden Ableitungen erforderlich:
$f_k'(x) = \frac{6}{125k^2}x^2 - \frac{6}{25k}x$; $f_k''(x) = \frac{12}{125k^2}x - \frac{6}{25k}$ mit $k>0$.
Notwendige Bedingung: $f_k'(x) = 0 \Leftrightarrow \frac{6}{125k^2}x^2 - \frac{6}{25k}x = 0 \Leftrightarrow x \cdot \left(\frac{6}{125k^2}x - \frac{6}{25k}\right) = 0$

$\Leftrightarrow x = 0 \vee \frac{6}{125k^2}x - \frac{6}{25k} = 0 \Leftrightarrow x = 0 \vee x = \frac{6}{25k} \cdot \frac{125k^2}{6} \Leftrightarrow x = 0 \vee x = 5k$.

Hinreichende Bedingungen: $f_k'(0) = 0 \wedge f_k''(0) = -\frac{6}{25k} < 0$,
$f_k'(5k) = 0 \wedge f_k''(5k) = \frac{6}{25k} > 0$.

Also liegt an der Stelle $x = 0$ ein lokales Maximum und an der Stelle $x = 5k$ ein lokales Minimum vor. Der Abstand zwischen beiden Extremstellen soll 15 m betragen. Mit $5k = 15$ ist die Bedingung für $k = 3$ erfüllt.

(2) Die maximale Dachneigung zwischen den Punkten A_k und B_k liegt an der Wendestelle von f_k vor.
Notwendige Bedingung: $f_k''(x) = 0 \Leftrightarrow \frac{12}{125k^2}x - \frac{6}{25k} = 0 \Leftrightarrow x = \frac{6}{25k} \cdot \frac{125k^2}{12} = 2{,}5k$.
Hinreichende Bedingung: $f_k''(2{,}5k) = 0 \wedge f'''(2{,}5k) = \frac{12}{125k^2} > 0$.

Also liegt an der Stelle $x = 2{,}5k$ eine Wendestelle vor. Die maximale Dachneigung beträgt damit

$$f_k'(2{,}5k) = \frac{6}{125k^2} \cdot (2{,}5k)^2 - \frac{6}{25k} \cdot 2{,}5k = \frac{6}{125} \cdot 6{,}25 - \frac{6}{25} \cdot 2{,}5 = -0{,}3$$

und ist damit unabhängig vom Parameter k.

Aufgabe 8 *Eine Weinkaraffe*

Die Abbildungen zeigen eine Glaskaraffe, in die Rotwein gefüllt werden kann. Die benötigten Maße können der Abbildung in der Einheit cm entnommen werden.

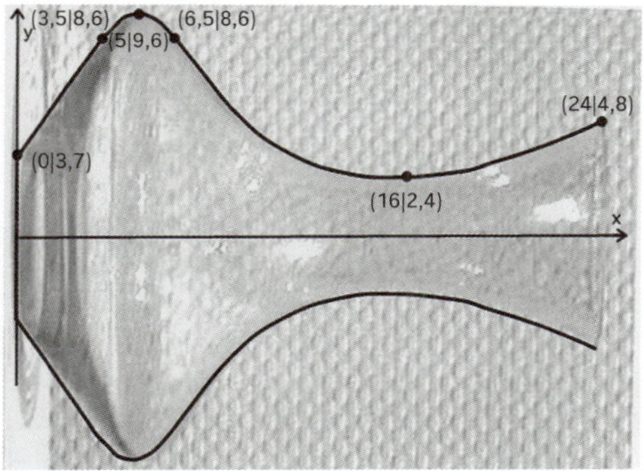

a) Die Formlinie soll zunächst für drei Intervalle getrennt betrachtet werden und auf diesen durch abschnittsweise definierte Funktionen beschrieben werden, und zwar:

(1) über dem Intervall [0; 3,5] durch eine lineare Funktion f_1,
(2) über dem Intervall [3,5; 6,5] durch eine quadratische Funktion f_2 und
(3) über dem Intervall [6,5; 24] durch eine kubische Funktion f_3.

Die schmalste Stelle der Karaffe befindet sich in einer Höhe von 16 cm (d. h. im Koordinatensystem: an der Stelle $x = 16$).
Bestimmen Sie die entsprechenden Funktionsterme von f_1 sowie f_2 und stellen Sie ein Gleichungssystem für die Koeffizienten von f_3 auf.
Bestimmen Sie eine Lösung für das Gleichungssystem, um den Funktionsterm von f_3 zu bestimmen. C1

b) Begründen Sie, warum die drei Funktionen f_1, f_2, f_3 mit
$f_1(x) = 1{,}4x + 3{,}7$ und $f_2(x) = -0{,}444x^2 + 4{,}444x - 1{,}511$
sowie $f_3(x) = -0{,}001\,783x^3 + 0{,}137\,33x^2 - 3{,}0255x + 22{,}9532$
zwar die abgebildete Formlinie gut modellieren, aber insgesamt den Bedingungen einer glatten Formlinie nicht gerecht werden. C1

Eine ähnliche Karaffe kann durch die Berandungsfunktion g mit

$g(x) = \frac{3}{400}x^3 - \frac{1}{4}x^2 + 2x + 5$ für $x \in [0;24]$

modelliert werden. Dabei soll sich der Boden wieder bei x = 0 und die Öffnung bei x = 24 befinden.

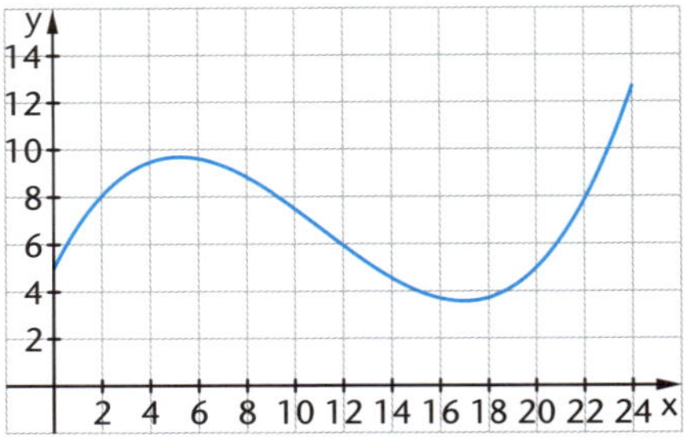

c) Untersuchen Sie, in welcher Höhe die so entstehende Karaffe ihre breiteste und wo sie ihre engste Stelle aufweist. Vergleichen Sie Ihre Ergebnisse mit der oben dargestellten Glaskaraffe. B3

d) Stellt man die Karaffe aufrecht und betrachtet ihre Formlinie von der Standfläche aus aufwärts bis zum oberen Rand, so stellt man fest, dass die Formlinie nach der Stelle, die den „Bauch“ der Vase bestimmt, zunächst immer flacher, dann bis zur Engstelle wieder steiler und zum oberen Rand hin wieder flacher wird. Untersuchen Sie am Graphen der Modellierungsfunktion g, in welcher Höhe die Formlinie der aufrechtstehenden Karaffe am flachsten verläuft. B4

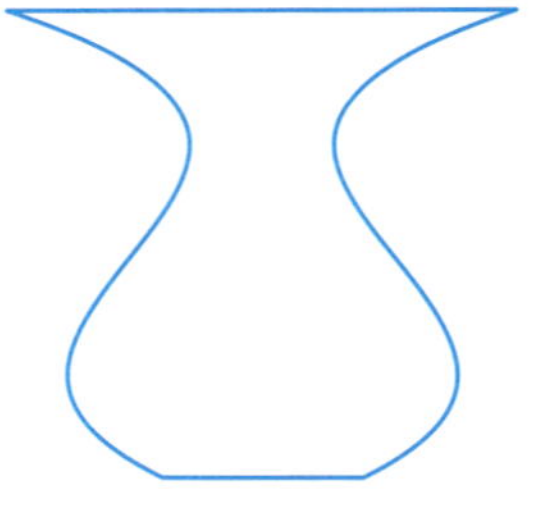

e) (**LK**) Berechnen Sie das Volumen der neuen Karaffe.

f) Die Funktion g ist Teil einer Funktionenschar g_k mit

$g_k = \frac{3}{(5k)^2}x^3 - \frac{1}{k}x^2 + 2x + 5$ für

$x \in [0;24]$ und $k > 0$.

Die Abbildung zeigt Graphen der Schar für k = 2; 2,5; 3; ...; 7,5. B6

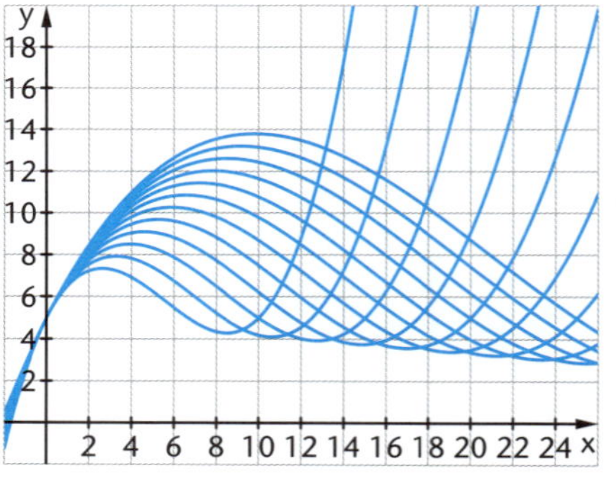

(1) Bestimmen Sie k so, dass die breiteste Stelle der Karaffe in einer Höhe von 6 cm auftrifft.

(2) (**LK**) Weisen Sie nach, dass die Steigung der Wendetangente an die Graphen von g_k unabhängig von k ist. Interpretieren Sie die Bedeutung dieser Aussage im Kontext. A3 B6

Lösung

a) (1) Gesucht sind die Koeffizienten a, b einer linearen Funktion f_1 mit $f_1(x) = ax + b$, für die gilt:
$f_1(0) = 3{,}7 \wedge f_1(3{,}5) = 8{,}6 \Leftrightarrow b = 3{,}7 \wedge 3{,}5a + 3{,}7 = 8{,}6$
$\Leftrightarrow a = 1{,}4 \wedge b = 3{,}7$, also $f_1(x) = 1{,}4x + 3{,}7$

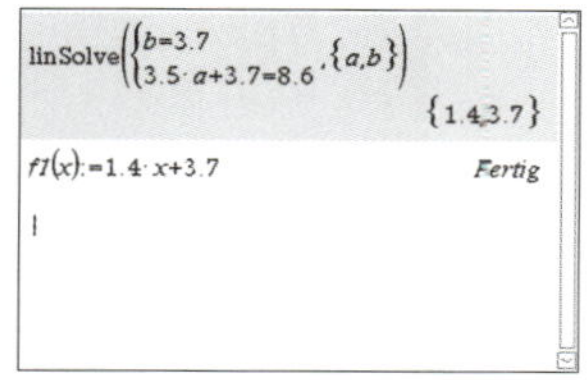

(2) Gesucht sind die Koeffizienten a, b, c einer quadratischen Funktion f_2 mit
$f_2(x) = ax^2 + bx + c$, für die gilt:
$f_2(3{,}5) = 8{,}6 \wedge f_2(5) = 9{,}6 \wedge f_2(6{,}5) = 8{,}6 \quad \Leftrightarrow$

$$\left|\begin{array}{r} 3{,}5^2a + 3{,}5b + c = 8{,}6 \\ 5^2a + 5b + c = 9{,}6 \\ 6{,}5^2a + 6{,}5b + c = 8{,}6 \end{array}\right|$$

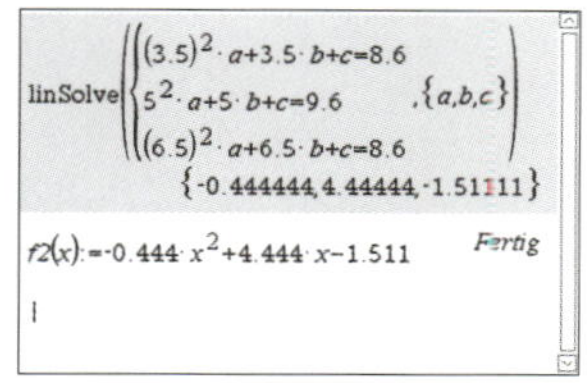

Die Lösung des Gleichungssystems ist:
$a = -\frac{4}{9}$, $b = \frac{40}{9}$, $c = -\frac{68}{45}$, also $f_2(x) = -\frac{4}{9}x^2 + \frac{40}{9}x - \frac{68}{45}$

(3) Gesucht sind die Koeffizienten a, b, c, d einer kubischen Funktion f_3 mit:
$f_3(x) = ax^3 + bx^2 + cx + d$.
Aus den drei Punkten ergeben sich drei Bedingungen:
$f_3(6{,}5) = 8{,}6 \wedge f_3(16) = 2{,}4 \wedge f_3(24) = 4{,}8$. Als vierte Bedingung nutzen wir die Information, dass an der Stelle $x = 16$ ein lokales Minimum ist: $f_3'(16) = 0$.
Wegen $f_3'(x) = 3ax^2 + 2bx + c$ ergibt sich dann insgesamt das Gleichungssystem:

$$\left|\begin{array}{lllll} 274{,}625a & +42{,}25b & +6{,}5c & +d & = 8{,}6 \\ 4096a & +256b & +16c & +d & = 2{,}4 \\ 13824a & +576b & +24c & +d & = 4{,}8 \\ 768a & +32b & +c & & = 0 \end{array}\right|$$

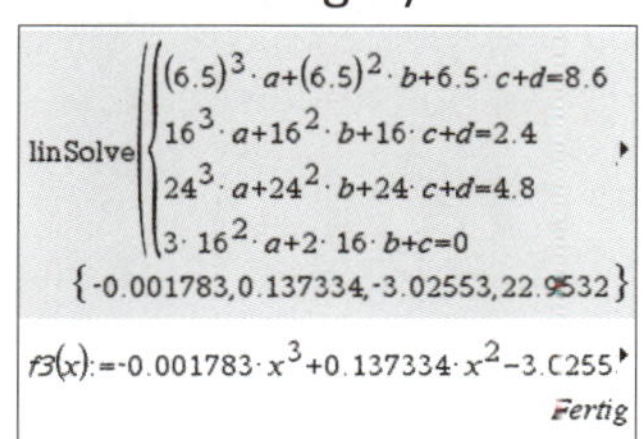

Lösung: $a \approx -0{,}001783 \wedge b \approx 0{,}13733$
$\wedge\, c \approx -3{,}0255 \wedge d \approx 22{,}9532$,
Funktionsgleichung:
$f_3(x) = -0{,}001783x^3 + 0{,}13733x^2$
$\quad - 3{,}0255x + 22{,}9532$.

Die Graphen von $f_1(x)$, $f_2(x)$ und $f_3(x)$ können in einem gemeinsamen Koordinatensystem gezeichnet werden.

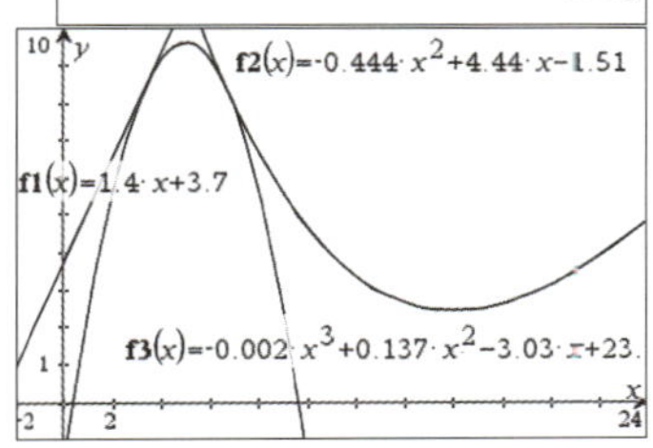

b) Da die Formlinie keine Knicke hat, sollte man dies auch von den Übergangsstellen zwischen den drei Funktionsgraphen erwarten. Dazu überprüfen wir die Steigungen der Funktionen an diesen Stellen. Es gilt:
$f_1'(x) = 1{,}4$ und $f_2'(x) = -0{,}888x + 4{,}444$
sowie $f_3'(x) = -0{,}005349x^2 + 0{,}27466x - 3{,}0255$,
also: $f_1'(3{,}5) = 1{,}4$ und $f_2'(3{,}5) \approx 1{,}336$ sowie
$f_2'(6{,}5) \approx -1{,}328$ und $f_3'(6{,}5) \approx -1{,}4662$.

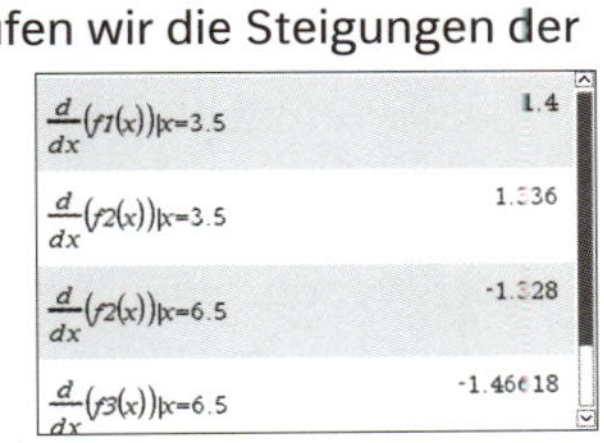

Diese Unterschiede in der Steigung bedeuten, dass es Knicke gibt. Die „Ruckfreiheit der Übergänge" braucht erst gar nicht überprüft zu werden.

c) Zunächst müssen die Extremstellen von g bestimmt werden.

Dies kann einfach im Grafik-Modus des GTR mit der Option *Graph analysieren* erledigt werden. Man erhält ein lokales Maximum an der Stelle $x \approx 5{,}23$ und ein lokales Minimum an der Stelle $x \approx 17{,}0$.

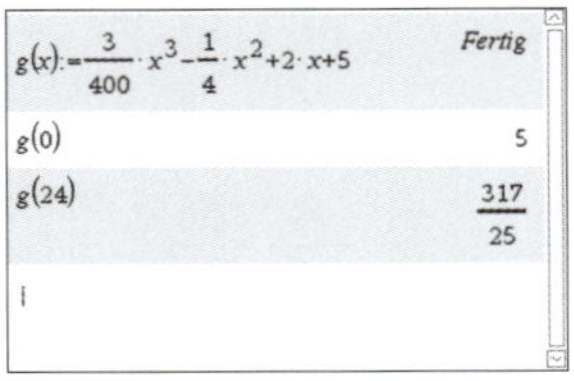

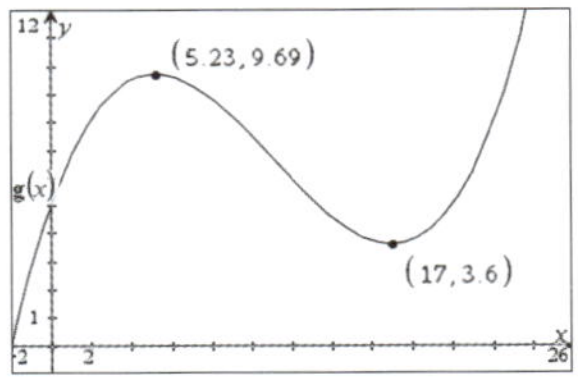

Zusätzlich ist hier noch der Vergleich dieser beiden Extremwerte mit den Funktionswerten am Rand des Definitionsbereichs erforderlich:
Da $g(0) = 5$, $g(5{,}23) \approx 9{,}69$, $g(17) \approx 3{,}6$ und $g(24) \approx 12{,}68$, liegt die schmalste Stelle der Glaskaraffe in der Höhe von etwa 17 cm und die breiteste Stelle in der Höhe von 24 cm vor, also an der oben befindlichen Öffnung.
Bei der in den Abbildungen dargestellten Karaffe liegt die breiteste Stelle unterhalb der Engstelle vor – im Gegensatz zur neuen Karaffe, bei der die breiteste Stelle an der Öffnung der Vase ist.

Rechnerische Bestimmung der lokalen Extremstelle:

Ableitungen: $g'(x) = \frac{9}{400}x^2 - \frac{1}{2}x + 2$; $g''(x) = \frac{9}{200}x - \frac{1}{2}$.

Notwendige Bedingung: $g'(x) = 0 \Leftrightarrow \frac{9}{400}x^2 - \frac{1}{2}x + 2 = 0 \Leftrightarrow x^2 - \frac{200}{9}x + \frac{800}{9} = 0$.

Die Nullstellen der 1. Ableitung liegen bei

$x_1 = \frac{100}{9} - \sqrt{\left(\frac{100}{9}\right)^2 - \frac{800}{9}} \approx 5{,}23$ und $x_2 = \frac{100}{9} + \sqrt{\left(\frac{100}{9}\right)^2 - \frac{800}{9}} \approx 16{,}99$.

Da $g''(x_1) \approx -0{,}26 < 0$, liegt an der Stelle x_1 ein lokales Maximum vor, und da $g''(x_2) \approx +0{,}26 > 0$, an der Stelle x_2 ein lokales Minimum.

d) Da die flachste Stelle eine Stelle mit extremaler Steigung ist, untersuchen wir $g'(x)$ auf Extremstellen. Hierbei kommt es nicht auf das Vorzeichen der Steigung an.

Die Steigung an der Wendestelle muss noch mit den Steigungen an den Rändern des Definitionsbereichs verglichen werden: Es gilt $g'(0) = 2$ und $g'(24) = 2{,}96$; daher liegt die am flachsten verlaufende Stelle der Wandung am oberen Rand vor, also bei $x = 24$.

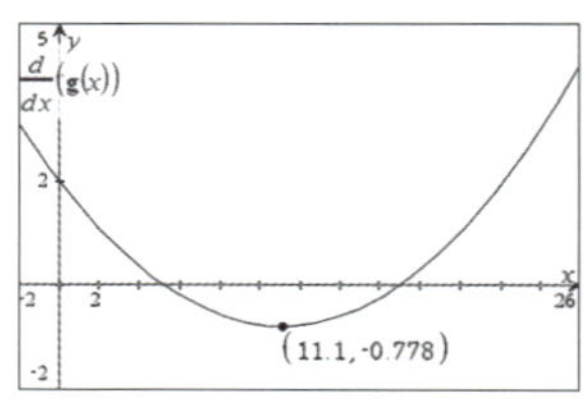

Rechnerische Bestimmung der lokalen Extremstelle:

Notwendige Bedingung: $g''(x) = 0 \Leftrightarrow \frac{9}{200}x - \frac{1}{2} = 0 \Leftrightarrow x = \frac{100}{9} \approx 11{,}11$.

Da die 2. Ableitung von g eine lineare Funktion ist, liegt hier auf jeden Fall eine Nullstelle mit Vorzeichenwechsel vor; der Graph von g hat also an der Stelle $x = \frac{100}{9}$ eine Wendestelle. Die Steigung von g an dieser Stelle ist $g'\left(\frac{100}{9}\right) = -\frac{7}{9} \approx -0{,}78$.

e) **(LK)** Zu bestimmen ist das Volumen der als Rotationskörper betrachteten Glaskaraffe:

$$V = \pi\int_a^b (g(x))^2\,dx = \pi\int_0^{24}\left(\frac{3}{400}x^3 - \frac{1}{4}x^2 + 2x + 5\right)^2 dx \approx 4001.$$

Die neue Karaffe hat also ein Volumen von etwa 4 Litern.

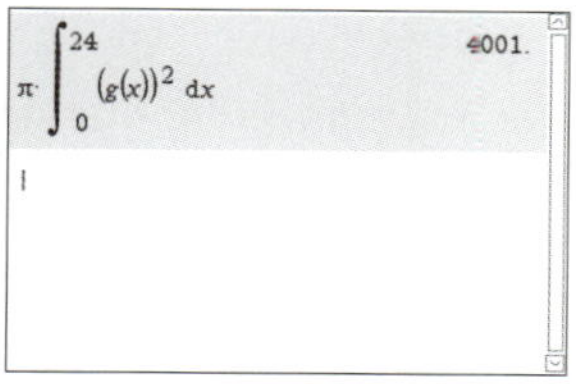

f) (1) Da die breiteste Stelle der Karaffe im Inneren des Definitionsbereichs auftreten soll, untersuchen wir zunächst die Graphen von gk auf lokale Maxima.

Ableitungen: $g_k'(x) = \frac{9}{(5k)^2}x^2 - \frac{2}{k}x + 2$; $g_k''(x) = \frac{18}{(5k)^2}x - \frac{2}{k}$.

Notwendige Bedingung: $g_k'(x) = 0 \Leftrightarrow \frac{9}{(5k)^2}x^2 - \frac{2}{k}x + 2 = 0 \Leftrightarrow x^2 - \frac{50k}{9}x + \frac{50k^2}{9} = 0.$

Die Nullstellen der 1. Ableitung liegen an den Stellen

$x_1 = \frac{25k}{9} - \sqrt{\left(\frac{25k}{9}\right)^2 - \frac{50k^2}{9}} = \frac{25k}{9} - \sqrt{\frac{175k^2}{9}} = \frac{5k}{9}\cdot(5+\sqrt{7})$ und $x_2 = \frac{5k}{9}\cdot(5-\sqrt{7})$.

Hinreichende Bedingung: Da

$$g''\left(\frac{5k}{9}(5-\sqrt{7})\right) = \frac{18}{(5k)^2}\left(\frac{5k}{9}(5-\sqrt{7})\right) - \frac{2}{k} = -\frac{2}{5k}\sqrt{7} < 0,$$

liegt an der Stelle $x = \frac{5k}{9}(5-\sqrt{7})$ ein lokales Maximum vor. Die andere Extremstelle muss also zu einem hier nicht interessierenden lokalen Minimum führen und wird daher nicht benötigt.

Da die breiteste Stelle in der Höhe von 6 cm auftreten soll, ergibt sich der gesuchte Wert für k zu:

$$\frac{5k}{9}(5-\sqrt{7}) = 6 \Leftrightarrow k = \frac{54}{25-5\sqrt{7}} \approx 4{,}59.$$

Nun ist noch zu überprüfen, dass die Karaffe für diesen Wert von k nicht am Boden oder an der oberen Öffnung noch breiter wird: Dazu werden die Funktionswerte $g_{4,59}(0) = 5$ und $g_{4,59}(24) \approx 6{,}25$ an den Rändern des Definitionsbereichs berechnet und mit $g_{4,59}(6) \approx 10{,}39$ verglichen.

Damit ist nachgewiesen, dass die breiteste Stelle tatsächlich für $k = \frac{54}{25-5\sqrt{7}} \approx 4{,}59$ in der Höhe von 6 cm auftritt.

(2) **(LK)** Zunächst muss hier die Bestimmung der Wendestelle erfolgen:

Notwendige Bedingung: $g_k''(x) = 0 \Leftrightarrow \frac{18}{(5k)^2}x - \frac{2}{k} = 0 \Leftrightarrow x - \frac{25}{9}k.$

Mit der konstanten dritten Ableitung $g_k'''(x) = \frac{18}{(5k)^2}$ ist auch eine hinreichende Bedingung erfüllt, so dass die Stelle $x = \frac{25}{9}k$ die gesuchte Wendestelle der Kurvenschar ist.

Nun kann die Steigung der Wendetangenten berechnet werden:

$$g_k''\left(\frac{25}{9}k\right) = \frac{9}{(5k)^2}\left(\frac{25}{9}k\right)^2 - \frac{2}{k}\left(\frac{25}{9}k\right) + 2 = \frac{25}{9} - \frac{50}{9} + 2 = -\frac{7}{9}.$$

Die Steigung der Wendetangenten der Kurvenschar ist also unabhängig von k; sie hat für beliebige k den gleichen Wert. Alle mittels der Kurvenschar modellierten Karaffen besitzen daher eine ähnliche Form, die sich nicht in der minimalen Steilheit der Wandung zwischen der bauchigsten und der engsten Stelle unterscheidet.

Aufgabe 9 *Marienkirche in Dortmund*

Die Turmspitze der Marienkirche in Dortmund hat eine quadratische Grundfläche ABCD (die Seitenlänge werde mit 8 m angenommen), auf der vier senkrecht gemauerte gleichseitige Dreiecke stehen; die vierteiligen Dachflächen der Turmspitze sind rautenförmig.

Ein lokales Koordinatensystem ist so festgelegt, dass die Straßenebene durch $z = 0$ bestimmt ist und die Ecken A, B, C, D folgende Koordinaten haben:
$A(-4|-4|z)$, $B(+4|-4|z)$, $C(+4|+4|z)$ und
$D(-4|+4|z)$, mit $z > 0$.

Die Turmspitze liegt 42,50 m über dem Straßenniveau.

a) Berechnen Sie die Koordinaten der oberen Eckpunkte P_{AB}, P_{BC}, P_{CD}, P_{DA} der gleichseitigen Dreiecke zunächst in Abhängigkeit von z, die Koordinaten der Turmspitze S (auf der das Kreuz steht). Geben Sie die Koordinaten der Eckpunkte der Grundfläche auch numerisch an. (Angaben mit 2 Dezimalstellen).
[Kontrollergebnis: $z = 28{,}64$] E1

Aus der Formelsammlung:
Für die Höhe h im gleichseitigen Dreieck mit Seitenlänge a gilt:

$h = \frac{a}{2} \cdot \sqrt{3}$.

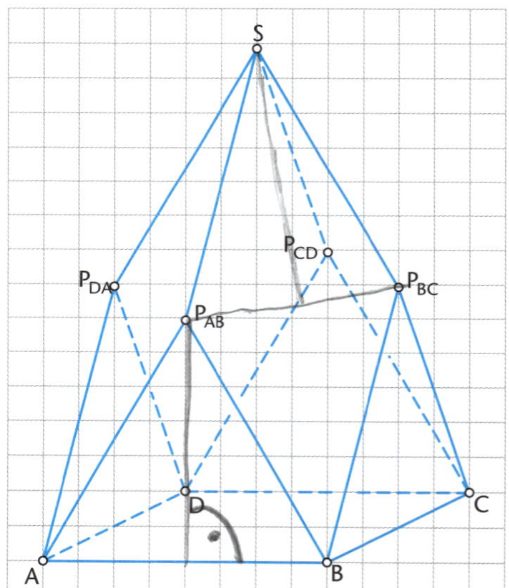

b) Bestimmen Sie die Gleichung für die Dachfläche, die den Punkt A enthält, in Parameterform (**GK** und **LK**) und in Koordinatenform (nur **LK**). F3 F4

c) Das Kreuz auf der Turmspitze soll durch vier Laserstrahler so beleuchtet werden, dass der Strahl genau über die zum Kreuz führenden Dachkanten führt und diese zusätzlich beleuchtet. Die Laserstrahler sollen ebenerdig montiert werden. Berechnen Sie, in welcher Entfernung von der Turmmitte die Strahler zu montieren sind, und berechnen Sie den Winkel α, den die Strahlen gegenüber dem Straßenniveau haben. Führen Sie Ihre Untersuchungen für *einen* der vier Laserstrahler durch. F1 F6 G1

d) Berechnen Sie die Innenwinkel β und γ der Rauten und die Neigung δ der rautenförmigen Dachflächen gegenüber dem Grundniveau. G1

e) Berechnen Sie das Volumen des Dachraums der Turmspitze oberhalb des Quadrats ABCD (die Dicke der Mauern und des Dachs werden vernachlässigt). G2

f) Die Statik der Dachkonstruktion soll durch Stützbalken verstärkt werden. Diese verbinden die Mitten der Rauten mit dem jeweils gegenüberliegenden Eckpunkt des Grundquadrats ABCD. Berechnen Sie die Länge dieser Balken (die sich im Innern der Kirchturmspitze gegenseitig durchdringen) sowie deren Neigungswinkel ε mithilfe der Methoden der Vektorgeometrie. E3 G1

Lösung

a) Koordinaten der oberen Eckpunkte der gleichseitigen Dreiecke: Für die Höhe h im gleichseitigen Dreieck gilt: $h = \frac{a}{2} \cdot \sqrt{3}$, also hier $h = \frac{8}{2} \cdot \sqrt{3} = 4 \cdot \sqrt{3} \approx 6{,}93$ m.

Die oberen Eckpunkte der Dreiecke haben daher die Koordinaten $P_{AB}(0|-4|z+6{,}93)$, $P_{BC}(4|0|z+6{,}93)$, $P_{CD}(0|4|z+6{,}93)$, $P_{DA}(-4|0|z+6{,}93)$.

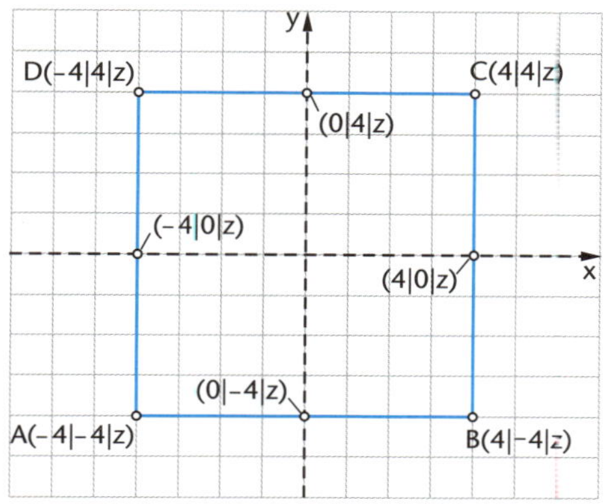

Die Turmspitze S liegt dann noch einmal 6,93 m höher, wie sich aus der Rautenform der Dachflächen ergibt.
Da die Turmspitze über der Mitte des Quadrats ABCD liegt, gilt für deren Koordinaten: $S(0|0|42{,}50)$.

Da sich für die eigentliche Turmspitze eine Höhe von $2 \cdot 6{,}93$ m $= 13{,}86$ m ergibt, muss gelten:
$z = 42{,}50 - 13{,}86 = 28{,}64$.

Es gilt also: $A(-4|-4|28{,}64)$, $B(+4|-4|28{,}64)$, $C(+4|+4|28{,}64)$ und $D(+4|-4|28{,}64)$ sowie
$P_{AB}(0|-4|35{,}57)$, $P_{BC}(4|0|35{,}57)$, $P_{CD}(0|4|35{,}57)$, $P_{DA}(-4|0|35{,}57)$.

b) (**GK und LK**) Die Dachflächen-Ebene wird aufgespannt durch die beiden Vektoren, die vom Eckpunkt A ausgehen und zu je zwei benachbarten Punkten P_{AB} und P_{DA} führen. Für die Ebene, die den Punkt A enthält, gilt also:

$$E_A: \vec{x} = \overrightarrow{OA} + r \cdot \overrightarrow{AP_{DA}} + s \cdot \overrightarrow{AP_{AB}} = \begin{pmatrix} -4 \\ -4 \\ 28{,}64 \end{pmatrix} + r \cdot \begin{pmatrix} -4-(-4) \\ 0-(-4) \\ 35{,}57-28{,}64 \end{pmatrix} + s \cdot \begin{pmatrix} 0-(-4) \\ -4-(-4) \\ 35{,}57-28{,}64 \end{pmatrix} =$$

$$= \begin{pmatrix} -4 \\ -4 \\ 28{,}68 \end{pmatrix} + r \cdot \begin{pmatrix} 0 \\ 4 \\ 6{,}93 \end{pmatrix} + s \cdot \begin{pmatrix} 4 \\ 0 \\ 6{,}93 \end{pmatrix}.$$

(**Nur LK**) Der Vektor $\vec{n_1} = \begin{pmatrix} 6{,}93 \\ 6{,}93 \\ -4 \end{pmatrix}$ ist offensichtlich ein Normalenvektor zu den beiden Richtungsvektoren der Ebene, denn es gilt: $\begin{pmatrix} 0 \\ 4 \\ 6{,}93 \end{pmatrix} * \begin{pmatrix} 6{,}93 \\ 6{,}93 \\ -4 \end{pmatrix} = 0$ und $\begin{pmatrix} 4 \\ 0 \\ 6{,}93 \end{pmatrix} * \begin{pmatrix} 6{,}93 \\ 6{,}93 \\ -4 \end{pmatrix} = 0$.

Alternativ kann man einen Normalenvektor auch mithilfe des linearen Gleichungssystems

$$\left| \begin{array}{l} 0 \cdot n_1 + 4 \cdot n_2 + 6{,}93 \cdot n_3 = 0 \\ 4 \cdot n_1 + 0 \cdot n_2 + 6{,}93 \cdot n_3 = 0 \end{array} \right| \Leftrightarrow \left| \begin{array}{l} 4 \cdot n_2 = -6{,}93 \cdot n_3 \\ 4 \cdot n_1 = -6{,}93 \cdot n_3 \end{array} \right|$$

bestimmen und wählt dann $n_3 = -4$, oder man benutzt das Vektorprodukt.

Daher ist eine Koordinatengleichung dieser Ebene gegeben durch
E_A: $6{,}93 \cdot x_1 + 6{,}93 \cdot x_2 - 4 \cdot x_3 = d$.
Durch Einsetzen der Koordinaten von A erhält man
$d = 6{,}93 \cdot (-4) + 6{,}93 \cdot (-4) + (-4) \cdot 28{,}64 = -170$,
also E_A: $6{,}93 \cdot x_1 + 6{,}93 \cdot x_2 - 4 \cdot x_3 = -170$

c) Gesucht wird die Gerade, die sich aus der Verlängerung z. B. der Strecke zwischen P_{AB} und S ergibt, also:

$$g_{AB}: \vec{x} = \overrightarrow{OP_{AB}} + r \cdot \overrightarrow{P_{AB}S} = \begin{pmatrix} 0 \\ -4 \\ 35{,}57 \end{pmatrix} + r \cdot \begin{pmatrix} 0-0 \\ 0-(-4) \\ 42{,}50 - 35{,}57 \end{pmatrix} = \begin{pmatrix} 0 \\ -4 \\ 35{,}57 \end{pmatrix} + r \cdot \begin{pmatrix} 0 \\ 4 \\ 6{,}93 \end{pmatrix}$$

Diese Gerade schneidet die x_1-x_2-Ebene genau dann, wenn $x_3 = 0$, also wenn $35{,}57 + 6{,}93 \cdot r = 0$, d. h. für $r \approx -5{,}133$.
Einsetzen dieses Parameterwerts in der Geradengleichung ergibt die Koordinaten des Montagepunkts des Laserstrahlers:

$$\vec{x} = \begin{pmatrix} 0 \\ -4 \\ 35{,}57 \end{pmatrix} + (-5{,}133) \cdot \begin{pmatrix} 0 \\ 4 \\ 6{,}93 \end{pmatrix} = \begin{pmatrix} 0 \\ -24{,}532 \\ 0 \end{pmatrix}.$$

Der Laserstrahler müsste ca. 24,53 m von der Turmmitte entfernt montiert werden.

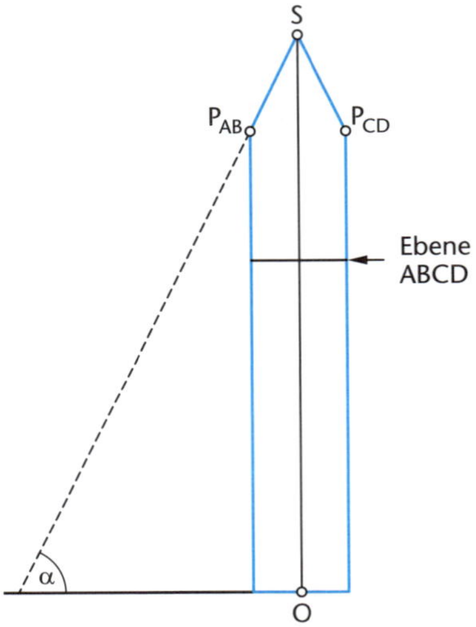

Der zu berechnende Winkel α wird bestimmt durch den Richtungsvektor der Geraden und einen Vektor, der vom Montagepunkt des Laserstrahlers auf den Ursprung des Koordinatensystems weist:

$$\cos(a) = \frac{\left|\begin{pmatrix} 0 \\ 24{,}53 \\ 0 \end{pmatrix} * \begin{pmatrix} 0 \\ 4 \\ 6{,}93 \end{pmatrix}\right|}{24{,}53 \cdot \sqrt{4^2 + 6{,}93^2}} \approx \frac{98{,}12}{196{,}28} \approx 0{,}500 \Rightarrow \alpha \approx 60{,}0°.$$

Alternativ ist auch eine Argumentation möglich, dass das Dreieck $P_{AB}P_{CD}S$ gleichseitig ist und daher in diesem Dreieck, also auch am Montagepunkt, ein Winkel von 60° auftritt.

d) Innenwinkel β der Rauten = Winkel zwischen den Richtungsvektoren der Ebene E_A:

$$\cos(\beta) = \frac{\left|\begin{pmatrix} 0 \\ 4 \\ 6{,}93 \end{pmatrix} * \begin{pmatrix} 0 \\ 0 \\ 6{,}93 \end{pmatrix}\right|}{\sqrt{4^2 + 6{,}93^2} \cdot \sqrt{4^2 + 6{,}93^2}} \approx \frac{48{,}0249}{64{,}0249} \approx 0{,}7501 \Rightarrow \beta \approx 41{,}4°.$$

Der Komplementärwinkel der Raute ist $\gamma = 48{,}6°$.

Neigungswinkel δ der Dachfläche = Winkel zwischen einem Normalenvektor der Ebene, die durch ABCD geht (parallel zur x_1-x_2-Ebene) und zu einem Normalenvektor der Ebene E_A:

$$\cos(\delta) = \frac{\left|\begin{pmatrix} 0 \\ 0 \\ 1 \end{pmatrix} * \begin{pmatrix} 6{,}93 \\ 6{,}93 \\ -4 \end{pmatrix}\right|}{\sqrt{1^2} \cdot \sqrt{6{,}93^2 + 6{,}93^2 + (-4^2)}} \approx \frac{4}{10{,}5854} \approx 0{,}3779 \Rightarrow \delta \approx 67{,}8°.$$

e) *1. Methode:* Verlängert man die zum Turmkreuz führenden Dachkanten bis zu der Ebene, in der die Punkte A, B, C, D liegen, dann entsteht eine quadratische Pyramide mit Seitenkante $s = 8\sqrt{2} \approx 11{,}31$ m und der Höhe $h = 2 \cdot 6{,}93 \text{ m} = 13{,}86$ m. Vom Volumen dieser Pyramide müssen die Volumina von vier kleinen Pyramiden subtrahiert werden, deren Grundfläche rechtwinklige Dreiecke sind (Kathetenlänge gemäß Satz des PYTHAGORAS $4\sqrt{2}$) und deren Höhe 6,93 m beträgt.

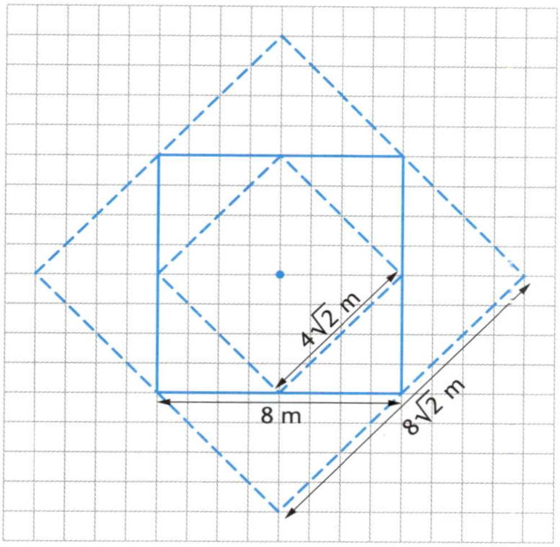

Insgesamt ergibt sich:

$$V = \frac{1}{3} \cdot (8\sqrt{2})^2 \cdot 13{,}86 - 4 \cdot \left(\frac{1}{3} \cdot \frac{1}{2} \cdot (4\sqrt{2})^2 \cdot 6{,}93\right) \approx 443{,}5 \text{ m}^3.$$

2. Methode: Man betrachtet getrennt das Volumen des Körpers bis zu den Punkten P_{AB}, P_{BC}, P_{CD}, P_{DA} und der darauf sitzenden quadratischen Pyramide mit Seitenlänge $4\sqrt{2}$ und der Höhe 6,93 m. Der untere Teilkörper ergibt sich, wenn man vom Volumen eines Quader mit quadratischer Grundfläche (Seitenlänge 8 m) und Höhe 6,93 m die Volumina von vier Pyramiden subtrahiert, deren Grundfläche rechtwinklig ist (Kathetenlänge 4 m) und deren Höhe 6,93 m.

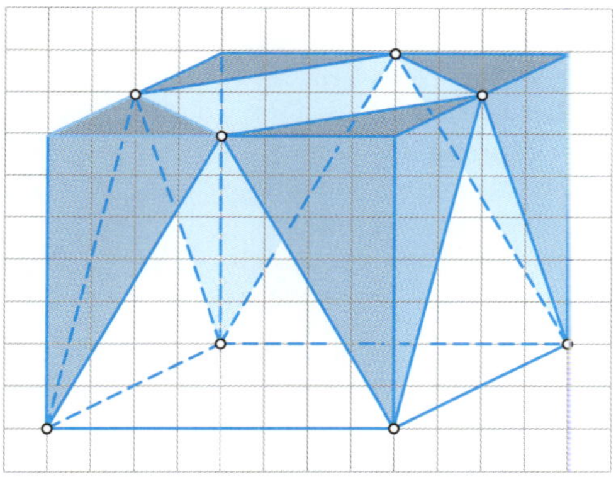

Insgesamt ergibt sich:

$$V = 8^2 \cdot 6{,}93 - 4 \cdot \left(\frac{1}{3} \cdot \frac{1}{2} \cdot 4^2 \cdot 6{,}93\right) + \frac{1}{3} \cdot (4\sqrt{2})^2 \cdot 6{,}93 \approx 443{,}5 \text{ m}^3.$$

f) Einer der Balken verbindet den Mittelpunkt $M_A(-2|-2|35{,}57)$ der Strecke $P_{DA}P_{AB}$ mit dem gegenüber liegenden Punkt $C(+4|+4|28{,}64)$. Die Länge dieses Balkens, also die

Länge des Vektors $\overrightarrow{CM_A} = \begin{pmatrix} -6 \\ -6 \\ 6{,}93 \end{pmatrix}$, ist $\sqrt{(-6)^2 + (-6)^2 + 6{,}93^2} \approx 10{,}96$ m.

Der Neigungswinkel ε des Balkens ergibt sich aus dem Winkel zwischen dem Vektor

$\overrightarrow{CM_A} = \begin{pmatrix} -6 \\ -6 \\ 6{,}93 \end{pmatrix}$ und dem Verbindungsvektor von C nach A $\overrightarrow{CA} = \begin{pmatrix} -8 \\ -8 \\ 0 \end{pmatrix}$.

$$\cos(\varepsilon) = \frac{\begin{pmatrix} -6 \\ -6 \\ 6{,}93 \end{pmatrix} * \begin{pmatrix} -8 \\ -8 \\ 0 \end{pmatrix}}{\sqrt{(-6)^2 + (-6)^2 + 6{,}93^2} \cdot \sqrt{(-8)^2 + (-8)^2 + 0^2}} \approx \frac{96}{123{,}948} \approx 0{,}7745 \Rightarrow \varepsilon \approx 39{,}2°.$$

Aufgabe 10 *Das Rhombendodekaeder*

Johannes Kepler (1571 bis 1630), der die Gesetze der Planetenbewegung aufstellte, erkannte 1619, dass die Basis der Bienenwabe die Hälfte eines Rhombendodekaeders ist.

Auch Kristalle, wie z. B. der Granat, können die Form eines Rhombendodekaeders aufweisen.

Ein Rhombendodekaeder entsteht, wenn auf den 6 Seitenflächen eines Würfels (hier mit der Kantenlänge 2 LE) gerade quadratische Pyramiden aufgesetzt werden. Die Höhe der Pyramiden beträgt in diesem Fall 1 LE.
Der Ursprung des Koordinatensystems wird in die Mitte des Würfels gelegt.
Der entstandene Körper hat 12 kongruente Seitenflächen.

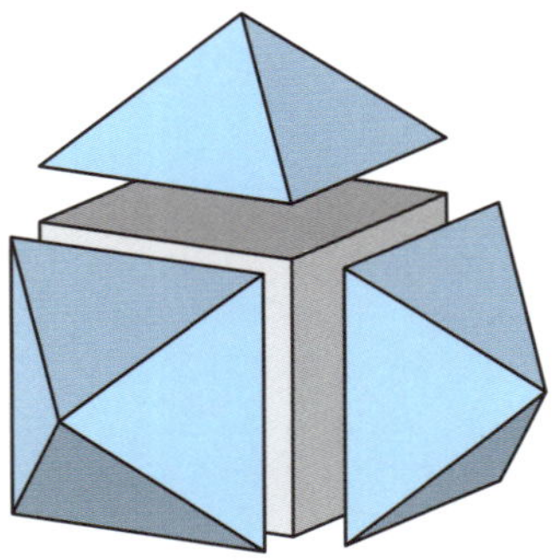

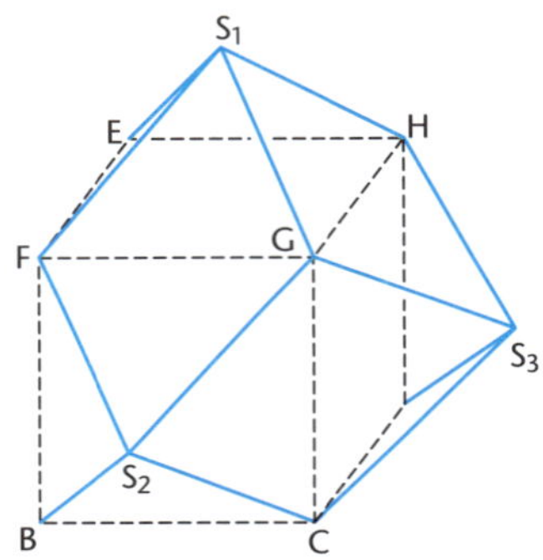

a) (1) Zeigen Sie, dass die Punkte $F(1|-1|1)$, $G(1|1|1)$, $S_1(0|0|2)$ und $S_2(2|0|0)$ in einer Ebene liegen und begründen Sie, dass die Seitenfläche FS_1GS_2 eine Raute ist. E3 F3
(2) Berechnen Sie die Maße der Innenwinkel dieser Raute.
(3) Berechnen Sie das Maß des von zwei benachbarten Seitenflächen eingeschlossenen Winkels. G1

b) Untersuchen Sie die Lagebeziehung der Geraden g_{GS_1} und h_{CS_2}. F2
(LK) Berechnen Sie falls möglich ihren Abstand. G5

c) (1) Berechnen Sie den gesamten Oberflächeninhalt des Rhombendodekaeders.
(2) Berechnen Sie das Volumen des Rhombendodekaeders. G2

d) In dieser Teilaufgabe wird die 6-eckige Öffnung der Bienenwabe untersucht, so wie man sie von den Abbildungen der Bienenwaben kennt und wie sie auch oben links zu sehen ist.

(1) (**LK**) Die Eckpunkte C, F und H legen die Ebene E_1 fest. Bestimmen Sie eine Koordinatengleichung für diese Ebene. F5
[Kontrollergebnis: E_1: $x_1 + x_2 + x_3 = 1$]

(2) (**LK**) Die Ebene E_1 schneidet die Gerade g_{ES_1}, g_{BS_2} und g_{DS_3} in jeweils einem Punkt. Bestimmen Sie die Koordinaten dieser drei Schnittpunkte P, Q und R. F6

(3) Die Punkte C, F, H und P, Q, R liegen also in einer Ebene. Sie bilden die Eckpunkte eines regelmäßigen Sechsecks. Berechnen Sie die Seitenlänge dieses Sechsecks am Beispiel der Punkte $Q\left(\frac{5}{3}\middle|-\frac{1}{3}\middle|-\frac{1}{3}\right)$, C und F. Zeigen Sie ebenfalls mit diesen Punkten, dass der Innenwinkel des Sechsecks 120° beträgt.
[Zwischenergebnis: $\left|\overrightarrow{QC}\right| = 2\frac{\sqrt{6}}{3}\,\text{LE} \approx 1{,}63\,\text{LE}$] E3 G1

(4) Berechnen Sie den Flächeninhalt des 6-Ecks, das aus den Punkten C, F, H und P, Q, R gebildet wird, mit elementaren geometrischen Mitteln. G2

Lösung

a) (1) Die von den Punkten F, G und S_2 festgelegte Ebene wird beispielsweise durch die Vektoren $\overrightarrow{FG} = \begin{pmatrix} 0 \\ 2 \\ 0 \end{pmatrix}$; $\overrightarrow{FS_2} = \begin{pmatrix} 1 \\ 1 \\ -1 \end{pmatrix}$ aufgespannt; zu diesen Vektoren ist der Vektor $\vec{n}_1 = \begin{pmatrix} 1 \\ 0 \\ 1 \end{pmatrix}$ orthogonal, d. h. die Ebene hat $\vec{n}_1$ als einen Normalenvektor und wird durch die Ebenengleichung $E: \vec{x} * \begin{pmatrix} 1 \\ 0 \\ 1 \end{pmatrix} = x_1 + x_3 = \begin{pmatrix} 1 \\ 0 \\ 1 \end{pmatrix} * \begin{pmatrix} 1 \\ -1 \\ 1 \end{pmatrix} = 2$ beschrieben.

Da auch die Koordinaten von Punkt $S_1\,(0|0|2)$ diese Gleichung erfüllen, liegen alle angegebenen Punkte in dieser Ebene.
Zur Begründung, dass diese Seitenfläche eine Raute ist, muss gezeigt werden, dass alle Seiten die gleiche Länge aufweisen:

$$|\overrightarrow{FS_1}| = \left|\begin{pmatrix} -1 \\ 1 \\ 1 \end{pmatrix}\right| = \sqrt{3};\quad |\overrightarrow{S_1G}| = \left|\begin{pmatrix} 1 \\ 1 \\ -1 \end{pmatrix}\right| = \sqrt{3};\quad |\overrightarrow{GS_2}| = \left|\begin{pmatrix} 1 \\ -1 \\ -1 \end{pmatrix}\right| = \sqrt{3};\quad |\overrightarrow{S_2F}| = \left|\begin{pmatrix} -1 \\ -1 \\ 1 \end{pmatrix}\right| = \sqrt{3}.$$

(2) Berechnung der Maße der **Innenwinkel:**

$$\angle GS_2F = \cos^{-1}\frac{\left|\begin{pmatrix} -1 \\ -1 \\ 1 \end{pmatrix} * \begin{pmatrix} -1 \\ 1 \\ 1 \end{pmatrix}\right|}{\sqrt{3}\cdot\sqrt{3}} = \cos^{-1}\left(\frac{1}{3}\right) \approx 70{,}5°$$

$$\angle S_1GS_2 = \cos^{-1}\frac{\left|\begin{pmatrix} -1 \\ -1 \\ 1 \end{pmatrix} * \begin{pmatrix} 1 \\ -1 \\ -1 \end{pmatrix}\right|}{\sqrt{3}\cdot\sqrt{3}} = \cos^{-1}\left(-\frac{1}{3}\right) \approx 109{,}5°$$

Die jeweils einander gegenüber liegenden Winkel sind in der Raute gleich groß.

(3) Winkel zwischen zwei benachbarten Seitenflächen: Die durch die Punkte $G\,(1|1|1)$, $H\,(-1|1|1)$ und $S_1\,(0|0|2)$ festgelegte Ebene wird beispielsweise aufgespannt durch die Vektoren $\overrightarrow{GH} = \begin{pmatrix} -2 \\ 0 \\ 0 \end{pmatrix}$; $\overrightarrow{GS_1} = \begin{pmatrix} -1 \\ -1 \\ 1 \end{pmatrix}$; hierzu ist der Vektor $\vec{n}_2 = \begin{pmatrix} 0 \\ 1 \\ 1 \end{pmatrix}$ ein Normalenvektor.

Daher schließen benachbarte Seiten den Winkel $\beta = \cos^{-1}\frac{\left|\begin{pmatrix} 1 \\ 0 \\ 1 \end{pmatrix} * \begin{pmatrix} 0 \\ 1 \\ 1 \end{pmatrix}\right|}{\sqrt{2}\cdot\sqrt{2}} = \cos^{-1}\left(\frac{1}{2}\right) = 60°$ ein.

b) Die beiden Geraden werden beschrieben durch die Gleichungen

$g_{GS_1}: \vec{x} = \begin{pmatrix} 1 \\ 1 \\ 1 \end{pmatrix} + s \cdot \begin{pmatrix} -1 \\ -1 \\ 1 \end{pmatrix}$ und $h_{CS_2}: \vec{x} = \begin{pmatrix} 1 \\ 1 \\ -1 \end{pmatrix} + t \cdot \begin{pmatrix} 1 \\ -1 \\ 1 \end{pmatrix}$.

Da es keine reelle Zahl k gibt mit $\begin{pmatrix} -1 \\ -1 \\ 1 \end{pmatrix} = k \cdot \begin{pmatrix} 1 \\ -1 \\ 1 \end{pmatrix}$, verlaufen die Geraden nicht parallel und können daher erst recht nicht identisch sein. (Dies sieht man natürlich auch an der Abbildung in der Aufgabenstellung.)

Untersuchung, ob die beiden Geraden sich schneiden: Dazu ist das LGS, das sich aus $\begin{pmatrix} 1 \\ 1 \\ 1 \end{pmatrix} + s \cdot \begin{pmatrix} -1 \\ -1 \\ 1 \end{pmatrix} = \begin{pmatrix} 1 \\ 1 \\ -1 \end{pmatrix} + t \cdot \begin{pmatrix} 1 \\ -1 \\ 1 \end{pmatrix}$ ergibt, auf eine Lösung zu untersuchen: $\begin{vmatrix} 1 - s = & 1 + t \\ 1 - s = & 1 - t \\ 1 + s = & -1 + t \end{vmatrix}$.

Aus den ersten beiden Gleichungen folgt $s = 0 \wedge t = 0$. Setzt man dies in die letzte Gleichung ein, so ergibt sich ein Widerspruch. Die beiden Geraden haben daher keinen gemeinsamen Punkt und verlaufen windschief.

(LK) Um den Abstand d der Geraden g_{GS_1} und h_{CS_2} zu bestimmen, suchen wir zwei Punkte $P \in g_{GS_1}$ und $Q \in h_{CS_2}$ derart, dass $PQ \perp g_{GS_1}$ und $PQ \perp h_{CS_2}$. Ein Punkt $P \in g_{GS_1}$ lässt sich beschreiben durch: $\overrightarrow{OP} = \begin{pmatrix} 1 \\ 1 \\ 1 \end{pmatrix} + s \cdot \begin{pmatrix} -1 \\ -1 \\ 1 \end{pmatrix}$ und ein Punkt $Q \in h_{CS_2}$ durch

$\overrightarrow{OQ} = \begin{pmatrix} 1 \\ 1 \\ -1 \end{pmatrix} + t \cdot \begin{pmatrix} 1 \\ -1 \\ 1 \end{pmatrix}$, also $\overrightarrow{PQ} = \begin{pmatrix} 1 \\ 1 \\ -1 \end{pmatrix} + t \cdot \begin{pmatrix} 1 \\ -1 \\ 1 \end{pmatrix} - \begin{pmatrix} 1 \\ 1 \\ 1 \end{pmatrix} - s \cdot \begin{pmatrix} -1 \\ -1 \\ 1 \end{pmatrix} = \begin{pmatrix} t + s \\ -t + s \\ -2 + t - s \end{pmatrix}$.

Hieraus folgt: $\overrightarrow{PQ} * \begin{pmatrix} -1 \\ -1 \\ 1 \end{pmatrix} = \begin{pmatrix} t + s \\ -t + s \\ -2 + t - s \end{pmatrix} * \begin{pmatrix} -1 \\ -1 \\ 1 \end{pmatrix} = -t - s + t - s - 2 + t - s = t - 3s - 2 = 0$

und $\overrightarrow{PQ} * \begin{pmatrix} 1 \\ -1 \\ 1 \end{pmatrix} = \begin{pmatrix} t + s \\ -t + s \\ -2 + t - s \end{pmatrix} * \begin{pmatrix} 1 \\ -1 \\ 1 \end{pmatrix} = t + s + t - s - 2 + t - s = 3t - s - 2 = 0$.

Das Gleichungssystem $-3s + t = 2 \wedge -s + 3t = 2$ ist erfüllt für $s = -\frac{1}{2} \wedge t = \frac{1}{2}$, also haben wir $P(1{,}5|1{,}5|0{,}5)$ und $Q(1{,}5|0{,}5|-0{,}5)$.

Der Abstand der beiden Punkte ist: $|\overrightarrow{PQ}| = \left| \begin{pmatrix} 0 \\ -1 \\ -1 \end{pmatrix} \right| = \sqrt{2}$.

Alternative: Für den gesuchten Abstand gilt $d = \left| \left(\begin{pmatrix} 1 \\ 1 \\ 1 \end{pmatrix} - \begin{pmatrix} 1 \\ 1 \\ -1 \end{pmatrix} \right) * \vec{n}_0 \right|$.

Dabei ist $\vec{n}_0$ ein Normaleneinheitsvektor der von den Richtungsvektoren der beiden Geraden aufgespannten Ebene. Zunächst kann ein noch nicht auf die Länge 1 normierter Normalenvektor z. B. mit dem Vektorprodukt bestimmt werden:

$\vec{n} = \begin{pmatrix} -1 \\ -1 \\ 1 \end{pmatrix} \times \begin{pmatrix} 1 \\ -1 \\ 1 \end{pmatrix} = \begin{pmatrix} 0 \\ 2 \\ 2 \end{pmatrix}$.

Da dieser die Länge $|\vec{n}| = \sqrt{4 + 4} = 2\sqrt{2}$ hat, ist $\vec{n}_0 = \frac{1}{|\vec{n}_0|} \cdot \vec{n}_0 = \frac{1}{2\sqrt{2}} \cdot \begin{pmatrix} 0 \\ 2 \\ 2 \end{pmatrix}$ der gesuchte Normaleneinheitsvektor. Nun kann der Abstand berechnet werden:

$d = \left| \left(\begin{pmatrix} 1 \\ 1 \\ 1 \end{pmatrix} - \begin{pmatrix} 1 \\ 1 \\ -1 \end{pmatrix} \right) * \frac{1}{2\sqrt{2}} \cdot \begin{pmatrix} 0 \\ 2 \\ 2 \end{pmatrix} \right| = \left| \frac{1}{2\sqrt{2}} \cdot \begin{pmatrix} 0 \\ 0 \\ 2 \end{pmatrix} * \begin{pmatrix} 0 \\ 2 \\ 2 \end{pmatrix} \right| = \frac{1}{2\sqrt{2}} \cdot 4 = \sqrt{2}$.

c) (1) Oberflächeninhalt:
Von den Rauten wissen wir, dass die Seiten die Länge $\sqrt{3}$ haben und die kürzere Diagonale die Länge 2. Nach dem Satz des Pythagoras kann hieraus die Länge der längeren Diagonalen berechnet werden ($2\sqrt{2}$). Daher gilt:

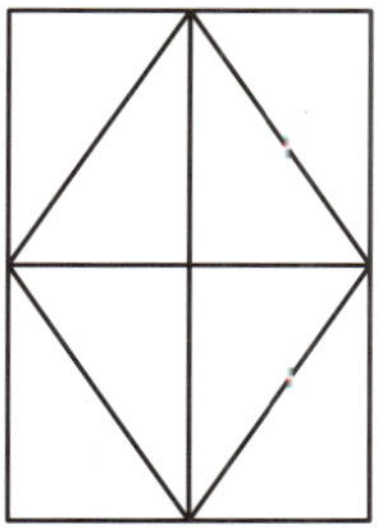

$A_{Raute} = 2 \cdot A_{Dreieck} = 2 \cdot \left(\frac{1}{2} \cdot 2 \cdot \sqrt{2}\right) = 2\sqrt{2}$.

Damit beträgt der gesamte Flächeninhalt $24\sqrt{2}$.

Alternativ kann auch das Vektorprodukt verwendet werden:

$$A = 12 \cdot \left|\begin{pmatrix}-1\\1\\1\end{pmatrix} \cdot \begin{pmatrix}-1\\-1\\1\end{pmatrix}\right| = 12 \cdot \left|\begin{pmatrix}2\\0\\2\end{pmatrix}\right| = 12 \cdot \sqrt{8} = 24\sqrt{2}.$$

(2) Volumenberechnung:
Zur Berechnung des Volumens eignen sich die folgenden Möglichkeiten:

1. Auf den Würfel mit der Kantenlänge 2 sind 6 Pyramiden aufgesetzt:
   $V = V_{Würfel} + 6 \cdot V_{Pyramide} = 8 + 6 \cdot \frac{1}{3} \cdot 4 \cdot 1 = 16$.
2. Der Körper ist aus 12 Pyramiden mit rautenförmiger Grundfläche zusammengesetzt, deren Spitzen im Ursprung liegen. Die Rauten haben vom Ursprung einen Abstand von $\sqrt{2}$ (z. B. nachzuprüfen am Mittelpunkt der Raute FS_1GS_2). Daher ist:
   $V = 12 \cdot V_{Pyramide} = 12 \cdot \frac{1}{3} \cdot 2\sqrt{2} \cdot \sqrt{2} = 16$.

d) (1) (**LK**) Die Koordinaten der betrachteten Eckpunkte lauten $C(1\,|\,1\,|\,-1)$, $F(1\,|\,-1\,|\,1)$ und $H(-1\,|\,1\,|\,1)$. Mit dem Vektorprodukt kann man einen Normalenvektor $\vec{n}$ der Ebene E_1 am schnellsten bestimmen:

Mit $\vec{n}* = \overrightarrow{FC} \times \overrightarrow{FH} = \begin{pmatrix}0\\2\\-2\end{pmatrix} \times \begin{pmatrix}-2\\2\\0\end{pmatrix} = \begin{pmatrix}4\\4\\4\end{pmatrix}$ erhält man $\vec{n} = \begin{pmatrix}1\\1\\1\end{pmatrix}$.

Alternativ muss ein lineares Gleichungssystem aufgestellt werden aus: $\vec{n} * \overrightarrow{FC} = 0 \wedge \vec{n} * \overrightarrow{FH} = 0$. Mit der Lösung erhält man ebenfalls einen Normalenvektor $\vec{n}$.

Mit $\vec{n} * \vec{x} = \vec{n} * \vec{c}$, also $\begin{pmatrix}1\\1\\1\end{pmatrix} * \begin{pmatrix}x_1\\x_2\\x_3\end{pmatrix} = \begin{pmatrix}1\\1\\1\end{pmatrix} * \begin{pmatrix}1\\1\\-1\end{pmatrix}$ ergibt sich die gesuchte Koordinatengleichung der Ebene zu: $E_1 : x_1 + x_2 + x_3 = 1$.

Hinweis: Also verläuft eine Raumdiagonale des im Rhombendodekaeder eingeschlossenen Würfels orthogonal zur Ebene E_1.

(2) (**LK**) Die drei zu untersuchenden Geraden verlaufen parallel zueinander, da sie alle den Vektor $\begin{pmatrix}1\\1\\1\end{pmatrix}$ als Richtungsvektor aufweisen. Die Geraden werden also beschrieben durch die folgenden Parameterdarstellungen:

$$g_{ES_1} : \vec{x} = \begin{pmatrix}-1\\-1\\1\end{pmatrix} + r \cdot \begin{pmatrix}1\\1\\1\end{pmatrix},\; g_{BS_2} : \vec{x} = \begin{pmatrix}1\\-1\\-1\end{pmatrix} + s \cdot \begin{pmatrix}1\\1\\1\end{pmatrix} \text{ und } g_{DS_3} : \vec{x} = \begin{pmatrix}-1\\1\\-1\end{pmatrix} + t \cdot \begin{pmatrix}1\\1\\1\end{pmatrix}.$$

Zur Bestimmung der Koordinaten der gesuchten Schnittpunkte werden die Terme aus den Geradengleichungen nacheinander in die Koordinatengleichung der Ebene eingesetzt:

Schnittpunkt von g_{ES_1} mit E_1: Mit $(-1+r)+(-1+r)+(1+r)=1 \Leftrightarrow 3r=2 \Leftrightarrow r=\frac{2}{3}$

erhält man $\begin{pmatrix}-1\\-1\\1\end{pmatrix}+\frac{2}{3}\cdot\begin{pmatrix}1\\1\\1\end{pmatrix}=\begin{pmatrix}-\frac{1}{3}\\-\frac{1}{3}\\\frac{5}{3}\end{pmatrix}$.

Schnittpunkt von g_{BS_2} mit E_1: Mit $(1+s)+(-1+s)+(-1+s)=1 \Leftrightarrow 3s=2 \Leftrightarrow s=\frac{2}{3}$

erhält man $\begin{pmatrix}1\\-1\\-1\end{pmatrix}+\frac{2}{3}\cdot\begin{pmatrix}1\\1\\1\end{pmatrix}=\begin{pmatrix}\frac{5}{3}\\-\frac{1}{3}\\-\frac{1}{3}\end{pmatrix}$.

Schnittpunkt von g_{DS_3} mit E_1: Mit $(-1+t)+(1+t)+(-1+t)=1 \Leftrightarrow 3t=2 \Leftrightarrow t=\frac{2}{3}$

erhält man $\begin{pmatrix}-1\\1\\-1\end{pmatrix}+\frac{2}{3}\cdot\begin{pmatrix}1\\1\\1\end{pmatrix}=\begin{pmatrix}-\frac{1}{3}\\\frac{5}{3}\\-\frac{1}{3}\end{pmatrix}$.

Die Koordinaten der gesuchten Punkte lauten also: $P\left(-\frac{1}{3}\middle|-\frac{1}{3}\middle|\frac{5}{3}\right)$, $Q\left(\frac{5}{3}\middle|-\frac{1}{3}\middle|-\frac{1}{3}\right)$ und $R\left(-\frac{1}{3}\middle|\frac{5}{3}\middle|-\frac{1}{3}\right)$.

(3) Zunächst wird der Abstand der Punkte $Q\left(\frac{5}{3}\middle|-\frac{1}{3}\middle|-\frac{1}{3}\right)$ und $C(1\,|\,1\,|-1)$ sowie von Q und $F(1\,|-1\,|\,1)$ berechnet:

$$|\overrightarrow{QC}|=\left|\begin{pmatrix}-\frac{2}{3}\\\frac{4}{3}\\-\frac{2}{3}\end{pmatrix}\right|=\frac{1}{3}\sqrt{4+16+4}=\frac{2\sqrt{6}}{3}\approx 1{,}63;$$

$$|\overrightarrow{QF}|=\left|\begin{pmatrix}-\frac{2}{3}\\-\frac{2}{3}\\\frac{4}{3}\end{pmatrix}\right|=\frac{1}{3}\sqrt{4+4+16}=\frac{2\sqrt{6}}{3}\approx 1{,}63.$$

Die Seitenlänge des 6-Ecks beträgt also $\frac{2\sqrt{6}}{3}$ LE ≈ 1,63 LE.

Nachweis für die Größe des gesuchten Winkels:

Aus dem Ansatz $\cos(\angle CQF)=\frac{\overrightarrow{QC}*\overrightarrow{QF}}{|\overrightarrow{QC}|\cdot|\overrightarrow{QF}|}=\frac{\frac{4}{9}-\frac{8}{9}-\frac{8}{9}}{\left(\frac{2\sqrt{6}}{3}\right)^2}=\frac{-\frac{12}{9}}{\frac{24}{9}}=-0{,}5$ folgt

$\angle CQF=\cos^{-1}(-0{,}5)=120°$.

(4) Das regelmäßige 6-Eck setzt sich aus 6 gleichseitigen Dreiecken mit der Seitenlänge $\frac{2\sqrt{6}}{3}$ LE ≈ 1,63 LE zusammen. Für den Flächeninhalt A_Δ eines dieser Dreiecke gilt $A_\Delta=|\overrightarrow{QC}|^2\cdot\frac{\sqrt{3}}{4}=\frac{24}{9}\cdot\frac{\sqrt{3}}{4}=\frac{2\sqrt{3}}{3}\approx 1{,}15$ FE. Der gesamte Flächeninhalt des 6-Ecks beträgt also $A=6\cdot A_\Delta=6\cdot\frac{2\sqrt{3}}{3}=4\sqrt{3}\approx 6{,}93$ FE.

Aufgabe 11 *Kirchturmdach*

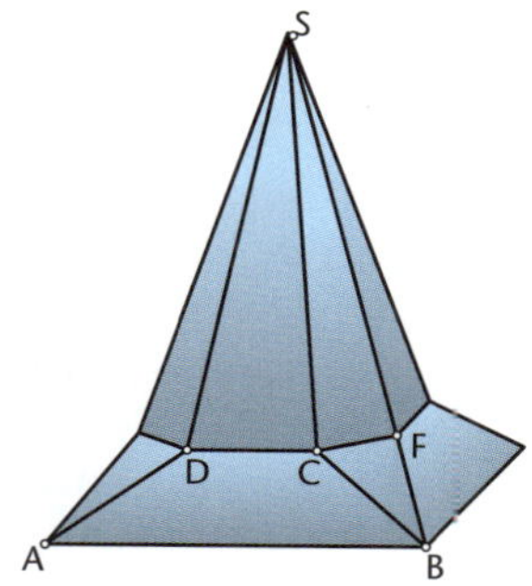

Das skizzierte Kirchturmdach hat eine quadratische Grundfläche.

Die Vorderseite ist festgelegt durch die Punkte A (3|−3|0), B (3|3|0), C (2|1|2), D (2|−1|2), S (0|0|12).
Ein weiterer Punkt des Daches ist: F (1|2|2) (1 LE ≙ 1 m)

Die Punkte A, B, C, D liegen in der Ebene E_1;
die Punkte C, D, S in der Ebene E_2.

Eine Längeneinheit entspricht einem Meter in der Realität.

a) Bestimmen Sie die Parametergleichungen (**GK und LK**) und die Koordinatengleichungen (**nur LK**) der Ebenen E_1 und E_2. F5
Berechnen Sie das Maß des Winkels unter dem sich die Ebenen E_1 und E_2 schneiden.
Berechnen Sie die Größe der Innenwinkel des Dreiecks ΔDCS. G1

b) Das Kirchturmdach soll neu gedeckt werden. Der Materialpreis für die Neueindeckung beträgt 53 € pro m² zuzüglich Mehrwertsteuer (19 %).
Berechnen Sie den Materialpreis (incl. MwSt.) für die Eindeckung des gesamten Dachs. G2

c) **(LK)** Die Dachkante CS soll durch einen im Punkt R (0|0|2) gelagerten Balken abgestützt werden. Dabei soll der Balken senkrecht auf der Dachkante CS stehen.
Bestimmen Sie den Punkt, in dem der Balken die Dachkante CS berührt.
Berechnen Sie die Länge des Balkens. G4

d) **(LK)** Im Punkt R (0|0|2) ist weiterhin eine 4 m lange Fahnenstange verankert, die senkrecht auf der Ebene $E_2: 5x_1 + x_3 = 12$ steht.
Ist diese Stange als Fahnenstange zu verwenden, wenn sie zur Aufhängung der Fahne mindestens 2 m ins Freie ragen muss? G3

e) Das Kirchturmdach ruht auf einem quaderförmig gemauerten Turm mit der Höhe 18 m. Die Kirchturmspitze befindet sich also 30 m über dem als eben angenommenen Erdboden.
Paralleles Sonnenlicht fällt auf den Kirchturm in Richtung des Vektors $\vec{v} = \begin{pmatrix} 1 \\ -2 \\ -4 \end{pmatrix}$.
Berechnen Sie den Abstand zwischen dem Schattenpunkt von S auf dem Erdboden und dem lotrecht unter dem Punkt A auf dem Erdboden liegenden Eckpunkt des Turms. F6 E3

Lösung

a) **(GK und LK)** $E_1: \vec{x} = \overrightarrow{OA} + r \cdot \overrightarrow{AB} + s \cdot \overrightarrow{AD} = \begin{pmatrix} 3 \\ -3 \\ 0 \end{pmatrix} + r \cdot \begin{pmatrix} 0 \\ 6 \\ 0 \end{pmatrix} + s \cdot \begin{pmatrix} -1 \\ 2 \\ 2 \end{pmatrix}$ mit $r, s \in \mathbb{R}$;

$E_2: \vec{x} = \overrightarrow{OD} + t \cdot \overrightarrow{DC} + u \cdot \overrightarrow{DS} = \begin{pmatrix} 2 \\ -1 \\ 2 \end{pmatrix} + t \cdot \begin{pmatrix} 0 \\ 2 \\ 0 \end{pmatrix} + u \cdot \begin{pmatrix} -2 \\ 1 \\ 10 \end{pmatrix}$ mit $t, u \in \mathbb{R}$.

Hinweis: An die Stelle des jeweils ersten Richtungsvektors kann auch der Einheitsvektor $\begin{pmatrix} 0 \\ 1 \\ 0 \end{pmatrix}$ treten.
(**Nur LK**) Die Ebene E_1 wird aufgespannt durch $\overrightarrow{AD} = \begin{pmatrix} -1 \\ 2 \\ 2 \end{pmatrix}$ und $\overrightarrow{AB} = \begin{pmatrix} 0 \\ 6 \\ 0 \end{pmatrix}$. Zu diesen Vektoren steht der Vektor $\vec{n} = \begin{pmatrix} 2 \\ 0 \\ 1 \end{pmatrix}$ orthogonal. Hieraus ergibt sich

$E_1: \begin{pmatrix} 2 \\ 0 \\ 1 \end{pmatrix} * \vec{x} = 2x_1 + x_3 = \begin{pmatrix} 2 \\ 0 \\ 1 \end{pmatrix} * \begin{pmatrix} 3 \\ -3 \\ 0 \end{pmatrix} = 6.$

Die Ebene E_2 wird aufgespannt durch $\overrightarrow{CD} = \begin{pmatrix} 0 \\ -2 \\ 0 \end{pmatrix}$ und $\overrightarrow{CS} = \begin{pmatrix} -2 \\ -1 \\ 10 \end{pmatrix}$. Zu diesen Vektoren steht der Vektor $\vec{m} = \begin{pmatrix} 5 \\ 0 \\ 1 \end{pmatrix}$ orthogonal. Hieraus ergibt sich

E_2: $\begin{pmatrix} 5 \\ 0 \\ 1 \end{pmatrix} * \vec{x} = 5x_1 + x_3 = \begin{pmatrix} 5 \\ 0 \\ 1 \end{pmatrix} * \begin{pmatrix} 2 \\ 1 \\ 2 \end{pmatrix} = 12.$

Alternative: Normalenvektoren kann man auch mithilfe des Vektorprodukts bestimmen:

$\vec{n}* = \begin{pmatrix} 0 \\ 6 \\ 0 \end{pmatrix} \times \begin{pmatrix} -1 \\ 2 \\ 2 \end{pmatrix} = \begin{pmatrix} 12 \\ 0 \\ 6 \end{pmatrix}$, $\vec{m}* = \begin{pmatrix} 0 \\ -2 \\ 0 \end{pmatrix} \times \begin{pmatrix} -2 \\ -1 \\ 10 \end{pmatrix} = \begin{pmatrix} -20 \\ 0 \\ -4 \end{pmatrix}$.

Der Winkel zwischen den Ebenen E_1 und E_2 beträgt:

$$\cos^{-1} \frac{\left|\begin{pmatrix} 2 \\ 0 \\ 1 \end{pmatrix} * \begin{pmatrix} 5 \\ 0 \\ 1 \end{pmatrix}\right|}{\left|\begin{pmatrix} 2 \\ 0 \\ 1 \end{pmatrix}\right| \cdot \left|\begin{pmatrix} 5 \\ 0 \\ 1 \end{pmatrix}\right|} = \cos^{-1} \frac{11}{\sqrt{5} \cdot \sqrt{26}} \approx 15{,}26°.$$

Das Dreieck DCS ist gleichschenklig. Berechnung der Innenwinkel:

$$\angle CDS = \angle SCD = \cos^{-1} \frac{\left|\begin{pmatrix} 0 \\ -2 \\ 0 \end{pmatrix} * \begin{pmatrix} -2 \\ -1 \\ 10 \end{pmatrix}\right|}{2 \cdot \sqrt{105}} = \cos^{-1}\left(\frac{2}{2 \cdot \sqrt{105}}\right) \approx 84{,}40°,$$

$\angle DSC = 180° - 2 \cdot 84{,}40° = 11{,}20°.$

b) Dreieck DCS: $A_1 = \frac{1}{2}\sqrt{|\overrightarrow{CD}|^2 \cdot |\overrightarrow{CS}|^2 - (\overrightarrow{CD} * \overrightarrow{CS})^2} = \frac{1}{2}\sqrt{4 \cdot 105 - 4} = \sqrt{104}$

alternativ: $A_1 = \frac{1}{2}\left|\begin{pmatrix} 0 \\ -2 \\ 0 \end{pmatrix} \times \begin{pmatrix} -2 \\ -1 \\ 10 \end{pmatrix}\right| = \frac{1}{2}\left|\begin{pmatrix} -20 \\ 0 \\ -4 \end{pmatrix}\right| = \sqrt{104}$

Dreieck CFS: $A_2 = \frac{1}{2}\sqrt{|\overrightarrow{SC}|^2 \cdot |\overrightarrow{SF}|^2 - (\overrightarrow{SC} * \overrightarrow{SF})^2} = \frac{1}{2}\sqrt{105 \cdot 105 - 104^2} = \frac{1}{2}\sqrt{209}$

Dreieck CBF: $A_3 = \frac{1}{2}\sqrt{17}$, Trapez ABCD: $A_4 = \frac{6+2}{2} \cdot \sqrt{5} = 4\sqrt{5}$

Gesamtfläche: $A = 4 \cdot (A_1 + A_2 + A_3 + A_4) = 4\sqrt{104} + 2\sqrt{209} + 2\sqrt{17} + 16\sqrt{5} \approx 113{,}73$

Materialpreis (inkl. MwSt.): $113{,}73\ \text{m}^2 \cdot 53\ \frac{€}{\text{m}^2} \cdot 1{,}19 = 7172{,}95\ €.$

c) **(LK)** Zu berechnen ist der Abstand des Punktes R von der Geraden

$g: \vec{x} = \vec{p} + t \cdot \vec{u}$ mit $\vec{p} = \begin{pmatrix} 0 \\ 0 \\ 12 \end{pmatrix}$ und $\vec{u} = \begin{pmatrix} -2 \\ -1 \\ 10 \end{pmatrix}$.

Das Lot von Punkt R auf die Gerade g steht senkrecht auf der Geraden selbst. Zu bestimmen ist damit der Lotfußpunkt F mit $(\vec{r} - \vec{f}) * \vec{u} = 0$. Da Punkt F auf der Geraden liegt, gibt es eine reelle Zahl t mit $\vec{f} = \vec{p} + t \cdot \vec{u}$. Setzt man den Term für $\vec{f}$ in die vorangegangene Gleichung ein, so kann der Parameter t berechnet werden:

$(\vec{r} - \vec{p} - t \cdot \vec{u}) * \vec{u} = 0 \Leftrightarrow \left(\begin{pmatrix} 0 \\ 0 \\ 2 \end{pmatrix} - \begin{pmatrix} 0 \\ 0 \\ 12 \end{pmatrix} - t \cdot \begin{pmatrix} -2 \\ -1 \\ 10 \end{pmatrix}\right) * \begin{pmatrix} -2 \\ -1 \\ 10 \end{pmatrix} = 0 \Leftrightarrow$

$-4t - t - 100 - 100t = 0 \Leftrightarrow t = -\frac{20}{21}.$

Damit ergibt sich der Lotfußpunkt F aus $\vec{f} = \vec{p} + t \cdot \vec{u} = \begin{pmatrix} 0 \\ 0 \\ 12 \end{pmatrix} - \frac{20}{21} \cdot \begin{pmatrix} -2 \\ -1 \\ 10 \end{pmatrix} = \begin{pmatrix} \frac{40}{21} \\ \frac{20}{21} \\ \frac{52}{21} \end{pmatrix}$

sowie dessen Abstand von Punkt R zu $|\vec{r} - \vec{f}| = 10 \cdot \frac{\sqrt{21}}{21} \approx 2{,}18.$

Der Balken berührt die Dachkante CS im Punkt $F\left(\frac{40}{21}\middle|\frac{20}{21}\middle|\frac{52}{21}\right)$. Er ist etwa 2,18 m lang.

d) **(LK)** Für den Schnittpunkt L der Lotgerade l: $\vec{x} = \begin{pmatrix} 0 \\ 0 \\ 2 \end{pmatrix} + r \cdot \begin{pmatrix} 5 \\ 0 \\ 1 \end{pmatrix} = \begin{pmatrix} 5r \\ 0 \\ 2+r \end{pmatrix}$ vom Punkt R auf

die Ebene mit der Ebene E_2 gilt: $5 \cdot (5r) + (2 + r) = 12$, also $r = \frac{5}{13}$,

d. h. $L\left(\frac{25}{13}\middle|0\middle|\frac{31}{13}\right)$. Dieser hat von R den Abstand: $d = \sqrt{\left(\frac{25}{13}\right)^2 + \left(\frac{5}{13}\right)^2} = \sqrt{\frac{650}{169}} \approx 1{,}96.$

Alternative: Die HNF von E_2 lautet $\frac{5x_1 + x_3 - 12}{\sqrt{26}} = 0$. Gemäß der Abstandsformel gilt:

$d = \left|\frac{2-12}{\sqrt{26}}\right| \approx 1{,}96$

Da die Stange also um etwa 4 m – 1,96 m = 2,04 m ins Freie ragt, ist sie als Fahnenstange zu verwenden.

e) Ein über die Kirchturmspitze einfallender Lichtstrahl verläuft entlang der Gerade g mit

$g: \vec{x} = \begin{pmatrix} 0 \\ 0 \\ 12 \end{pmatrix} + r \cdot \begin{pmatrix} 1 \\ -2 \\ -4 \end{pmatrix}$. Der Erdboden wird durch die Ebene mit $x_3 = -18$ beschrieben.

Für den Schnittpunkt der Gerade g mit dieser Ebene des Erdbodens gilt also
$12 - 4 \cdot r = -18 \Leftrightarrow 4r = 30 \Leftrightarrow r = 7{,}5$. Setzt man diesen Wert in die Geradengleichung

ein, so erhält man den Ortsvektor des Schattenpunktes $\vec{s'} = \begin{pmatrix} 0 \\ 0 \\ 12 \end{pmatrix} + 7{,}5 \cdot \begin{pmatrix} 1 \\ -2 \\ -4 \end{pmatrix} = \begin{pmatrix} 7{,}5 \\ -15 \\ -18 \end{pmatrix}$.

Der lotrecht unter dem Punkt A auf dem Erdboden liegende Eckpunkt des Turms wird

beschrieben durch den Ortsvektor $\vec{a'} = \begin{pmatrix} 3 \\ -3 \\ -18 \end{pmatrix}$. Für den gesuchten Abstand erhält man

$\overline{A'S'} = \left|\begin{pmatrix} 7{,}5 \\ -15 \\ -18 \end{pmatrix} - \begin{pmatrix} 3 \\ -3 \\ -18 \end{pmatrix}\right| = \left|\begin{pmatrix} 4{,}5 \\ -12 \\ 0 \end{pmatrix}\right| = \sqrt{4{,}5^2 + 12^2} \approx 12{,}82.$

Er beträgt also ungefähr 12,82 m.

Aufgabe 12 *Die Scheune*

Die Abbildung zeigt eine Scheune mit einem Pultdach. Die Eckpunkte haben die Koordinaten A (6|0|0), B (6|10|0), C (0|10|0), F (6|0|3), G (6|10|3), H (0|10|4), K (0|0|4).

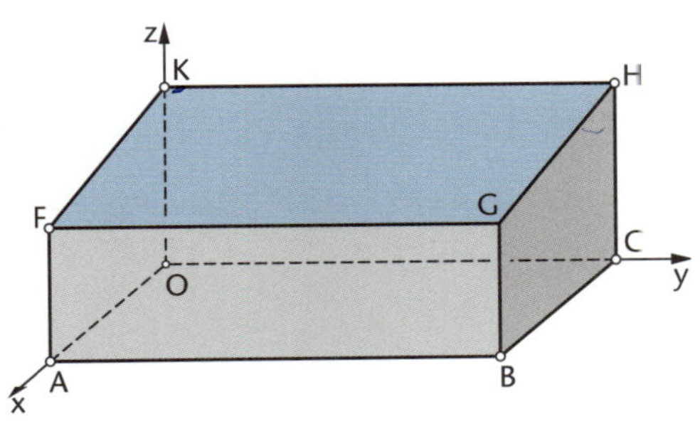

Auf dem Boden des Hauses wird ein 5 m langes, senkrecht stehendes Schornsteinrohr aufgestellt. Zur Vereinfachung betrachten wir bei der geometrischen Beschreibung dieses Schornsteinrohres nur den im Schornsteininneren verlaufenden Teil seiner Symmetrieachse. Der Fuß des Schornsteinrohres befindet sich dann im Punkt I (4|7|0).
Eine Längeneinheit entspricht einem Meter.

a) Berechnen Sie den Rauminhalt der Scheune und die Größe ihrer Dachfläche. G2

b) Die schräg verlaufende Dachfläche liege in der Ebene E.

(1) Geben Sie für die Ebene E eine Parameterdarstellung (**GK und LK**) und eine Koordinatendarstellung (**nur LK**) an. (Kontrollergebnis: $E: x_1 + 6x_3 = 24$) F3 F5
(2) Untersuchen Sie, ob der Punkt $P(1{,}5|7{,}5|3{,}75)$ auf E liegt. F3
(3) Bestimmen Sie den Neigungswinkel des Daches. G1
(4) **(LK)** Berechnen Sie den Abstand der Spitze des Schornsteinrohres vom Dach. G3

c) Eine Sicherheitsvorschrift besagt, dass das Schornsteinrohr mindestens 2 m aus dem Dach herausragen muss.
Bestimmen Sie den Punkt, in dem das Schornsteinrohr die Dachfläche durchstößt und begründen Sie Ihre Entscheidung, ob die Sicherheitsvorschrift eingehalten wird.
Berechnen Sie, wie viel Prozent des Schornsteinrohres sich außerhalb des Daches befinden. F6

d) **(LK)** Berechnen Sie den Abstand des oberen Schornsteinendes von der hinteren Dachkante. G4

e) Paralleles Sonnenlicht fällt in Richtung des Vektors $\vec{v} = \begin{pmatrix} -1 \\ 2 \\ -3 \end{pmatrix}$ ein.

Berechnen Sie den Schattenpunkt der Spitze des Schornsteinrohres auf der Dachfläche. F6

Lösung

a) Wir fassen das Gebäude als Prisma auf mit Grundfläche BCHG und Höhe AB. Die Grundfläche ist ein Trapez mit den parallelen Seiten BG und CH sowie der Flächenhöhe BC.
Das Volumen des Prismas beträgt
$V = \frac{1}{2} \cdot (|\overrightarrow{BG}| + |\overrightarrow{CH}|) \cdot |\overrightarrow{BC}| \cdot |\overrightarrow{AB}| = \frac{1}{2} \cdot (3\text{ m} + 4\text{ m}) \cdot 6\text{ m} \cdot 10\text{ m} = 210\text{ m}^3$.
Die fehlende Kantenlänge der Dachfläche erhält man als Länge des Vektors $\overrightarrow{GH} = \begin{pmatrix} -6 \\ 0 \\ 1 \end{pmatrix}$ zu $\sqrt{37}$ m. Damit beträgt der Flächeninhalt der Dachfläche $A = 10 \cdot \sqrt{37} \approx 60{,}83\text{ m}^2$.

b) (1) (**GK und LK**) Die Ebene E wird beispielsweise aufgespannt durch die Vektoren $\overrightarrow{FG}$ und $\overrightarrow{FK}$, also

$$E: \vec{x} = \begin{pmatrix} 6 \\ 0 \\ 3 \end{pmatrix} + r\begin{pmatrix} 0 \\ 1 \\ 0 \end{pmatrix} + s\begin{pmatrix} -6 \\ 0 \\ 1 \end{pmatrix}.$$

(**Nur LK**) Der Vektor $\vec{n} = \begin{pmatrix} 1 \\ 0 \\ 6 \end{pmatrix}$ ist orthogonal zu $\overrightarrow{FG}$ und $\overrightarrow{FK}$, daher ist
$E: x_1 + 6x_3 = 24$ eine Koordinatengleichung für die Ebene.

(2) Da $1{,}5 + 6 \cdot 3{,}75 = 24$, ergibt die Punktprobe, dass der Punkt P in der Ebene E liegt.

(3) Der Neigungswinkel α kann z. B. als Winkel zwischen $\vec{n} = \begin{pmatrix} 1 \\ 0 \\ 6 \end{pmatrix}$ und einem zur

3. Koordinatenachse parallelen Vektor berechnet werden: $\cos\alpha = \frac{\begin{pmatrix} 1 \\ 0 \\ 6 \end{pmatrix} * \begin{pmatrix} 0 \\ 0 \\ 1 \end{pmatrix}}{\left|\begin{pmatrix} 1 \\ 0 \\ 6 \end{pmatrix}\right| \cdot \left|\begin{pmatrix} 0 \\ 0 \\ 1 \end{pmatrix}\right|} = \frac{6}{\sqrt{37}}$

oder elementar im rechtwinkligen Dreieck mit $\tan\alpha = \frac{1}{6}$ zu $\alpha \approx 9{,}5°$.

(4) **(LK)** Die Spitze des Schornsteins liegt im Punkt $S(4|7|5)$.

Die HNF der Ebene E: $\frac{x_1 + 6x_3 - 24}{\sqrt{37}} = 0$ liefert $d = \left|\frac{4 + 6 \cdot 5 - 24}{\sqrt{37}}\right| = \frac{10}{\sqrt{37}} \approx 1{,}64$

Der Abstand beträgt etwa 1,64 m.

c) Den Schnittpunkt Q der Ebene E mit der Geraden $g: \vec{x} = \begin{pmatrix} 4 \\ 7 \\ 0 \end{pmatrix} + t \cdot \begin{pmatrix} 0 \\ 0 \\ 1 \end{pmatrix}$, welche die Symmetrieachse des Schornsteinrohrs beschreibt, erhält man durch Einsetzen in die Ebenengleichung: $4 + 6t = 24 \Leftrightarrow t = \frac{10}{3}$, also: $\vec{q} = \begin{pmatrix} 4 \\ 7 \\ 0 \end{pmatrix} + \frac{10}{3} \cdot \begin{pmatrix} 0 \\ 0 \\ 1 \end{pmatrix} = \begin{pmatrix} 4 \\ 7 \\ \frac{10}{3} \end{pmatrix}$ und $Q\left(4|7|\frac{10}{3}\right)$.

Da das Schornsteinrohr also nur 1,67 m aus dem Dach herausragt, ist die Sicherheitsvorschrift nicht erfüllt.

Es liegen $1 - \frac{\frac{10}{3}}{5} \approx 33\,\%$ des Schornsteins außerhalb des Dachs.

d) **(LK)** Der Lotvektor von der Schornsteinspitze $S(4|7|5)$ auf die Gerade $h: \vec{x} = \begin{pmatrix} 0 \\ 0 \\ 4 \end{pmatrix} + t \cdot \begin{pmatrix} 0 \\ 1 \\ 0 \end{pmatrix}$ muss zu dieser orthogonal sein: $\left[\begin{pmatrix} 4 \\ 7 \\ 5 \end{pmatrix} - \begin{pmatrix} 0 \\ 0 \\ 4 \end{pmatrix} - t \cdot \begin{pmatrix} 0 \\ 1 \\ 0 \end{pmatrix}\right] * \begin{pmatrix} 0 \\ 1 \\ 0 \end{pmatrix} = 0$.

Hieraus ergibt sich $t = 7$ und $L(0|7|4)$ als Fußpunkt des Lotes, also gilt für den Abstand:

$d = \left|\begin{pmatrix} 0 \\ 7 \\ 4 \end{pmatrix} - \begin{pmatrix} 4 \\ 7 \\ 5 \end{pmatrix}\right| = \sqrt{17}$.

Hinweis: Man kann dies auch elementargeometrisch mithilfe des Satzes von PYTHAGORAS berechnen: $d^2 = 4^2 + 1^2$

e) Den Schattenpunkt R der Schornsteinspitze auf der Dachfläche erhält man als Schnittpunkt der Gerade $k: \vec{x} = \begin{pmatrix} 4 \\ 7 \\ 5 \end{pmatrix} + t \cdot \begin{pmatrix} -1 \\ 2 \\ -3 \end{pmatrix}$ mit der Ebene E durch Einsetzen in die Ebenengleichung: $4 - t + 6(5 - 3t) = 24 \Leftrightarrow t = \frac{10}{19}$.

$\vec{r} = \begin{pmatrix} 4 \\ 7 \\ 5 \end{pmatrix} + \frac{10}{19} \cdot \begin{pmatrix} -1 \\ 2 \\ -3 \end{pmatrix} = \begin{pmatrix} \frac{66}{19} \\ \frac{153}{19} \\ \frac{65}{19} \end{pmatrix}$ und $R\left(\frac{66}{19}\middle|\frac{153}{19}\middle|\frac{65}{19}\right)$

Aufgabe 13 *Impfung gegen Influenza*

Das Robert-Koch-Institut hat in einer Stichprobe 1261 Menschen über 12 Jahre telefonisch befragt. Demnach waren in West-Deutschland 15 % und in Ost-Deutschland (einschl. Berlin) 32 % der Bevölkerung gegen Grippe geimpft.
In den „westlichen" Bundesländern leben 79,3 % der 73 327 000 Bundesbürger über 12 Jahre.

a) Berechnen Sie den Anteil der geimpften Personen in der Gesamtbevölkerung. Bestimmen Sie die Wahrscheinlichkeit, dass eine zufällig angetroffene geimpfte Person in den „östlichen" Bundesländern wohnt. H3 H4

b) Berechnen Sie die Wahrscheinlichkeit, dass von 12 zufällig ausgesuchten Personen aus den östlichen Bundesländern

(1) keine Person geimpft ist;
(2) mindestens 10 Personen nicht geimpft sind;
(3) mehr als 8 und höchstens 10 Personen geimpft sind. J2

c) Das Leonhard-Euler-Gymnasium liegt im West-Deutschland und hat zur Zeit 1030 Schülerinnen und Schüler über 12 Jahre.

Bestimmen Sie einen Schätzwert für die Anzahl der geimpften Schüler dieses Gymnasiums.
Ermitteln Sie ein zum Erwartungswert symmetrisches Intervall, in dem die Anzahl der geimpften Schüler mit einer Wahrscheinlichkeit von etwa 95 % liegt. I5 J1

d) Personen über 12 Jahre aus den westlichen Bundesländern werden für ein Interview zufällig ausgewählt. Bestimmen Sie, wie viele Personen man mindestens auswählen muss, um mit einer Wahrscheinlichkeit von mindestens 98 % mindestens eine geimpfte Person zu erfassen. I4

e) (**LK**) Von dem verwendeten Impfserum wird behauptet, dass höchstens 10 % der Geimpften trotz einer Impfung an Grippe erkranken. 300 zufällig ausgewählte Personen werden mit diesem Serum geimpft. Es erkranken 38 Personen.

Untersuchen Sie die Behauptung in der Art eines Hypothesentests mit dem Signifikanzniveau von 5 % und geben Sie eine begründete Entscheidung an. J4 J6
Beschreiben Sie die Bedeutung der Fehler 1. Art und 2. Art im Zusammenhang dieses Tests.
Berechnen Sie die Wahrscheinlichkeit für einen Fehler 1. Art im Fall $p = 0{,}1$ und die Wahrscheinlichkeit für einen Fehler 2. Art im Fall $p = 0{,}15$. J4

Lösung

a) G: Person ist geimpft
$\overline{G}$: Person ist nicht geimpft
A: Person wohnt in den „westlichen" Bundesländern;
$\overline{A}$: Person wohnt in den „östlichen" Bundesländern

Mit diesen Bezeichnungen und einem Baumdiagramm kann eine Vierfeldertafel erstellt werden:

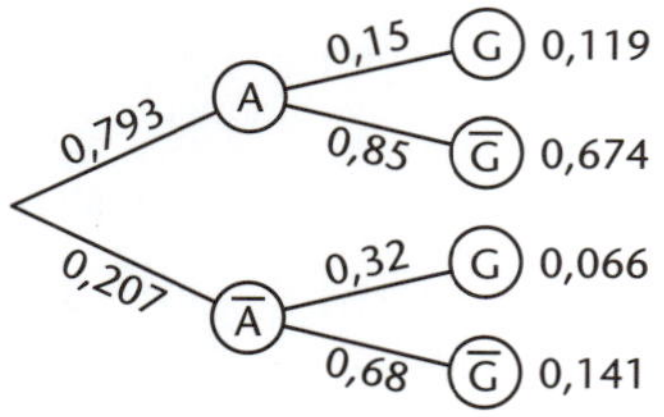

	G	$\overline{G}$	
A	0,119	0,674	0,793
$\overline{A}$	0,066	0,141	0,207
	0,185	0,815	1

Daraus ist abzulesen: $P(G) = 0{,}793 \cdot 0{,}15 + 0{,}207 \cdot 0{,}32 \approx 0{,}185$.
Der Anteil der geimpften Personen in der Gesamtbevölkerung beträgt also etwa 18,5 %.
Mit der Vier-Felder-Tafel erhält man das umgekehrte Baumdiagramm:

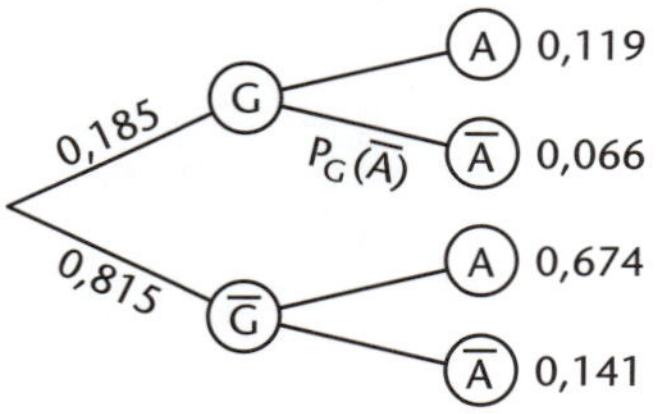

Daraus ist abzulesen: $P_G(\overline{A}) = \frac{P(G \cap \overline{A})}{P(G)} = \frac{0{,}066}{0{,}185} \approx 0{,}357$.

Die Person wohnt demnach mit einer Wahrscheinlichkeit von etwa 35,7 % in den „östlichen" Bundesländern.

b) X: *Anzahl der geimpften Personen*
Die Zufallsgröße X ist binomialverteilt mit $n = 12$ und $p = 0{,}32$.

(1) $P(X = 0) = \binom{12}{0} \cdot 0{,}32^0 \cdot 0{,}68^{12} \approx 0{,}68^{12} \approx 0{,}0098 \approx 1\,\%$

(2) $P(X \leq 2) = P(X = 0) + P(X = 1) + P(X = 2)$
$$= 0{,}68^{12} + \binom{12}{1} \cdot 0{,}32 \cdot 0{,}68^{11} + \binom{12}{2} \cdot 0{,}32^2 \cdot 0{,}68^{10} \approx 0{,}2078 \approx 20{,}8\,\%$$

(3) $P(9 \leq X \leq 10) = P(X = 9) + P(X = 10)$
$$= \binom{12}{9} \cdot 0{,}32^9 \cdot 0{,}68^3 + \binom{12}{10} \cdot 0{,}32^{10} \cdot 0{,}68^2 \approx 0{,}0028 \approx 0{,}3\,\%$$

c) Die Zufallsgröße X beschreibt die Anzahl der geimpften Schüler.
Sie ist binomialverteilt mit $n = 1030$ und $p = 0{,}15$.
Als Schätzwert wird der Erwartungswert berechnet zu: $\mu = n \cdot p = 1030 \cdot 0{,}15 = 154{,}5$.

1. Möglichkeit: *Bestimmung des symmetrischen Intervalls mithilfe der Sigma-Regeln*

Die Standardabweichung ist $\sigma = \sqrt{n \cdot p \cdot (1 - p)} \approx 11{,}46$. Da die LAPLACE-Bedingung ($\sigma > 3$) erfüllt ist, ergibt sich als Radius der gesuchten Umgebung ungefähr: $1{,}96 \cdot \sigma = 22{,}5$.Daher erhält man das gesuchte Intervall: $[154{,}5 - 22{,}5;\ 154{,}5 + 22{,}5] = [132;\ 177]$.

Kontrollrechnung:
$P(132 \leq X \leq 177) = \text{binomcdf}(1030, 0.15, 132, 177) = 0{,}955 \approx 0{,}95$;
$P(133 \leq X \leq 176) = \text{binomcdf}(1030, 0.15, 133, 176) = 0{,}945 \approx 0{,}95$.

Da die Aufgabenstellung eine Wahrscheinlichkeit von etwa 95 % verlangt, sind beide Intervalle mögliche Antworten.

2. Möglichkeit: *Schnitt des Graphen der Treppenfunktion f1 mit f1(x) = binomcdf(1030, 0.15, 154.5 − x, 154.5 + x) mit der konstanten Funktion f2(x) = 0.95*

Der Rechner findet die (nicht ganz korrekte) Lösung (22,5; 0,945):
Wenn man vom Erwartungswert um 22,5 nach unten und nach oben geht, ergibt sich die Intervall-Wahrscheinlichkeit 94,5 %.

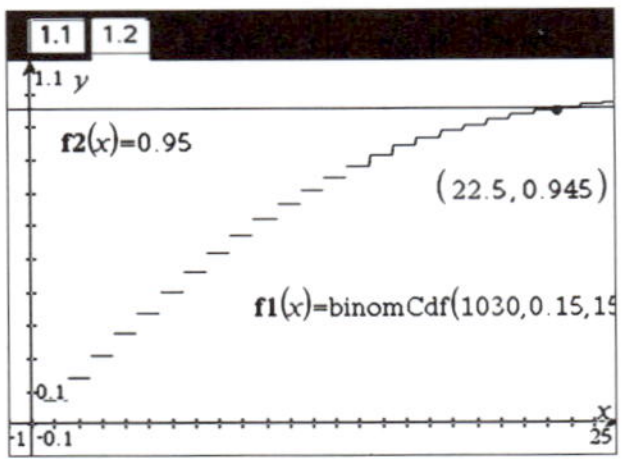

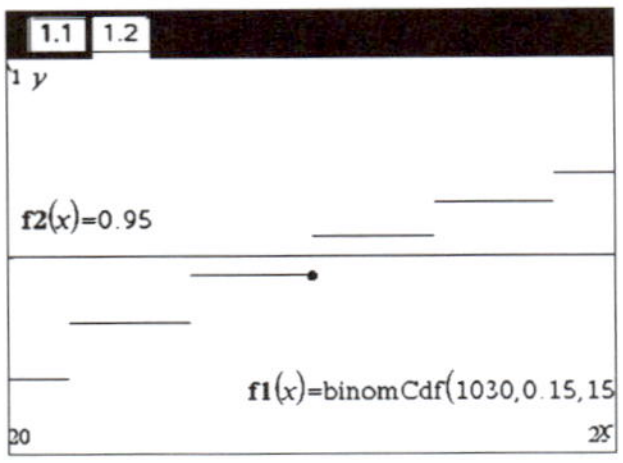

Aus dem Screenshot rechts (Vergrößerung) wird deutlich, dass der Rechner einen eigentlich nicht existierenden Schnittpunkt der Graphen am Ende des Intervalls [21,5 ; 22,5] feststellt und der Wahrscheinlichkeit 94,5 % zuordnet.

Eine Kontrollrechnung ist also auf jeden Fall notwendig!

d) Gesucht ist die unbekannte Personenzahl n, die man mindestens auswählen muss.

$$P(\text{mind. eine Person ist geimpft}) \geq 0{,}98$$
$$\Leftrightarrow\ 1 - P(\text{keine Person ist geimpft}) \geq 0{,}98$$
$$\Leftrightarrow\ 1 - 0{,}85^n \geq 0{,}98$$
$$\Leftrightarrow\ n \geq \frac{\ln(0{,}02)}{\ln(0{,}85)} \approx 24{,}07$$

Also muss man mindestens 25 Personen auswählen.

e) Hypothesentest:

$H_0: p \leq 0{,}1$	(Nullhypothese)	$H_1: p > 0{,}1$	(Gegenhypothese)
$\alpha \leq 0{,}05$	(Signifikanzniveau)	$n = 300$	(Stichprobenumfang)

X: *Anzahl der erkrankten Personen*
Bei wahrer Nullhypothese ist die Zufallsgröße X binomialverteilt mit n = 300 und p = 0,1. Da eine große Anzahl erkrankter Personen gegen die Annahme der Nullhypothese spricht, handelt es sich um einen rechtsseitigen Test.

Bestimmung des Verwerfungsbereichs mit den Sigma-Regeln:
Für $n = 300$ und $p = 0{,}1$ ist $\mu = n \cdot p = 30$ und $\sigma = \sqrt{n \cdot p \cdot (1 - p)} \approx 5{,}196$.

Da $\mu + 1{,}64 \cdot \sigma \approx 30 + 8{,}5 = 38{,}5$ folgt $P(X \le 39) > 0{,}95$ („Rundung zur sicheren Seite“).
Damit ist der Annahmebereich für die Nullhypothese zu $A = \{0, ..., 39\}$ bestimmt.
Die Nullhypothese wird demzufolge abgelehnt, wenn das Stichprobenergebnis im Verwerfungsbereich $K = \{40, ..., 300\}$ liegt.

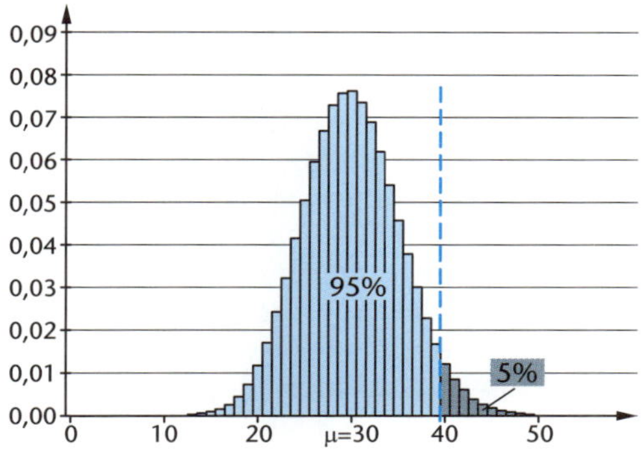

Kontrollrechnung:
binomcdf(300, 0.1, 39) ≈ 0,962 > 0,95;
binomcdf(300, 0.1, 38) ≈ 0,945 < 0,95.

Der Fehler 1. Art (eine wahre Nullhypothese wird irrtümlich verworfen) bedeutet hier, dass man aufgrund einer zufällig ungewöhnlich hohen Zahl erkrankter Personen in der Stichprobe irrtümlicherweise schließt, dass mehr als 10 % der Patienten trotz Impfung an der Grippe erkranken, obwohl dies in Wahrheit nicht stimmt.

Der Fehler 2. Art (eine falsche Nullhypothese wird irrtümlich angenommen) bedeutet hier, dass aufgrund einer mit der Nullhypothese verträglichen Anzahl erkrankter Personen in der Stichprobe irrtümlicherweise schließt, dass höchstens 10 % der Patienten trotz Impfung an der Grippe erkranken, obwohl dies in Wahrheit nicht stimmt.

Wahrscheinlichkeit für den Fehler 1. Art für $p = 0{,}1$:
$\alpha = P(40 \le X \le 300) = 1 - P(X \le 39) = 3{,}8\,\%$.

Wahrscheinlichkeit für den Fehler 2. Art für $p = 0{,}15$:
$\beta = P(X \le 39) = 18{,}8\,\%$.

Aufgabe 14 *Gefährdete Schnarcher*

Wer schnarcht, lebt gefährlich

Über Menschen, die schnarchen, werden oft Witze gemacht. Dabei ist Schnarchen alles andere als eine scherzhafte Angelegenheit. Schnarchen deutet auf eine Verengung der Atemwege hin, die den Betroffenen das Atemholen im Schlaf erschwert. Die typischen Schnarchgeräusche entstehen bei der Anstrengung, durch die verengten Atemwege Luft zu holen. Viele Erwachsene schnarchen im Schlaf. In den meisten Fällen ist keine Behandlung erforderlich, da Schnarchen an sich keine Gefahr für die Gesundheit darstellt. Lautes und unregelmäßiges Schnarchen allerdings könnte ein Hinweis auf das Vorliegen der obstruktiven Schlafapnoe (OSA) sein, eine potentiell lebensbedrohliche Erkrankung, die bei ca. 5 % der erwachsenen Bevölkerung auftritt. Das laute und unregelmäßige Schnarchen tritt jedoch nicht bei allen sondern „nur" bei 80 % der OSA-Kranken auf; andererseits stellt man auch bei 40 % der nicht an OSA erkrankten Personen fest, dass sie im Schlaf laut und unregelmäßig schnarchen.

a) Stellen Sie die Informationen aus dem o.a. Zeitungstext hinsichtlich der Merkmale „OSA-Erkrankung" und „lautes und unregelmäßiges Schnarchen" mithilfe eines Baumdiagramms dar. **H2**

b) Berechnen Sie, wie groß der Anteil der Erwachsenen ist, die dazu neigen, im Schlaf laut und unregelmäßig zu schnarchen. Berechnen Sie den Anteil der OSA-Kranken unter diesen. Untersuchen Sie, ob es unter den Personen, die im Schlaf nicht laut und unregelmäßig schnarchen, auch OSA-Kranke gibt. **H3**

Stellen Sie die Antworten auf diese drei Fragen in einem kurzen Zeitungsartikel dar und nehmen Sie dann zur Überschrift des o. a. Zeitungsartikels Stellung. **H4**

c) Zwanzig Erwachsene werden zufällig ausgewählt. Berechnen Sie, mit welcher Wahrscheinlichkeit in der Stichprobe kein, ein, mehr als ein OSA-Erkrankter vertreten sind. **J2**

d) (**LK**) Außer allgemeinen Maßnahmen wie Gewichtsreduktion und Verzicht auf Alkohol vor dem Schlafengehen wird als Therapie eine Behandlung mit einer speziellen Kieferschiene vorgeschlagen: Eine Plastikschiene mit Metall wird vom Kieferorthopäden angepasst und in der Nacht auf den Unterkiefer gesetzt, der damit vorverlagert wird; die Atemwege werden hierdurch besser offen gehalten. Diese Methode ist bei etwa 50 % der Patienten erfolgreich. Die Weiterentwicklung einer solchen Kieferschiene hat nach Meinung seiner Erfinder eine noch höhere Erfolgsquote; dies soll in einem Doppelblindtest[1] bei jeweils 140 OSA-Patienten erprobt werden.
   (1) Untersuchen Sie, bei welchen Versuchsergebnissen man die Behauptung der Erfinder als bestätigt ansehen würde. Formulieren Sie eine geeignete Hypothese und die zugehörige Entscheidungsregel (Irrtumswahrscheinlichkeit 5 %). **J6**
   (2) Beschreiben Sie die Auswirkungen von Fehlern 1. und 2. Art. **J4**
   (3) Berechnen Sie, mit welcher Wahrscheinlichkeit die neue Schiene höchstens für genauso gut gehalten würde wie der bisherige Typ, obwohl die neue Schiene bei 55 % der Patienten erfolgreich wäre. **J4**

---

1 Doppelblindtest: Weder die Patienten noch die behandelnden Ärzte wissen, welcher Typ Kieferschiene welchem Patienten gegeben wird.

e) (**LK**) Die Information, dass 5 % der erwachsenen Bevölkerung an OSA erkrankt ist, stammt aus früheren Erhebungen. Berechnen Sie, wie groß der Stichprobenumfang gewählt werden sollte, wenn man den Anteil erneut mit einer Genauigkeit von einem Prozentpunkt bestimmen will.
(Sicherheitswahrscheinlichkeit 95 %) J7

Lösung

a) O: OSA-erkrankte Person, $\overline{O}$: nicht an OSA erkrankte Person
S: „Schnarcher" (laut und unregelmäßig), $\overline{S}$: kein „Schnarcher"
Mit diesen Bezeichnungen ergeben sich aus dem Zeitungstext folgende Informationen, die sich auch in eine Vierfeldertafel (rechts) eintragen lassen (die Pfad-Wahrscheinlichkeiten ergeben die inneren Felder der Tafel):

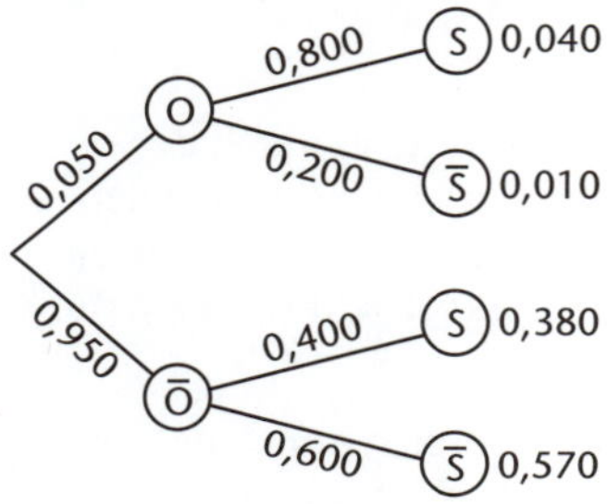

	O	$\overline{O}$	gesamt
S	0,040	0,380	0,420
$\overline{S}$	0,010	0,570	0,580
gesamt	0,050	0,950	1

b) Aus der Vierfeldertafel oder unmittelbar aus dem Baumdiagramm oben lesen wir ab:

Anteil der Erwachsenen, die dazu neigen, im Schlaf laut und unregelmäßig zu schnarchen $= P(S) = P(O) \cdot P_O(S) + P(\overline{O}) \cdot P_{\overline{O}}(S) = 0{,}050 \cdot 0{,}800 + 0{,}950 \cdot 0{,}400$
$= 0{,}040 + 0{,}380 = 0{,}420$

Anteil der OSA-Kranken unter den „Schnarchern" $= P_S(O) = \frac{P(O \cap S)}{P(S)} = \frac{0{,}040}{0{,}420} \approx 0{,}095$

Anteil der OSA-Kranken unter den „Nicht-Schnarchern"
$= P_{\overline{S}}(O) = \frac{P(O \cap \overline{S})}{P(\overline{S})} = \frac{0{,}010}{0{,}580} \approx 0{,}017$

Diese Wahrscheinlichkeiten (Anteile) können auch aus dem umgekehrten Baumdiagramm abgelesen werden.

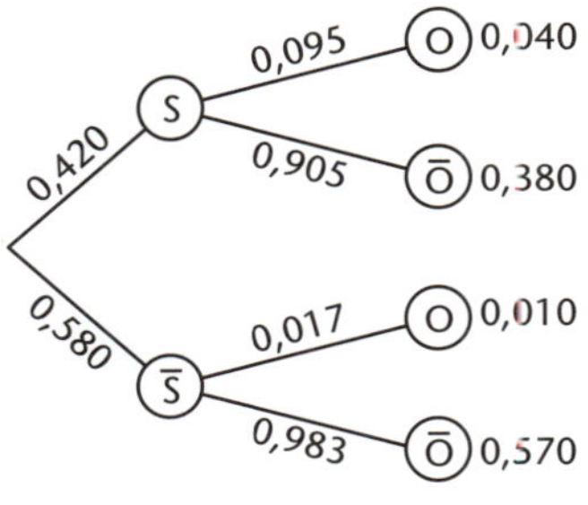

Etwa 42 % der Erwachsenen neigen dazu, im Schlaf laut und unregelmäßig zu schnarchen; von diesen muss etwa jeder Zehnte (9,5 %) davon ausgehen, dass er/sie an OSA erkrankt ist. Aber auch unter den Personen, die nicht laut und unregelmäßig schnarchen, gibt es Personen, die an OSA erkrankt sind; der Anteil beträgt allerdings nur etwa 1,7 %. Diese Informationen relativieren also die Überschrift des Presseartikels. Die Aussage „Wer schnarcht, lebt gefährlich" klingt allgemeingültig, trifft aber nur auf 10 % der Betroffenen zu.

c) Binomialansatz möglich, da Stichprobe klein im Vergleich zur Gesamtheit.
X: *Anzahl der OSA-Kranken*; $p = 0{,}05$; $n = 20$;
$P(X = 0) = \text{binompdf}(20, 0.05, 0) = 0{,}358$; $P(X = 1) = \text{binompdf}(20, 0.05, 1) = 0{,}377$;
$P(X > 1) = 1 - \text{binomcdf}(20, 0.05, 1) = 0{,}264$.

d) (1) (**LK**) Einseitiger Hypothesentest: Wenn $p > 0{,}5$ statistisch „nachgewiesen“ werden soll, müssen in der Stichprobe signifikante Abweichungen dazu führen, dass die Hypothese $p \leq 0{,}5$ verworfen werden kann.

Ansatz: Die neue Kieferschiene hat eine Erfolgsquote von höchstens 50 %. Von dieser kritischen Einschätzung sind wir nur bereit abzugehen, wenn in der Stichprobe vom Umfang $n = 140$ eine signifikant große Anzahl von geheilten OSA-Patienten gefunden wird.
Für $p = 0{,}5$ und $n = 140$ ergibt sich $\mu + 1{,}64\sigma = 79{,}7$ [für $p < 0{,}5$ gilt sogar $\mu + 1{,}64\sigma < 79{,}7$].

Entscheidungsregel: Verwirf $p \leq 0{,}5$, falls $X > 79$.
Annahmebereich der Hypothese: $X \leq 79$.

Die neuartige Methode würde als bestätigt angesehen, wenn in der Stichprobe 80 oder mehr Patienten geheilt würden.

(2) (**LK**) Fehler 1. Art: Das Stichprobenergebnis liegt im Verwerfungsbereich der Hypothese $p \leq 0{,}5$ (also $X > 80$), obwohl die tatsächliche Erfolgswahrscheinlichkeit kleiner ist als 50 %, d. h. Die neue Methode ist nicht besser, zufällig tritt aber ein signifikant großes Ergebnis in der Stichprobe auf, was dazu führt, dass die neue Kiefernschiene eingeführt wird.

Fehler 2. Art: Das Stichprobenergebnis liegt im Annahmebereich der Hypothese $p \leq 0{,}5$ (also $X \leq 79$), d. h. Die neue Methode ist besser; dies wird aber nicht erkannt, weil das Stichprobenergebnis zufällig im Annahmebereich der Hypothese liegt. Ein medizinischer Fortschritt findet deshalb nicht statt.

(3) (**LK**) Gesucht ist die Wahrscheinlichkeit, dass das Stichprobenergebnis im Annahmebereich $X \leq 79$ liegt, obwohl $p = 0{,}55$:
$P_{p=0{,}55}(X \leq 79) = \text{binomcdf}(140,\ 0.55,\ 79) \approx 0{,}664$.
Die Wahrscheinlichkeit für diesen Fehler 2. Art beträgt etwa 66 %.

e) (**LK**) Mit einer Wahrscheinlichkeit von etwa 95 % unterscheidet sich das Ergebnis einer Stichprobe (relative Häufigkeit einer Merkmalsausprägung) von der dem Zufallsversuch zugrunde liegenden Wahrscheinlichkeit um höchstens $1{,}96\frac{\sigma}{n}$. Wenn diese Abweichung höchstens 1 Prozentpunkt betragen soll, muss die Ungleichung

$1{,}96 \cdot \sqrt{\frac{p(1-p)}{n}} \leq 0{,}01$ erfüllt werden.

Für $p \approx 0{,}05$ ergibt sich:

$$1{,}96 \cdot \sqrt{\frac{0{,}05 \cdot 0{,}95}{n}} \leq 0{,}01 \Leftrightarrow 1{,}96^2 \cdot \frac{0{,}05 \cdot 0{,}95}{n} \leq 0{,}01^2 \Leftrightarrow 1{,}96^2 \cdot \frac{0{,}05 \cdot 0{,}95}{0{,}01^2} \leq n \Leftrightarrow n \geq 1824{,}8$$

Ein Stichprobenumfang von mindestens 1825 sollte gewählt werden.

Aufgabe 15 *Würfeln mit dem Ikosaeder*

Ein Ikosaeder ist ein regelmäßiger Körper mit 20 kongruenten, gleichseitigen Dreiecken als Außenflächen.

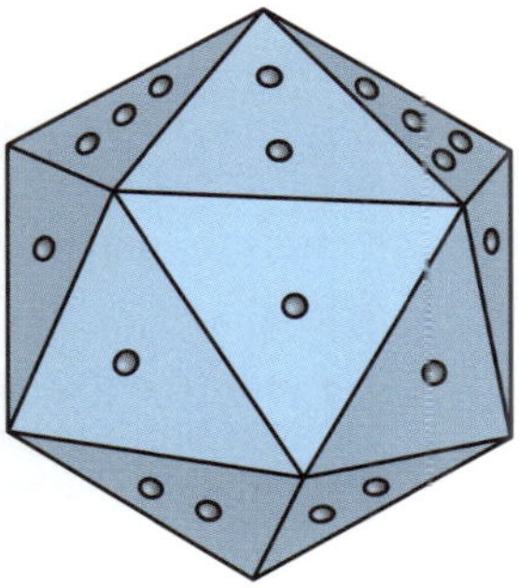

In der Form eines solchen Ikosaeders wurde ein Würfel hergestellt.
Dabei wurden auf 8 der Außenflächen *ein Auge* aufgemalt, auf 6 Flächen *zwei Augen*, auf 4 Flächen *drei Augen* und auf 2 Flächen *vier Augen*.

Im Folgenden werden Würfelexperimente mit diesem Würfel betrachtet.

a) Berechnen Sie die Wahrscheinlichkeit, dass bei 100 Würfen
   (1) mindestens 15- und höchstens 24-mal die „Augenzahl drei" fällt;
   (2) mehr als 45-mal die „Augenzahl eins" fällt;
   (3) mindestens 90-mal eine „Augenzahl kleiner als vier" fällt. I2

b) Bestimmen Sie, wie oft man den Würfel mindestens werfen muss, damit mit einer Wahrscheinlichkeit von mindestens 95% mindestens einmal die „Augenzahl vier" fällt. I4

c) Ein Freund bietet Ihnen folgendes Spiel an: Sie zahlen vor jedem Wurf mit dem Würfel 0,50 € an den Freund. Fällt die „Augenzahl eins", so geht ihr Einsatz verloren. Fällt die „Augenzahl zwei", so erhalten Sie Ihren Einsatz zurück. Fällt die „Augenzahl drei", so erhalten Sie 1 €. Fällt die „Augenzahl vier", so erhalten Sie 2 €. I1
   (1) Untersuchen Sie, ob das Spiel fair ist.
   (2) Die Auszahlung für den Fall, dass die „Augenzahl vier" fällt, soll nun so verändert werden, dass das Spiel fair ist. Die restlichen Auszahlungen bleiben unverändert. Berechnen Sie die neue Auszahlung.

d) Jemand hat die Vermutung, dass die Angaben darüber, wie der Ikosaeder-Würfel beschriftet ist, nicht stimmt, möchte aber sein Misstrauen nicht zeigen und den Würfel vor aller Augen kontrollieren. Bei den nächsten 75 Würfen soll deshalb gezählt werden, wie oft Augenzahl 1 fällt.
   (1) Untersuchen Sie, welche Prognose auf dem 90 %-Niveau abgegeben werden kann. J1
   (2) Stellen Sie dar, welche Konsequenzen gezogen würden, wenn das in (1) ermittelte Intervall Grundlage für eine Entscheidungsregel wäre. J2

Lösung

a) (1) X: *Anzahl der Würfe mit „Augenzahl drei"*
   Die Zufallsgröße X ist binomialverteilt mit $n = 100$ und $p = \frac{4}{20} = 0{,}2$.
   $P(15 \leq X \leq 24) = P(X \leq 24) - P(X \leq 14) = 0{,}788 = 78{,}8\,\%$.

   (2) X: *Anzahl der Würfe mit „Augenzahl eins"*
   Die Zufallsgröße X ist binomialverteilt mit $n = 100$ und $p = \frac{8}{20} = 0{,}4$.
   $P(X > 45) = 1 - P(X \leq 45) \approx 0{,}131 = 13{,}1\,\%$.

   (3) X: *Anzahl der Würfe mit „Augenzahl eins oder zwei oder drei"*
   Die Zufallsgröße X ist binomialverteilt mit $n = 100$ und $p = \frac{18}{20} = 0{,}9$.
   $P(X \geq 90) = 1 - P(X \leq 89) \approx 0{,}583 = 58{,}3\,\%$.

b) Gesucht ist die Anzahl der Würfe n.

P(mind. einmal „Augenzahl vier") $\geq 0{,}95 \Leftrightarrow 1 - P$(keinmal „Augenzahl vier") $\geq 0{,}95$

$\Leftrightarrow 1 - 0{,}9^n \geq 0{,}95$

$\Leftrightarrow 0{,}9^n \geq 0{,}05$

$\Leftrightarrow n \geq \frac{\ln(0{,}05)}{\ln(0{,}9)} \approx 28{,}4$

Also muss man den Würfel mindestens 29-mal werfen.

c) (1) Das Spiel ist fair, falls der Erwartungswert der Zufallsgröße „Gewinn" 0 € beträgt. Dann wird auf lange Sicht der an den Freund gezahlte Einsatz gleich dem ausgezahlten Betrag sein. Zu beachten ist dabei, dass der Gewinn stets um 0,50 € unter dem ausgezahlten Betrag liegt:

Augenzahl	1	2	3	4
Gewinn	– 0,50 €	0 €	0,50 €	1,50 €
Wahrscheinlichkeit	0,4	0,3	0,2	0,1

Mit den aus der Tabelle entnommenen Werten beträgt der Erwartungswert μ der Zufallsgröße „Gewinn": $\mu = -0{,}50\,€ \cdot 0{,}4 + 0\,€ \cdot 0{,}3 + 0{,}50\,€ \cdot 0{,}2 + 1{,}50\,€ \cdot 0{,}1 = 0{,}05\,€$. Das Spiel ist also nicht fair. Sie erhalten auf lange Sicht einen Gewinn von 0,05 € pro Spiel.

(2) Bezeichnet man die neue Auszahlung für den Fall „Augenzahl vier" mit x, so beträgt der Gewinn in diesem Fall $x - 0{,}50$ €.

Augenzahl	1	2	3	4
Gewinn	– 0,50 €	0 €	0,50 €	x – 0,50 €
Wahrscheinlichkeit	0,4	0,3	0,2	0,1

Da nun der Erwartungswert gleich Null sein muss, ergibt sich die folgende Gleichung: $-0{,}50\,€ \cdot 0{,}4 + 0\,€ \cdot 0{,}3 + 0{,}50\,€ \cdot 0{,}2 + (x - 0{,}50\,€) \cdot 0{,}1 = 0$.
Durch Auflösen der Gleichung nach x erhält man: $x = 1{,}50$ €.
Also muss die Auszahlung für den Fall „Augenzahl vier" auf 1,50 € gesenkt werden (d.h. der Gewinn ist dann 1,00 €), damit das Spiel fair ist.
Hinweis: Statt der Zufallsgröße „Gewinn" kann auch die Zufallsgröße „Auszahlung" betrachtet werden. Der Erwartungswert der Auszahlung muss bei einer fairen Spielregel gleich dem Einsatz sein. Im Falle von (2) wird die Rechnung etwas leichter.

d) Nach den Angaben der Aufgabenstellung sind 8 der 20 Flächen des Ikosaeders mit Augenzahl 1 beschriftet, d.h. die Erfolgswahrscheinlichkeit für Augenzahl 1 beträgt $p = 0{,}4$.

(1) Prognose für $n = 85$ Würfe:
$\mu = n \cdot p = 85 \cdot 0{,}4 = 34$,
$\sigma = \sqrt{85 \cdot 0{,}4 \cdot 0{,}6} = \sqrt{20{,}4} \approx 4{,}52$, also $1{,}64\sigma \approx 7{,}4$.

Mit einer Wahrscheinlichkeit von ca. 90 % wird die Anzahl der Würfe mit Augenzahl 1 im Intervall $[26; 42]$ liegen.

Bei der Anwendung der Sigma-Regeln wurde nach der sicheren Seite gerundet:
$P(26 \leq X \leq 42) \approx 94{,}1$ %; das nächstkleinere Intervall genügt:
$P(27 \leq X \leq 41) \approx 90{,}4$ %.

(2) Aus (1) ergibt sich: Wenn das Stichprobenergebnis unterhalb von 27 oder oberhalb von 41 liegt, sieht man dies als signifikante Abweichung vom Erwartungswert an und entscheidet: Die Angabe über den Anteil der Felder mit Augenzahl 1 ist nicht korrekt. Andernfalls hat man keinen Anlass zu vermuten, dass die Angabe falsch ist.

Aufgabe 16 *Haushaltsgrößen in Deutschland*

Aus der nebenstehenden Grafik kann man entnehmen, dass 40 % der Haushalte 1-Personen-Haushalte sind; 60 % sind also Mehr-Personen-Haushalte.

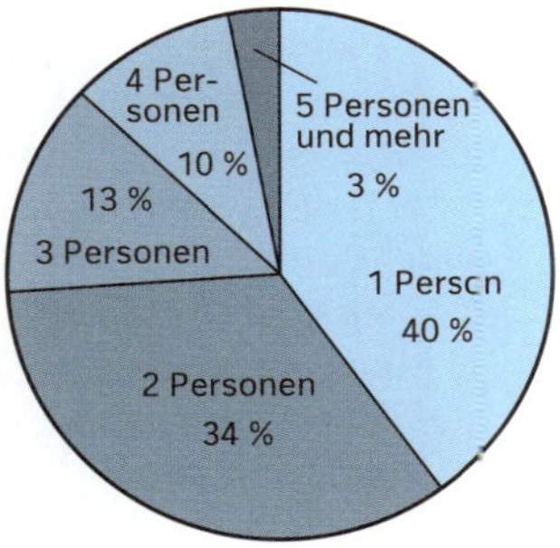

a) Laut Veröffentlichung des Statistischen Bundesamts befinden sich 64 % aller Haushalte in Deutschland in Gemeinden mit weniger als 100 000 Einwohnern; in diesen kleinen und mittelgroßen Gemeinden beträgt der Anteil der 1-Personen-Haushalte nur 35 %.

(1) Stellen Sie die Informationen über die Verteilung der 1- bzw. Mehr-Personen-Haushalte in Großstädten (mindestens 100 000 Einwohner) und anderen Gemeinden in Form einer 4-Feldertafel zusammen. H3 H4

(2) Entwickeln Sie hieraus die beiden zugehörigen Baumdiagramme und geben Sie die in den Baumdiagrammen enthaltenen Informationen in Worten wieder.

b) Angenommen, aus der Gesamtheit aller Haushalte in Deutschland wird zufällig ein Haushalt ausgewählt.

(1) Berechnen Sie die Wahrscheinlichkeit, dass es sich um einen Mehrpersonen-Haushalt handelt, wenn bekannt ist, dass der Haushalt in einer Großstadt (mindestens 100 000 Einwohner) liegt. H3 H4

(4) Berechnen Sie die Wahrscheinlichkeit, dass es sich um einen Haushalt in einer Großstadt handelt, wenn bekannt ist, dass darin nur eine Person lebt.

c) Bestimmen Sie die Wahrscheinlichkeit, dass bei einer Auswahl von $n = 100$ Haushalten I2

(1) genau 40
(2) mehr als 35
(3) mindestens 38, höchstens 45

1-Personen-Haushalte erfasst sind.

d) Bestimmen Sie, welchen Mindestumfang eine Stichprobe haben muss, damit mit einer Wahrscheinlichkeit von mindestens 90 % unter den ausgewählten Haushalten mindestens ein Haushalt mit mindestens fünf Personen ist? I4

e) Für eine Verbraucher-Befragung wird eine Stichprobe vom Umfang $n = 600$ genommen. Ermitteln Sie ein symmetrisches Intervall, in dem mit einer Wahrscheinlichkeit von ca. 95 % die Anzahl der 2-Personen-Haushalte liegen wird. J1

f) (**LK**) Aufgrund von detaillierteren Untersuchungen weiß man, dass die Verteilung der Haushaltsgrößen regional sehr unterschiedlich ist. Der Bürgermeister einer Kleinstadt vermutet, dass in seiner Gemeinde der Anteil der 1-Personen-Haushalte (der bundesweit bei den kleinen und mittleren Gemeinden 35 % beträgt, vgl. Teilaufgabe a)) signifikant größer ist als in den übrigen Gemeinden mit einer Einwohnerzahl unter 100 000. Wenn der Bürgermeister Recht hat mit seiner Vermutung, dann hat dies Auswirkungen auf die zukünftige Wohnungsbaupolitik der Gemeinde.
Da man sich hinsichtlich der tatsächlichen Situation in den Haushalten nicht allein auf die Informationen verlassen kann, die den Einwohnermeldeämtern zur Verfügung stehen, möchte er dies mithilfe eines *statistischen Beweises* belegen. Aufgrund der Haushaltssituation ist nur eine Stichprobe in $n = 250$ Haushalten möglich. J4 J6

(1) Erläutern Sie die prinzipielle Vorgehensweise für ein solches Testverfahren.
(2) Bestimmen Sie eine Entscheidungsregel auf dem 90 %-Niveau.
(3) Beschreiben Sie die Auswirkungen eines Fehlers 1. bzw. 2. Art in dieser Sachsituation.
(4) Berechnen Sie die Wahrscheinlichkeit für einen Fehler 2. Art, wenn der tatsächliche Anteil an 1-Personen-Haushalten in der Gemeinde 45 % beträgt.

Lösung

a) (1) Aus der Aufgabenstellung ergeben sich die in der folgenden Vierfeldertafel in Schwarz eingetragenen Werte; die übrigen erschließen sich durch Ergänzung:

		Gemeindetyp		
		Großstädte (G)	**andere Gemeinden (K)**	**gesamt**
Haushaltstyp	**1-Personen-haushalte (E)**	0,176	35 % von 64 % = 0,224	0,40
	Mehr-Personen-haushalte (M)	0,184	0,416	0,60
gesamt		0,36	0,64	1

(2) Durch Quotientenbildung innerhalb der Zeilen bzw. Spalten ergeben sich die beiden zugehörigen Baumdiagramme:

40 % der Haushalte in Deutschland sind 1-Personen-Haushalte, davon liegen ca. 44 % in Großstädten; dagegen liegen nur ca. 31 % aller Mehr-Personen-Haushalte in diesen Gemeinden mit mindestens 100 000 Einwohnern.

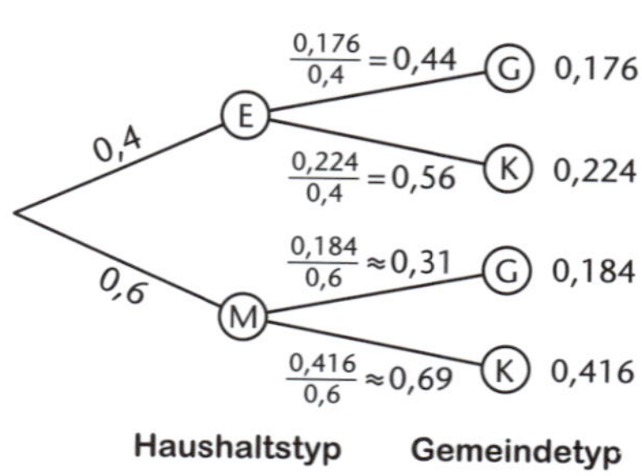

Ca. 36 % der Haushalte in Deutschland liegen in Großstädten, davon sind ca. 49 % 1-Personen-Haushalte; dagegen beträgt in den Gemeinden unter 100 000 Einwohnern der Anteil der 1-Personen-Haushalte nur ca. 35 %.

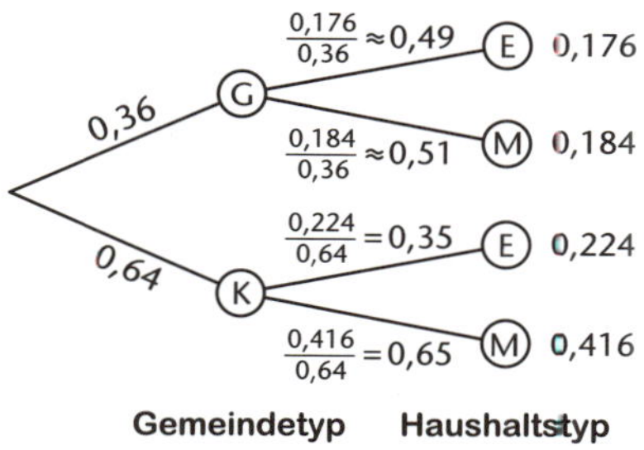

b) (1) Die Wahrscheinlichkeit, dass es sich um einen Mehrpersonen-Haushalt handelt, wenn bekannt ist, dass der Haushalt in einer Großstadt (mindestens 100 000 Einwohner) liegt, beträgt ca. 51 %: $P_G(M) \approx 0{,}51$ (vgl. 2. Baumdiagramm).

(2) Die Wahrscheinlichkeit, dass es sich um einen Haushalt in einer Großstadt handelt, wenn bekannt ist, dass darin nur eine Person lebt, beträgt ca. 44 %: $P_E(G) = 0{,}44$ (vgl. 1. Baumdiagramm).

c) Da man sich auf die Betrachtung nur eines Ergebnisses beschränkt, liegt hier eine binomialverteilte Zufallsgröße X: *Anzahl der 1-Personen-Haushalte in einem 100-stufigen Bernoulli-Versuch mit Erfolgswahrscheinlichkeit p = 0,4* vor:

(1) $P(X = 40) = \text{binompdf}(100, 0.4, 40) = 0{,}0812$
(2) $P(X > 35) = 1 - P(X \le 35) = 1 - \text{binomcdf}(100, 0.4, 35) = 1 - 0{,}179 = 0{,}821$
(3) $P(38 \le X \le 45) = \text{binomcdf}(100, 0.4, 38, 45) = 0{,}562$

d) Hier wird die Zufallsgröße X: *Anzahl der Haushalte mit mindestens fünf Personen in einem n-stufigen Bernoulli-Versuch mit p = 0,03* betrachtet: Das Ereignis *Mindestens ein Haushalt mit mindestens fünf Personen* hat die Wahrscheinlichkeit $P(X \ge 1) = 1 - P(X = 0) = 1 - 0{,}97^n$.

Für diese Wahrscheinlichkeit soll gelten: $P(X \ge 1) \ge 0{,}90$, also
$1 - 0{,}97^n \ge 0{,}9 \;\Leftrightarrow\; 0{,}97^n \le 0{,}1 \;\Leftrightarrow\; n \cdot \log(0{,}97) \le \log(0{,}1) \;\Leftrightarrow\; n \ge 75{,}6 \;\Leftrightarrow\; n \ge 76$.

Es ist also eine Stichprobe mit mindestens einem Stichprobenumfang von n = 76 notwendig, damit man in dieser mindestens einen Haushalt findet, in dem fünf oder mehr Personen leben.

e) X: *Anzahl der 2-Personen-Haushalte in einer Stichprobe vom Umfang n = 600*
$p = 0{,}34$; $\mu = 0{,}34 \cdot 600 = 204$; $\sigma = \sqrt{600 \cdot 0{,}34 \cdot 0{,}66} = \sqrt{134{,}64} \approx 11{,}60$,
95 %-Umgebung von μ: $\mu - 1{,}96\sigma \approx 181{,}3$; $\mu + 1{,}96\sigma \approx 226{,}7$.

Also gilt: $P(181 \le X \le 227) \approx 0{,}95$ (nach der sicheren Seite gerundet).
Exakte Rechnung: $P(181 \le X \le 227) = 0{,}957$; $P(182 \le X \le 226) = 0{,}948$.

f) (1) Bei einem statistischen Beweis wählt man das logische Gegenteil dessen, was man „beweisen" möchte, als zu testende Hypothese aus. Wenn man dann in der Stichprobe eine signifikante Abweichung findet, sieht man sich veranlasst, daran zu zweifeln, ob die getestete Erfolgswahrscheinlichkeit tatsächlich der Stichprobe zugrunde liegt, sodass man zukünftig das Gegenteil der getesteten Hypothese als richtig ansehen darf.

(2) Hier vermutet der Bürgermeister, dass der Anteil der 1-Personen-Haushalte in seiner Gemeinde größer ist als 35 %. Um dies statistisch zu beweisen, muss er die Hypothese H_0: $p \le 0{,}35$ testen. Für $n = 250$ und $p = 0{,}35$ ist $\mu = 250 \cdot 0{,}35 = 87{,}5$ und $\sigma = \sqrt{250 \cdot 0{,}35 \cdot 0{,}65} = \sqrt{56{,}875} \approx 7{,}54$.

Falls $p = 0{,}35$ ist, treten Stichprobenergebnisse oberhalb von $\mu + 1{,}28\sigma$ nur mit einer Wahrscheinlichkeit von ca. 90 % auf; hier ist $\mu + 1{,}28\sigma \approx 97{,}2$.
Für $p = 0{,}35$ gilt also:
$P(X > 97) \approx 0{,}10$ [exakte Berechnung liefert: $P(X > 97) = 0{,}093$].
Für $p < 0{,}35$ liegt der Wert von $\mu + 1{,}28\sigma$ unterhalb von 97,2 und es gilt erst recht $P(X > 97) < 0{,}10$.

Entscheidungsregel: *Verwirf die Hypothese $p \le 0{,}35$, falls in der Stichprobe von $n = 250$ zufällig ausgewählten Haushalten mehr als 97 1-Personen-Haushalte sind.*
Annahmebereich der Hypothese: $A = \{0, 1, \ldots, 97\}$;
Verwerfungsbereich der Hypothese: $V = \{98, 99, \ldots, 250\}$.

(3) Bei einem Fehler 1. Art würde die Hypothese $p \le 0{,}35$ verworfen, obwohl sie zutrifft, d. h., der Bürgermeister fühlt sich in seiner Vermutung bestätigt, dass seine Gemeinde einen deutlich höheren Anteil an 1-Personen-Haushalten hat als es dem Bundesdurchschnitt entspricht, dies ist aber nicht zutreffend.
Bei einem Fehler 2. Art würde die Hypothese $p \le 0{,}35$ nicht verworfen, obwohl sie falsch ist, d. h., der Bürgermeister hätte mit seiner Vermutung recht, aber dies wird durch die Stichprobe nicht bestätigt.

(4) Zu berechnen ist die Wahrscheinlichkeit für einen Fehler 2. Art, wenn das wahre p, das der Stichprobe zugrunde liegt, 45 % beträgt:
$P_{p=0{,}45}(A) = P_{p=0{,}45}(X \le 97) = 0{,}028 = 2{,}8\,\%$.

Die Wahrscheinlichkeit für einen Fehler 2. Art ist also nur gering, falls der tatsächliche Anteil der 1-Personen-Haushalte in der Gemeinde gleich 45 % ist.

Aufgaben 17 *Automobilzulieferer*

Ein Unternehmen der Automobil-Zulieferindustrie produziert an einem Standort A elektronische Bauteile für Personenkraftwagen. Um seine Wirtschaftlichkeit zu erhöhen, möchte das Unternehmen einen Teil der 1200 Mitarbeiter, die in der Produktion arbeiten, langfristig in zwei andere Standorte B und C verlegen. Da diese Standorte attraktiver sind, finden sich dauerhaft genügend Freiwillige. Einige der nach Standort B und C versetzten Mitarbeiter sollen nach gewisser Zeit zurück zum Standort A kommen, um Wissenstransfer zu gewährleisten. Im Sinne einer langfristigen Personalentwicklungsplanung legt die Firma Quoten für den jährlichen Wechsel zwischen den Standorten fest, die über mehrere Jahre stabil bleiben.
Das Unternehmen setzt daher folgende Übergangsmatrix M fest:

Von: A B C

Nach: A, B, C

$$M = \begin{pmatrix} 0{,}7 & 0{,}1 & 0{,}1 \\ 0{,}2 & 0{,}85 & 0 \\ 0{,}1 & 0{,}05 & 0{,}9 \end{pmatrix}$$

a) Stellen Sie die Entwicklung der Mitarbeiterzahlen in einem Übergangsdiagramm dar und erklären Sie am Beispiel einer Zeile und einer Spalte von M, wie sich die Mitarbeiterzahlen innerhalb eines Jahres entwickeln werden. H1

b) Zu Beginn arbeiten sämtliche 1200 Mitarbeiter am Standort A.
Berechnen Sie die Verteilung auf die Standorte A, B und C nach einem und nach zwei Jahren. H2

c) Berechnen Sie M^2 und interpretieren Sie die Koeffizienten dieser Matrix im Anwendungszusammenhang. H1

d) Es gilt: $M^{10} = \begin{pmatrix} 0{,}255 & 0{,}249 & 0{,}248 \\ 0{,}382 & 0{,}426 & 0{,}230 \\ 0{,}363 & 0{,}325 & 0{,}522 \end{pmatrix}$

Interpretieren Sie die Bedeutung dieser Matrix bezüglich der Entwicklung der Mitarbeiterzahlen der Standorte A, B und C im Unternehmen.
Beurteilen Sie die Aussagekraft der Modellierung für die langfristige Entwicklung der Mitarbeiterzahlen. H3

e) Untersuchen Sie, ob es eine Verteilung mit insgesamt 1200 Mitarbeitern gibt, die im nächsten Jahr gleich bleibt. Falls ja, geben Sie diese Verteilung an. H3

f) Untersuchen Sie, ob eine Verteilung von jeweils 400 Mitarbeitern, die in den Standorten A, B und C arbeiten, aus der Verteilung des Vorjahres entstanden sein kann. Falls ja, bestimmen Sie diese. H4

g) (**LK**) Das Unternehmen möchte aus Gründen der Wirtschaftlichkeit erreichen, dass nach 2 Jahren nur noch 500 Mitarbeiter am Standort A arbeiten. Zu diesem Zweck möchte das Unternehmen die Übergangsquote von A nach C erhöhen und den Verbleib bei A entsprechend absenken. Die übrigen Übergangsquoten mögen unverändert bleiben. Bestimmen Sie diese Übergangsquote a, so dass aus einer Anfangsverteilung mit 1200 Mitarbeitern, die alle am Standort A arbeiten, nach zwei Jahren noch 500 Mitarbeiter im Standort A arbeiten. H5

Lösung

a) Aus der ersten Spalte der Übergangsmatrix ist z. B. zu entnehmen, dass jährlich 70 % der Belegschaft an Standort A bleiben. 20 % der Belegschaft wechselt von Standort A nach B und 10 % wechseln von A nach C. Die erste Zeile ergibt zusätzlich, dass jährlich 10 % der Belegschaft von B nach Standort A und ebenfalls 10 % der Belegschaft von C nach A wechseln. Die übrigen Einträge können analog erklärt werden.

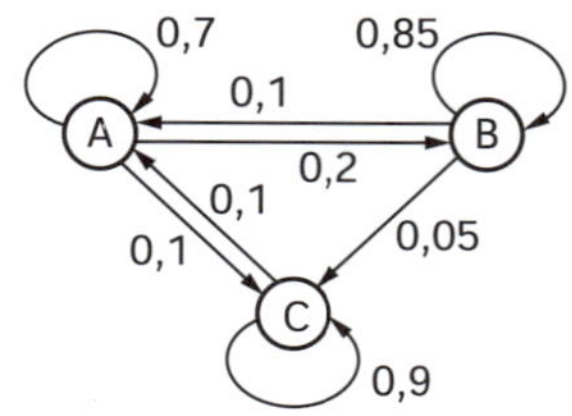

b) Der Startvektor lautet $\vec{x} = \begin{pmatrix} 1200 \\ 0 \\ 0 \end{pmatrix}$.

Die Verteilung nach einem Jahr ist gegeben durch $\begin{pmatrix} 0{,}7 & 0{,}1 & 0{,}1 \\ 0{,}2 & 0{,}85 & 0 \\ 0{,}1 & 0{,}05 & 0{,}9 \end{pmatrix} \cdot \begin{pmatrix} 1200 \\ 0 \\ 0 \end{pmatrix} = \begin{pmatrix} 840 \\ 240 \\ 120 \end{pmatrix}$.

Die Verteilung nach zwei Jahren beträgt $\begin{pmatrix} 0{,}7 & 0{,}1 & 0{,}1 \\ 0{,}2 & 0{,}85 & 0 \\ 0{,}1 & 0{,}05 & 0{,}9 \end{pmatrix} \cdot \begin{pmatrix} 840 \\ 240 \\ 120 \end{pmatrix} = \begin{pmatrix} 624 \\ 372 \\ 204 \end{pmatrix}$.

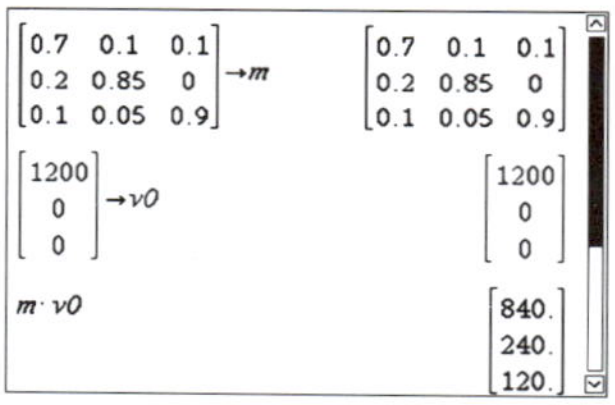

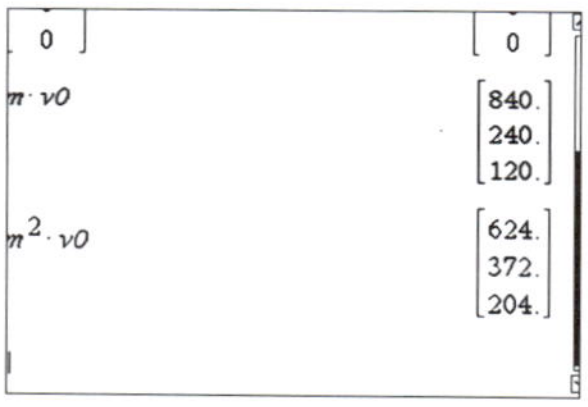

Nach Ablauf des ersten Jahres arbeiten also 840 Beschäftigte an Standort A, 240 an Standort B und 120 an Standort C. Nach dem zweiten Jahr sind es 624 Beschäftigte an Standort A, 372 an Standort B und 204 an Standort C.

c) $M^2 = \begin{pmatrix} 0{,}52 & 0{,}16 & 0{,}16 \\ 0{,}31 & 0{,}7425 & 0{,}02 \\ 0{,}17 & 0{,}0975 & 0{,}82 \end{pmatrix}$

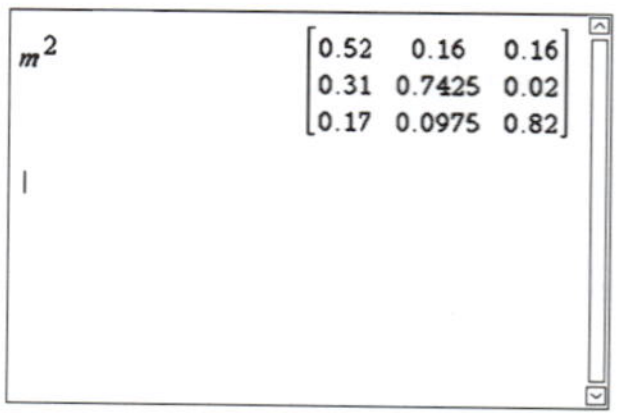

Diese Matrix gibt an, welcher Prozentsatz der Mitarbeiter eines jeden Standortes nach jeweils 2 Jahren zu den jeweiligen anderen Standorten übergeht.

Die Matrix M^2 kann sofort mit dem GTR berechnet werden.

d) Die Matrix M^{10} beschreibt die Übergangsquoten für einen Zeitraum von 10 Jahren.

Da die 1. Zeile aus nahezu identischen Zahlen besteht (ca. 0,25), kann man davon ausgehen, dass etwa 25 % der Mitarbeiter, also ca. 300, nach 10 Jahren im Standort A arbeiten werden und sich diese Zahl unter den gegebenen Bedingungen auch nicht mehr wesentlich ändern wird. Die Zahlen der übrigen Zeilen lassen einen so konkreten Schluss nicht zu, weil sie noch nicht stabilisiert sind.

Es ist jedoch fraglich, ob diese Modellierung die langfristige Entwicklung der Mitarbeiterzahlen an den drei Standorten beschreiben kann, da eher zu erwarten sein wird, dass die Gegebenheiten und Bedingungen für die Produktion Veränderungen unterworfen sein werden.

e) Gesucht ist ein Zustandsvektor $\begin{pmatrix} a \\ b \\ c \end{pmatrix}$ mit $\begin{pmatrix} 0{,}7 & 0{,}1 & 0{,}1 \\ 0{,}2 & 0{,}85 & 0 \\ 0{,}1 & 0{,}05 & 0{,}9 \end{pmatrix} \cdot \begin{pmatrix} a \\ b \\ c \end{pmatrix} = \begin{pmatrix} a \\ b \\ c \end{pmatrix}$,

d. h. ein Fixvektor der Matrix M.

Dazu muss ein lineares Gleichungssystem gelöst werden:

$$\left| \begin{array}{l} -0{,}3\,a + 0{,}1\,b + 0{,}1\,c = 0 \\ 0{,}2\,a - 0{,}15\,b = 0 \\ 0{,}1\,a + 0{,}05\,b - 0{,}1\,c = 0 \end{array} \right|.$$

Zugleich muss gelten a + b + c = 1200, da die Gesamtzahl der Mitarbeiter an den drei Standorten 1200 betragen soll.
Mit dem GTR berechnet man die numerische Lösung mit dem Befehl zum Lösen von linearen Gleichungssystemen oder dem *rref*-Befehl:

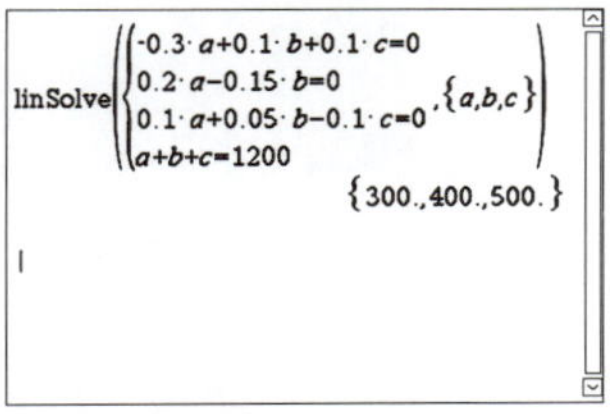

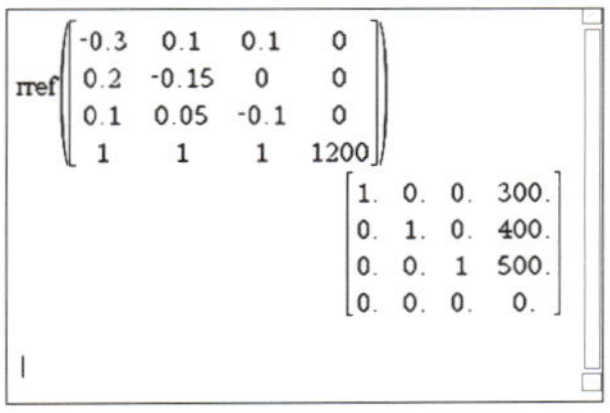

Eine Verteilung mit 300 Mitarbeitern an Standort A, 400 an Standort B und 500 an Standort C ändert sich also im Folgejahr nicht mehr.

f) Gesucht ist ein Zustandsvektor $\begin{pmatrix} x \\ y \\ z \end{pmatrix}$ mit $\begin{pmatrix} 0{,}7 & 0{,}1 & 0{,}1 \\ 0{,}2 & 0{,}85 & 0 \\ 0{,}1 & 0{,}05 & 0{,}9 \end{pmatrix} \cdot \begin{pmatrix} x \\ y \\ z \end{pmatrix} = \begin{pmatrix} 400 \\ 400 \\ 400 \end{pmatrix}$.

Äquivalent dazu ist das lineare Gleichungssystem $\left| \begin{array}{l} 0{,}7\,x + 0{,}1\,y + 0{,}1\,z = 400 \\ 0{,}2\,x + 0{,}85\,y = 400 \\ 0{,}1\,x + 0{,}05\,y + 0{,}9\,z = 400 \end{array} \right|$ zu lösen.

Dieses wird mit dem GTR gelöst:

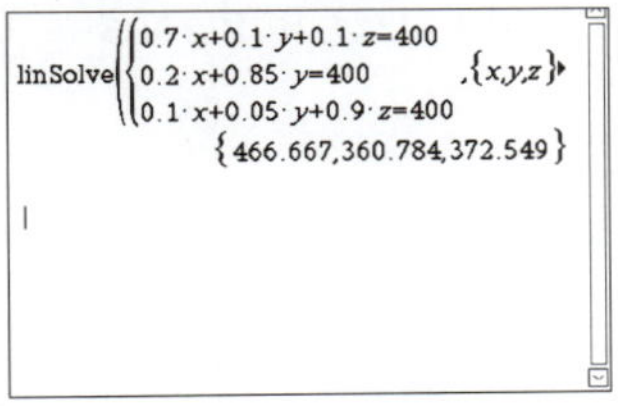

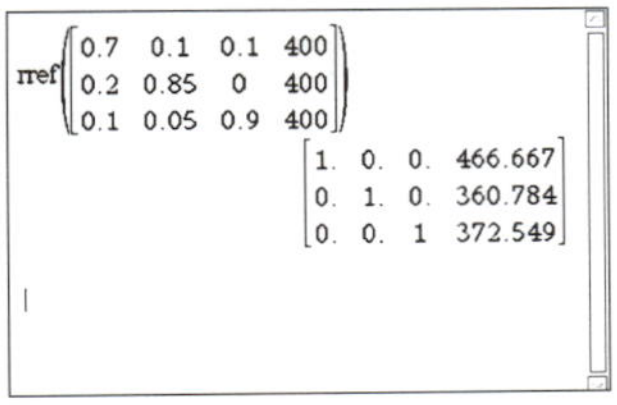

Da die berechnete Lösung nicht ganzzahlig ist, gab es eine exakte Verteilung im Vorjahr nicht. Es kann hier jedoch eine Näherungslösung mit ganzzahlig gerundeten Ergebnissen angegeben werden. Danach arbeiteten dann im Vorjahr etwa 467 Mitarbeiter an Standort A, 361 an Standort B und 372 an Standort C ($467 + 361 + 372 = 1200$).
Kontrollrechnung mit den gerundeten Werten: siehe Screenshot.

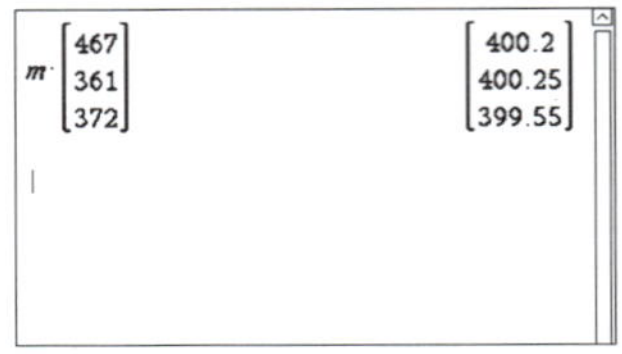

g) (**LK**) Wird die neue Übergangsquote a mit $0 \le a \le 1$ im letzten Element der ersten Spalte der Übergangsmatrix eingeführt, so ändert sich das erste Element dieser Spalte zu $0{,}8 - a$, da bei einer stochastischen Matrix die Summe der Einträge in einer Spalte immer 1 ergibt.

Damit ergibt sich für die neue Übergangsmatrix: $N = \begin{pmatrix} 0{,}8-a & 0{,}1 & 0{,}1 \\ 0{,}2 & 0{,}85 & 0 \\ a & 0{,}05 & 0{,}9 \end{pmatrix}$.

Mit dem Startvektor $\vec{v}_0 = \begin{pmatrix} 1200 \\ 0 \\ 0 \end{pmatrix}$ erhält man

$$\vec{v}_1 = N \cdot \vec{v}_0 = \begin{pmatrix} 0{,}8-a & 0{,}1 & 0{,}1 \\ 0{,}2 & 0{,}85 & 0 \\ a & 0{,}05 & 0{,}9 \end{pmatrix} \cdot \begin{pmatrix} 1200 \\ 0 \\ 0 \end{pmatrix} = \begin{pmatrix} 960 - 1200a \\ 240 \\ 1200a \end{pmatrix} \text{ und}$$

$$\vec{v}_2 = N \cdot \vec{v}_1 = \begin{pmatrix} 0{,}8-a & 0{,}1 & 0{,}1 \\ 0{,}2 & 0{,}85 & 0 \\ a & 0{,}05 & 0{,}9 \end{pmatrix} \cdot \begin{pmatrix} 960 - 1200a \\ 240 \\ 1200a \end{pmatrix} = \begin{pmatrix} 500 \\ y \\ z \end{pmatrix},$$

da nach zwei Jahren nur noch 500 Personen in Standort A arbeiten sollen.
Daraus folgt die Gleichung
$(0{,}8 - a) \cdot (960 - 1200a) + 0{,}1 \cdot 24 + 0{,}1 \cdot 1200a = 500 \Leftrightarrow 1200a^2 + 1800a + 292 = 0.$

Die beiden Lösungen dieser quadratischen Gleichung können mit dem GTR exakt (*polyRoots*), numerisch (*Nsolve*) oder graphisch ermittelt werden:

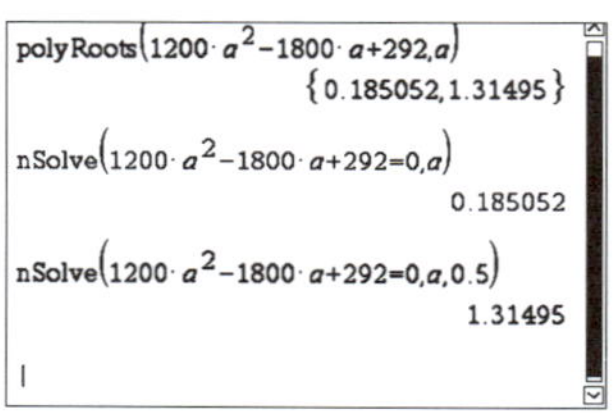

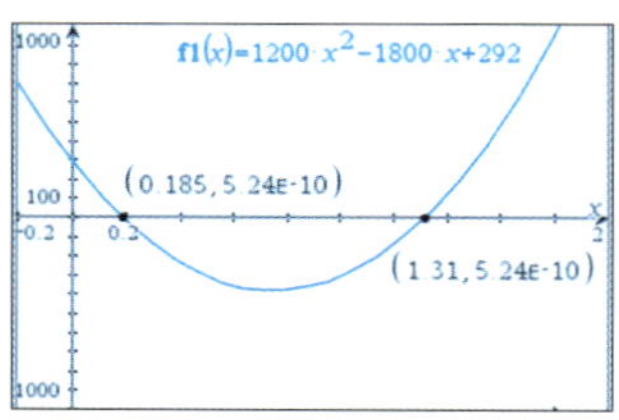

Hinweis: Der Befehl *nSolve* liefert hier immer nur eine einzelne Lösung. Für die zweite Lösung muss ein geeigneter Näherungswert angegeben werden.
Man erhält $a \approx 0{,}185$ oder $a \approx 1{,}315$.
Da a nicht größer als 1 sein darf, entfällt die zweite Lösung im Sachzusammenhang. Die gesuchte Übergangsquote ist also $a \approx 0{,}185$.

Aufgabe 18 *Gartencenter*

Auf dem Parkplatz eines Gartencenters kann man an drei Stellen einen Einkaufswagen abholen bzw. wieder abstellen: am Eingang A sowie an den beiden Zufahrten B und C. Die Mehrzahl der Kunden holt sich ihren Einkaufswagen am Eingang des Gartencenters ab, bringt ihn jedoch nach dem Einkauf an die Stelle zurück, die möglichst nah an der Parktasche liegt, an der man geparkt hat.

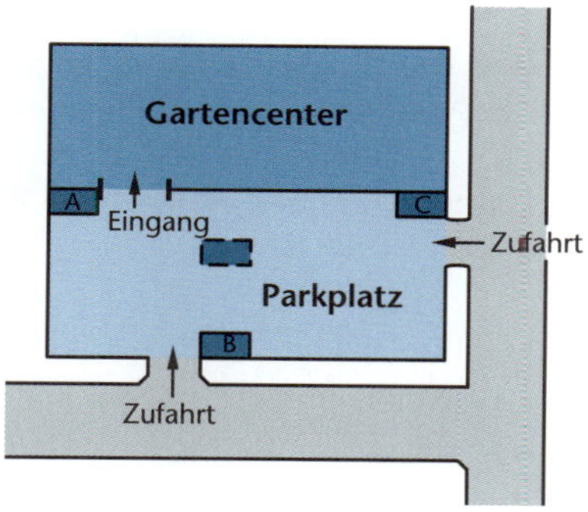

Das „Wandern“ der Einkaufswagen im Laufe eines Halbtags lässt sich mithilfe der Übergangsmatrix M beschreiben: $M = \begin{pmatrix} 0{,}3 & 0{,}1 & 0{,}1 \\ 0{,}4 & 0{,}7 & 0{,}3 \\ 0{,}3 & 0{,}2 & 0{,}6 \end{pmatrix}$.

Dabei geht man vereinfachend von der Annahme aus, dass das Gartencenter zu jeder Tageszeit von gleich vielen Kunden besucht wird.

a) Erläutern Sie, wieso man das Verhalten der Kunden an der Übergangsmatrix M ablesen kann.
Stellen Sie die durch M beschriebenen Veränderungen mithilfe eines Übergangsdiagramms dar. H1

b) Zu Beginn eines Halbtags stehen 100 Einkaufswagen in A und je 50 in B und C. Bestimmen Sie die Anzahlen, die sich (im Mittel) am Ende des Halbtags in A, B, C befinden. Ermitteln Sie die Anzahl der Einkaufswagen, die verschoben werden müssen, damit man den Zustand zu Beginn des Halbtags wieder erreicht. H2

c) Wegen der Erkrankung des zuständigen Mitarbeiters wird an einem Mittag vergessen, die im Laufe des Vormittags anders verteilten Einkaufswagen wieder in den Anfangszustand zu bringen. Bestimmen Sie die Anzahl der Einkaufswagen, die nach zwei Halbtagen verschoben werden müssen, damit der Zustand (100 | 50 | 50) erreicht wird. H2

d) Überprüfen Sie, ob der Zustand (100 | 50 | 50) als Endzustand möglich ist, d. h. klären Sie die Frage, ob es möglich ist, dass am Ende eines Halbtags 100 Einkaufswagen in A und je 50 in B und C stehen, ohne dass dieser Zustand durch Mitarbeiter des Gartencenters durch Verschieben von Einkaufswagen hergestellt wurde. H4

e) Bestimmen Sie eine „stabile“ Anfangsverteilung der Einkaufswagen, d. h. eine Aufteilung der insgesamt 200 Einkaufswagen auf die drei Stellplätze, bei der es nicht notwendig wäre, dass Mitarbeiter des Gartencenters Wagen umstellen müssen. Begründen Sie, warum eine so berechnete Verteilung für die reale Situation nicht günstig ist. H3

Bei einer Umgestaltung der Parkfläche wird die Sammelstelle C stärker zur Mitte des Parkplatzes hin verlegt (in der Planskizze gestrichelt). Hierdurch ergibt sich eine veränderte Situation, die sich durch die Übergangsmatrix N beschreiben lässt:

$$N = \begin{pmatrix} 0{,}4 & 0{,}1 & 0{,}1 \\ 0{,}1 & 0{,}6 & 0{,}1 \\ 0{,}5 & 0{,}3 & 0{,}8 \end{pmatrix}$$

Außerdem wird zu Beginn des Tages der Zustand (50 | 50 | 100) hergestellt.

f) Begründen Sie, warum die Situation jetzt nach einem Halbtag bzw. einem ganzen Tag günstiger ist als vorher. H1 H2

g) **(LK)** Die Geschäftsleitung ist der Ansicht, dass es jetzt nach der Umgestaltung der Parkfläche nicht mehr erforderlich ist, nach jedem Halbtag Einkaufswagen abzuzählen und wieder auf den Anfangszustand (50|50|100) zu bringen. Untersuchen Sie, ob die Ansicht der Geschäftsleitung im Sachzusammenhang angemessen ist. H3

Lösung

a) Der Matrix ist zu entnehmen, dass die Kunden, die ihren Wagen an den Stellen B und C abgeholt haben, diesen auch überwiegend (zu 70 % bzw. 60 %) dort auch wieder abgeben, wohingegen die Kunden, die ihren Wagen in A abholen, diesen überwiegend (zu 40 % + 30 % = 70 %) nicht wieder in A abgeben.

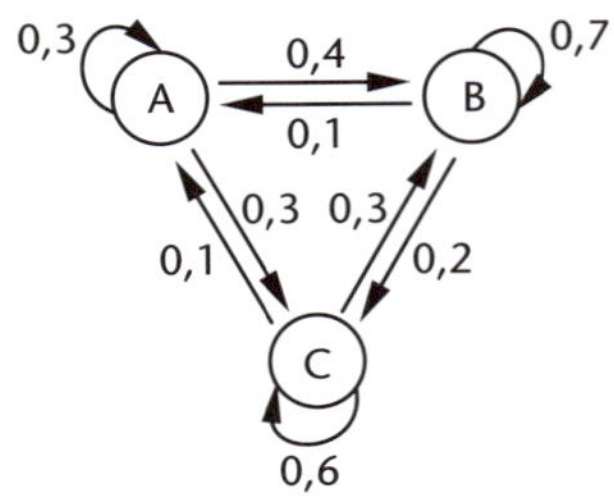

b) Die Anfangsverteilung der Einkaufswagen ist durch den Startvektor $\vec{v_0} = \begin{pmatrix} 100 \\ 50 \\ 50 \end{pmatrix}$ gegeben.

Die Anzahl der Einkaufswagen am Ende des Halbtags ergibt sich aus dem Matrixprodukt

$$\begin{pmatrix} 0{,}3 & 0{,}1 & 0{,}1 \\ 0{,}4 & 0{,}7 & 0{,}3 \\ 0{,}3 & 0{,}2 & 0{,}6 \end{pmatrix} \cdot \begin{pmatrix} 100 \\ 50 \\ 50 \end{pmatrix} = \begin{pmatrix} 40 \\ 90 \\ 70 \end{pmatrix}.$$

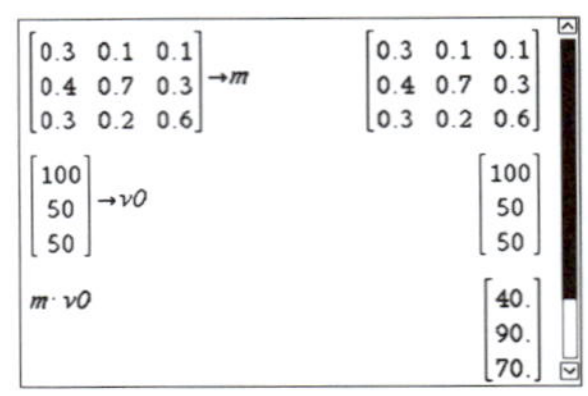

Am Ende des Halbtags sind also 40 Einkaufswagen in A, 90 in B und die restlichen 70 in C. Von B aus müssen 40 Einkaufswagen nach A verschoben werden und von C aus 20, damit der Zustand (100|50|50) wieder erreicht ist, insgesamt also 60 Einkaufswagen.

c) Um den Zustand des Systems nach zwei Halbtagen zu bestimmen, muss entweder der Ergebnisvektor aus Teilaufgabe c) noch einmal mit der Matrix M multipliziert werden, also

$$\begin{pmatrix} 0{,}3 & 0{,}1 & 0{,}1 \\ 0{,}4 & 0{,}7 & 0{,}3 \\ 0{,}3 & 0{,}2 & 0{,}6 \end{pmatrix} \cdot \begin{pmatrix} 40 \\ 90 \\ 70 \end{pmatrix} = \begin{pmatrix} 28 \\ 100 \\ 72 \end{pmatrix},$$

oder man rechnet zunächst die Matrixpotenz M^2 aus und multipliziert diese mit dem Startvektor:

$$\begin{pmatrix} 0{,}3 & 0{,}1 & 0{,}1 \\ 0{,}4 & 0{,}7 & 0{,}3 \\ 0{,}3 & 0{,}2 & 0{,}6 \end{pmatrix}^2 \cdot \begin{pmatrix} 100 \\ 50 \\ 50 \end{pmatrix} = \begin{pmatrix} 28 \\ 100 \\ 72 \end{pmatrix}.$$

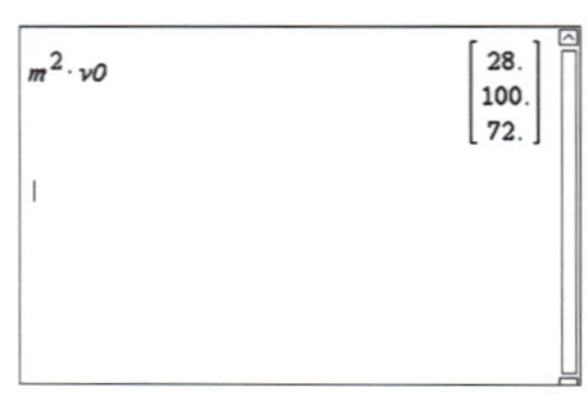

Von B aus müssen nach einem Tag 50 Einkaufswagen nach A verschoben werden und von C aus 22, damit der Zustand (100|50|50) wieder erreicht ist, insgesamt also 72 Einkaufswagen.

d) Zu untersuchen ist das lineare Gleichungssystem

$\begin{pmatrix} 0{,}3 & 0{,}1 & 0{,}1 \\ 0{,}4 & 0{,}7 & 0{,}3 \\ 0{,}3 & 0{,}2 & 0{,}6 \end{pmatrix} \cdot \begin{pmatrix} a \\ b \\ c \end{pmatrix} = \begin{pmatrix} 100 \\ 50 \\ 50 \end{pmatrix}$, bei dem der Vektor $\begin{pmatrix} a \\ b \\ c \end{pmatrix}$ beschreibt,

wie die Verteilung der Einkaufswagen zu Beginn eines Halbtages ist.

Die Lösung des linaren Gleichungssystems kann mit dem GTR bestimmt werden (siehe Screenshot).
Die Lösung ist also $a = 400 \wedge b = -125 \wedge c = -75$.

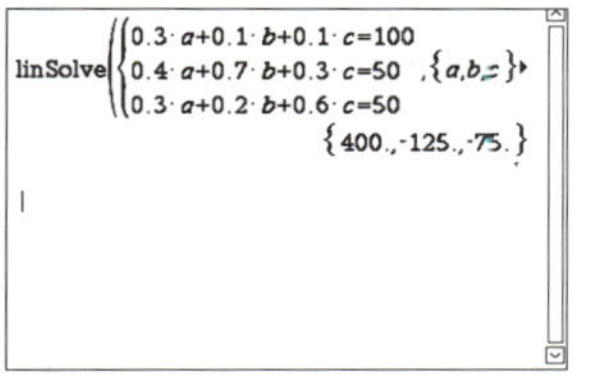

Da es keine negative Anzahl von Einkaufswagen gibt, ist es nicht möglich, dass am Ende eines Halbtages 100 Einkaufswagen in A stehen, 50 in B und 50 in C.

Alternativ kann man auch die zu M inverse Matrix M^{-1} mit dem Startvektor $\vec{v_0}$ multiplizieren.

Mit $\begin{pmatrix} 0{,}3 & 0{,}1 & 0{,}1 \\ 0{,}4 & 0{,}7 & 0{,}3 \\ 0{,}3 & 0{,}2 & 0{,}6 \end{pmatrix}^{-1} \cdot \begin{pmatrix} 100 \\ 50 \\ 50 \end{pmatrix} = \begin{pmatrix} 400 \\ -125 \\ -75 \end{pmatrix}$ erhält man dasselbe

Ergebnis wie oben.

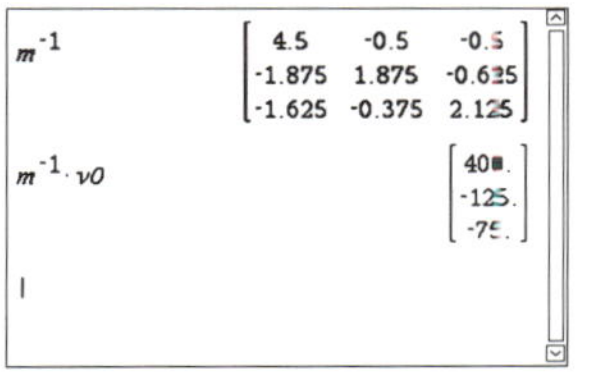

e) Gesucht ist ein Zustandsvektor $\begin{pmatrix} a \\ b \\ c \end{pmatrix}$, für den gilt: $\begin{pmatrix} 0{,}3 & 0{,}1 & 0{,}1 \\ 0{,}4 & 0{,}7 & 0{,}3 \\ 0{,}3 & 0{,}2 & 0{,}6 \end{pmatrix} \cdot \begin{pmatrix} a \\ b \\ c \end{pmatrix} = \begin{pmatrix} a \\ b \\ c \end{pmatrix}$.

Zu lösen ist also das lineare Gleichungssystem $\begin{pmatrix} -0{,}7 & 0{,}1 & 0{,}1 \\ 0{,}4 & -0{,}3 & 0{,}3 \\ 0{,}3 & 0{,}2 & -0{,}4 \end{pmatrix} \cdot \begin{pmatrix} a \\ b \\ c \end{pmatrix} = \begin{pmatrix} 0 \\ 0 \\ 0 \end{pmatrix}$.

Mit dem GTR erhält man die Lösung auf zwei alternativen Wegen:

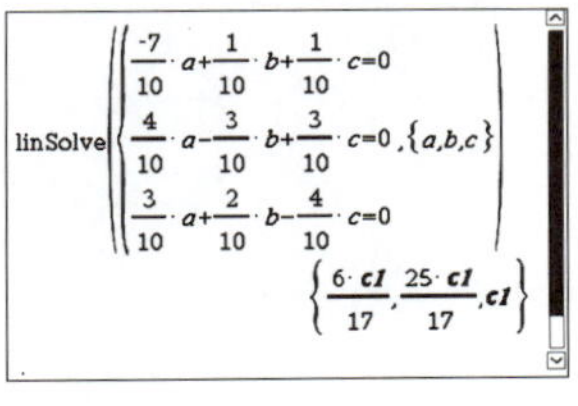

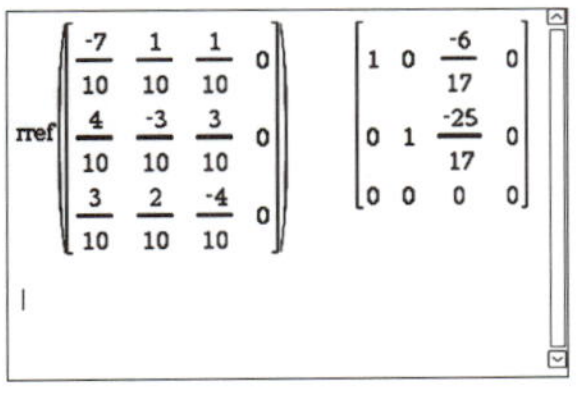

Das Gleichungssystem hat unendlich viele Lösungen, die man mithilfe einer

Parameterdarstellung beschreiben kann: $a = \frac{6}{17} \cdot c$, $b = \frac{25}{17} \cdot c$.

Da aber insgesamt 200 Einkaufswagen zur Verfügung stehen, also $a + b + c = 200$ gilt, folgt: $a = 25$; $b \approx 104$ und $c \approx 71$.
Diese Lösung erhält man direkt, wenn man die Gleichung $a + b + c = 200$ von vornhere n berücksichtigt:

$\begin{pmatrix} -0{,}7 & 0{,}1 & 0{,}1 \\ 0{,}4 & -0{,}3 & 0{,}3 \\ 0{,}3 & 0{,}2 & -0{,}4 \\ 1 & 1 & 1 \end{pmatrix} \cdot \begin{pmatrix} a \\ b \\ c \end{pmatrix} = \begin{pmatrix} 0 \\ 0 \\ 0 \\ 200 \end{pmatrix}$ hat die o. a. Lösung.

Berechnung mit dem GTR auf zwei möglichen Wegen:

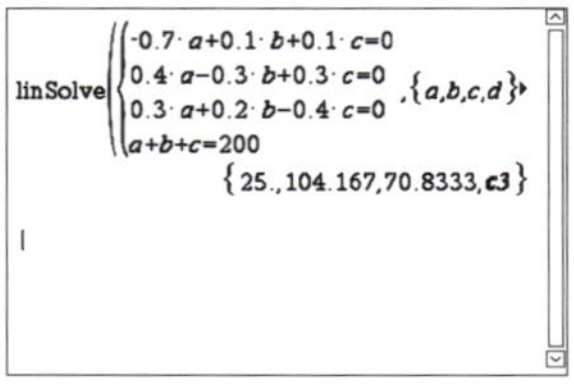

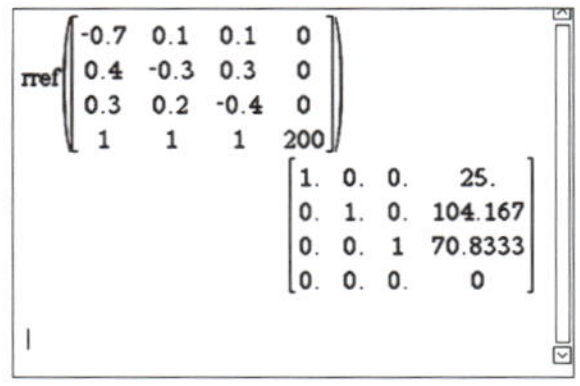

Die Lösung ist für den realen Betrieb nicht günstig, da, wenn nur 25 Einkaufswagen am Eingang zum Gartencenter stehen, diese sehr schnell in Gebrauch sind und ankommende Kunden sich möglicherweise darüber ärgern, wenn sie noch einmal zurück zu einem der Stellplätze B oder C gehen müssen, vor allem, wenn dies regelmäßig vorkommt.

f) Berechnung des Zustands nach einem Halbtag bzw. nach einem Tag ohne Veränderung in der Mittagszeit:

$$\begin{pmatrix} 0{,}4 & 0{,}1 & 0{,}1 \\ 0{,}1 & 0{,}6 & 0{,}1 \\ 0{,}5 & 0{,}3 & 0{,}8 \end{pmatrix} \cdot \begin{pmatrix} 50 \\ 50 \\ 100 \end{pmatrix} = \begin{pmatrix} 35 \\ 45 \\ 120 \end{pmatrix} \qquad \begin{pmatrix} 0{,}4 & 0{,}1 & 0{,}1 \\ 0{,}1 & 0{,}6 & 0{,}1 \\ 0{,}5 & 0{,}3 & 0{,}8 \end{pmatrix}^2 \cdot \begin{pmatrix} 50 \\ 50 \\ 100 \end{pmatrix} = \begin{pmatrix} 30{,}5 \\ 42{,}5 \\ 127 \end{pmatrix}.$$

Die Berechnungen können dabei wie oben mit dem GTR vorgenommen werden.

Um den Anfangszustand wieder herzustellen, müssen nach einem Halbtag insgesamt nur noch 20 Einkaufswagen verschoben werden, nach einem Tag nur 27 Wagen.

g) Nach dem Hauptsatz über Markoff-Ketten ergibt sich Folgendes: Wenn über viele Tage hinweg keine Einkaufswagen zur Wiederherstellung des Anfangszustands verschoben werden, dann konvergiert die Folge der Zustandsvektoren gegen den Fixvektor der Matrix N. Für diesen gilt:

$$\begin{pmatrix} 0{,}4 & 0{,}1 & 0{,}1 \\ 0{,}1 & 0{,}6 & 0{,}1 \\ 0{,}5 & 0{,}3 & 0{,}8 \end{pmatrix} \cdot \begin{pmatrix} a \\ b \\ c \end{pmatrix} = \begin{pmatrix} a \\ b \\ c \end{pmatrix} \text{ und } a + b + c = 200$$

$$\Leftrightarrow \begin{pmatrix} -0{,}6 & 0{,}1 & 0{,}1 \\ 0{,}1 & -0{,}4 & 0{,}1 \\ 0{,}5 & 0{,}3 & -0{,}2 \\ 1 & 1 & 1 \end{pmatrix} \cdot \begin{pmatrix} a \\ b \\ c \end{pmatrix} = \begin{pmatrix} 0 \\ 0 \\ 0 \\ 200 \end{pmatrix} \Leftrightarrow \begin{pmatrix} a \\ b \\ c \end{pmatrix} \approx \begin{pmatrix} 29 \\ 40 \\ 131 \end{pmatrix}.$$

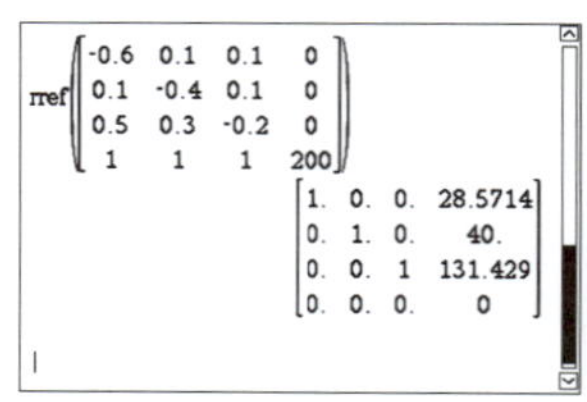

Wenn also der Zustand (29 | 40 | 131) hergestellt wird, dann verändert sich die Verteilung der Einkaufswagen auf lange Sicht nicht mehr. Wegen der Nähe des Stellplatzes C zum Eingang des Gartencenters werden sich auch nur wenige Kunden ärgern, wenn sie unmittelbar am Eingang zum Gartencenter keinen Einkaufswagen mehr vorfinden.

Original-Prüfungsaufgaben

Aufgabe 1 *Analysis – Grundkurs*

Ein Schüler beobachtet in einem Experiment insgesamt sechs Tage lang die Vermehrung von Pantoffeltierchen in einer Nährlösung. Zur Modellierung der Anzahl der Pantoffeltierchen während der ersten drei Tage verwendet er für $0 \leq t \leq 3$ die Funktion N_1 mit der Gleichung

$N_1(t) = 500 \cdot e^{0,6 \cdot t},\ t \in \mathbb{R}.$

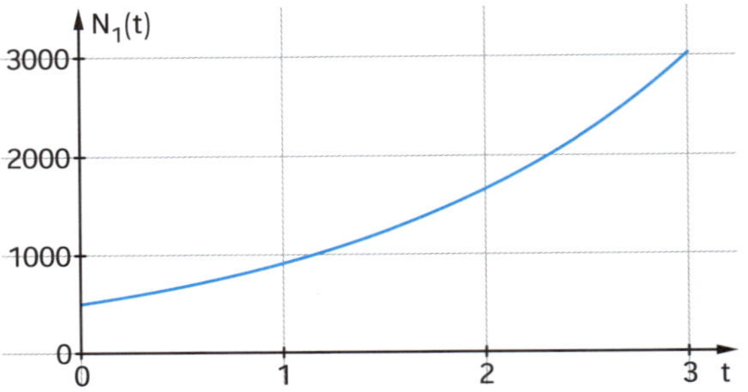

Dabei wird t als Maßzahl zur Einheit 1 Tag und $N_1(t)$ als Anzahl der Pantoffeltierchen zum Zeitpunkt t aufgefasst. Der Graph von N_1 ist in der Abbildung dargestellt.

a) (1) Berechnen Sie den Funktionswert von N_1 an der Stelle $t = 3$ und interpretieren Sie diesen Wert im Sachzusammenhang.

(2) Bestimmen Sie rechnerisch den Zeitpunkt, zu dem 2000 Pantoffeltierchen in der Nährlösung vorhanden sind.

(3) Berechnen Sie, um wie viele Tiere pro Tag die Anzahl der Pantoffeltierchen in der Nährlösung während der ersten drei Tage durchschnittlich wächst. A4

(4) Begründen Sie, warum eine Funktion mit dem Funktionsterm $500 \cdot e^{0,6 \cdot t}$ nur für einen begrenzten Zeitraum zur Modellierung der Anzahl der Pantoffeltierchen geeignet ist. C4

b) Während der ersten drei Tage (für $0 \leq t \leq 3$) wird im Modell des Schülers die momentane Änderungsrate der Anzahl der Pantoffeltierchen durch die Funktion r_1 mit der Gleichung

$r_1(t) = 300 \cdot e^{0,6 \cdot t},\ t \in \mathbb{R},$

beschrieben. Dabei wird $r_1(t)$ als Maßzahl zur Einheit 1 Tier pro Tag aufgefasst.

Für die Funktion r_1 und die zugehörige Ableitungsfunktion r_1' gilt für alle $t \in \mathbb{R}$ die Aussage:

$r_1(t) > 0$ und $r_1'(t) > 0$.

[Die Gültigkeit dieser Aussage müssen Sie nicht nachweisen.]
Interpretieren Sie die Bedeutung dieser Aussage im Sachzusammenhang. B3 B4

c) Bei der weiteren Beobachtung erkennt der Schüler, dass nach etwa drei Tagen die momentane Änderungsrate der Anzahl der Pantoffeltierchen geringer wird. Zur Modellierung der momentanen Änderungsrate der Anzahl der Pantoffeltierchen nach dem dritten Tag bis zum Ende der Beobachtung (also für $3 \leq t \leq 6$) verwendet der Schüler die Funktion r_2 mit der Gleichung

$r_2(t) = 300 \cdot e^{3,6 - 0,6 \cdot t},\ t \in \mathbb{R}.$

Dabei wird $r_2(t)$ als Maßzahl zur Einheit 1 Tier pro Tag aufgefasst.

(1) Zeigen Sie, dass für die Funktionen r_1 und r_2 für alle $a \in \mathbb{R}$ die Gleichung $r_2(3+a) = r_1(3-a)$ gilt.

(2) Interpretieren Sie die Bedeutung der Gleichung $r_2(3+a) = r_1(3-a)$ für $0 \le a \le 3$ im Sachzusammenhang.

(3) Zeigen Sie, dass die Funktion F mit der Gleichung $F(x) = -\frac{5}{3} \cdot e^{3,6-0,6 \cdot x}$ eine Stammfunktion der Funktion f mit der Gleichung $f(x) = e^{3,6-0,6 \cdot x}$ ist. D1

(4) Bestimmen Sie, wie viele Pantoffeltierchen in der Nährlösung im Laufe des vierten Tages (d. h. im Intervall [3; 4]) hinzukommen, wenn die momentane Änderungsrate der Anzahl der Pantoffeltierchen für $3 \le t \le 6$ durch die Funktion r_2 beschrieben wird. D4

(5) Ermitteln Sie ausgehend von den Funktionen N_1 und r_2 eine Gleichung der Funktion N_2, durch die die Anzahl der Pantoffeltierchen nach dem dritten Tag bis zum Ende der Beobachtung beschrieben werden kann.
[Zur Kontrolle: $N_2(t) = 1000 \cdot e^{1,8} - 500 \cdot e^{3,6-0,6 \cdot t}$] D4

(6) Der Schüler verwendet die Funktion N_2 auch zur Modellierung der Anzahl der Pantoffeltierchen für $t \ge 6$.
Begründen Sie, dass in diesem Modell die Anzahl der Pantoffeltierchen in der Nährlösung zu keinem Zeitpunkt größer als 6050 wird.

Lösung

a) (1) $N_1(3) = 500 \cdot e^{0,6 \cdot 3} \approx 3025$.
Im gegebenen Modell sind drei Tage nach Beobachtungsbeginn ungefähr 3025 Pantoffeltierchen in der Nährlösung vorhanden.

(2) $N_1(t) = 2000 \Leftrightarrow 500 \cdot e^{0,6 \cdot t} = 2000 \Leftrightarrow e^{0,6 \cdot t} = 4 \Leftrightarrow t = \frac{\ln(4)}{0,6} \approx 2,31$.

Nach dem Modell sind ungefähr 2,31 Tage nach Beobachtungsbeginn 2000 Pantoffeltierchen in der Nährlösung enthalten.

(3) $\frac{N_1(3) - N_1(0)}{3-0} \approx \frac{3025 - 500}{3} \approx 842$.

Die Anzahl der Pantoffeltierchen in der Nährlösung wächst nach dem Modell während der ersten drei Tage durchschnittlich um ungefähr 842 Tierchen pro Tag.

(4) Die Funktionswerte der Funktion mit dem Funktionsterm $500 \cdot e^{0,6 \cdot t}$ wachsen mit größer werdendem t unbeschränkt. Da in einer Nährlösung nur ein beschränktes Platzangebot besteht, ist eine Funktion mit diesem Funktionsterm nur für einen begrenzten Zeitraum zur Modellierung der Anzahl der Pantoffeltierchen geeignet. Für den Sachverhalt erscheinen also Modellierungen eines beschränkten (oder eines logistischen) Wachstums eher geeignet.

b) Die Aussage $r_1(t) > 0$ bedeutet: Die Wachstumsrate ist positiv. Die Anzahl der Pantoffeltierchen wächst streng monoton, d. h. nimmt ständig zu.

Die Aussage $r_1'(t) > 0$ bedeutet: Die Änderungsrate der Wachstumsrate ist positiv. Die Wachstumsrate der Anzahl der Pantoffeltierchen wächst streng monoton, d. h. die Anzahl der Pantoffeltierchen nimmt immer schneller zu.

c) (1) $r_2(3 + a) = 300 \cdot e^{3,6 - 0,6 \cdot (3 + a)} = 300 \cdot e^{3,6 - 1,8 - 0,6 \cdot a} = 300 \cdot e^{1,8 - 0,6 \cdot a}$,

$r_1(3 - a) = 300 \cdot e^{0,6 \cdot (3 - a)} = 300 \cdot e^{1,8 - 0,6 \cdot a}$.

Somit gilt $r_2(3 + a) = r_1(3 - a)$.

(2) Die Gleichung bedeutet, dass man den Graphen der Funktion $r_2(t)$ durch Spiegelung aus dem Graphen von $r_1(t)$ bezüglich der Achse $t = 3$ erhält.
Im Sachzusammenhang bedeutet die Gleichung $r_2(3 + a) = r_1(3 - a)$, dass die Anzahl der Pantoffeltierchen in der Nährlösung im gleichen zeitlichen Abstand vor und nach dem Zeitpunkt „drei Tage nach Beobachtungsbeginn" jeweils gleich schnell wächst.

(3) Nachweis mithilfe der Kettenregel:

$$F'(x) = \left(-\frac{5}{3} \cdot e^{3,6 - 0,6 \cdot x}\right)' = -\frac{5}{3} \cdot e^{3,6 - 0,6 \cdot x} \cdot (-0,6) = e^{3,6 - 0,6 \cdot x} = f(x).$$

Wegen $F'(x) = f(x)$ handelt es sich bei F um eine Stammfunktion von f.

(4) Mithilfe der in (3) bestätigten Stammfunktion ergibt sich

$$\int_3^4 r_2(t)\,dt = \left[300 \cdot \left(-\frac{5}{3}\right) \cdot e^{3,6 - 0,6 \cdot t}\right]_1^4 = -500 \cdot e^{3,6 - 0,6 \cdot 4} - (-500 \cdot e^{3,6 - 0,6 \cdot 3}) \approx 1365.$$

Im Laufe des vierten Tages kommen in der Nährlösung ungefähr 1365 Pantoffeltierchen hinzu.

(5) Zunächst muss die Anzahl der Pantoffeltierchen am Ende des 3. Tages bestimmt werden, also $N_1(3)$, dann mithilfe der Wachstumsrate r_2 die Anzahl der nach dem 3. Tag entstehenden Pantoffeltierchen:

$$\begin{aligned} N_2(t) &= N_1(3) + \int_3^t r_2(u)\,du = 500 \cdot e^{0,6 \cdot 3} + \left[300 \cdot \left(-\frac{5}{3}\right) \cdot e^{3,6 - 0,6 \cdot u}\right]_3^t \\ &= 500 \cdot e^{1,8} - 500 \cdot e^{3,6 - 0,6 \cdot t} + 500 \cdot e^{1,8} = 1000 \cdot e^{1,8} - 500 \cdot e^{3,6 - 0,6 \cdot t}. \end{aligned}$$

Alternativ kann man eine geeignete Stammfunktion für r_2 suchen, welche die Bedingung $N_2(3) = N_1(3)$ erfüllt:

$$N_2(t) = 300 \cdot \left(-\frac{5}{3}\right) \cdot e^{3,6 - 0,6 \cdot t} + c = -500 \cdot e^{3,6 - 0,6 \cdot t} + c.$$

Mithilfe von $N_2(3) = N_1(3) = 500 \cdot e^{0,6 \cdot 3} = 500 \cdot e^{1,8}$ kann die Integrationskonstante bestimmt werden:

$-500 \cdot e^{3,6 - 0,6 \cdot 3} + c = -500 \cdot e^{1,8} + c = 500 \cdot e^{1,8}$. Also ist $c = 1000 \cdot e^{1,8}$.

(6) Für alle $t \in \mathbb{R}$ gilt $500 \cdot e^{3,6 - 0,6 \cdot t} > 0$. Daraus folgt für alle $t \in \mathbb{R}$:

$$N_2(t) = 1000 \cdot e^{1,8} - 500 \cdot e^{3,6 - 0,6 \cdot t} < 1000 \cdot e^{1,8} \approx 6049,6 < 6050.$$

Bei einer Modellierung mit N_2 wird somit die Anzahl der Pantoffeltierchen in der Nährlösung nie größer als 6050.

Aufgabe 2 *Analysis – Leistungskurs*

Die Sachsituation der Leistungskurs-Aufgabe stimmt mit der Grundkurs-Aufgabe (Aufgabe 1) überein.

a) (1) Berechnen Sie den Funktionswert von N_1 an der Stelle $t = 3$ und interpretieren Sie diesen Wert im Sachzusammenhang.

(2) Bestimmen Sie rechnerisch den Zeitpunkt, zu dem 2000 Pantoffeltierchen in der Nährlösung vorhanden sind.

(3) Berechnen Sie die durchschnittliche Anzahl von Pantoffeltierchen in der Nährlösung während des ersten halben Tages der Beobachtung. D3
[Zur Kontrolle: Die durchschnittliche Anzahl von Pantoffeltierchen in der Nährlösung während des ersten halben Tages der Beobachtung beträgt ungefähr 583.]

(4) Der Schüler berechnet einen Näherungswert für die durchschnittliche Anzahl von Pantoffeltierchen in der Nährlösung während des ersten halben Tages, indem er das arithmetische Mittel der Funktionswerte $N_1(0)$ und $N_1(0{,}5)$ bildet.
Zeigen Sie, dass das arithmetische Mittel der Funktionswerte $N_1(0)$ und $N_1(0{,}5)$ um weniger als 1 % von dem in (3) berechneten Durchschnitt abweicht.

(5) Weisen Sie nach, dass die prozentuale Abweichung des arithmetischen Mittels der Funktionswerte $N_1(a)$ und $N_1(a + 0{,}5)$ von der durchschnittlichen Anzahl der Pantoffeltierchen in der Nährlösung in einem Zeitintervall $[a\,;\,a + 0{,}5]$ mit $0 \leq a \leq 2{,}5$ unabhängig von a weniger als 1 % beträgt.

b) Während der ersten drei Tage (für $0 \leq t \leq 3$) wird im Modell des Schülers die momentane Änderungsrate der Anzahl der Pantoffeltierchen durch die Funktion r_1 mit der Gleichung

$r_1(t) = 300 \cdot e^{0{,}6 \cdot t}$, $t \in \mathbb{R}$,

beschrieben. Dabei wird $r_1(t)$ als Maßzahl zur Einheit 1 Tier pro Tag aufgefasst.

(1) Für die Funktion r_1 und die zugehörige Ableitungsfunktion r_1' gilt für alle $t \in \mathbb{R}$ die Aussage: $r_1(t) > 0$ und $r_1'(t) > 0$.
[Die Gültigkeit dieser Aussage müssen Sie nicht nachweisen.]
Interpretieren Sie die Bedeutung dieser Aussage im Sachzusammenhang. B3 B4

(2) Ermitteln Sie die größte momentane Änderungsrate der Anzahl der Pantoffeltierchen in der Nährlösung in den ersten drei Tagen. B3

c) Bei der weiteren Beobachtung erkennt der Schüler, dass nach etwa drei Tagen die momentane Änderungsrate der Anzahl der Pantoffeltierchen geringer wird. Um die Entwicklung ab dem Zeitpunkt $t = 3$ zu prognostizieren, sucht er eine Funktion, für deren momentane Änderungsrate r_2 zu jedem Zeitpunkt $t = 3 + a$ mit $0 \leq a \leq 3$ die Gleichung $r_2(3 + a) = r_1(3 - a)$ gilt.

(1) Interpretieren Sie die Bedeutung der Gleichung $r_2(3 + a) = r_1(3 - a)$, $0 \leq a \leq 3$, im Sachzusammenhang.

(2) Leiten Sie aus der Gleichung $r_1(t) = 300 \cdot e^{0,6 \cdot t}$ für die momentane Änderungsrate r_1 und der Gleichung $r_2(3 + a) = r_1(3 - a)$, $0 \leq a \leq 3$, die Gleichung

$r_2(t) = 300 \cdot e^{3,6 - 0,6 \cdot t}$, $3 \leq t \leq 6$,

zur Modellierung der momentanen Änderungsrate der Anzahl der Pantoffeltierchen nach dem dritten Tag her.

(3) Ermitteln Sie ausgehend von den Funktionen N_1 und r_2 eine Gleichung der Funktion N_2, durch die die Anzahl der Pantoffeltierchen nach dem dritten Tag bis zum Ende der Beobachtung (also für $3 \leq t \leq 6$) beschrieben werden kann. D4
[Zur Kontrolle: $N_2(t) = 1000 \cdot e^{1,8} - 500 \cdot e^{3,6 - 0,6 \cdot t}$]

(4) Erklären Sie anhand der Abbildung, weshalb die folgende Gleichung gilt:

$$\int_0^3 N_1(t)\,dt + \int_3^6 N_2(t)\,dt = 6 \cdot N_1(3).$$

[Die Punktsymmetrie des Graphen zu $(3 \mid N_1(3))$ muss nicht nachgewiesen werden.]

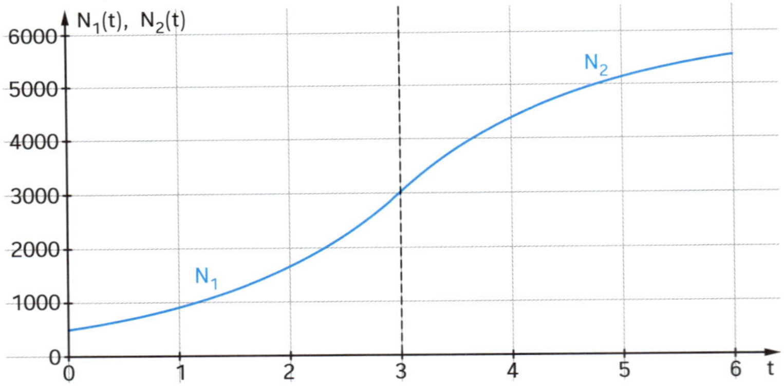

(5) Der Schüler verwendet die Funktion N_2 auch zur Modellierung der Anzahl der Pantoffeltierchen für $t \geq 6$.
Begründen Sie, dass in diesem Modell die Anzahl der Pantoffeltierchen in der Nährlösung zu keinem Zeitpunkt größer als 6050 wird.

Lösung

a) (1) *Vergleiche Lösung zu Aufgabe 1 a) (1).*

(2) *Vergleiche Lösung zu Aufgabe 1 a) (2).*

(3) Da sich die Anzahl der Pantoffeltierchen in der Nährlösung kontinuierlich verändert, muss über den gesamten Zeitraum kumuliert (integriert) und anschließend durch die Länge des Zeitraums dividiert werden. $F(t) = 500 \cdot \frac{1}{0{,}6} \cdot e^{0{,}6 \cdot t}$ ist eine Stammfunktion von $f(x)$, denn $F'(x) = f(x)$. Die durchschnittliche Anzahl D beträgt:

$$D = \frac{1}{0{,}5 - 0} \int_0^{0{,}5} N_1(t)\,dt = \frac{1}{0{,}5}\left[500 \cdot \frac{1}{0{,}6} \cdot e^{0{,}6 \cdot t}\right]_0^{0{,}5} = \frac{5000}{3} \cdot e^{0{,}3} - \frac{5000}{3} \cdot e^0 \approx 583.$$

Die durchschnittliche Anzahl von Pantoffeltierchen in der Nährlösung während des ersten halben Tages der Beobachtung beträgt ungefähr 583.

(4) Der Mittelwert M der beiden Funktionswerte beträgt

$$M = \frac{N_1(0) - N_1(0{,}5)}{2} = \frac{500 \cdot e^0 + 500 \cdot e^{0{,}3}}{2} \approx 587.$$

Um die prozentuale Abweichung von M im Vergleich zu D zu bestimmen, muss der Quotient der beiden Größen betrachtet werden: $\frac{M}{D} \approx \frac{587}{583} \approx 1{,}0069$, d. h. das arithmetische Mittel der Anzahl der Pantoffeltierchen zu Beginn und am Ende des Halbtags weicht um ca. 0,7 %, also um weniger als 1 %, vom Durchschnittswert des Halbtags ab.

Hinweis: Rechnet man nicht mit den gerundeten, sondern mit den exakten Werten, dann ergibt sich eine Abweichung von ca. 0,75 %.

(5) Arithmetisches Mittel $M(a)$ der Funktionswerte $N_1(a)$ und $N_1(a + 0{,}5)$:

$$M(a) = \frac{N_1(a) - N_1(a + 0{,}5)}{2} = \frac{500 \cdot e^{0{,}6 \cdot a} + 500 \cdot e^{0{,}6 \cdot (a + 0{,}5)}}{2} = 250 \cdot e^{0{,}6 \cdot a} \cdot (1 + e^{0{,}3}).$$

Durchschnittliche Anzahl $D(a)$ der Pantoffeltierchen in einem Zeitintervall $[a; a + 0{,}5]$:

$$D(a) = \frac{1}{a + 0{,}5 - a} \int_a^{a+0{,}5} N_1(t)\,dt = \frac{1}{0{,}5}\left[500 \cdot \frac{1}{0{,}6} \cdot e^{0{,}6 \cdot t}\right]_a^{a+0{,}5}$$

$$= \frac{5000}{3} \cdot e^{0{,}6 \cdot (a + 0{,}5)} - \frac{5000}{3} \cdot e^{0{,}6 \cdot a} \approx \frac{5000}{3} \cdot e^{0{,}6 \cdot a} \cdot (e^{0{,}3} - 1).$$

$$\frac{M(a)}{D(a)} = \frac{250 \cdot e^{0{,}6 \cdot a} \cdot (1 + e^{0{,}3})}{\frac{5000}{3} \cdot e^{0{,}6 \cdot a} \cdot (e^{0{,}3} - 1)} = \frac{3 \cdot (1 + e^{0{,}3})}{20 \cdot (e^{0{,}3} - 1)} \approx 1{,}0075.$$

Das arithmetische Mittel der Funktionswerte $N_1(a)$ und $N_1(a + 0{,}5)$ weicht also unabhängig von a um ungefähr 0,75 % und damit um weniger als 1 % von der durchschnittlichen Anzahl von Pantoffeltierchen in der Nährlösung in einem Zeitintervall $[a; a + 0{,}5]$ ab.

b) (1) *Vergleiche Lösung zu Aufgabe 1 b).*

(2) Wegen $r_1'(t) > 0$ ist $r_1(t)$ streng monoton steigend, d. h. die größte Wachstumsrate liegt am oberen Ende des Intervalls [0 ; 3] vor:
$r_1(3) = 300 \cdot e^{1,8} \approx 1815$.

Die größte Wachstumsrate, die sich aus dem Modell für die ersten drei Tage ergibt, beträgt ungefähr 1815 Pantoffeltierchen pro Tag.

c) (1) Im Sachzusammenhang bedeutet die Gleichung $r_2(3 + a) = r_1(3 - a)$, dass die Anzahl der Pantoffeltierchen in der Nährlösung im gleichen zeitlichen Abstand vor und nach dem Zeitpunkt „drei Tage nach Beobachtungsbeginn" jeweils gleich schnell wächst.

(2) Hier soll der Nachweis erfolgen, dass $r_2(t)$ den o. a. Funktionsterm hat.

Setzt man $t = 3 + a$, also $a = t - 3$, dann ist
$r_2(t) = r_2(3 + a) = r_1(3 - a) = r_1(3 - (t - 3)) = r_1(6 - t) = 300 \cdot e^{0,6 \cdot (6 - t)} = 300 \cdot e^{3,6 - 0,6 \cdot t}$.

(3) *Vergleiche Lösung zu Aufgabe 1 c) (5).*

(4) $\int_0^3 N_1(t)\,dt + \int_3^6 N_2(t)\,dt$ kann geometrisch als Inhalt der Fläche unter dem Graphen interpretiert werden, die in der Abbildung schraffiert ist, $6 \cdot N_1(3)$ kann als Inhalt des Rechtecks in der Abbildung interpretiert werden. Da der Anteil der Rechteckfläche, die im Intervall [0 ; 3] oberhalb des Graphen von N_1 liegt, genauso groß ist wie der Anteil der schraffierten Fläche, die im Intervall [3 ; 6] oberhalb des Rechtecks liegt (vgl. Hinweis in der Aufgabenstellung), sind die Rechteckfläche und die schraffierte Fläche unter dem Graphen gleich groß, es gilt daher

$$\int_0^3 N_1(t)\,dt + \int_3^6 N_2(t)\,dt = 6 \cdot N_1(3).$$

Hinweis: Die Punktsymmetrie der Figur wurde in Teilaufgabe c) (1) gezeigt.

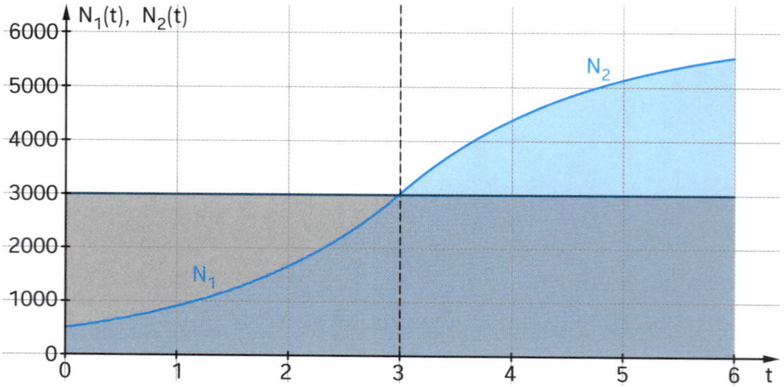

(5) *Vergleiche Lösung zu Aufgabe 1 c) (6).*

Aufgabe 3 *Analysis – Grundkurs*

Eine Familie will ihren Bedarf an Wärmeenergie (thermischer Energie) für Heizung und Warmwasser teilweise durch eine thermische Solaranlage (kurz: Solaranlage) decken.
Anhand der Angaben des Solaranlagenherstellers und der Verbrauchswerte der Familie aus dem letzten Kalenderjahr wurde das folgende Modell für ein beispielhaftes Kalenderjahr aufgestellt.

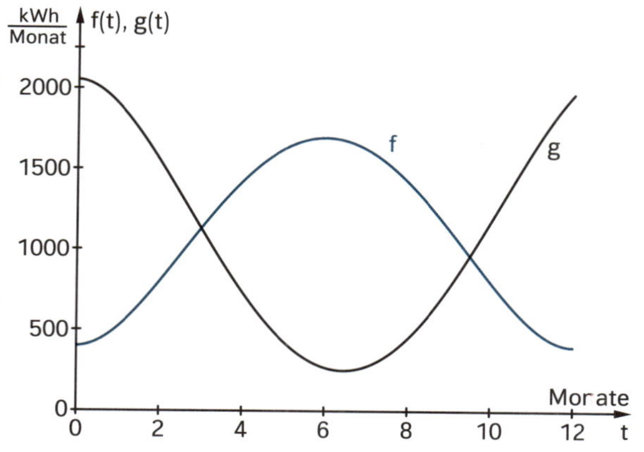

Die **Leistung der Solaranlage** wird durch die Funktion f mit der Gleichung

$f(t) = t^4 - 24t^3 + 144t^2 + 400,\ t \in \mathbb{R}$,

und der thermische **Leistungsbedarf** der Familie (kurz: Leistungsbedarf) durch die Funktion g mit der Gleichung

$g(t) = -t^4 + 26t^3 - 167{,}5t^2 - 12{,}5t + 2053,\ t \in \mathbb{R}$,

modelliert, und zwar für das Zeitintervall $[0;12]$, das dem Kalenderjahr entspricht.
Dabei fasst man t als Maßzahl zur Einheit 1 Monat und $f(t)$ sowie $g(t)$ als Maßzahlen zur Einheit 1 Kilowattstunde pro Monat [kWh/Monat] auf. (Im Modell umfasst jeder Monat 30 Tage.) Der Zeitpunkt $t = 0$ entspricht dem Beginn des Kalenderjahres.

Die Graphen von f und g sind in der Abbildung dargestellt.

a) (1) Vergleichen Sie die Graphen von f und g im Sachzusammenhang.

(2) Berechnen Sie $\frac{f(0)}{g(0)}$ und interpretieren Sie den Wert im Sachzusammenhang.

(3) Zeigen Sie, dass die Leistung der Solaranlage zu den Zeitpunkten $t_1 = 3$ und $t_2 = 9{,}5$ dem Leistungsbedarf der Familie entspricht. B2

b) (1) Bestimmen Sie den Zeitpunkt der maximalen Leistung der Solaranlage und berechnen Sie den Maximalwert. B3

(2) Ermitteln Sie den Zeitpunkt im Intervall $[0;12]$, zu dem der durch g beschriebene Leistungsbedarf der Familie innerhalb eines Kalenderjahres am stärksten abnimmt. B4

Durch das Integral $\int_a^b f(t)\,dt$ ist im Sachzusammenhang die aus der Solaranlage im Zeitintervall $[a;b]$ abrufbare Energie und durch das Integral $\int_a^b g(t)\,dt$ der Energiebedarf der Familie im Zeitintervall $[a;b]$ für $0 \le a < b \le 12$ in Kilowattstunden [kWh] gegeben.

c) (1) Geben Sie eine Gleichung einer Stammfunktion G von g an und berechnen Sie den Energiebedarf der Familie für das Kalenderjahr. D1

(2) Im Intervall $[3;9{,}5]$ wird der Leistungsbedarf der Familie zu jedem Zeitpunkt durch die Solaranlage gedeckt. Die den Bedarf übersteigende Leistung der Solaranlage soll in diesem Zeitraum zusätzlich zum Heizen eines Gartenpools genutzt werden. Ermitteln Sie die Energie, die zum Heizen des Gartenpools im Intervall $[3;9{,}5]$ zur Verfügung steht. D2 D4

(3) Skizzieren Sie in der Abbildung die Fläche, welche durch den Zähler des folgenden Bruches bestimmt wird, und interpretieren Sie das Ergebnis der folgenden Berechnung im Sachzusammenhang.

$$\frac{\int_0^{12} f(t)\,dt - \int_3^{9,5} (f(t) - g(t))\,dt}{\int_0^{12} g(t)\,dt} \approx 0{,}575.$$

Lösung

a) (1) Zu Beginn des Kalenderjahres ist der Leistungsbedarf maximal, während die Leistung der Solaranlage minimal ist. Bis zur Jahresmitte wächst die Leistung der Solaranlage an, während der Leistungsbedarf der Familie in diesem Zeitraum zurückgeht. In der zweiten Jahreshälfte nimmt der Leistungsbedarf dann wieder zu, während die Leistung der Solaranlage abnimmt. Von Anfang Januar bis etwa Ende März und von Mitte Oktober bis zum Jahresende übersteigt der Leistungsbedarf der Familie die Leistung der Solaranlage. Im Zeitraum von Anfang April bis Mitte Oktober ist die Leistung der Solaranlage dann größer als der Leistungsbedarf der Familie.

(2) $\frac{f(0)}{g(0)} = \frac{400}{2053} \approx 0{,}195.$

Der Term beschreibt den Anteil des Leistungsbedarfs der Familie, der zu Beginn des Kalenderjahres durch die Leistung der Solaranlage gedeckt wird. Dieser Anteil beträgt ca. 19,5 %.

(3) Die Leistung der Solaranlage entspricht dem Leistungsbedarf der Familie, wenn $f(t) = g(t)$ gilt.

$f(t_1) = f(3) = 1129 = g(3).$
$f(t_2) = f(9{,}5) = 964{,}0625 = g(9{,}5).$

b) (1) Für den Zeitpunkt der maximalen Leistung, der im Intervall [0 ; 12] angenommen wird, kommen nur Nullstellen von f′ (t) oder die Randstellen in Frage.
$f'(t) = 4t^3 - 72t^2 + 288t;$

Nullstellen von f′:
$f'(t) = 0 \;\Leftrightarrow\; 4t^3 - 72t^2 + 288t = 0 \;\Leftrightarrow\; t = 0 \vee t^2 - 18t + 72 = 0$
$\Leftrightarrow\; t = 0 \vee (t-9)^2 = 9^2 - 72 \;\Leftrightarrow\; t = 0 \vee t = 6 \vee t = 12.$

Auch am Rand des Intervalls [0 ; 12] liegen also horizontale Tangenten vor.
f′ (t) hat am Rand einen VZW von – nach +, d. h., dort liegen Tiefpunkte vor – wie man dem Graphen entnehmen kann. Für die Randwerte gilt: $f(0) = f(12) = 400$.

Dagegen hat f′ (t) in der Mitte des Intervalls einen VZW von + nach –, dort liegt also ein Maximum vor mit $f(6) = 1696$, d. h., dass die maximale Leistung der Solaranlage nach 6 Monaten erreicht wird. Diese beträgt $1696\,\frac{\text{kWh}}{\text{Monat}}$.

(2) Der Leistungsbedarf der Familie nimmt innerhalb des Kalenderjahres zu dem Zeitpunkt am stärksten ab, zu dem g′ (t) minimal und negativ ist. Somit ist der Zeitpunkt des globalen Minimums von g′, das im Intervall [0 ; 12] angenommen wird, zu ermitteln. Dafür kommen nur die Nullstellen von g′′ (t) oder die Randstellen in Frage.

Es ist $g'(t) = -4t^3 + 78t^2 - 335t$ und $g''(t) = -12t^2 + 156t - 335$.

$g''(t) = 0 \;\Leftrightarrow\; t^2 - 13t = -\frac{335}{12} \;\Leftrightarrow\; \left(t - \frac{13}{2}\right)^2 = -\frac{335}{12} + \frac{169}{4} \;\Leftrightarrow\; \left(t - \frac{13}{2}\right)^2 = \frac{172}{12} = \frac{43}{3}.$

Die Gleichung $g''(t) = 0$ hat demnach die Lösungen

$t_1 = \frac{13}{2} - \sqrt{\frac{43}{3}} \approx 2{,}714$ und $t_2 = \frac{13}{2} + \sqrt{\frac{43}{3}} \approx 10{,}286$.

Da der Graph von $g''(t)$ eine nach unten geöffnete quadratische Parabel ist, liegt an der Stelle t_1 ein VZW von $g''(t)$ von – nach + statt, an der Stelle t_2 von + nach –. An der Stelle t_1 ist also das Wachstum lokal am kleinsten.

Aus den Funktionswerten $g'(0) = -12{,}5$, $g'(12) = 287{,}5$ und $g'(t_1) \approx -427{,}1 < 0$ folgt, dass t_1 die globale Minimalstelle von g' ist.

Der Leistungsbedarf der Familie nimmt innerhalb des Kalenderjahres somit nach etwa 2,7 Monaten am stärksten ab.

c) (1) Die Funktion G mit der Gleichung $G(t) = -\frac{1}{5}t^5 + \frac{13}{2}t^4 - \frac{335}{6}t^3 - \frac{25}{4}t^2 + 2053t$ ist eine mögliche Stammfunktion von g.
Für den Energiebedarf in dem Kalenderjahr gilt damit

$$\int_0^{12} g(t)\,dt = \left[-\frac{1}{5}t^5 + \frac{13}{2}t^4 - \frac{335}{6}t^3 - \frac{25}{4}t^2 + 2053t\right]_0^{12} = 12273{,}6.$$

Der Energiebedarf beträgt somit etwa 12 300 kWh = 12,3 MWh.

(2) Laut Voraussetzung gilt $f(t) \geq g(t)$ für alle $3 \leq t \leq 9{,}5$.
Für die Differenzfunktion gilt:

$$\begin{aligned} f(t) - g(t) &= (t^4 - 24t^3 + 144t^2 + 400) - (-t^4 + 26t^3 - 167{,}5t^2 - 12{,}5t + 2053) \\ &= 2t^4 - 50t^3 + 311{,}5t^2 + 12{,}5t - 1653. \end{aligned}$$

Somit gilt für die zu ermittelnde Energie:

$$\begin{aligned} \int_3^{9{,}5} (f(t) - g(t))\,dt &= \int_3^{9{,}5} (2t^4 - 50t^3 + 311{,}5t^2 + 12{,}5t - 1653)\,dt \\ &= \left[\frac{2}{5}t^5 - \frac{25}{2}t^4 + \frac{623}{6}t^3 + \frac{25}{4}t^2 - 1653t\right]_3^{9{,}5} \\ &\approx 3022{,}623 - (-3014{,}55) = 6037{,}173. \end{aligned}$$

Durch die Solaranlage stehen im Intervall [3; 9,5] etwa 6037 kWh Energie für die Heizung des Gartenpools zur Verfügung.

(3) Der Zähler des Terms beschreibt die während eines Jahres von der Solaranlage erzeugte Energie vermindert um die nicht benötigte Energie während des Zeitraums Ende März bis Mitte Oktober im Verhältnis zum Eigenbedarf während des gesamten Jahres, d. h., der Term gibt den Anteil des Energiebedarfs der Familie an, der durch die Solaranlage in dem Modelljahr bereitgestellt wird („solarer Deckungsanteil“).

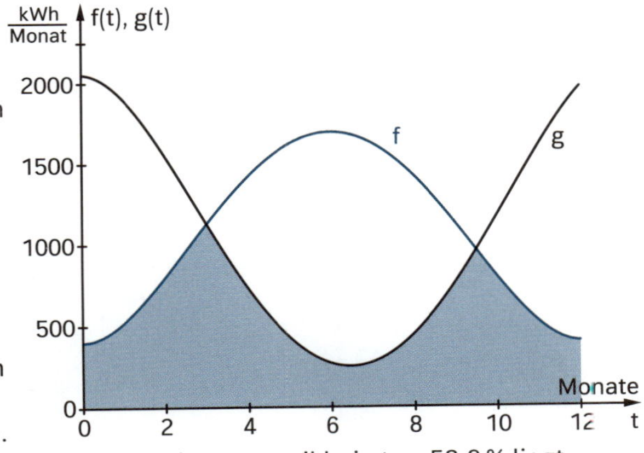

Der angegebene Wert besagt, dass dieser Deckungsanteil bei etwa 53,9 % liegt.

Aufgabe 4 *Analysis – Leistungskurs*

Die Sachsituation der Leistungskurs-Aufgabe stimmt mit der Grundkurs-Aufgabe (Aufgabe 3) überein.

a) (1) Vergleichen Sie die Graphen von f und g im Sachzusammenhang.

(2) Bestimmen Sie den Zeitpunkt der maximalen Leistung der Solaranlage und berechnen Sie den Maximalwert. B3

(3) Ermitteln Sie den Zeitpunkt im Intervall [0;12], zu dem der durch g beschriebene Leistungsbedarf der Familie innerhalb dieses Kalenderjahres am stärksten abnimmt. B4

b) (1) Berechnen Sie den Energiebedarf der Familie für das Kalenderjahr. D1

(2) Im Intervall [3;9,5] wird der Leistungsbedarf der Familie zu jedem Zeitpunkt durch die Solaranlage gedeckt. Die den Bedarf übersteigende Leistung der Solaranlage soll in diesem Zeitraum zusätzlich zum Heizen eines Gartenpools genutzt werden. Ermitteln Sie die Energie, die zum Heizen des Gartenpools im Intervall [3;9,5] zur Verfügung steht. D2 D4

c) Die Leistung der Solaranlage ist abhängig von der Neigung der aufgestellten Solarmodule.

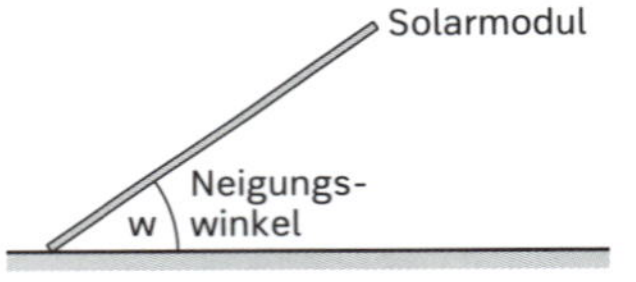

Die Funktion f_a mit der Gleichung

$f_a(t) = a \cdot (t^4 - 24t^3 + 144t^2 + 400) - 400 \cdot (a^2 - 1)$, $t \in \mathbb{R}$, $0{,}5 \leq a \leq 1{,}5$,

modelliert im Intervall [0;12] diese Leistung für ein Kalenderjahr, wobei der Parameter a eine Kennzahl für die Neigung der Solarmodule ist. Jedem Wert des Parameters a kann über die Gleichung $w = 116 - 66 \cdot a$ die Maßzahl für den entsprechenden Neigungswinkel in Grad zugeordnet werden.

In der Abbildung sind beispielhaft für zwei Werte von a die Graphen der jeweils zugehörigen Funktion a f sowie der Graph von g dargestellt.

(1) Zeigen Sie, dass f eine der Funktionen f_a ist, und berechnen Sie den zugehörigen Neigungswinkel w der Solarmodule.

(2) Weisen Sie nach, dass die in einem Jahr aus der Solaranlage abrufbare Energie für $a = 1{,}364$ (d. h. $w \approx 26°$) am größten ist. B3

(3) Der Solaranlagenhersteller behauptet, dass eine Solaranlage mit einem Neigungswinkel von 50° den Leistungsbedarf der Familie (ohne Heizung des Gartenpools!) in dem Kalenderjahr besser deckt als eine Solaranlage mit einem Neigungswinkel von 26°. Begründen Sie diese Behauptung anhand der Graphen in der Abbildung. [Eine Rechnung wird hier nicht verlangt.]

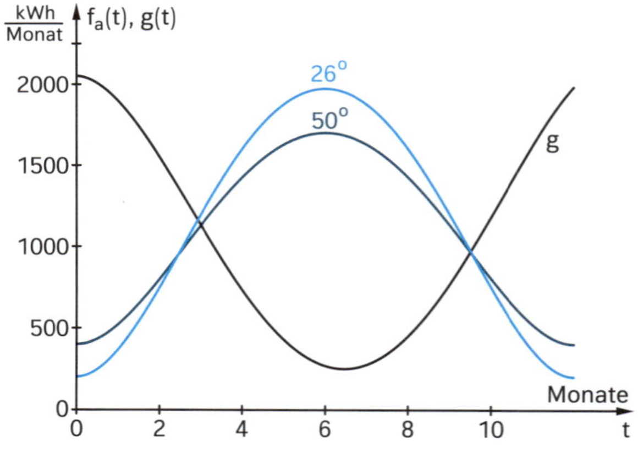

Lösung

a) (1) *Vergleiche Lösung zu Aufgabe 3 a) (1).*

(2) *Vergleiche Lösung zu Aufgabe 3 b) (1).*

(3) *Vergleiche Lösung zu Aufgabe 3 b) (2).*

b) (1) *Vergleiche Lösung zu Aufgabe 3 c) (1).*

(2) *Vergleiche Lösung zu Aufgabe 3 c) (2).*

c) (1) Durch Vergleich der Koeffizienten der höchsten Potenz kommt nur $a = 1$ in Frage:

$f_1(t) = 1 \cdot (t^4 - 24t^3 + 144t^2 + 400) - 400 \cdot (1^2 - 1) = t^4 - 24t^3 + 144t^2 + 400 = f(t)$.

Mit Hilfe der angegebenen Formel ergibt sich für $a = 1$ der Neigungswinkel $w = 116° - 66° \cdot 1 = 50°$.

(2) Für die in dem Kalenderjahr abrufbare Energie aus der Solaranlage gilt in Abhängigkeit vom Parameter a:

$E(a) = \int_0^{12} f_a(t)\,dt = F_a(12) - F_a(0)$, wobei $F_a(t)$ eine Stammfunktion von ist.

Eine mögliche Stammfunktion F_a hat die Gleichung

$F_a(t) = a \cdot \left(\frac{1}{5}t^5 - 6t^4 + 48t^3 + 400t\right) - 400 \cdot (a^2 - 1)\,t$.

Es gilt $F_a(0) = 0$ und

$$F_a(12) = a \cdot \left(\frac{1}{5}12^5 - 6 \cdot 12^4 + 48 \cdot 12^3 + 400 \cdot 12\right) - 400 \cdot (a^2 - 1) \cdot 12$$
$$= 13094{,}4\,a - 4800 \cdot (a^2 - 1) = -4800\,a^2 + 13094{,}4\,a + 4800.$$

Somit folgt:

$E(a) = \int_0^{12} f_a(t)\,dt = -4800\,a^2 + 13094{,}4\,a + 4800$.

Da der Graph von E eine nach unten geöffnete Parabel ist, ist die Energie genau dann maximal, wenn $E'(a) = 0$ gilt.

Mit $E'(a) = -9600\,a + 13094{,}4$ und $E'(1{,}364) = -9600 \cdot 1{,}364 + 13094{,}4 = 0$ ist die Behauptung nachgewiesen.

(3) Der Energiebedarf der Familie sowie die von der Solaranlage bereitgestellte Energie wird durch die jeweilige Fläche unterhalb des entsprechenden Graphen in der Abbildung repräsentiert. Da die Fläche unterhalb des Graphen für eine um 50° geneigte Solaranlage einen größeren Anteil der Fläche unterhalb von g überdeckt als die Fläche unterhalb des Graphen für eine Solaranlage mit 26° Neigungswinkel, wird ein höherer Anteil des Energiebedarfs durch die Solaranlage mit dem 50°-Neigungswinkel gedeckt.

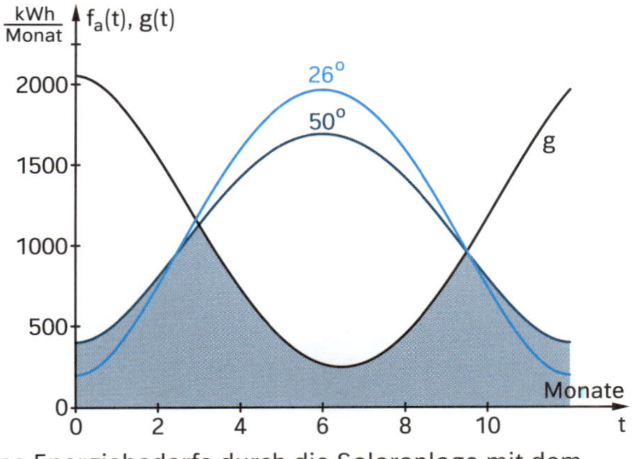

Aufgabe 5 *Analytische Geometrie – Grundkurs*

In einem kartesischen Koordinatensystem sind die Punkte O (0 | 0| 0), A (9 | 12 | 0), B (– 3 | 21 | 0), C (– 12 | 9 | 0) und S (– 1,5 | 10,5 | 15) Eckpunkte der Pyramide OABCS, deren Grundfläche das Viereck OABC ist (siehe Abbildung).

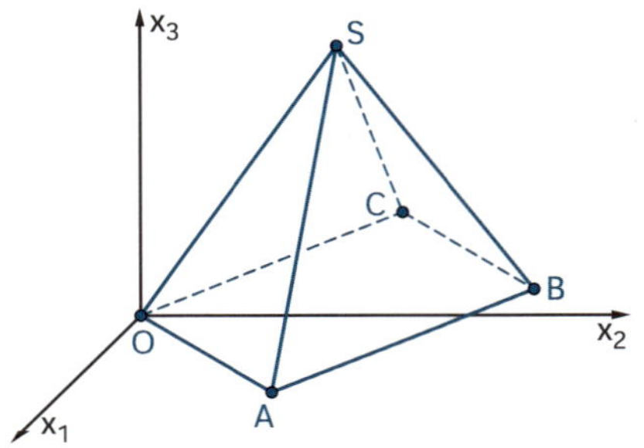

Im Folgenden darf verwendet werden, dass die Seitendreiecke der Pyramide zueinander kongruent sind.

a) (1) Zeigen Sie, dass das Viereck OABC ein Quadrat ist. E2 E3

(2) Berechnen Sie das Volumen und die Oberfläche der Pyramide OABCS. G2

b) (1) Zeigen Sie, dass der Punkt R(5 | 15 | 0) auf der Strecke $\overline{AB}$ liegt. F1

(2) Zeigen Sie, dass die Strecke $\overline{OR}$ die Grundfläche der Pyramide im Verhältnis 5 : 1 bzw. 1 : 5 teilt. G2

(3) Leiten Sie eine Parameter- und eine Koordinatengleichung der Ebene E her, die durch die Punkte O, Q(1 | 1 | 2) und R festgelegt ist. F3 F4
[Mögliches Ergebnis: E : $3x_1 - x_2 - x_3 = 0$]

c) (1) Bestimmen Sie die Koordinaten des Schnittpunktes P der Geraden g durch S und A mit der Ebene E aus Aufgabe b) (3). F5
[Zur Kontrolle: Der Schnittpunkt ist P(5,5 | 11,5 | 5) .]

(2) Weisen Sie nach, dass die Strecken $\overline{OP}$ und $\overline{BP}$ senkrecht zur Geraden g verlaufen. E2

(3) Begründen Sie, dass der Streckenzug $\overline{OPB}$ ein kürzester Weg von O nach B über den Mantel der Pyramide (Mantel: Oberfläche ohne Grundfläche) ist, und berechnen Sie die Länge des Streckenzuges. E3

(4) Es gibt einen weiteren Streckenzug $\overline{ONB}$ (N ≠ P), der ein kürzester Weg von O nach B über den Mantel der Pyramide ist.
Begründen Sie diese Aussage und beschreiben Sie die Lage des Punktes N.

Lösung

a) (1) Da alle Punkte der Grundfläche OABC die x_3-Koordinate 0 haben, liegen sie alle in der $x_1 x_2$-Ebene. Nach Aufgabenstellung sind alle Seitendreiecke zueinander kongruent, daher gilt insbesondere, dass die Seiten des Vierecks gleich lang sind.

Nachweis als Zusatz: $\overrightarrow{OA} = \begin{pmatrix} 9 \\ 12 \\ 0 \end{pmatrix}$; $\overrightarrow{AB} = \begin{pmatrix} -3-9 \\ 21-12 \\ 0 \end{pmatrix} = \begin{pmatrix} -12 \\ 9 \\ 0 \end{pmatrix}$;

$$\overrightarrow{BC} = \begin{pmatrix} -12+3 \\ 9-21 \\ 0 \end{pmatrix} = \begin{pmatrix} -9 \\ -12 \\ 0 \end{pmatrix} = -\overrightarrow{OA};\ \overrightarrow{CO} = \begin{pmatrix} 12 \\ -9 \\ 0 \end{pmatrix} = -\overrightarrow{AB}.$$

Die Länge aller Seiten beträgt $|OA| = |AB| = |BC| = |CO| = \sqrt{12^2 + 9^2} = \sqrt{225} = 15$ LE.

Das Viereck OABC ist also eine Raute.

Bestimmung einer Winkelgröße: $\overrightarrow{OA} * \overrightarrow{AB} = \begin{pmatrix} 9 \\ 12 \\ 0 \end{pmatrix} * \begin{pmatrix} -12 \\ 9 \\ 0 \end{pmatrix} = 0$.

Da einer der vier Winkel der Raute ein rechter Winkel ist, sind es die übrigen (aus Symmetriegründen) auch.
Somit ist das Viereck OABC ein Quadrat.

(2) Berechnung des Volumens der Pyramide:
Da O, A, B und C in der x_1x_2-Ebene liegen, ist die Höhe der Pyramide gleich dem Betrag der x_3-Koordinate von S.

Wie im Zusatz von (1) bereits gezeigt, haben die vier Quadratseiten die Seitenlänge 15 LE. Also gilt für das Volumen der Pyramide:

$V_{\text{Pyramide}} = \frac{1}{3} \cdot G \cdot h = \frac{1}{3} \cdot (15 \cdot 15) \cdot 15 = 1125$ [VE].

Um die Oberfläche der Pyramide zu berechnen, benötigt man die Höhe der Seitenflächen. Da nach Aufgabenstellung die Seitendreiecke zueinander kongruent sind, handelt es sich hier um eine gerade Pyramide (die Spitze der Pyramide liegt über dem Schnittpunkt der Diagonalen der Grundfläche) und die Länge der Seitenflächenhöhe kann als Länge der Strecken vom Mittelpunkt einer Seite zur Pyramidenspitze berechnet werden:
z. B. mit $M_{OA}(4{,}5 \mid 6 \mid 0)$:

$\overrightarrow{M_{OA}S} = \begin{pmatrix} -1{,}5 - 4{,}5 \\ 10{,}5 - 6 \\ 15 - 0 \end{pmatrix} = \begin{pmatrix} -6 \\ 4{,}5 \\ 15 \end{pmatrix}$; $|\overrightarrow{M_{OA}S}| = \sqrt{(-6)^2 + 4{,}5^2 + 15^2} = \sqrt{281{,}25} \approx 16{,}77$ LE.

Flächeninhalt eines Seitenflächendreiecks:
$A \approx \frac{1}{2} \cdot 15 \cdot 16{,}77 = 125{,}775$ FE.

Oberfläche der Pyramide:
$O \approx 15^2 + 4 \cdot 125{,}775 = 728{,}1$ FE.

b) (1) Darstellung der Strecke $\overline{AB}$ mithilfe einer Parameterdarstellung:

$\vec{x} = \overrightarrow{OA} + r \cdot \overrightarrow{AB} = \begin{pmatrix} 9 \\ 12 \\ 0 \end{pmatrix} + r \cdot \begin{pmatrix} -12 \\ 9 \\ 0 \end{pmatrix}$.

Für die Punkte der Strecke $\overline{AB}$ gilt dabei $0 \le r \le 1$.
Punktprobe für den Punkt R:

$$\begin{pmatrix} 5 \\ 15 \\ 0 \end{pmatrix} = \begin{pmatrix} 9 - 12r \\ 12 + 9r \\ 0 \end{pmatrix} \Leftrightarrow \begin{vmatrix} r = \frac{1}{3} \\ r = \frac{1}{3} \\ 0 = 0 \end{vmatrix} \Leftrightarrow r = \frac{1}{3}.$$

Der Punkt R liegt auf der Geraden durch A, B. Da der Parameter $r = \frac{1}{3}$ die Bedingung $0 \le r \le 1$ erfüllt, liegt er auf der Strecke zwischen A und B.

(2) Skizze: siehe nebenstehend.

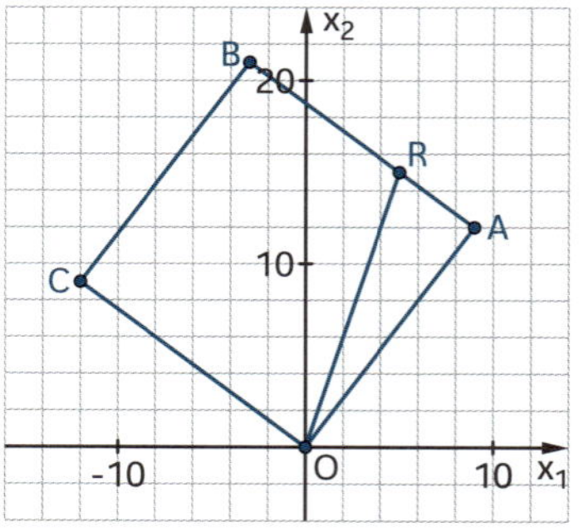

Die Strecke OR teilt die Grundfläche der Pyramide in ein rechtwinkliges Dreieck mit den Katheten OA und AR und ein „Restviereck“ [Trapez].

Für den Flächeninhalt des Dreiecks gilt:

$D = \frac{1}{2} \cdot |\overline{OA}| \cdot |\overline{AR}| = \frac{1}{2} \cdot 15 \cdot 5 = 37{,}5$ FE, also beträgt das Verhältnis (Fläche „Restviereck“):
$D = (225 - 37{,}5) : 37{,}5 = 5 : 1.$

(3) Parameterdarstellung der Ebene E:

$$E: \vec{x} = s \cdot \overrightarrow{OQ} + t \cdot \overrightarrow{OR} = s \cdot \begin{pmatrix} 1 \\ 1 \\ 2 \end{pmatrix} + t \cdot \begin{pmatrix} 5 \\ 15 \\ 0 \end{pmatrix} \; (s, t \in \mathbb{R}).$$

Umwandeln in eine Koordinatengleichung:

Methode 1 – Bestimmen eines Normalenvektors:
Am 2. Richtungsvektor kann man unmittelbar ablesen, dass der Normalenvektor die Form $\vec{n} = \begin{pmatrix} 3 \\ -1 \\ n_3 \end{pmatrix}$ haben muss, am 1. Richtungsvektor erkennt man, dass $\vec{n} = \begin{pmatrix} 3 \\ -1 \\ -1 \end{pmatrix}$ die Orthogonalitätsbedingungen erfüllt: $\begin{pmatrix} 3 \\ -1 \\ -1 \end{pmatrix} * \begin{pmatrix} 1 \\ 1 \\ 2 \end{pmatrix} = 0$ und $\begin{pmatrix} 3 \\ -1 \\ -1 \end{pmatrix} * \begin{pmatrix} 5 \\ 15 \\ 0 \end{pmatrix} = 0.$

Rechte Seite der Koordinatengleichung: Da $O(0|0|0)$ ein Punkt der Ebene ist, folgt $\begin{pmatrix} 3 \\ -1 \\ -1 \end{pmatrix} * \begin{pmatrix} 0 \\ 0 \\ 0 \end{pmatrix} = 0$, damit ergibt sich die Koordinatengleichung $3x_1 - x_2 - x_3 = 0$.

Methode 2 – Lösung des linearen Gleichungssystems $\begin{pmatrix} x_1 \\ x_2 \\ x_3 \end{pmatrix} = \begin{pmatrix} s + 5t \\ s + 15t \\ 2s \end{pmatrix}$ durch Umformen und Einsetzen:

$x_3 = 2s \Leftrightarrow s = 0{,}5x_3$;
s wird eingesetzt z. B. in die 1. Gleichung: $x_1 = 0{,}5x_3 + 5t \Leftrightarrow 15t = 3x_1 - 1{,}5x_3$.
Einsetzen in die 2. Gleichung: $x_2 = 0{,}5x_3 + 3x_1 - 1{,}5x_3 \Leftrightarrow 3x_1 - x_2 - x_3 = 0$.

c) (1) Parameterdarstellung der Geraden durch A und S:

$$\vec{x} = \overrightarrow{OA} + t \cdot \overrightarrow{AS} = \begin{pmatrix} 9 \\ 12 \\ 0 \end{pmatrix} + t \cdot \begin{pmatrix} -1{,}5 - 9 \\ 10{,}5 - 12 \\ 15 - 0 \end{pmatrix} = \begin{pmatrix} 9 \\ 12 \\ 0 \end{pmatrix} + t \cdot \begin{pmatrix} -10{,}5 \\ -1{,}5 \\ 15 \end{pmatrix}.$$

Den Richtungsvektor der Geraden kann man wegen $\begin{pmatrix} -10{,}5 \\ -1{,}5 \\ 15 \end{pmatrix} = 1{,}5 \cdot \begin{pmatrix} -7 \\ -1 \\ 10 \end{pmatrix}$ auch ersetzen:

$$g: \vec{x} = \begin{pmatrix} 9 \\ 12 \\ 0 \end{pmatrix} + r \cdot \begin{pmatrix} -7 \\ -1 \\ 10 \end{pmatrix} \quad (r \in \mathbb{R}).$$

Für den zum Schnittpunkt P von g und E gehörigen Parameter r gilt:
$3 \cdot (9 - 7r) - (12 - r) - 10r = 0 \Leftrightarrow r = 0{,}5$.

Durch Einsetzen in die Gleichung von g erhält man den Schnittpunkt $P(5{,}5|11{,}5|5)$.

(2) Zu prüfen ist, ob das Skalarprodukt des entsprechenden Vektors mit dem Richtungsvektor der Geraden gleich null ist:

$$\overrightarrow{OP} * \begin{pmatrix}-7\\-1\\10\end{pmatrix} = \begin{pmatrix}5{,}5\\11{,}5\\5\end{pmatrix} * \begin{pmatrix}-7\\-1\\10\end{pmatrix} = -38{,}5 - 11{,}5 + 50 = 0,$$

$$\overrightarrow{BP} * \begin{pmatrix}-7\\-1\\10\end{pmatrix} = \begin{pmatrix}5{,}5-(-3)\\11{,}5-21\\5-0\end{pmatrix} * \begin{pmatrix}-7\\-1\\10\end{pmatrix} = \begin{pmatrix}8{,}5\\-9{,}5\\5\end{pmatrix} * \begin{pmatrix}-7\\-1\\10\end{pmatrix} = -59{,}5 + 9{,}5 + 50 = 0.$$

Da der Punkt B das Spiegelbild von O zur Ebene durch A, C und S ist (vgl. Abbildung), kann auch hiermit argumentiert werden: PB ist das Spiegelbild von PO und daher tritt hier der gleiche (rechte) Winkel gegenüber der Geraden g auf.

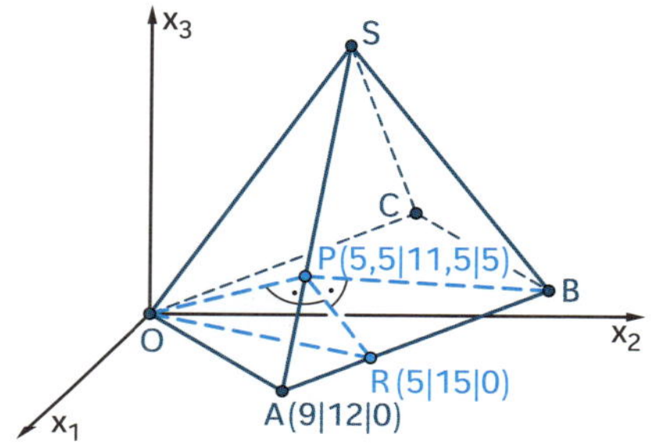

(3) Faltet man den Mantel der Pyramide wie einen Bastelbogen auseinander, dann erkennt man, dass die Verbindung von O nach B wegen der rechten Winkel in P ohne „Knick“ verläuft, und daher den kürzesten Weg darstellt, vgl. Abbildung.

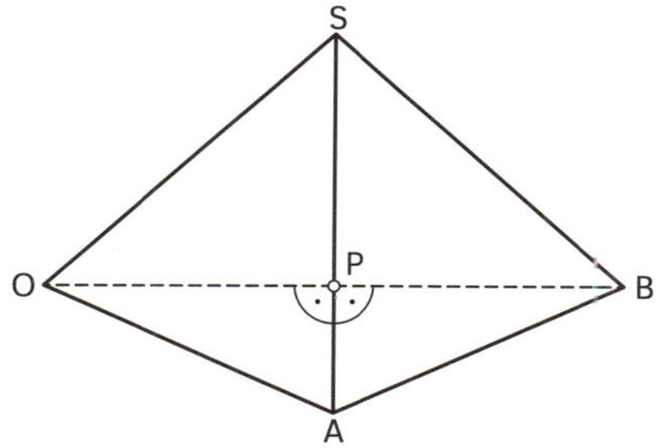

Die Länge des Weges ergibt sich als Summe der Streckenlängen:

$$|OP| = \left|\begin{pmatrix}5{,}5\\11{,}5\\5\end{pmatrix}\right| = \sqrt{5{,}5^2 + 11{,}5^2 + 5^2} = \sqrt{187{,}5} \approx 13{,}69, \text{ also } |OP| + |PB| \approx 2 \cdot 13{,}69 = 27{,}38.$$

(4) Es gibt einen entsprechenden Weg über einen Punkt N, welcher der Spiegelpunkt von P an der Symmetrieebene der Pyramide durch O, B, S ist und auf der Strecke CS liegt. Die Koordinaten des Punktes N kann man also durch Spiegelung von P an der Ebene durch O, B, S bestimmen. Da die Symmetriebene senkrecht zur x_1x_2-Ebene ist, hat der Punkt N die gleiche x_3-Koordinate wie der Punkt P, also $x_3 = 5$.

Dann untersucht man, welcher Punkt der Geraden durch C und S diese x_3-Koordinate hat.

Aufgabe 6 *Analytische Geometrie – Leistungskurs*

In einem kartesischen Koordinatensystem sind die Punkte O(0 | 0 | 0), A(6 | 8 | 0), B(−2 | 14 | 0), C(−8 | 6 | 0) und S(−1 | 7 | 10) Eckpunkte der Pyramide OABCS, deren Grundfläche das Viereck OABC ist (siehe Abbildung).

Im Folgenden darf verwendet werden, dass die Seitendreiecke der Pyramide zueinander kongruent sind.

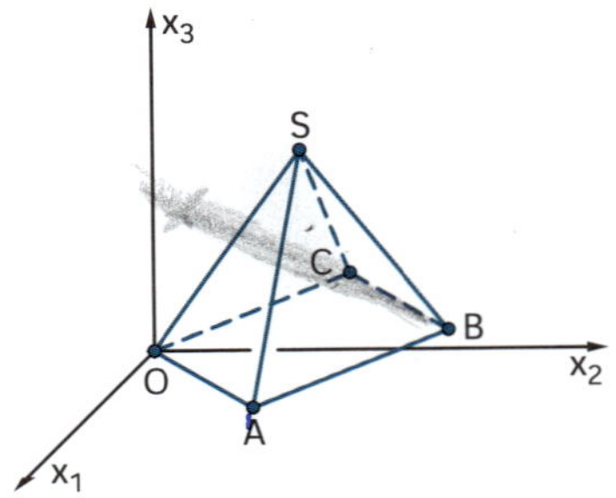

a) (1) Zeigen Sie, dass das Viereck OABC ein Quadrat ist. E2 E3

(2) Berechnen Sie die Oberfläche der Pyramide OABCS. G2

b) (1) Leiten Sie eine Parameter- und eine Koordinatengleichung der Ebene E her, die durch die Punkte B, C und Q(3 | 4 | 10) festgelegt ist. F3 F4

Diese Ebene gehört zu der durch $E_a: -4 \cdot x_1 + 3a \cdot x_2 + 25 \cdot x_3 = 50a$, $a \in \mathbb{R}$, gegebenen Ebenenschar. [Zur Kontrolle: $E = E_5$.]

(2) Zeigen Sie, dass die Punkte B und C in jeder Ebene E_a liegen. F3

(3) Nennen Sie ohne Nachweis die verschiedenen Arten von Schnittgebilden, die beim Schnitt einer der Ebenen E_a mit der Pyramide OABCS entstehen können. F9

(4) Für genau einen Wert von a ist das Schnittgebilde von Ebene und Pyramide ein Dreieck.
Bestimmen Sie den entsprechenden Wert von a. F9

(5) Die Ebene E zerlegt die Pyramide OABCS in zwei Teilkörper. Sie können ohne Nachweis verwenden, dass das Schnittgebilde den Flächeninhalt $\frac{400}{9} \cdot \sqrt{2}$ [FE] besitzt.

Bestimmen Sie ein Verhältnis der Rauminhalte der beiden Teilkörper. G2 G3

c) Auf der Geraden AS gibt es genau einen Punkt P, so dass die Strecken $\overline{OP}$ und $\overline{BP}$ senkrecht zu AS sind.

(1) Bestimmen Sie die Koordinaten von P. E1 E2

[Zur Kontrolle: $P = \left(\frac{11}{3} \middle| \frac{23}{3} \middle| \frac{10}{3}\right)$.]

(2) Begründen Sie, dass der Streckenzug $\overline{OPB}$ ein kürzester Weg von O nach B über den Mantel der Pyramide (Mantel: Oberfläche ohne Grundfläche) ist, und berechnen Sie die Länge des Streckenzuges. E3

(3) Es gibt einen weiteren Streckenzug $\overline{ONB}$ ($N \neq P$), der ein kürzester Weg von O nach B über den Mantel der Pyramide ist.
Begründen Sie diese Aussage und bestimmen Sie die Koordinaten von N. F5

Lösung

a) (1) Da alle Punkte der Grundfläche OABC die x_3-Koordinate 0 haben, liegen sie alle in der x_1x_2-Ebene. Nach Aufgabenstellung sind alle Seitendreiecke zueinander kongruent, daher gilt insbesondere, dass die Seiten des Vierecks gleich lang sind.

Nachweis als Zusatz: $\overrightarrow{OA} = \begin{pmatrix} 6 \\ 8 \\ 0 \end{pmatrix}$; $\overrightarrow{AB} = \begin{pmatrix} -2-6 \\ 14-8 \\ 0 \end{pmatrix} = \begin{pmatrix} -8 \\ 6 \\ 0 \end{pmatrix}$;

$$\overrightarrow{BC} = \begin{pmatrix} -8+2 \\ 6-14 \\ 0 \end{pmatrix} = \begin{pmatrix} -6 \\ -8 \\ 0 \end{pmatrix} = -\overrightarrow{OA}; \overrightarrow{CO} = \begin{pmatrix} 8 \\ -6 \\ 0 \end{pmatrix} = -\overrightarrow{AB}.$$

Die Länge aller Seiten beträgt $|OA| = |AB| = |BC| = |CO| = \sqrt{6^2 + 8^2} = \sqrt{100} = 10$ LE.

Das Viereck OABC ist also eine Raute.

Bestimmung einer Winkelgröße: $\overrightarrow{OA} * \overrightarrow{AB} = \begin{pmatrix} 6 \\ 8 \\ 0 \end{pmatrix} * \begin{pmatrix} -8 \\ 6 \\ 0 \end{pmatrix} = 0.$

Da einer der vier Winkel der Raute ein rechter Winkel ist, sind es die übrigen (aus Symmetriegründen) auch.
Somit ist das Viereck OABC ein Quadrat.

(2) Um die Oberfläche der Pyramide zu berechnen, benötigt man die Höhe der Seitenflächen. Da nach Aufgabenstellung die Seitendreiecke zueinander kongruent sind, handelt es sich hier um eine gerade Pyramide (die Spitze der Pyramide liegt über dem Schnittpunkt der Diagonalen der Grundfläche) und die Länge der Seitenflächenhöhe kann als Länge der Strecken vom Mittelpunkt einer Seite zur Pyramidenspitze berechnet werden:
z. B. mit $M_{OA}(3|4|0)$:

$$\overrightarrow{M_{OA}S} = \begin{pmatrix} -1-3 \\ 7-4 \\ 10-0 \end{pmatrix} = \begin{pmatrix} -4 \\ 3 \\ 10 \end{pmatrix}; |\overrightarrow{M_{OA}S}| = \sqrt{(-4)^2 + 3^2 + 10^2} = \sqrt{125} \approx 11{,}18 \text{ LE}.$$

Flächeninhalt eines Seitenflächendreiecks:
$A \approx \frac{1}{2} \cdot 10 \cdot 11{,}18 = 55{,}90$ FE.

Oberfläche der Pyramide:
$O \approx 10^2 + 4 \cdot 55{,}90 = 323{,}6$ FE.

b) (1) Parameterdarstellung der Ebene E durch $B(-2|14|0)$, $C(-8|6|0)$, $Q(3|4|10)$:

$$\vec{x} = \overrightarrow{OB} + u \cdot \overrightarrow{BC} + v \cdot \overrightarrow{BQ} = \begin{pmatrix} -2 \\ 14 \\ 0 \end{pmatrix} + u \cdot \begin{pmatrix} -8+2 \\ 6-14 \\ 0 \end{pmatrix} + v \cdot \begin{pmatrix} 3+2 \\ 4-14 \\ 10 \end{pmatrix} = \begin{pmatrix} -2 \\ 14 \\ 0 \end{pmatrix} + u \cdot \begin{pmatrix} -6 \\ -8 \\ 0 \end{pmatrix} + v \cdot \begin{pmatrix} 5 \\ -10 \\ 10 \end{pmatrix}.$$

Vereinfachung der Richtungsvektoren (Ausklammern gemeinsamer Faktoren) ergibt folgende Darstellung:

$$E: \vec{x} = \begin{pmatrix} -2 \\ 14 \\ 0 \end{pmatrix} + u \cdot \begin{pmatrix} 3 \\ 4 \\ 0 \end{pmatrix} + v \cdot \begin{pmatrix} 1 \\ -2 \\ 2 \end{pmatrix}.$$

Aus dem 1. Richtungsvektor erschließt sich, dass ein Normalenvektor $\vec{n}$ der Ebene wie folgt aussehen kann: $\vec{n} = \begin{pmatrix} -4 \\ 3 \\ n_3 \end{pmatrix}$.

Mithilfe des 2. Richtungsvektors findet man die 3. Komponente heraus: $\vec{n} = \begin{pmatrix} -4 \\ 3 \\ 5 \end{pmatrix}$,

damit die Bedingungen $\begin{pmatrix} -4 \\ 3 \\ 5 \end{pmatrix} * \begin{pmatrix} 3 \\ 4 \\ 0 \end{pmatrix} = 0$ und $\begin{pmatrix} -4 \\ 3 \\ 5 \end{pmatrix} * \begin{pmatrix} 1 \\ -2 \\ 2 \end{pmatrix}$ erfüllt sind.

Die rechte Seite der Koordinatengleichung erhält man dann mithilfe der Koordinaten des Punktes B:

$\begin{pmatrix} -4 \\ 3 \\ 5 \end{pmatrix} * \begin{pmatrix} -2 \\ 14 \\ 0 \end{pmatrix} = 8 + 42 = 0.$

Eine Koordinatengleichung der Ebene E ist also: $-4x_1 + 3x_2 + 5x_3 = 50$.

(2) Kontrolle, dass in (1) richtig gerechnet wurde: Setzt man für a den Wert 5 in der Koordinatengleichung der Ebenenschar ein, dann ergibt sich
$-4 \cdot 5 \cdot x_1 + 3 \cdot 5 \cdot x_2 + 25x_3 = 50 \cdot 5 \Leftrightarrow -4 \cdot x_1 + 3 \cdot x_2 + 5x_3 = 50.$

Durchführung der Punktprobe:
$-4a \cdot (-2) + 3a \cdot 14 + 25 \cdot 0 = 50a$ ist für alle $a \in \mathbb{R}$ wahr, also ist $B \in E_a$ für alle $a \in \mathbb{R}$.
$-4a \cdot (-8) + 3a \cdot 6 + 25 \cdot 0 = 50a$ ist für alle $a \in \mathbb{R}$ wahr, also ist $C \in E_a$ für alle $a \in \mathbb{R}$.

(3) Man erhält alle Ebenen der Schar, wenn man die Ebene durch B, C und S um die Gerade durch B und C dreht. Dann ergeben sich folgende Schnittgebilde:
- die Punkte des Dreiecks BCS,
- nur die Punkte der Strecke BC,
- das Quadrat OABC (Grundfläche der Pyramide);
  nicht verlangt: dies ist offensichtlich der Fall, wenn a = 0 ist,
- ein gleichschenkliges Trapez, dessen beiden anderen Eckpunkte auf den Strecken OS bzw. AS liegen.

(4) Setzt man die Koordinaten von S in die Ebenengleichung ein, dann ergibt sich für a der Parameterwert a = 10:
$-4 \cdot a \cdot (-1) + 3 \cdot a \cdot 7 + 25 \cdot 10 = 50a \Leftrightarrow 4a + 21a + 250 = 50a \Leftrightarrow 25a = 250 \Leftrightarrow a = 10.$

(5) Die Ebene E enthält die Strecke BC sowie den Punkt Q außerhalb der Pyramide. Aus der Skizze wird deutlich, dass der „obere" Teilkörper selbst eine Pyramide ist. Deren Grundfläche ist ein gleichschenkliges Trapez, dessen Eckpunkte auf den Pyramidenkanten OS und AS liegen.

Zusatz: Bestimmen dieser Eckpunkte:

Gerade durch O und S: $\vec{x} = k \cdot \begin{pmatrix} -1 \\ 7 \\ 10 \end{pmatrix}$;

Schnittpunkt dieser Geraden mit der Ebene E:
$-4 \cdot (-1k) + 3 \cdot (7k) + 5 \cdot (10k) = 50 \Leftrightarrow 4k + 21k + 50k = 50 \Leftrightarrow 75k = 50 \Leftrightarrow k = \frac{2}{3}$,

also $S_1\left(-\frac{2}{3} \middle| \frac{14}{3} \middle| \frac{20}{3}\right)$.

Gerade durch A und S: $\vec{x} = \begin{pmatrix} 6 \\ 8 \\ 0 \end{pmatrix} + m \cdot \begin{pmatrix} -7 \\ -1 \\ 10 \end{pmatrix}$;

aus Symmetriegründen erhält man den Schnittpunkt S_2 ebenfalls mit dem Parameterwert $m = \frac{2}{3}$:

$S_2\left(6 + \frac{2}{3} \cdot (-7) \middle| 8 + \frac{2}{3} \cdot (-1) \middle| 0 + \frac{2}{3} \cdot 10\right) = \left(\frac{4}{3} \middle| \frac{22}{3} \middle| \frac{20}{3}\right)$.

Mit diesen beiden Schnittpunkten S_1 und S_2 könnte man die Länge der zweiten Trapezseite bestimmen und aus dem Abstand der Mittelpunkte der Strecken BC bzw. $S_1 S_2$ die Höhe des Trapezes und damit den Flächeninhalt des Trapezes, das in der Aufgabenstellung vorgegeben ist.

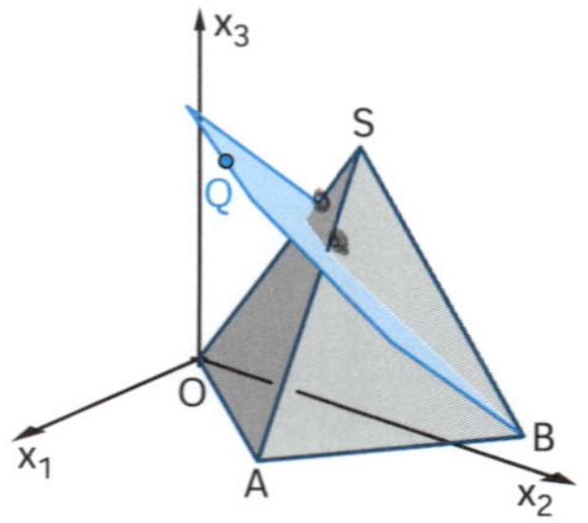

Da der Flächeninhalt des Trapezes angegeben ist, benötigt man nur noch die Höhe der „kleinen“ Pyramide, um deren Volumen zu bestimmen. Diese Höhe ergibt sich aus dem Abstand des Punktes S von der Ebene E:

HESSE'sche Normalenform von E: $\frac{-4x_1 + 3x_2 + 5x_3 - 50}{\sqrt{50}} = 0$.

Die Höhe der kleinen Pyramide beträgt

$h_1 = \left|\frac{-4\cdot(-1) + 3\cdot 7 + 5\cdot 10 - 50}{\sqrt{50}}\right| = \frac{5}{\sqrt{2}}$ [LE], ihr Volumen

$V_1 = \frac{1}{3}\cdot\frac{400\cdot\sqrt{2}}{9}\cdot h_1 = \frac{400\cdot\sqrt{2}}{9}\cdot\frac{5}{\sqrt{2}} = \frac{2000}{27}$ [VE].

Das Volumen V der Pyramide OABCS beträgt: $V = \frac{1}{3}\cdot 100\cdot 10 = \frac{9000}{27}$ [VE].

Somit gilt für das Volumen V_2 des Restkörpers: $V_2 = V - V_1 = \frac{7000}{27}$ [VE].

Ein gesuchtes Verhältnis ist $V_1 : V_2 = 2 : 7$.

c) (1) Gleichung der Geraden durch A und S: $g: \vec{x} = \begin{pmatrix}6\\8\\0\end{pmatrix} + r\cdot\begin{pmatrix}-7\\-1\\10\end{pmatrix}$ $(r \in \mathbb{R})$.

Da P auf g liegt, gilt für doe Koordinaten von P: $P(6-7r\,|\,8-r\,|\,10r)$.

OP ist orthogonal zu AS, also orthogonal zum Richtungsvektor $\vec{a}_g$ von g, also gilt

$OP * \vec{a}_g = 0 \Leftrightarrow \begin{pmatrix}6-7r\\8-r\\10r\end{pmatrix} * \begin{pmatrix}-7\\-1\\10\end{pmatrix} = 0 \Leftrightarrow -42 + 49r - 8 + r + 100r = 0 \Leftrightarrow r = \frac{1}{3}$.

Da man nur eine mögliche Lösung erhält, ist $P\left(\frac{11}{3}\,|\,\frac{23}{3}\,|\,\frac{10}{3}\right)$ der gesuchte Punkt.

(2) Faltet man den Mantel der Pyramide wie einen Bastelbogen auseinander, dann erkennt man, dass die Verbindung von O nach B wegen der rechten Winkel in P ohne „Knick“ verläuft und daher den kürzesten Weg darstellt, vgl. Abbildung. Die Länge des Weges ergibt sich als Summe der Streckenlängen:

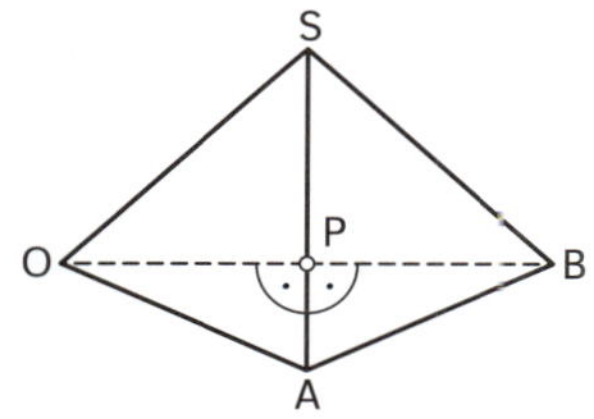

$|OP| = \left|\begin{pmatrix}\frac{11}{3}\\\frac{23}{3}\\\frac{10}{3}\end{pmatrix}\right| = \sqrt{\left(\frac{11}{3}\right)^2 + \left(\frac{23}{3}\right)^2 + \left(\frac{10}{3}\right)^2} = \sqrt{\frac{250}{3}} \approx 9{,}13$, also $|OP| + |PB| \approx 2\cdot 9{,}13 \approx 18{,}26$ [LE].

(3) Es gibt einen entsprechenden Weg über einen Punkt N, welcher der Spiegelpunkt von P an der Symmetrieebene der Pyramide durch O, B, S ist und auf der Strecke CS liegt. Die Koordinaten des Punktes N kann man also durch Spiegelung von P an der Ebene durch O, B, S bestimmen. Da die Symmetriebene senkrecht zur x_1x_2-Ebene ist, hat der Punkt N die gleiche x_3-Koordinate wie der Punkt P, also $x_3 = \frac{10}{3}$.

Eine Gleichung der Geraden durch C und S lautet: $h: \vec{x} = \begin{pmatrix}-8\\6\\0\end{pmatrix} + t\cdot\begin{pmatrix}7\\1\\10\end{pmatrix}$ $(t \in \mathbb{R})$.

Für die x_3-Koordinate gilt dann $\frac{10}{3} = 10\cdot t \Leftrightarrow t = \frac{1}{3}$ und damit $N\left(-\frac{17}{3}\,|\,\frac{19}{3}\,|\,\frac{10}{3}\right)$.

Alternative:
Aufgrund der Symmetrie und wegen $\overrightarrow{OP} = \overrightarrow{OA} + \frac{1}{3}\overrightarrow{AS}$ erhält man

$\overrightarrow{ON} = \overrightarrow{OC} + \frac{1}{3}\overrightarrow{CS} = \begin{pmatrix}-8\\6\\0\end{pmatrix} + \frac{1}{3}\cdot\begin{pmatrix}7\\1\\10\end{pmatrix} = \begin{pmatrix}-\frac{17}{3}\\\frac{19}{3}\\\frac{10}{3}\end{pmatrix}$.

Aufgabe 7 *Stochastische Matrizen – Grundkurs*

Im Folgenden betrachten wir die Entwicklung von Wolfspopulationen. Dabei beschränken wir uns ausschließlich auf die weiblichen Mitglieder einer Population, die aus Welpen (w), jungen Fähen (j) sowie ausgewachsenen Fähen (a) bestehen soll. Alle Fähen sind vermehrungsfähig. Die Welpen entwickeln sich ein Jahr nach der Geburt zu jungen Fähen und ein Jahr später zu ausgewachsenen Fähen.

Die nebenstehende Tabelle zeigt die Verteilung einer in der Wildnis lebenden Population für die Jahre 2013 und 2014.

	2013	2014
w	65	52
j	8	26
a	20	16

Modellhaft lässt sich die Entwicklung mit der Matrix A beschreiben:

von: w j a

nach: w, j, a

$$A = \begin{pmatrix} 0 & 1{,}5 & 2 \\ b & 0 & 0 \\ a & 0{,}5 & 0{,}6 \end{pmatrix}$$

a) (1) Begründen Sie mit den Daten aus der Tabelle, dass b = 0,4 gilt. H1

(2) Interpretieren Sie die weiteren von Null verschiedenen Einträge in der Matrix A im Sachzusammenhang. H1

b) (1) Berechnen Sie die Verteilungen, die nach diesem Modell in den Jahren 2015 und 2016 zu erwarten sind. H2

(2) Bestimmen Sie die Verteilung, die nach diesem Modell im Jahr 2012 vorgelegen hätte. H4

(3) Zeigen Sie, dass sich in diesem Modell die Population aus 2011 nicht bestimmen lässt. H4

(4) Ein Biologe behauptet, dass weniger als 15 % aller Welpen mindestens ein Alter von drei Jahren erreichen.
Prüfen Sie, ob nach der obigen Modellierung mit der Matrix A die Behauptung des Biologen zutrifft. H2

c) Wölfe, die in einem Tierpark leben, haben andere Überlebens- und Fortpflanzungsraten. Für einen Tierpark kann die Entwicklung seiner Wolfspopulation durch die folgende Matrix B modelliert werden:

$$B = \begin{pmatrix} 0 & 1 & 0{,}1 \\ 0{,}8 & 0 & 0 \\ 0 & 0{,}75 & 0{,}7 \end{pmatrix}$$

(1) Beschreiben Sie im Sachzusammenhang die Einträge in der zweiten Spalte der Matrix B im Vergleich zu den Einträgen in der zweiten Spalte der Matrix A. H1

(2) Wegen der räumlichen Beschränkung will die Tierparkleitung die Gesamtzahl der Wölfe konstant halten. Das soll durch eine strikte Geburtenkontrolle gewährleistet werden.
Zeigen Sie, dass eine von $\begin{pmatrix} 0 \\ 0 \\ 0 \end{pmatrix}$ verschiedene stationäre Verteilung existiert, d. h. eine Verteilung, die sich innerhalb eines Jahres nicht ändert. H3

(3) Ermitteln Sie die kleinstmögliche Gesamtpopulation mit stationärer Verteilung

$\vec{n} = \begin{pmatrix} n_1 \\ n_2 \\ n_3 \end{pmatrix} \neq \begin{pmatrix} 0 \\ 0 \\ 0 \end{pmatrix}$ mit natürlichen Zahlen n_1, n_2 und n_3.

d) Für die Population in dem obigen Tierpark wird eine neue Modellierung gewählt: Die Entwicklungsstufe der Welpen wird mit der Überlebensrate von 80 % beibehalten, die Entwicklungsstufen der jungen Fähen und ausgewachsenen Fähen werden zu einer Stufe zusammengefasst. Die neue Modellierung soll durch die Matrix

$C = \begin{pmatrix} 0 & g \\ 0{,}8 & h \end{pmatrix}$

mit $g > 0$ und $0 \leq h < 1$ dargestellt werden. Die Population der Welpen und Fähen soll mit insgesamt 19 Tieren konstant bleiben.

(1) Zeigen Sie, dass in dem neuen Modell eine stationäre Verteilung mit 11 Welpen nicht vorkommen kann. H1 H2

(2) Zeigen Sie, dass sich für $g = \frac{5}{14}$ und $h = \frac{5}{7}$ eine stationäre Verteilung mit 5 Welpen und 14 Fähen ergibt. H2 H3

(3) Mit den Werten aus (2) ist $C = \begin{pmatrix} 0 & \frac{5}{14} \\ 0{,}8 & \frac{5}{7} \end{pmatrix}$. Ein Taschenrechner liefert z. B.

$C^{17} = \begin{pmatrix} 0{,}2222222218 & 0{,}2777777779 \\ 0{,}6222222226 & 0{,}7777777777 \end{pmatrix}$.

Die Potenzen C^n der Matrix C streben mit wachsendem n gegen die Matrix

$G = \begin{pmatrix} \frac{2}{9} & \frac{5}{18} \\ \frac{28}{45} & \frac{7}{9} \end{pmatrix}$.

Mit Hilfe der Matrix G lässt sich die langfristige Entwicklung einer Population ermitteln.
Leider fallen in einem Jahr alle fünf Welpen der Population einer Infektionskrankheit zum Opfer. Daraufhin beschließt die Tierparkleitung die Anschaffung von vier zusätzlichen Fähen.
Ermitteln Sie die langfristige Entwicklung der neuen Population. H2

Lösung

a) (1) Von 65 Welpen im Jahr 2013 entwickeln sich im folgenden Jahr 26 zu jungen Fähen, also ist $b = 0{,}4$.

(2) Von Null verschiedene Matrixelemente:
$a_{12} = 1{,}5$: Eine junge Fähe bringt im Durchschnitt 1,5 Welpen zur Welt.
$a_{13} = 2$: Eine ausgewachsene Welpe bringt im Durchschnitt 2 Welpen zur Welt.
$a_{32} = 0{,}5$: Von den jungen Fähen erreichen 50 % das dritte Lebensjahr.
$a_{33} = 0{,}6$: Von den ausgewachsenen Fähen erreichen 60 % das nächste Lebensjahr.

Kontrollrechnung am Beispiel zum Vergleich:
(50 % von 8) + (60 % von 20) = 4 + 12 = 16.

b) (1) $\begin{pmatrix} 0 & 1{,}5 & 2 \\ 0{,}4 & 0 & 0 \\ 0 & 0{,}6 & 0{,}6 \end{pmatrix} \cdot \begin{pmatrix} 52 \\ 26 \\ 16 \end{pmatrix} = \begin{pmatrix} 71 \\ 20{,}8 \\ 22{,}6 \end{pmatrix}$ und $\begin{pmatrix} 0 & 1{,}5 & 2 \\ 0{,}4 & 0 & 0 \\ 0 & 0{,}6 & 0{,}6 \end{pmatrix} \cdot \begin{pmatrix} 71 \\ 20{,}8 \\ 22{,}6 \end{pmatrix} = \begin{pmatrix} 76{,}4 \\ 28{,}4 \\ 23{,}96 \end{pmatrix}$.

Im Jahr 2015 sind 71 Welpen, 21 junge Fähen und 23 ausgewachsene Fähen und im Jahr 2016 76 Welpen, 28 junge Fähen und 24 ausgewachsene Fähen zu erwarten.

(2) $\begin{pmatrix} 0 & 1{,}5 & 2 \\ 0{,}4 & 0 & 0 \\ 0 & 0{,}6 & 0{,}6 \end{pmatrix} \cdot \begin{pmatrix} w \\ j \\ a \end{pmatrix} = \begin{pmatrix} 65 \\ 8 \\ 20 \end{pmatrix} \Leftrightarrow \left| \begin{array}{rcl} 1{,}5 \cdot j + 2 \cdot a & = & 65 \\ 0{,}4 \cdot w & = & 8 \\ 0{,}5 \cdot j + 0{,}6 \cdot a & = & 20 \end{array} \right| \overset{*)}{\Leftrightarrow} \left| \begin{array}{rcl} 0{,}2 \cdot a & = & 5 \\ 0{,}4 \cdot w & = & 8 \\ 0{,}5 \cdot j + 0{,}6 \cdot a & = & 20 \end{array} \right| \Leftrightarrow \left| \begin{array}{l} w = 20 \\ j = 10 \\ a = 25 \end{array} \right|$

*) Umformung gemäß Additionsverfahren: (−3)-Faches der 3. Zeile zur 1. Zeile addieren

Für das Jahr 2012 hätte sich eine Verteilung von 20 Welpen, 10 jungen und 25 ausgewachsenen Fähen ergeben.

(3) $\begin{pmatrix} 0 & 1{,}5 & 2 \\ 0{,}4 & 0 & 0 \\ 0 & 0{,}6 & 0{,}6 \end{pmatrix} \cdot \begin{pmatrix} w \\ j \\ a \end{pmatrix} = \begin{pmatrix} 20 \\ 10 \\ 25 \end{pmatrix} \Leftrightarrow \left| \begin{array}{rcl} 1{,}5 \cdot j + 2 \cdot a & = & 20 \\ 0{,}4 \cdot w & = & 10 \\ 0{,}5 \cdot j + 0{,}6 \cdot a & = & 25 \end{array} \right|.$

Aus der ersten und dritten Zeile erhält man: $0{,}2 \cdot a - 55$ (Widerspruch, da es keine negativen Anzahlen gibt).

(4) $\begin{pmatrix} 0 & 1{,}5 & 2 \\ 0{,}4 & 0 & 0 \\ 0 & 0{,}6 & 0{,}6 \end{pmatrix} \cdot \begin{pmatrix} 1 \\ 0 \\ 0 \end{pmatrix} = \begin{pmatrix} 0 \\ 0{,}4 \\ 0 \end{pmatrix}; \begin{pmatrix} 0 & 1{,}5 & 2 \\ 0{,}4 & 0 & 0 \\ 0 & 0{,}6 & 0{,}6 \end{pmatrix} \cdot \begin{pmatrix} 0 \\ 0{,}4 \\ 0 \end{pmatrix} = \begin{pmatrix} 0{,}6 \\ 0 \\ 0{,}2 \end{pmatrix}; \begin{pmatrix} 0 & 1{,}5 & 2 \\ 0{,}4 & 0 & 0 \\ 0 & 0{,}6 & 0{,}6 \end{pmatrix} \cdot \begin{pmatrix} 0{,}6 \\ 0 \\ 0{,}2 \end{pmatrix} = \begin{pmatrix} 1{,}2 \\ 0{,}24 \\ 0{,}12 \end{pmatrix}$

Betrachtet man 1 (= 100 %) Welpen, dann werden 40 % nach einem Jahr leben (junge Fähe), von diesen 50 % nach dem zweiten Jahr (ausgewachsene Fähe), und von diesen 60 %, insgesamt also $0{,}4 \cdot 0{,}5 \cdot 0{,}6 = 0{,}12$.

Der Anteil q der Welpen, die mindesten drei Jahre alt werden, beträgt also $q = 0{,}12 = 12\,\% < 15\,\%$. Damit ergibt sich die Behauptung des Biologen aus der Modellierung.

c) (1) Die Überlebensrate für die jungen Fähen steigt von 0,5 auf 0,75 und ihre Fortpflanzungsrate fällt von 1,5 auf 1.

(2) Der Ansatz

$$\begin{pmatrix} 0 & 1 & 0{,}1 \\ 0{,}8 & 0 & 0 \\ 0 & 0{,}75 & 0{,}7 \end{pmatrix} \cdot \begin{pmatrix} w \\ j \\ a \end{pmatrix} = \begin{pmatrix} w \\ j \\ a \end{pmatrix}$$

stellt ein lineares Gleichungssystem mit 3 Gleichungen und 3 Variablen dar.

Addiert man das 0,8-Fache der 1. Zeile zur 2. Zeile, dann entsteht eine 2. Zeile, die ein Vielfaches der 3. Zeile ist:

$$\left| \begin{array}{rcl} j + 0{,}1 \cdot a & = & w \\ 0{,}8 \cdot w & = & j \\ 0{,}75 \cdot j + 0{,}7 \cdot a & = & a \end{array} \right| \Leftrightarrow \left| \begin{array}{rcl} -w + j + 0{,}1 \cdot a & = & 0 \\ 0{,}8 \cdot w - j & = & 0 \\ 0{,}75 \cdot j - 0{,}3 \cdot a & = & 0 \end{array} \right| \Leftrightarrow \left| \begin{array}{rcl} -w + j + 0{,}1 \cdot a & = & 0 \\ -0{,}2 \cdot j + 0{,}08 \cdot a & = & 0 \\ 0{,}75 \cdot j - 0{,}3 \cdot a & = & 0 \end{array} \right| \begin{array}{l} \\ \cdot 15 \\ \cdot (-4) \end{array}$$

$$\Leftrightarrow \left| \begin{array}{rcl} -w + j + 0{,}1 \cdot a & = & 0 \\ -3 \cdot j + 1{,}2 \cdot a & = & 0 \\ -3 \cdot j + 1{,}2 \cdot a & = & 0 \end{array} \right| \Leftrightarrow \left| \begin{array}{rcl} -w + j + 0{,}1 \cdot a & = & 0 \\ -3 \cdot j + 1{,}2 \cdot a & = & 0 \end{array} \right| \Leftrightarrow \left| \begin{array}{rcl} -3 \cdot w + 3 \cdot j + 0{,}3 \cdot a & = & 0 \\ -3 \cdot j + 1{,}2 \cdot a & = & 0 \end{array} \right|$$

$$\Leftrightarrow \left| \begin{array}{rcl} -3 \cdot w + 1{,}5 \cdot a & = & 0 \\ -3 \cdot j + 1{,}2 \cdot a & = & 0 \end{array} \right| \Leftrightarrow \left| \begin{array}{l} w = 0{,}5 \cdot a \\ j = 0{,}4 \cdot a \end{array} \right|.$$

Dieses lineare Gleichungssystem mit 2 Gleichungen und 3 Variablen hat unendlich viele Lösungen, die sich in der Form $\vec{v} = \begin{pmatrix} 0{,}5 \cdot a \\ 0{,}4 \cdot a \\ a \end{pmatrix}$ darstellen lassen.

(3) Die kleinstmögliche Population mit natürlichen Zahlen ergibt sich aus $\vec{n} = \begin{pmatrix} 5 \\ 4 \\ 10 \end{pmatrix}$ mit 19 Tieren.

d) (1) Der Ansatz $\begin{pmatrix} 0 & g \\ 0{,}8 & h \end{pmatrix} \cdot \begin{pmatrix} 11 \\ 8 \end{pmatrix} = \begin{pmatrix} 11 \\ 8 \end{pmatrix} \Leftrightarrow \begin{vmatrix} 8 \cdot g & = 11 \\ 8{,}8 + 8 \cdot h & = 8 \end{vmatrix}$

führt zu $h = -0{,}1 < 0$, was im Widerspruch zum Sachzusammenhang ($h \geq 0$) steht.

(2) Es ist $\begin{pmatrix} 0 & \frac{5}{14} \\ 0 & \frac{5}{7} \end{pmatrix} \cdot \begin{pmatrix} 5 \\ 14 \end{pmatrix} = \begin{pmatrix} 5 \\ 14 \end{pmatrix}$.

(3) Der Zustandsvektor nach einem Jahr ist $\begin{pmatrix} \frac{2}{9} & \frac{5}{18} \\ \frac{28}{45} & \frac{7}{9} \end{pmatrix} \cdot \begin{pmatrix} 0 \\ 18 \end{pmatrix} = \begin{pmatrix} 5 \\ 14 \end{pmatrix}$, d. h., nach einem Jahr ergibt sich der bisherige Zustand, sodass auch sich langfristig wieder die stationäre Verteilung aus 5 Welpen und 14 Fähen einstellt.

Aufgabe 8 *Stochastische Matrizen – Leistungskurs*

Die Leistungskurs-Aufgabe stimmt in der Beschreibung der Sachsituation mit der Grundkurs-Aufgabe (Aufgabe 7) überein. Die Teilaufgabe a) ist mit der Teilaufgabe a) der Grundkurs-Aufgabe identisch, die Teilaufgaben b) und c) stimmen überwiegend überein.

a) (1) Begründen Sie mit den Daten aus der Tabelle, dass $b = 0{,}4$ gilt. H1

(2) Interpretieren Sie die weiteren von Null verschiedenen Einträge in der Matrix A im Sachzusammenhang. H1

b) (1) Berechnen Sie die Verteilung, die nach diesem Modell im Jahr 2015 zu erwarten ist. H2

(2) Bestimmen Sie die Verteilung, die nach diesem Modell im Jahr 2012 vorgelegen hätte.

(3) Ein Biologe behauptet, dass weniger als 15 % aller Welpen mindestens ein Alter von drei Jahren erreichen.
Prüfen Sie, ob nach der obigen Modellierung mit der Matrix A die Behauptung des Biologen zutrifft.

c) Wölfe, die in einem Tierpark leben, haben andere Überlebens- und Fortpflanzungsraten. Für einen Tierpark kann die Entwicklung seiner Wolfspopulation durch die folgende Matrix B modelliert werden:

$$B = \begin{pmatrix} 0 & 1 & d \\ 0{,}8 & 0 & 0 \\ 0 & 0{,}75 & 0{,}7 \end{pmatrix}$$

(1) Beschreiben Sie im Sachzusammenhang die Einträge in der zweiten Spalte der Matrix B im Vergleich zu den Einträgen in der zweiten Spalte der Matrix A. H1

(2) Wegen der räumlichen Beschränkung will die Tierparkleitung die Gesamtzahl der Wölfe konstant halten. Das soll durch eine strikte Geburtenkontrolle gewährleistet werden.
Zeigen Sie, dass nur für den Wert $d = 0{,}1$ eine von $\begin{pmatrix} 0 \\ 0 \\ 0 \end{pmatrix}$ verschiedene stationäre Verteilung existiert, d. h. eine Verteilung, die sich innerhalb eines Jahres nicht ändert. H3

(3) Ermitteln Sie für den Wert $d = 0{,}1$ die kleinstmögliche Gesamtpopulation mit stationärer Verteilung $\vec{n} = \begin{pmatrix} n_1 \\ n_2 \\ n_3 \end{pmatrix} \neq \begin{pmatrix} 0 \\ 0 \\ 0 \end{pmatrix}$ mit natürlichen Zahlen n_1, n_2 und n_3.

d) Für die Population in dem obigen Tierpark wird eine neue Modellierung gewählt: Die Entwicklungsstufe der Welpen wird mit der Überlebensrate von 80 % beibehalten, die Entwicklungsstufen der jungen Fähen und ausgewachsenen Fähen werden zu einer Stufe zusammengefasst. Die neue Modellierung soll durch die Matrix

$$C = \begin{pmatrix} 0 & g \\ 0{,}8 & h \end{pmatrix}$$

mit $g > 0$ und $0 \leq h < 1$ dargestellt werden. Die Population der Welpen und Fähen soll mit insgesamt 19 Tieren konstant bleiben.

(1) Zeigen Sie, dass in dem neuen Modell eine stationäre Verteilung mit 11 Welpen nicht vorkommen kann. H1 H2

(2) Ermitteln Sie die Einträge g und h in der Matrix C so, dass sich eine stationäre Verteilung mit 5 Welpen und 14 Fähen ergibt. H2 H3

(3) Mit den Werten aus (2) ist $C = \begin{pmatrix} 0 & \frac{5}{14} \\ 0{,}8 & \frac{5}{7} \end{pmatrix}$. Ein Taschenrechner liefert z. B.

$$C^{17} = \begin{pmatrix} 0{,}2222222218 & 0{,}2777777779 \\ 0{,}6222222226 & 0{,}7777777777 \end{pmatrix}.$$

Die Potenzen C^n der Matrix C streben mit wachsendem n gegen eine Matrix G.

Ermitteln Sie die exakten Werte der Einträge von G aus den Ansätzen

$G \cdot C = G$ und $G \cdot \begin{pmatrix} 5 \\ 14 \end{pmatrix} = \begin{pmatrix} 5 \\ 14 \end{pmatrix}$. H2

Lösung

a) *Vergleiche Lösung zu Aufgabe 7 a).*

b) (1) *Vergleiche Lösung zu Aufgabe 7 b) (1) für das Jahr 2015:*

$$\begin{pmatrix} 0 & 1{,}5 & 2 \\ 0{,}4 & 0 & 0 \\ 0 & 0{,}6 & 0{,}6 \end{pmatrix} \cdot \begin{pmatrix} 52 \\ 26 \\ 16 \end{pmatrix} = \begin{pmatrix} 71 \\ 20{,}8 \\ 22{,}6 \end{pmatrix}.$$

Im Jahr 2015 sind 71 Welpen, 21 junge Fähen und 23 ausgewachsene Fähen zu erwarten.

(2) *Vergleiche Lösung zu Aufgabe 7 b) (2).*

(3) *Vergleiche Lösung zu Aufgabe 7 b) (4)*

c) (1) *Vergleiche Lösung zu Aufgabe 7 c) (1).*

(2) Der Ansatz

$$\begin{pmatrix} 0 & 1 & 0{,}1 \\ 0{,}8 & 0 & 0 \\ 0 & 0{,}75 & 0{,}7 \end{pmatrix} \cdot \begin{pmatrix} w \\ j \\ a \end{pmatrix} = \begin{pmatrix} w \\ j \\ a \end{pmatrix}$$

stellt ein lineares Gleichungssystem mit 3 Gleichungen und 3 Variablen dar.

$$\left| \begin{array}{rcl} j + d \cdot a & = & w \\ 0{,}8 \cdot w & = & j \\ 0{,}75 \cdot j + 0{,}7 \cdot a & = & a \end{array} \right| \Leftrightarrow \left| \begin{array}{rcl} -w + j + d \cdot a & = & 0 \\ 0{,}8 \cdot w - j & = & 0 \\ 0{,}75 \cdot j - 0{,}3 \cdot a & = & 0 \end{array} \right|.$$

Addiert man das 0,8-Fache der 1. Zeile zur 2. Zeile, dann erhält man

$$\left|\begin{array}{rl} -w+j+d\cdot a &= 0 \\ -0{,}2\cdot j+0{,}08\cdot d\cdot a &= 0 \\ 0{,}75\cdot j-0{,}3\cdot a &= 0 \end{array}\right| \begin{array}{l} \\ \cdot 5 \\ \cdot \frac{4}{3} \end{array} \Leftrightarrow \left|\begin{array}{rl} -w+j+d\cdot a &= 0 \\ -j+4\cdot d\cdot a &= 0 \\ j-0{,}4\cdot a &= 0 \end{array}\right| \Leftrightarrow \left|\begin{array}{rl} -w+j+d\cdot a &= 0 \\ -j+4\cdot d\cdot a &= 0 \\ 4\cdot d\cdot a-0{,}4\cdot a &= 0 \end{array}\right|$$

$$\Leftrightarrow \left|\begin{array}{rl} -w+j+d\cdot a &= 0 \\ -j+4\cdot d\cdot a &= 0 \\ (4\cdot d-0{,}4)\cdot a &= 0 \end{array}\right|.$$

Nur für $d = 0{,}1$ gibt es die vom Nullvektor verschiedene Lösung $v = \begin{pmatrix} 0{,}5\cdot a \\ 0{,}4\cdot a \\ a \end{pmatrix}$, $a \neq 0$.

Für $d \neq 0{,}1$ folgt aus der 3. Gleichung $a = 0$ und schließlich $w = j = 0$.

(3) Die kleinstmögliche Population ergibt sich aus $\vec{n} = \begin{pmatrix} 5 \\ 4 \\ 10 \end{pmatrix}$ mit 19 Tieren.

d) (1) Eine stationäre Verteilung bedeutet:

$$\begin{pmatrix} 0 & g \\ 0{,}8 & h \end{pmatrix} \cdot \begin{pmatrix} w \\ 19-w \end{pmatrix} = \begin{pmatrix} w \\ 19-w \end{pmatrix} \Leftrightarrow \left|\begin{array}{rl} g\cdot(19-w) &= w \\ 0{,}8\cdot w+h\cdot(19-w) &= 19-w \end{array}\right| \Leftrightarrow \left|\begin{array}{l} g = \dfrac{w}{19-w} \\ h = \dfrac{19-1{,}8\cdot w}{19-w} \end{array}\right|$$

(Für $w = 19$ folgt der Widerspruch $w = 0$. Also kann bei der Auflösung $w \neq 19$ vorausgesetzt werden.)

Die Bedingung $g > 0$ erfordert zunächst $w < 19$. (Das ergibt sich auch aus dem Sachzusammenhang.)

Die Bedingung $0 \leq h < 1$ erfordert $0 < w < 11$. Nur für $w < 11$ ist die Überlebensrate h der Fähen positiv.

(2) Einsetzen von $w = 5$ in die Lösungen des obigen Gleichungssystems ergibt $g = \frac{5}{14}$ und $h = \frac{5}{7}$. Unabhängig davon lassen sich g und h aus $\begin{pmatrix} 0 & g \\ 0{,}8 & h \end{pmatrix} \cdot \begin{pmatrix} 5 \\ 14 \end{pmatrix} = \begin{pmatrix} 5 \\ 14 \end{pmatrix}$ bestimmen.

(3) Zu bestimmen sind die 4 Matrixelemente x, y, u, z:

$$\begin{pmatrix} x & y \\ u & z \end{pmatrix} \cdot \begin{pmatrix} 0 & \frac{5}{14} \\ 0{,}8 & \frac{5}{7} \end{pmatrix} = \begin{pmatrix} x & y \\ u & z \end{pmatrix} \Leftrightarrow \begin{pmatrix} 0{,}8\cdot y & \frac{5}{14}\cdot x+\frac{5}{7}\cdot y \\ 0{,}8\cdot z & \frac{5}{14}\cdot u+\frac{5}{7}\cdot z \end{pmatrix} = \begin{pmatrix} x & y \\ u & z \end{pmatrix}.$$

Durch Vergleich der Matrixelemente ergeben sich 4 Gleichungen mit 4 Variablen:

$$\left|\begin{array}{rl} x &= 0{,}8\cdot y \\ y &= \frac{5}{14}\cdot x+\frac{5}{7}\cdot y \\ u &= 0{,}8\cdot z \\ z &= \frac{5}{14}\cdot u+\frac{5}{7}\cdot z \end{array}\right|.$$

Ersetzt man x in der 2. Gleichung und u in der 4. Gleichung, dann ergibt sich
in der 2. Zeile: $y = \frac{5}{14}\cdot 0{,}8\cdot y+\frac{5}{7}\cdot y \Leftrightarrow y = y$ und entsprechend
in der 4. Zeile: $z = \frac{5}{14}\cdot 0{,}8\cdot z+\frac{5}{7}\cdot z \Leftrightarrow z = z$,
sodass sich das Gleichungssystem auf 2 Gleichungen mit 2 Variablen reduziert:

$$\left|\begin{array}{l} x = 0{,}8\cdot y \\ u = 0{,}8\cdot z \end{array}\right|.$$

Aus der Bedingung $\begin{pmatrix} x & y \\ u & z \end{pmatrix} \cdot \begin{pmatrix} 5 \\ 14 \end{pmatrix} = \begin{pmatrix} 5 \\ 14 \end{pmatrix} \Leftrightarrow \left|\begin{array}{l} 5\cdot x+14\cdot y = 5 \\ 5\cdot u+14\cdot z = 14 \end{array}\right|$

ergibt sich nach Ersetzen von x und u:

$5\cdot(0{,}8\cdot y)+14\cdot y = 5 \Leftrightarrow 18\cdot y = 5 \Leftrightarrow y = \frac{5}{18}$ sowie

$5\cdot(0{,}8\cdot z)+14\cdot z = 14 \Leftrightarrow 18\cdot z = 14 \Leftrightarrow z = \frac{14}{18} = \frac{7}{9}$

und weiter $x = 0{,}8\cdot\frac{5}{18} = \frac{4}{18} = \frac{2}{9}$ und $u = 0{,}8\cdot\frac{7}{9} = \frac{5{,}6}{9} = \frac{28}{45}$,
insgesamt also die Matrix

$$G = \begin{pmatrix} \frac{2}{9} & \frac{5}{18} \\ \frac{28}{45} & \frac{7}{9} \end{pmatrix}.$$

Aufgabe 9 *Stochastik – Grundkurs*

Eine Firma stellt Bodenfliesen aus Keramik her. Damit eine Fliese als „1. Wahl“ gilt, muss sie strenge Qualitätsnormen erfüllen. Alle anderen Fliesen werden als „2. Wahl“ bezeichnet. Eine Fliese ist erfahrungsgemäß mit einer Wahrscheinlichkeit von $p = 0{,}2$ „2. Wahl“ (d. h. mit der Wahrscheinlichkeit von 0,8 „1. Wahl“), unabhängig von allen anderen Fliesen.
Jede Packung enthält 20 Fliesen.

a) (1) Berechnen Sie die Wahrscheinlichkeit dafür, dass in einer Packung genau vier „2. Wahl“-Fliesen enthalten sind. J3

(2) Berechnen Sie die Wahrscheinlichkeit dafür, dass in einer Packung mindestens 90 % der Fliesen die Qualität „1. Wahl“ haben. J3

(3) Bestimmen Sie die Wahrscheinlichkeit dafür, dass in einer Packung die Anzahl der „2. Wahl“-Fliesen höchstens um 2 von der erwarteten Anzahl abweicht. J6 J3

b) Die 20 Fliesen einer Packung wurden in 4 Reihen mit jeweils 5 Fliesen verlegt.

(1) Bestimmen Sie die Wahrscheinlichkeit $\tilde{p}$ dafür, dass eine zufällig ausgewählte Reihe nur „1. Wahl“-Fliesen enthält. [Kontrollergebnis $\tilde{p} = 0{,}32768$] I2 J3

(2) Ermitteln Sie die Wahrscheinlichkeit dafür, dass es mindestens eine Reihe gibt, die nur „1. Wahl“-Fliesen enthält. I2

(3) In einer Reihe wurden sogar genau zwei Fliesen der Qualität „2. Wahl“ verlegt. Bestimmen Sie die Wahrscheinlichkeit dafür, dass diese Fliesen direkt nebeneinander liegen.

c) Für besonders anspruchsvolle Kunden soll eine Sorte „Premium“ angeboten werden, die nur aus „1. Wahl“-Fliesen besteht.
Dazu will die Firma die „2. Wahl“-Fliesen aus der Produktion aussortieren. Für einen ersten Sortiervorgang wird ein Testgerät verwendet, das allerdings nicht immer optimal funktioniert:
Das Testgerät erkennt eine „2. Wahl“-Fliese mit einer Wahrscheinlichkeit von 0,9 und sortiert sie aus. Andererseits wird eine „1. Wahl“-Fliese mit einer Wahrscheinlichkeit von 0,05 zu Unrecht als „2. Wahl“ aussortiert.

(1) Stellen Sie die Situation grafisch dar (mit einer Vierfeldertafel oder einem Baumdiagramm mit allen Pfadwahrscheinlichkeiten).
Geben Sie die Wahrscheinlichkeit an, mit der das Testgerät eine zufällig ausgewählte Fliese als „1. Wahl“ einstuft (also nicht aussortiert). I2 I3

(2) Bestimmen Sie die Wahrscheinlichkeit dafür, dass eine Fliese, die bei der Prüfung nicht aussortiert wurde, in Wirklichkeit eine „2. Wahl“-Fliese ist. I3 I4

d) Die Maschine, mit der die Fliesen hergestellt werden, wird neu eingestellt, da die „2. Wahl“-Wahrscheinlichkeit von $p = 0{,}2$ zu groß ist. Der Produktionsleiter möchte mit einem Test überprüfen, ob die neue Einstellung tatsächlich zu einer Verringerung des Ausschussanteils geführt hat. Er entnimmt daher der Tagesproduktion der neu eingestellten Maschine zufällig 100 Fliesen und lässt die Anzahl der „2. Wahl“-Fliesen in dieser Stichprobe bestimmen.

(1) Ermitteln Sie einen geeigneten Hypothesentest (geben Sie geeignete Hypothesen an, begründen Sie die Wahl von H_0 und ermitteln Sie eine Entscheidungsregel) für die genannte Stichprobe von 100 Fliesen mit einer Irrtumswahrscheinlichkeit von höchstens 5 %. K6

(2) Die Wahrscheinlichkeit für „2. Wahl"-Fliesen wurde durch die neue Einstellung tatsächlich auf $p = 0{,}15$ gesenkt.
Ermitteln Sie die Wahrscheinlichkeit dafür, dass Ihre Entscheidungsregel aus (1) zu einer Fehlentscheidung führt. K4

Lösung

a) Man betrachtet die Zufallsgröße X: *Anzahl der „2. Wahl"-Fliesen in einer Packung*.
X ist binomialverteilt mit der Erfolgswahrscheinlichkeit $p = 0{,}2$ und dem Stichprobenumfang $n = 20$.

(1) $P(X = 4) = \binom{20}{4} \cdot 0{,}2^4 \cdot 0{,}8^{16} = \text{binompdf}(20, 0.2, 4) \approx 0{,}2182 = 21{,}82\,\%$.

(2) Haben mindestens 90 % der Fliesen die Qualität „1. Wahl", so treten höchstens 2 Fliesen der Qualität „2. Wahl" auf. Die gesuchte Wahrscheinlichkeit beträgt also $P(X \leq 2) = \text{binomcdf}(20, 0.2, 2) \approx 0{,}2061 = 20{,}61\,\%$.

(3) Die erwartete Anzahl von „2. Wahl"-Fliesen beträgt $20 \cdot 0{,}2 = 4$. Die gesuchte Wahrscheinlichkeit ist dann:
$P(2 \leq X \leq 6) = \text{binomcdf}(20, 0.2, 6) - \text{binomcdf}(20, 0.2, 1)$
$\approx 0{,}9133 - 0{,}0692 = 0{,}8441 = 84{,}41\,\%$.

b) (1) Die Wahrscheinlichkeit, dass sich in einer zufällig ausgewählten Reihe nur „1. Wahl"-Fliesen befinden, beträgt $\tilde{p} = 0{,}8^5 = 0{,}32768$.

(2) Sei Y die Anzahl der Reihen, die nur „1. Wahl"-Fliesen enthalten. Dann ist Y binomialverteilt mit $n = 4$ und der Erfolgswahrscheinlichkeit $\tilde{p} = 0{,}8^5$, also der Misserfolgswahrscheinlichkeit $\tilde{q} = 1 - 0{,}8^5$.

Das Ereignis „Mindestens eine Reihe mit nur 1. Wahl-Fliesen" ist das Gegenereignis zum Ereignis „Keine Reihe mit nur 1. Wahl-Fliesen", also
$P(Y \geq 1) = 1 - P(Y = 0) = 1 - (1 - \tilde{p})^4 = 1 - (1 - 0{,}8^5)^4 \approx 0{,}7957 = 79{,}57\,\%$.

(3) In dieser Reihe befinden sich laut Aufgabenstellung zwei „2. Wahl"-Fliesen und drei „1. Wahl"-Fliesen. Die Anzahl der unterschiedlichen Reihenfolgen, diese Fliesen in einer Reihe anzuordnen, beträgt $\binom{5}{2} = 10$. Die Anzahl der Reihenfolgen, bei der die „2. Wahl"-Fliesen nebeneinanderliegen, beträgt 4 (die möglichen Anordnungen für die „2. Wahl"-Fliesen sind 1 2, 2 3, 3 4, 4 5). Da jede dieser Möglichkeiten mit derselben Wahrscheinlichkeit auftritt, beträgt die gesuchte LAPLACE-Wahrscheinlichkeit $p = \frac{4}{10} = 0{,}4$.

c) Man definiert folgende Ereignisse:
W1: Die Fliese ist „1. Wahl".
W2: Die Fliese ist „2. Wahl".
A1: Die Fliese wird als „1. Wahl" angezeigt.
A2: Die Fliese wird als „2. Wahl" angezeigt.

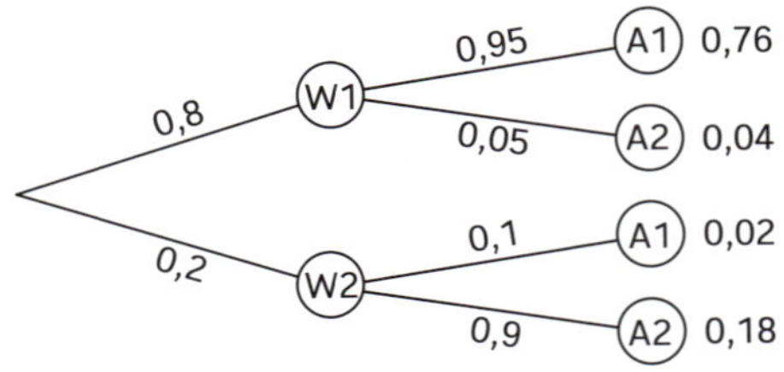

(1) Baumdiagramm siehe rechts.

Alternative:

	A1	A2	Summe
W1	0,76	0,04	0,8
W2	0,02	0,18	0,2
Summe	0,78	0,22	1

Die gesuchte Wahrscheinlichkeit beträgt: $P_1 = P(A1) = 0{,}76 + 0{,}02 = 0{,}78$.

(2) Die gesuchte Wahrscheinlichkeit beträgt:
$P_{A1}(W2) = \frac{P(A1 \cap W2)}{P(A1)} = \frac{0{,}02}{0{,}02 + 0{,}76} = \frac{1}{39} \approx 0{,}0256 = 2{,}56\,\%$.

d) (1) Prinzipiell können zwei Hypothesen betrachtet werden: $p \geq 0{,}2$ und $p < 0{,}2$. Da ein „statistischer Beweis" geführt werden soll, dass der Anteil p kleiner als 20 % beträgt, muss das logische Gegenteil der Hypothese $p < 0{,}2$, also $p \geq 0{,}2$, getestet werden. Der Produktionsleiter hofft, dass in der Stichprobe eine extrem geringe Anzahl von Fliesen 2. Wahl gefunden werden.

X: *Anzahl der Fliesen 2. Wahl in der Stichprobe vom Umfang n = 100.*

Gesucht ist ein kritischer Wert k, für den gilt:
$P(X < k) \leq 0{,}05$.

Für $p = 0{,}2$ findet man $P(X \leq 13) \approx 0{,}0469 < 0{,}05$.
Für $p > 0{,}2$ ist diese Wahrscheinlichkeit $P(X \leq 13)$ noch kleiner.

Entscheidungsregel: Verwirf die Hypothese $p \geq 0{,}2$, falls weniger als 14 Fliesen 2. Wahl in der Stichprobe gefunden werden.

Den kritischen Wert kann man auch mithilfe der Sigma-Regel bestimmen:
Für $p = 0{,}2$ ist $\mu = 100 \cdot 0{,}2 = 20$ und $\sigma = \sqrt{100 \cdot 0{,}2 \cdot 0{,}8} = 16 = 4$ (also $\sigma > 3$, d. h. , die LAPLACE-Bedingung ist erfüllt).

Wegen $P(\mu - 1{,}64 \cdot \sigma \leq X \leq \mu + 1{,}64 \cdot \sigma) \approx 0{,}90$, also $P(X < \mu - 1{,}64 \cdot \sigma) \approx 0{,}05$, muss $\mu - 1{,}64 \cdot \sigma$ berechnet werden: $\mu - 1{,}64 \cdot \sigma = 13{,}44$.

Runden der Intervallgrenzen der 90 %-Umgebung nach außen sowie die Kontrollrechnung ergibt dann auch den Wert k = 13.

Für $p > 0{,}2$ ist die Bedingung $P(X \leq 13) \leq 0{,}05$ erst recht erfüllt.

(2) Das Sinken der Ausschusswahrscheinlichkeit p auf unter 0,2 wird durch den Test irrtümlich nicht erkannt, wenn die Stichprobe trotz $p < 0{,}2$ mehr als 13 „2. Wahl"-Fliesen enthält.
Die gesuchte Fehlerwahrscheinlichkeit beträgt also
$P_{p=0{,}15}(X > 13) = 1 - P_{p=0{,}15}(X \leq 13) = 1 - \text{binomcdf}(100, 0.15, 13)$
$\approx 1 - 0{,}3474 = 0{,}6526$.

Aufgabe 10 *Stochastik – Leistungskurs*

Eine Firma stellt mit zwei verschiedenen Maschinen A und B Bodenfliesen aus Keramik her. Damit eine Fliese als „1. Wahl" gilt, muss sie strenge Qualitätsnormen erfüllen. Alle anderen Fliesen werden als „2. Wahl" bezeichnet. Eine Fliese, die mit Maschine A produziert wurde, ist erfahrungsgemäß mit einer Wahrscheinlichkeit von 0,9 „1. Wahl" (d. h. mit der Wahrscheinlichkeit von 0,1 „2. Wahl"). Maschine B produziert lediglich mit einer Wahrscheinlichkeit von 0,8 „1. Wahl"-Fliesen. Dabei kann für beide Maschinen davon ausgegangen werden, dass die Produktion von Fliesen 1. und 2. Wahl jeweils stochastisch unabhängig erfolgt.

Fliesen, die von Maschine A produziert wurden, werden im Folgenden als A-Fliesen bezeichnet, Fliesen von Maschine B als B-Fliesen. Jede Packung enthält 20 Fliesen, die von derselben Maschine stammen.

a) (1) Berechnen Sie die Wahrscheinlichkeit dafür, dass in einer Packung A-Fliesen genau zwei „2. Wahl"-Fliesen enthalten sind. J3

(2) Berechnen Sie die Wahrscheinlichkeit dafür, dass in einer Packung A-Fliesen maximal 80 % der Fliesen die Qualität „1. Wahl" haben. J3 I2

Die 20 Fliesen einer Packung B-Fliesen wurden in 4 Reihen mit jeweils 5 Fliesen verlegt.

(3) Bestimmen Sie die Wahrscheinlichkeit $\tilde{p}$ dafür, dass eine zufällig ausgewählte Reihe nur „1. Wahl"-Fliesen enthält. [Kontrollergebnis $\tilde{p} = 0{,}32768$] I2

(4) Ermitteln Sie die Wahrscheinlichkeit dafür, dass es mindestens eine Reihe gibt, die nur „1. Wahl"-Fliesen enthält.

b) An Großabnehmer verkauft die Firma auch Paletten, die jeweils 500 Packungen Fliesen von derselben Maschine enthalten. Ein Bauunternehmer bestellt eine Palette mit A-Fliesen. Da die Packungen bei der Lieferung nicht gekennzeichnet sind, befürchtet er, versehentlich eine Palette mit B-Fliesen erhalten zu haben.

Er beschließt, für einen Test der Lieferung zufällig 100 Fliesen zu entnehmen und die Anzahl X der „2. Wahl"-Fliesen in dieser Stichprobe zu bestimmen.

(1) Begründen Sie, dass X als binomialverteilte Zufallsgröße aufgefasst werden kann, wobei die Trefferwahrscheinlichkeit bei A-Fliesen $p = 0{,}1$ und bei B-Fliesen $p = 0{,}2$ beträgt. J3

(2) Es wird ein Hypothesentest mit der Nullhypothese $H_0: p \geq 0{,}2$ durchgeführt. Wird H_0 verworfen, wird die Palette angenommen, sonst wird sie zurückgeschickt. Erklären Sie die Wahl der Nullhypothese. K6

(3) Ermitteln Sie eine Entscheidungsregel (auf Basis der genannten Nullhypothese) für die oben genannte Stichprobe von 100 Fliesen mit einer Irrtumswahrscheinlichkeit (d. h. Wahrscheinlichkeit für einen Fehler 1. Art) von höchstens 5 %. [Zur Kontrolle: H_0 wird für $X \leq 13$ abgelehnt.] J3

(4) Berechnen Sie die Wahrscheinlichkeit p_A, dass die Hypothese H_0 aufgrund der Entscheidungsregel aus (3) irrtümlich nicht abgelehnt wird, obwohl die Palette tatsächlich A-Fliesen enthält, also $p = 0{,}1$ gilt.

Berechnen Sie die Wahrscheinlichkeit p_B, dass die Hypothese H_0 irrtümlich abgelehnt wird, obwohl die Palette tatsächlich B-Fliesen enthält, also $p = 0{,}2$ gilt.
[Zur Kontrolle: $p_A \approx 0{,}1239$, $p_B \approx 0{,}0469$] J3

(5) Im Lager des Herstellers befanden sich 7 Paletten mit A-Fliesen und 3 Paletten mit B-Fliesen, aus denen die angelieferte Palette zufällig ausgewählt wurde. Bestimmen Sie mit Hilfe der Wahrscheinlichkeiten p_A und p_B die gesamte Irrtumswahrscheinlichkeit für den Test.

c) Für besonders anspruchsvolle Kunden soll eine Sorte „Premium" angeboten werden, die nur aus „1. Wahl"-Fliesen besteht.
Dazu will die Firma die „2. Wahl"-Fliesen aus der *Produktion der Maschine A* aussortieren. Für einen ersten Sortiervorgang wird ein Testgerät verwendet, das allerdings nicht immer optimal funktioniert:
Das Testgerät erkennt eine „2. Wahl"-Fliese mit einer Wahrscheinlichkeit von $w = 0{,}8$ („Aussortierwahrscheinlichkeit") und sortiert sie aus. Andererseits wird eine „1. Wahl"-Fliese mit einer Wahrscheinlichkeit von 0,05 zu Unrecht als „2. Wahl" aussortiert.

(1) Stellen Sie die Situation grafisch dar (mit einer Vierfeldertafel oder einem Baumdiagramm mit allen Pfadwahrscheinlichkeiten).
Geben Sie die Wahrscheinlichkeit an, mit der das Testgerät eine zufällig ausgewählte Fliese als „1. Wahl" einstuft (also nicht aussortiert). I2 I3

(2) Bestimmen Sie die Wahrscheinlichkeit dafür, dass eine Fliese, die bei der Prüfung nicht aussortiert wurde, in Wirklichkeit eine „2. Wahl"-Fliese ist. I3 I4

(3) Bestimmen Sie, wie groß die „Aussortierwahrscheinlichkeit" w des Testgeräts mindestens sein muss, damit die Wahrscheinlichkeit aus (2) (und damit der erwartete Anteil der „2. Wahl"-Fliesen nach dem Aussortieren) durch die Prüfung auf unter 1 % gesenkt wird. I3

Lösung

a) Man betrachtet die Zufallsgröße X: *Anzahl der „2. Wahl"-Fliesen in einer Packung A-Fliesen*. X ist binomialverteilt mit der Trefferwahrscheinlichkeit $p = 0{,}1$ und dem Stichprobenumfang $n = 20$.

(1) $P(X = 2) = \binom{20}{2} \cdot 0{,}1^2 \cdot 0{,}9^{18} = \text{binompdf}(20, 0.1, 2) \approx 0{,}2852 = 28{,}52\,\%$.

(2) Das Ereignis „maximal 80 % der Fliesen 1. Wahl" ist gleichbedeutend mit dem Ereignis „mindestens 20 % der Fliesen sind 2. Wahl". Somit ergibt sich mit der Komplementärregel:
$P(X \geq 4) = 1 - P(X \leq 3) = 1 - \text{binomcdf}(20, 0.1, 3) \approx 0{,}133$.

(3) Die Wahrscheinlichkeit, dass eine zufällig ausgewählte Reihe mit B-Fliesen nur „1. Wahl"-Fliesen enthält , beträgt nach der Pfadmultiplikationsregel $\tilde{p} = 0{,}8^5 = 0{,}32768$.

(4) *Vergleiche Lösung der Grundkurs-Aufgabe b) (2).*

b) (1) Alle Fliesen auf der Palette stammen aus derselben Maschine. Deshalb enthält die Palette entweder ausschließlich A-Fliesen oder ausschließlich B-Fliesen. Jede Fliese ist demnach mit derselben Wahrscheinlichkeit „2. Wahl", und zwar entweder mit der Wahrscheinlichkeit $p = 0{,}1$ (A-Fliese) oder mit der Wahrscheinlichkeit $p = 0{,}2$ (B-Fliese). Da die beiden Maschinen stochastisch unabhängig voneinander Fliesen produzieren, ist auch die Qualität jeder Fliese stochastisch unabhängig von der Qualität der anderen Fliesen.

(2) Nach dem einleitenden Text zu b) will der Bauunternehmer ausschließen, dass er irrtümlich eine Palette mit B-Fliesen annimmt. Daher wählt er die H_1-Hypothese $H_1: p < 0{,}2$ und somit die Nullhypothese $H_0: p \geq 0{,}2$. Diese Wahl der Hypothese H_0 macht deutlich, dass bei jeder Kiste, in der der Anteil von „2. Wahl"-Fliesen signifikant unter 20 % liegt, angenommen wird, dass sie tatsächlich von Maschine A stammt.

(3) X: *Anzahl der Fliesen 2. Wahl in der Stichprobe vom Umfang n = 100*

Gesucht ist ein kritischer Wert k, für den gilt: $P(X < k) \leq 0{,}05$,

Für $p = 0{,}2$ findet man $P(X \leq 13) \approx 0{,}0469 < 0{,}05$.
Für $p > 0{,}2$ ist diese Wahrscheinlichkeit $P(X \leq 13)$ noch kleiner.

Entscheidungsregel: Verwirf die Hypothese $p \geq 0{,}2$, falls weniger als 14 Fliesen 2. Wahl in der Stichprobe gefunden werden.

Den kritischen Wert kann man auch mithilfe der Sigma-Regel bestimmen:
Für $p = 0{,}2$ ist $\mu = 100 \cdot 0{,}2 = 20$ und $\sigma = \sqrt{100 \cdot 0{,}2 \cdot 0{,}8} = \sqrt{16} = 4$ (also $\sigma > 3$, d. h. die LAPLACE-Bedingung ist erfüllt).

Wegen $P(\mu - 1{,}64\sigma \leq X \leq \mu + 1{,}64\sigma) \approx 0{,}90$, also $P(X < \mu - 1{,}64\sigma) \approx 0{,}05$, muss $\mu - 1{,}64\sigma$ berechnet werden: $\mu - 1{,}64\sigma = 13{,}44$.

Runden der Intervallgrenzen der 90 %-Umgebung nach außen sowie die Kontrollrechnung ergibt dann auch den Wert k = 13.
Für $p > 0{,}2$ ist die Bedingung $P(X \leq 13) \leq 0{,}05$ erst recht erfüllt.

(4) Gesucht ist die Wahrscheinlichkeit dafür, dass die Stichprobe mehr als 13 Fliesen 2. Wahl (A-Fliesen) bzw. höchstens 13 Fliesen 2. Wahl (B-Fliesen) enthält, obwohl $p = 0{,}1$ (A-Fliesen) bzw. $p = 0{,}2$ (B-Fliesen) gilt.

Diese Wahrscheinlichkeiten betragen:

$$p_A = P_{p=0,1}(X > 13) = 1 - P_{p=0,1}(X \leq 13)$$
$$= 1 - \text{binomcdf}(100, 0.1, 13) = 1 - 0{,}8761 \approx 0{,}1239;$$

$$p_B = P_{p=0,2}(X \leq 13) = \text{binomcdf}(100, 0.2, 13) \approx 0{,}0469.$$

(5) Die beiden in (4) berechneten Wahrscheinlichkeiten p_A und p_B müssen mit den in der Aufgabenstellung angegebenen Anteilen gewichtet werden, also
$P(\text{Irrtum}) = 0{,}7 \cdot p_A + 0{,}3 \cdot p_B \approx 0{,}1008$.

c) Man definiert die folgende Ereignisse:
W1: Die Fliese ist „1. Wahl".
W2: Die Fliese ist „2. Wahl".
E1: Die Fliese wird als „1. Wahl" eingestuft.
E2: Die Fliese wird als „2. Wahl" eingestuft.

(1) Baumdiagramm: siehe rechts.

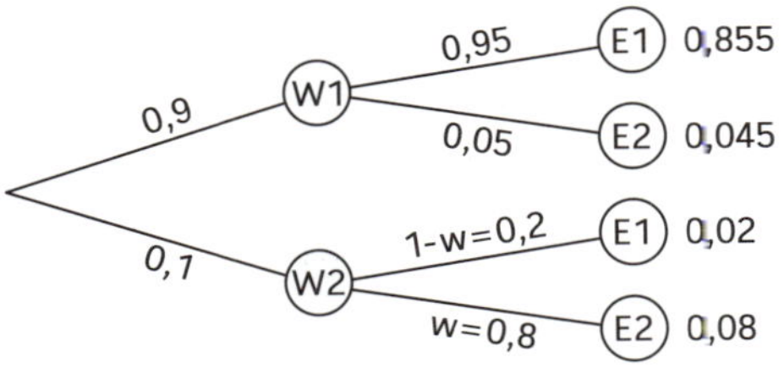

Oder Vierfeldertafel:

	E1	E2	Summe
W1	0,855	0,045	0,9
W2	0,02	0,08	0,1
Summe	0,875	0,125	1

Die gesuchte Wahrscheinlichkeit ergibt sich im Baumdiagramm aus der Summe der Wahrscheinlichkeiten des ersten und dritten Pfades bzw. in der Vierfeldertafel aus der Summe der ersten Spalte:
$P_1 = P(E1) = 0{,}855 + 0{,}02 = 0{,}875$.

(2) Gesucht ist die bedingte Wahrscheinlichkeit dafür, dass die Fliese eine "2. Wahl"-Fliese ist unter der Voraussetzung, dass sie als "1. Wahl"-Fliese eingestuft wird. Gesucht ist also

$$P_{E1}(W2) = \frac{P(E1 \cap W2)}{P(E1)} = \frac{0{,}02}{0{,}875} = \frac{4}{175} \approx 0{,}0229 = 2{,}29\,\%.$$

(3) Im Baumdiagramm von Teilaufgabe (1) muss allgemein w betrachtet werden. Dann ergibt sich als Vierfeldertafel:

	E1	E2	Summe
W1	0,855	0,045	0,9
W2	$0{,}1 \cdot (1 - w)$	$0{,}1 \cdot w$	0,1
Summe	$0{,}955 - 0{,}1 \cdot w$	$0{,}045 + 0{,}1 \cdot w$	1

Dann gilt:

$$P_{E1}(W2) = \frac{P(E1 \cap W2)}{P(E1)} = \frac{0{,}1 - 0{,}1 \cdot w}{0{,}955 - 0{,}1 \cdot w}.$$

Diese Wahrscheinlichkeit soll kleiner als 1 % = 0,01 sein. Die "Aussortierwahrscheinlichkeit" w ergibt sich also als Lösung der Ungleichung:

$$\frac{0{,}1 - 0{,}1 \cdot w}{0{,}955 - 0{,}1 \cdot w} < 0{,}01 \Leftrightarrow 0{,}1 - 0{,}1 \cdot w < 0{,}00955 - 0{,}001 \cdot w$$
$$\Leftrightarrow 0{,}099 \cdot w > 0{,}09045 \Leftrightarrow w > 0{,}9136.$$

Damit die Wahrscheinlichkeit aus (2) durch die Prüfung auf unter 1 % gesenkt wird, muss die Wahrscheinlichkeit w größer als 0,9136 sein.

Stichwortverzeichnis